Automotive Electric·Electron
자동차 전기·전자

장형성 著

미전사이언스

머리말

　기계공학의 꽃이라 불렸던 자동차는 하루가 다르게 발전을 거듭하고 있다. 자동차를 배우려는 공학도들에게는 기계공학은 물론이고 전기전자공학은 필수요소가 되었다. 자동차에 전기전자를 접합하여 스마트화는 추세는 시간이 지날수록 더욱 심화될 것이기 때문이다.

　자동차에 적용된 제어 시스템은 전기전자를 기초로 하기 때문에 그 중요성은 날로 커지며, 자동차기술을 잘 이해하는 것은 자동차전기전자 분야를 얼마나 습득했는가가 관건이라 할 수 있겠다.

　지구상에 존재하는 모든 자동차의 전기전자 시스템을 소개하는 것은 불가능하기 때문에 본 교재에서는 자동차에 적용된 대표적인 전기전자시스템의 경우를 예로 들어 구조와 원리를 설명하였다. 이러한 내용을 바탕으로 자동차 전기전자의 기본에 충실하여 학습하면 다른 모든 차종의 전기전자시스템을 이해하는데, 도움이 될 것이다.

　본 교재의 특징은 기본원리를 중심으로 첨단제어 시스템까지 원리와 구조를 이해하도록 하였으며, 자격증을 취득을 위해 공부하는 사람과 실무를 좀 더 깊이 공부하고자 하는 사람들에게까지 도움이 되도록 노력하였으며, 그 구성은 다음과 크게 두 부분으로 나누어 소개할 수 있다.

- 전기전자의 기초

　　자동차 전기전자 시스템을 이해하는 기초 내용을 다루었다.

• 자동차에 적용된 전기전자 장치

　자동차에 적용된 전기장치인 배터리로부터 엔진에 적용된 전기전자장치를 주로 다루었으며, 바디에 적용되는 각종 전기전자 제어장치를 이해할 수 있도록 기본적인 바디 전기전자장치를 다루었다. 특히 바디 전기전자장치에는 스마트자동차에 맞추어 각종 시스템이 적용되는데, 이 부분은 본 교재에서 모두 다룰 수 없기 때문에 다른 교재를 통해 상세히 설명할 수 있을 것이다.

　본 교재를 통하여 자동차를 공부하고자 하는 공학도들이 자동차를 이해하는데, 많은 도움이 되었으면 하는 바램을 가져본다. 앞으로 계속적인 보안과 새로운 내용을 추가하여 미비점을 개선할 것을 약속하며, 독자들의 아낌없는 조언과 질타를 바란다.

도봉산 기슭에서
저자

CONTENTS
차 례

01 CHAPTER 자동차 전기의 기초

1. 전기의 기본법칙 ———————— 17
   1.1. 옴의 법칙 ———————————— 17
   1.2. 저항연결의 종류 ———————— 18
      1.2.1. 직렬연결 ………………… 18
      1.2.2. 병렬연결 ………………… 21
      1.2.3. 직·병렬연결 …………… 24

   1.3. 전기의 측정방법 ———————— 26
      1.3.1. 전류의 측정방법 ………… 26
      1.3.2. 전압의 측정방법 ………… 26
      1.3.3. 저항의 측정방법 ………… 27
      1.3.4. 전압강하 …………………… 28

02 CHAPTER 전기·전자시스템

1. 전기의 발생 ———————————— 31
   1.1. 마찰전기 ———————————— 31
      1.1.1. 도체와 부도체 …………… 31

   1.2. 전류와 전압 ——————————— 32
      1.2.1. 전류와 전자 ……………… 33
      1.2.2. 전압과 기전력 …………… 33
      1.2.3. 전기저항 …………………… 34
      1.2.4. 온도와 저항과의 관계 …… 35

   1.3. 전기력 ——————————————— 37
      1.3.1. 쿨롱의 법칙 ……………… 37
      1.3.2. 전기장 ……………………… 38

   1.4. 옴의 법칙과 저항의 연결 ———— 38
      1.4.1. 옴의 법칙 ………………… 38
      1.4.2. 저항의 연결 ……………… 39

   1.5. 전기에너지 ———————————— 41
      1.5.1. 전기가 한 일율 …………… 41
      1.5.2. 전력 ………………………… 42
      1.5.3. 전력량 ……………………… 42
      1.5.4. 전기에 의한 발열량 ……… 43
      1.5.5. 전력과 일률의 관계 ……… 44

   1.6. 키르히호프의 법칙 ——————— 45
      1.6.1. 제1법칙(전류법칙) ……… 45
      1.6.2. 제2법칙(전압법칙) ……… 46

2. 축전지 및 전지 — 47
2.1. 축전지 — 47
- 2.1.1. 전기용량 — 47
- 2.1.2. 평행판 축전기 — 48

2.2. 축전기의 연결 — 48
- 2.2.1. 축전기의 직렬연결 — 48
- 2.2.2. 축전기의 병렬연결 — 49

2.3. 전지의 연결 — 51
- 2.3.1. 기전력과 단자전압 — 51
- 2.3.2. 전지의 직렬연결 — 52
- 2.3.3. 전지의 병렬연결 — 53

3. 자기장과 전자기력 — 56
3.1. 자기장의 개념 — 56
- 3.1.1. 자기장 — 56
- 3.1.2. 자기력선 — 56
- 3.1.3. 자기장의 세기 — 57

3.2. 전류에 의한 자기장 — 58
- 3.2.1. 직류전류에 의한 자기장 — 58
- 3.2.2. 원형전류에 의한 자기장 — 58
- 3.2.3. 솔레노이드에 의한 자기장 — 59

3.3. 전자기력 — 60
- 3.3.1. 자기장 내에서 전류가 받는 힘 — 60
- 3.3.2. 도체가 자기장을 가로지르는 경우 — 61

4. 전자기 유도 — 62
4.1. 전자기 유도 — 62
- 4.1.1. 전자기 유도의 기본 개념 — 62
- 4.1.2. 유도전류의 방향 — 63
- 4.1.3. 페러데이의 법칙 — 63
- 4.1.4. 자기장에서 운동하는 직선도상에 생기는 유도기전력 — 65

4.2. 자체유도와 상호유도 — 68
- 4.2.1. 코일의 자체유도 — 68
- 4.2.2. 코일의 상호유도 — 69
- 4.2.3. 변압기 — 69

5. 교류와 전자기파 — 70
5.1. 교류 — 70
- 5.1.1. 교류의 발생 — 71
- 5.1.2. 교류의 실효값 — 71

5.2. 교류회로 — 72

5.3. 자극과 주파수 — 75
- 5.3.1. 주기와 주파수 — 75
- 5.3.2. 주파수와 자극 — 76

6. 자동차 전기시스템 — 77
6.1. 축전지 — 77

6.1.1. 축전지의 용량 ·············· 77

6.2. 기동장치 ─────── 78
　6.2.1. 기동전동기의 원리 ·········· 78
　6.2.2. 기동장치의 종류와 특성 ····· 79
　6.2.3. 기동전동기 감속비 ········· 80
　6.2.4. 기동전동기 회전력 ········· 80

6.3. 점화장치 ─────── 82
　6.3.1. 점화장치의 개요 ············ 82
　6.3.2. 점화코일의 원리 ············ 83
　6.3.3. 점화코일의 유도전압 ········ 83
　6.3.4. 캠각 또는 드웰각 ··········· 84
　6.3.5. 점화파형과 캠각 ············ 86

6.4. 자동차 조명 ─────── 88
　6.4.1. 조도 ··················· 88

　◆ 연습문제 ················· 89

03 축전지 (battery)
CHAPTER

1. 축전지의 개요 ─────── 99
　1.1. 축전지의 구비조건 ─────── 99
　1.2. 축전지의 기능 ─────── 99

2. 축전지의 종류 ─────── 100
　2.1. 납산축전지 ─────── 101

　　2.1.1. 납산축전지의 장점 ········· 101
　　2.1.2. 납산축전지의 단점 ········· 101

　2.2. 알칼리 축전지 ─────── 102
　　2.2.1. 알칼리 축전지의 장점 ····· 102
　　2.2.2. 알칼리 축전지의 단점 ····· 102

　2.3. 리튬 폴리머 전지 ─────── 102
　2.4. 리튬이온 전지 ─────── 103
　2.5. 니켈-수소 전지 ─────── 103
　2.6. 니카드 전지 ─────── 103
　2.7. 금속 공기 축전지 ─────── 104
　2.8. 연료전지 ─────── 105
　　2.8.1. 연료전지의 장·단점 ······· 106
　　2.8.2. 연료전지의 종류 ·········· 106

3. 축전지(납산축전지)의 작동원리 ─── 108
　3.1. 방전 중의 화학작용 ─────── 108
　　3.1.1. 음극판의 작용 ············ 109
　　3.1.2. 양극판의 작용 ············ 109

　3.2. 충전 중의 화학작용 ─────── 111
　3.3. 설페이션현상 ─────── 112

4. 납산축전지의 구조 ─────── 113
　4.1. 극판 ─────── 113
　4.2. 극판군 ─────── 114
　　4.2.1. 양극판 ·················· 115
　　4.2.2. 음극판 ·················· 115

4.2.3. 격리판 115
4.2.4. 셀 연결 부속 및 극주 116

4.3. 케이스 ——— 116
4.3.1. 축전지 커버 116
4.3.2. 축전지 단자 117
4.3.3. 벤트 플러그 117

5. 전해액과 비중 ——— 118
5.1. 전해액 비중 ——— 118
5.2. 전해액량 점검 및 측정 ——— 119
5.2.1. 케이스에 표시된 점검 선을 이용하는 방법 119
5.2.2. 축전지 상부에 부착된 점검 창을 이용하는 방법 119
5.2.3. 자를 이용하여 직접 측정하는 방법 119

5.3. 인디케이터 작동원리 ——— 120
5.3.1. 비중에 따른 충전율 및 인디케이터 색 120
5.3.2. 인디케이터 이상시 점검 121

5.4. 전해액 비중 측정 및 판정 ——— 121
5.4.1. 흡입식 비중계 측정방법 121
5.4.2. 광학식 비중계 사용방법 121
5.4.3. 측정 비중 판정 122

5.5. 비중 점검표 ——— 123
5.6. 전해액의 빙결점 ——— 124

6. 납산 축전지의 특성 ——— 126
6.1. 납산 축전지의 구분 ——— 126
6.1.1. 유형별 구분 126
6.1.2. 제조 과정별 분류 128

6.2. 기전력 개로 전압 ——— 128
6.3. 납산 축전지의 방전율 ——— 129
6.4. 충·방전 중의 전압변화 ——— 129
6.4.1. 방전 중의 전압변화 129
6.4.2. 충전 중의 전압변화 130

6.5. 방전 종지전압 ——— 130
6.6. 20시간율 방전특성 ——— 131
6.6.1. 보유용량 131
6.6.2. 저온시동 능력 132

6.7. 자기방전 ——— 132
6.8. 납산축전지의 효율 ——— 133
6.9. 납산축전지의 내부저항 ——— 134
6.10. 납산축전지의 용량 ——— 135
6.11. MF 축전지 ——— 135
6.11.1. MF 축전지의 특징 135
6.11.2. 충전 인디케이터 136
6.11.3. 일반 축전지와 MF축전지의 비교 136

7. 축전지의 충전 ——————— 137
　7.1. 접속방법에 의한 분류 ——————— 138
　　7.1.1. 직렬접속 충전법 ………… 139
　　7.1.2. 병렬접속 충전법 ………… 139

　7.2. 충전방법에 의한 분류 ——————— 140
　　7.2.1. 정전류 충전법 …………… 141
　　7.2.2. 정전압 충전법 …………… 143
　　7.2.3. 단별 충전법 ……………… 143
　　7.2.4. 준 정전압 충전법 ………… 144
　　7.2.5. 급속 충전법 ……………… 144

　7.3. 충전시기에 의한 분류 ——————— 144
　　7.3.1. 초 충전 …………………… 144
　　7.3.2. 보 충전 …………………… 144
　　7.3.3. 회복충전 ………………… 145
　　7.3.4. 균등충전 ………………… 145

　7.4. 축전지 취급 및 충전시 주의
　　　사항 ——————————————— 146
　7.5. 축전지 시험 ——————————— 147
　　7.5.1. 경부하시험 ……………… 147
　　7.5.2. 중부하시험 ……………… 147

8. 축전지의 규격 ——————————— 147
　◎ 연습문제 ——————————— 150

04 시동장치
CHAPTER

1. 시동장치의 개요 ——————————— 151
　1.1. 시동장치 설계시 고려사항 ——— 152
　　1.1.1. 시동 한계온도 …………… 152
　　1.1.2. 엔진 크랭킹 저항 ………… 153
　　1.1.3. 기타 고려사항 …………… 154

　1.2. 모터의 작동원리 ———————— 155
　　1.2.1. 자계로부터 전류가 받는 힘 … 155
　　1.2.2. 모터와 플레밍의 왼손법칙 …… 156
　　1.2.3. 모터와 나사의 법칙 ……… 157
　　1.2.4. 직권식 모터의 원리 ……… 158

　1.3. 전동기 종류와 특성 ——————— 160
　　1.3.1. 직권식 전동기 …………… 160
　　1.3.2. 분권식 전동기 …………… 161
　　1.3.3. 복권식 전동기 …………… 162

　1.4. 모터의 효율 ——————————— 163

2. 시동전동기의 작동과 구조 ————— 164
　2.1. 시동전동기의 작동원리 ————— 164
　2.2. 시프트식 시동전동기의 구조 ——— 165
　　2.2.1. 회전부품 ………………… 166
　　2.2.2. 고정부품 ………………… 168
　　2.2.3. 맞물림 기구(치합기구) … 170

2.2.4. 오버런닝 클러치 176
2.2.5. 감속 기어식 시동전동기 177

3. 전동기의 시험 ——————— 181
3.1. 무부하 시험 ——————— 181
3.2. 시동전동기의 토크시험 ——— 182
3.3. 시동전동기의 부하시험 ——— 183
3.4. 축전지 전압강하 시험 ——— 184
3.5. 시동 전동기의 전류 소모시험
　　 (부하시험) ——————— 185

4. 고장진단 및 정비 ——————— 186
4.1. 시동전동기의 고장원인 ——— 186
4.2. 기동전동기가 작동하지 않을 때 — 186
　4.2.1. 외부에 고장이 있을 때 186
　4.2.2. 기동전동기 자체 고장시 187

4.3. 기동전동기의 회전이 느린 경우 — 187
4.4. 기동전동기가 회전은 하지만 링 기어
　　 와 피니언기어가 물리지 않을 때 — 188
4.5. 기동전동기가 회전한 후 정지하지
　　 않을 때 ——————————— 188
　◆ 연습문제 ——————————— 189

05 충전장치
CHAPTER

1. 충전장치의 개요 ——————— 191
2. 발전기의 원리 ——————— 192

2.1. 발전기와 플레밍의 오른손
　　 법칙 ——————————— 192
2.2. 발전기와 렌쯔의 법칙 ——— 194
2.3. 실제 자동차의 발전기원리 — 194
　2.3.1. 로터회전과 기전력의 발생 194
　2.3.2. 3상 교류의 발생 196
　2.3.3. 발전기의 정류작용 197

3. 발전기의 구조와 작용 ——————— 201
3.1. 발전기의 개요 ——————— 201
　3.1.1. 발전기의 구비조건 201
　3.1.2. 자가용 발전기의 특징 201
　3.1.3. 직류와 교류발전기의 비교 201

3.2. 직류발전기 ——————— 202
　3.2.1. 직류발전기 분류 202
　3.2.2. 직류발전기 조정기 203

3.3. 교류발전기 ——————— 204
　3.3.1. 스테이터(stator) 205
　3.3.2. 로터(rotor) 207
　3.3.3. 다이오드(diode) 208
　3.3.4. 브러시(brush) 209
　3.3.5. 엔드프레임(end frame) 210
　3.3.6. 냉각팬 풀리 210

3.4. 교류발전기의 작동 ——————— 211

3.4.1. IC 레귤레이터방식의 작동
　　　　원리 ································ 211

4. 발전기의 출력전압 파형 ──── 213
4.1. 접점식 조정기 ──────── 214
4.2. 트랜지스터식 전압조정기 ─── 214
　4.2.1. 반 트랜지스터식 전압조정기 · 214
　4.2.2. 전 트랜지스터식 전압조정기 · 215

4.3. IC식 전압조정기 ─────── 217

5. 충전장치의 고장 ──────── 217
5.1. 충전 불량 ──────────── 217
5.2. 과충전시 불량 ────────── 217
5.3. 충전장치 소음 ──────── 217

6. 교류발전기의 점검 및 정비 ─── 218
6.1. 교류발전기의 출력 전류측정 ── 218
　6.1.1. 시험전 준비내용 ·············· 218
　6.1.2. 전류측정 ······················ 218
　6.1.3. 전류측정시 주의사항 ········· 219

6.2. 조정전압의 점검 ─────── 219
　6.2.1. 전압이 낮거나 또는 불안정한
　　　　경우 ···························· 219
　6.2.2. 전압이 높을 경우 ············ 219

7. 발전기의 출력전압 파형 ───── 220
　◎ 연습문제 ──────────── 222

06 점화장치
CHAPTER

1. 점화장치의 개요 ──────── 223
1.1. 점화장치의 요구조건 ────── 224
1.2. 점화장치의 분류 ──────── 224
1.3. 연소와 점화시기 ───────── 224
　1.3.1. 점화시기의 필요성 ············ 225
　1.3.2. 연소과정과 적정 점화시기 ···· 226
　1.3.3. 엔진 회전변동에 따른 진각 ··· 227

2. 불꽃과 고압의 발생원리 ───── 230
2.1. 고압의 발생원리 ──────── 231
　2.1.1. 자기 인덕턴스 효과와 상호
　　　　인덕턴스 효과 ················ 231
　2.1.2. 점화 요구전압 ················ 233
　2.1.3. 점화장치의 회로 ·············· 237
　2.1.4. 점화 스코프 파형 ············· 238

2.2. 상호유도 작용 ───────── 239
2.3. 코일의 자기유도 작용 ───── 240
2.4. 점화코일 발생전압의 극성── 241

3. 점화장치의 구조와 작동 ───── 243
3.1. 점화장치의 구성 ──────── 243
3.2. 점화코일(ignition coil) ─── 244
　3.2.1. 개자로형 점화코일 ·········· 245
　3.2.2. 폐자로형 점화코일 ·········· 248

3.3. 배전기(distributor) ── 249
　3.3.1. 배전기의 고전압 분배 ……… 249
　3.3.2. 배전기 분류 ……………… 251
　3.3.3. 배전기구 및 단속기구 ……… 251
　3.3.4. 진각기구 ………………… 263

3.4. 점화플러그(spark plug) ── 280
　3.4.1. 점화플러그 개요 …………… 280
　3.4.2. 점화플러그 열가에 따른
　　　　 분류 ………………………… 283
　3.4.3. 점화플러그의 요구 특성 …… 284
　3.4.4. 점화플러그의 불꽃 요구전압 · 286
　3.4.5. 점화플러그의 열가와 온도 … 291
　3.4.6. 점화플러그의 착화성 ……… 296
　3.4.7. 저항 삽입형 플러그 ………… 304
　3.4.8. 점화플러그의 형식 ………… 306

4. 트랜지스터식 점화장치 ────── 308
4.1. 트랜지스터식 점화장치의 특성 ── 308
　4.1.1. 트랜지스터식 점화장치의
　　　　 장점 ………………………… 308
　4.1.2. 트랜지스터의 동작 …………… 310

4.2. 점화신호 발전기구 ─────── 313
　4.2.1. 전자파 차단식 ……………… 313
　4.2.2. 신호 발전식 ………………… 313
　4.2.3. 광선 차단식 ………………… 314

4.3. 신호발전기 ───────── 314
　4.3.1. 신호발전기의 작동원리 …… 314
　4.3.2. 신호발전기에 의한 파워 TR의
　　　　 작동원리 …………………… 317
　4.3.3. 신호 발생상태에 따른 고압의
　　　　 발생원리 …………………… 317

4.4. 트랜지스터식의 제어회로 ──── 322
　4.4.1. 록 전류 방지회로 …………… 322
　4.4.2. 트랜지스터식의 스위칭
　　　　 증폭회로 …………………… 323

5. 전자 배전식 점화장치(DLI) ──── 326
5.1. DLI의 개요 ─────────── 326
5.2. 전자 배전식 점화장치의 종류 ── 327
　5.2.1. 동시 점화방식 ……………… 328
　5.2.2. 독립 점화방식 ……………… 329

5.3. 전자 배전식 동시 점화장치 ── 329
　5.3.1. 압축압력과 점화코일 전압 … 329
　5.3.2. 크랭크 포지션센서(CPS) …… 331
　5.3.3. 크랭크각 센서(CAS) ………… 334
　5.3.4. 점화시기 제어 ……………… 335

5.4. 전자 배전식 독립 점화장치 ── 336

6. 고압케이블 ─────────── 336
6.1. 보통 고압케이블 ────────── 337

6.2. TVRS 케이블 ──────── 337

◆ 연습문제 ──────── 338

07 자동차 차체 전기장치
CHAPTER

1. 자동차용 전선 ──────── 339
   1.1. 전선의 종류 ──────── 339
   1.2. 전선 호칭치수에 따른 규격과
        허용전류 ──────── 340
   1.3. 전선 피복의 색 분류 ──────── 340
   1.4. 자동차 배선 ──────── 341
      1.4.1. 배선 및 배선구분 ──────── 341
      1.4.2. 하네스 커넥터 구별 ──────── 341
      1.4.3. 배선의 방식 ──────── 342

   1.5. 조명 용어 ──────── 343
      1.5.1. 광속 ──────── 343
      1.5.2. 광도 ──────── 343
      1.5.3. 조도 ──────── 343

2. 등화장치 ──────── 343
   2.1. 램프용 전구의 종류 ──────── 344
   2.2. 전조등 ──────── 345
      2.2.1. 전조등의 구성 ──────── 345
      2.2.2. 전조등의 회로 ──────── 346
      2.2.3. 전조등시험 ──────── 347
      2.2.4. 할로겐램프 ──────── 349

   2.2.5. 방전헤드 램프(HID) ──────── 349

   2.3. 방향지시등 ──────── 351
   2.4. 안개등 ──────── 352
   2.5. 미등 ──────── 352
   2.6. 번호판등 ──────── 352
   2.7. 제동등 ──────── 352

3. 안전장치 ──────── 353
   3.1. 윈드실드 와이퍼 ──────── 353
      3.1.1. 링크기구 ──────── 353
      3.1.2. 와이퍼 암 및 블레이드 ──────── 354

   3.2. 경음기 ──────── 354
      3.2.1. 공기식 경음기 ──────── 355
      3.2.2. 전기식 경음기 ──────── 355

4. 계기류 ──────── 357
   4.1. 스피드미터 ──────── 357
      4.1.1. 자기식 스피드미터 ──────── 357
      4.1.2. 전기식 스피드미터 ──────── 358
      4.1.3. 전자식 스피드미터 ──────── 358
      4.1.4. 적산거리계 ──────── 358
      4.1.5. 구간 거리계 ──────── 359

   4.2. 냉각수온 미터 ──────── 359
      4.2.1. 바이메탈식 ──────── 359
      4.2.2. 코일식 ──────── 359
      4.2.3. 경고등식 ──────── 360

4.3. 연료미터 ———————— 362
  4.3.1. 바이메탈식 ················· 362
  4.3.2. 코일식 ························ 362
  4.3.3. 서미스터식 경고등 ········· 363

4.4. 유압 경고등 ———————— 364
  4.4.1. 바이메탈식 ··················· 364
  4.4.2. 밸런싱 코일식 ··············· 364
  4.4.3. 유압경고등 ··················· 365

4.5. 브레이크액 부족 경고등 ——— 366
4.6. 윈드실드 와셔액 부족 경고등 — 366
4.7. 정지등 및 후미등의 단선 경고등 · 366
  4.7.1. 정상 작동상태 ················ 367
  4.7.2. 전구의 소손이 발생한 경우 ·· 367

4.8. 디스크 패드마모 경고등 ——— 368
  ◎ 연습문제 ························· 369

부록(공학문제 계산공식)
CHAPTER

1. 수학공식 ———————————— 371
1.1. 기하학 ——————————— 371
1.2. 대수학 ——————————— 372
1.3. 삼각법 ——————————— 373
  1.3.1. 특수각에 대한 삼각함수 ······· 373
  1.3.2. 호도와 각도 ··················· 373
  1.3.3. 기본 항등식 ··················· 374

1.3.4. 두 각의 합과 차에 관한 공식 374
1.3.5. 각의 환원관계 ··············· 374
1.3.6. 배각의 공식 ················· 375
1.3.7. 반각의 공식 ················· 375
1.3.8. 합의 공식 ··················· 375
1.3.9. 적(곱)의 공식 ··············· 375
1.3.10. 역삼각함수의 공식 ········· 376
1.3.11. 임의의 삼각형에 관한 공식 ·· 376

1.4. 평면해석학 ———————— 377
1.5. 미분법 및 적분법 —————— 378
  1.5.1. 미분법의 기본공식 ··········· 378
  1.5.2. 부정적분의 기본공식 ········· 378
  1.5.3. 정적분의 정의 ················ 379
  1.5.4. 정적분의 기본공식 ··········· 379

1.6. 탱크용량 계산 ——————— 379

2. 공학에 이용되는 특수문자 ——— 381
2.1. 희랍문자 —————————— 381
2.2. 접두어 ——————————— 382
2.3. MKS 단위계 ———————— 382

3. 단위 환산표 ————————— 383
3.1. SI 기본단위 ———————— 383
3.2. SI 보조단위 ———————— 383
3.3. SI 유도 단위의 보기 ———— 384
3.4. 고유 명칭을 가진 SI 유도단위 — 384

3.5. 인체의 보건 안정상 사용되는
    고유 명칭을 가진 SI 유도단위 ── 384
3.6. 고유 명칭을 사용하여 표시되는
    SI 유도단위의 표기 ──────── 385
3.7. SI 단위의 접두어 ─────────── 386
3.8. 국제단위계와 병용하는 단위 ── 386
3.9. SI 단위와 병용하여도 좋은
    단위 ──────────────────── 387
3.10. 당분간 SI단위와 병용하여도
    좋은 단위 ────────────── 387
3.11. 주요 단위 환산표 ─────────── 388
   3.11.1. 미터계 단위 ················ 388
   3.11.2. 야드, 파운드계 단위 ········ 389

3.12. 단위 환산율표 ─────────── 391
3.13. SI, CGS 공학 단위 비교표 ── 394
3.14. 자동차에 흔히 쓰이는 단위의
    국제단위계(SI)로의 환산표 ── 394
3.15. 국제단위계(SI)로의 환산표 ── 395
3.16. 금속 및 준금속의 물리적
    성질 ─────────────────── 400

4. 원소기호 및 원자량 ──────── 401

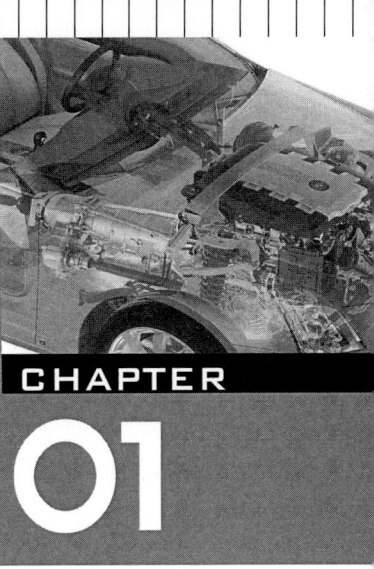

CHAPTER 01 자동차 전기의 기초

1. 전기의 기본법칙

1.1. 옴의 법칙(Ohm's Law)

전기회로에서는 흐르는 전압, 전류, 저항사이에는 다음과 같은 일정한 관계가 있다. 즉,「도체에 흐르는 전류는 도체에 가해진 전압에 비례하고, 그 도체의 저항에 반비례 한다」. 이 관계는 1827년 독일의 물리학자 옴(Ohm)에 의해 전류, 저항사이의 일정한 관계를 가지고 있다는 사실을 처음으로 발견한 것으로 옴의 법칙이라고 한다.

$$I[A] = \frac{E[V]}{R[\Omega]} \quad \cdots\cdots (1-1)$$

I : 도체에 흐르는 전류(A)
E : 도체에 가해진 전압(V)
R : 그 도체의 저항(Ω)

위 식을 변형시키면

$$R[\Omega] = \frac{E[V]}{I[A]} \quad \cdots\cdots (1-2)$$

$$E[\text{V}] = I[\text{A}] \times R[\Omega] \quad\cdots\cdots\cdots\cdots\cdots\cdots\cdots\cdots\cdots\cdots\cdots\cdots\cdots\cdots\cdots\cdots\cdots\cdots\cdots\cdots\cdots\cdots\cdots\cdots\cdots\cdots\cdots (1\text{--}3)$$

이 된다.

이상의 3가지 식에서 전압, 전류, 저항 가운데에서 어느 것이든 두 가지만 알면 나머지 하나도 알 수 있다. 또한 전압(E)은 회로 중의 저항(R)에 I의 전류가 흐르면 이 저항의 양끝에서 E= IR(V)의 전압이 소비되는 것을 의미한다. 또 저항 R인 도체에 I의 전류를 흐르게 하기 위해서는 E의 전압이 필요하다는 것을 의미한다.

 전압, 저항과 전류와의 관계
① 전압(V: 작업 완수) : 전압이 높을수록 전류는 커진다.
② 저항(R: 작업 방해) : 저항이 낮을수록 전류는 커진다.
③ 전류(I; 작업 완수능력) : 전류가 낮을수록 전압은 낮아진다.

1.2. 저항연결의 종류

저항을 연결하는 방법에는 둘 이상의 저항을 차례로 이어 전기회로의 전 전류가 각 저항을 순차로 흐르게 하는 직렬접속과 둘 이상의 양 끝을 두 점에서 이어 회로의 전 전류가 각 저항에 나누어 흐르게 되는 병렬접속이 있고 또, 직렬과 병렬접속을 혼합한 직·병렬접속이 있다. 어느 접속이든지 전체의 저항(R)은 전압(E)을 전류(I)로 나눈 $R = E/I[\Omega]$ 이 되며, 회로의 저항 전체를 합성하는 경우에는 이를 합성저항 또는 전 저항(total resistance)이라고 한다.

1.2.1. 직렬연결(series connection)

몇 개의 저항을 한 줄로 접속하는 것을 직렬연결이라고 한다. 그림 1-1과 같이 2개의 전구 저항을 직렬 연결하면 각 저항에 흐르는 전류는 일정하고 각 저항에는 전원전압(電源電壓)이 나누어져 흐르게 된다.

그리고 회로의 합성저항은 각 저항의 합과 같으므로 직렬연결에서 각각의 저항에 흐르는 전류는 같으며 각 저항에 공급되는 전압의 합은 전원전압과 같다. 자동차에서는 수온게이지와 수온센서, 연료게이지와 연료계 유닛저항 등이 직렬연결이다.

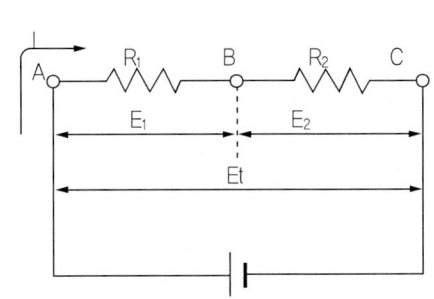 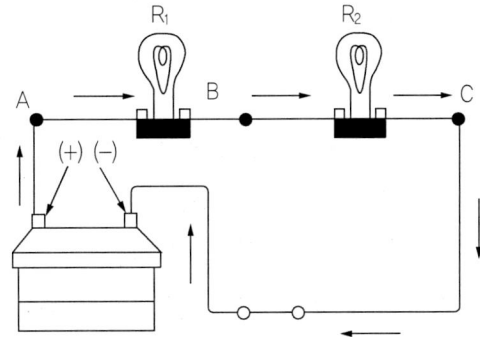

[그림 1-1] 직렬연결

 직렬연결의 특징

① 합성저항은 각 저항의 합과 같다.
② 어느 저항에서나 똑같은 전류가 흐른다.
③ 각 저항에 걸리는 전압의 합은 전원전압과 같다.
④ 동일한 전원을 연결하면 전압은 개수의 배가되고 용량은 1개일 때와 같다.
⑤ 서로 다른 전원을 연결하면 전압은 각 전압의 합과 같고 용량은 평균값으로 된다.
⑥ 큰 저항과 매우 작은 저항을 연결하면 매우 작은 저항은 무시된다.

직렬연결에서는 어느 저항에서나 항상 똑같은 전류가 흐른다. 즉, R_1에 흐르는 전류와 R_2에 흐르는 전류는 같다. 앞쪽의 그림 1-1에서 각 저항의 양끝의 전압을 E_1, E_2라고 하면 옴의 법칙에 따라

$$E_1 = IR_1 \quad \cdots\cdots\cdots\cdots (1\text{-}4)$$

$$E_2 = IR_2 \quad \cdots\cdots\cdots\cdots (1\text{-}5)$$

가 된다. 따라서

$$E = E_1 + E_2 = IR_1 + IR_2 = I(R_1 + R_2) \quad \cdots\cdots\cdots\cdots (1\text{-}6)$$

이 되므로 A와 C사이의 합성저항을 R이라고 하면 $E = IR$이 되어 $IR = I(R_1 + R_2)$이므로

$$R = R_1 + R_2 \quad \cdots\cdots\cdots\cdots (1\text{-}7)$$

가 된다. 따라서 n개의 저항 R_1, R_2, R_3 ……, R_n을 직렬로 연결하였을 때 합성저항(R)은 각 저항의 합과 같게 되므로

$$R = R_1 + R_2 + R_3 + \cdots\cdots + R_n \quad\cdots\cdots\cdots\cdots\cdots\cdots (1-8)$$

으로 되어 직렬연결의 합성저항은 각 저항의 어느 하나보다 크게 된다.

[예제 1] 그림과 같은 직렬 회로에서 12V의 축전지에 R_1 = 6Ω, R_2 = 8Ω, R_3 = 10Ω의 저항을 직렬로 접속하였을 때 흐르는 전류의 세기를 구하라.

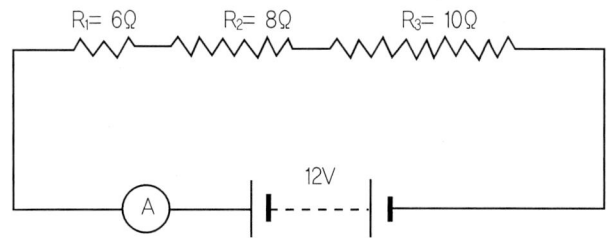

풀이 합성저항을 먼저 구한 후, 옴의 법칙으로 전류를 구한다.

① 합성저항 : R = 6Ω + 8Ω + 10Ω = 24Ω

② 전압 E= 12V이므로 옴의 법칙에 따라 $I = \dfrac{E}{R}$ 이므로 흐르는 전류는

$$I = \frac{12V}{24\Omega} = 0.5A$$

[예제 2] 아래 그림에서 각각의 저항의 양끝에 걸리는 전압 E_1, E_2, E_3은 몇 볼트(V)인가 ?

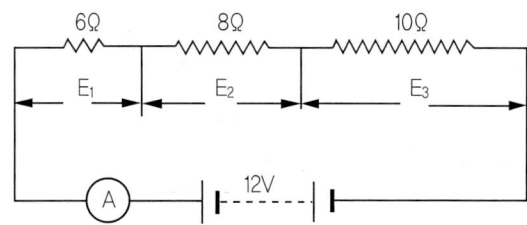

> **풀이** 각각의 저항에는 같은 세기의 전류가 흐르고 있으므로 다음의 순서로 푼다.
>
> ① 합성저항을 구한다. 첫 번째 예제에서 합성저항이 24Ω이다.
>
> ② 회로에 흐르는 전류를 구한다. 첫 번째 예제에서 전류 I= 0.5A이다.
>
> ③ 각 저항의 전압을 옴의 법칙에 따라서 구한다. 옴의 법칙 E= IR에 대입한다.
>
> E_1= 0.5A×6Ω = 3V
> E_2= 0.5A×8Ω = 4V
> E_3= 0.5A×10Ω = 5V

1.2.2. 병렬연결(parallel connection)

몇 개의 저항을 그림 1-2와 같이 접속한 것을 병렬연결이라고 한다. 모든 저항을 두 단자에 공통으로 연결하는 것으로 적은 저항을 얻고자 할 경우 즉, 전류를 이용할 때 병렬연결을 사용한다. 2개의 저항에는 어느 것이나 같은 전압이 작용하며, 병렬 연결하는 전기장치의 전압은 전원전압과 같아야 한다.

따라서 전원에서 나오는 전류는 각 전장품에 흐르는 전류의 합이 되므로 병렬연결한 전기장치가 많을 경우에는 용량이 큰 전원을 사용하여야 한다. 자동차는 헤드램프, 턴 시그널램프, 테일램프 등, 대부분의 부품이 병렬연결이다. 그림 1-2와 같이 A, B사이에 전압 E를 가하면 각 저항 R_1, R_2에는 똑같은 전압이 가해지므로 각 회로의 전류는 옴의 법칙에 따라 다음과 같이 구할 수 있다.

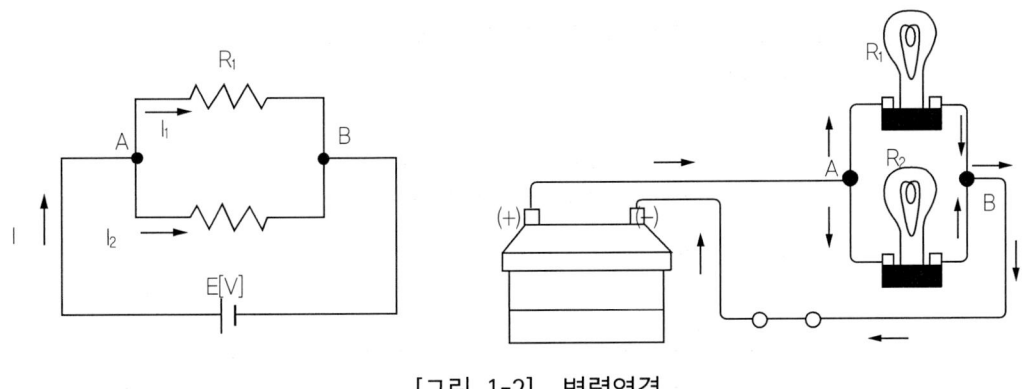

[그림 1-2] 병렬연결

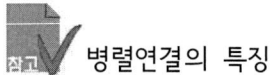 **병렬연결의 특징**

① 어느 저항에서나 똑같은 전압이 가해진다.
② 합성저항은 각 저항의 어느 것보다도 작다.
③ 저항이 감소하는 것은 전류가 나누어져 저항 속을 흐르기 때문이다.
④ 각 회로에 흐르는 전류는 다른 회로의 저항에 영향을 받지 않으므로 양끝에 걸리는 전류는 상승한다.
⑤ 동일한 전원을 연결할 경우 전압은 1개일 때와 같으나 용량은 개수의 배가된다.
⑥ 매우 큰 저항과 적은 저항을 연결하면 그 중에서 큰 저항은 무시된다.

그리고 A점에 유입된 전류를 I라고 하면, I는 A에서 나누어져 I_1, I_2가 되어 각 저항을 흐르므로 I는 I_1과 I_2의 합과 같다.

즉,

$$I = I_1 + I_2 \quad \cdots\cdots\cdots (1-9)$$

가 되고

$$I = \frac{E}{R_1} + \frac{E}{R_2} = E\left(\frac{1}{R_1} + \frac{1}{R_2}\right) \quad \cdots\cdots\cdots (1-10)$$

이 된다. 그리고 A, B의 사이의 합성저항을 R이라고 하면

$$I = \frac{E}{R} \quad \cdots\cdots\cdots (1-11)$$

가 되며

$$\frac{E}{R} = E\left(\frac{1}{R_1} + \frac{1}{R_2}\right) \quad \cdots\cdots\cdots (1-12)$$

이므로

$$\frac{1}{R} = \frac{1}{R_1} + \frac{1}{R_2} \quad \cdots\cdots\cdots (1-13)$$

이 된다.

따라서 n개의 저항 R_1, R_2, R_3……, R_n을 병렬로 접속하였을 경우 그 합성저항을 R이라고 하면

$$\frac{1}{R} = \frac{1}{R_1} + \frac{1}{R_2} + \frac{1}{R_3} + \cdots\cdots + \frac{1}{R_n} \quad \cdots\cdots\cdots\cdots (1\text{-}14)$$

가 된다.

[예제 3] 합성저항 R은 몇 Ω인가?

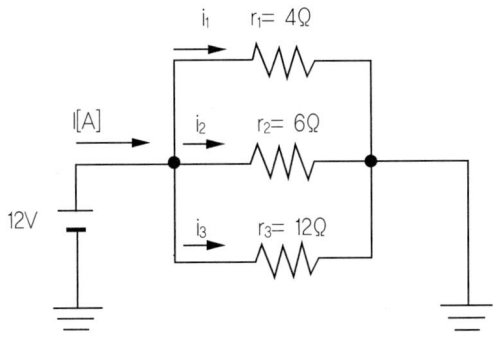

풀이 $i_1 = \dfrac{E}{r_1} = \dfrac{12}{4} = 3A$

$i_2 = \dfrac{E}{r_2} = \dfrac{12}{6} = 2A$

$i_3 = \dfrac{E}{r_3} = \dfrac{12}{12} = 1A$

$I = i_1 + i_2 + i_3 = 6A$

$\therefore R = \dfrac{E}{I} = \dfrac{12}{6} = 2\,\Omega$

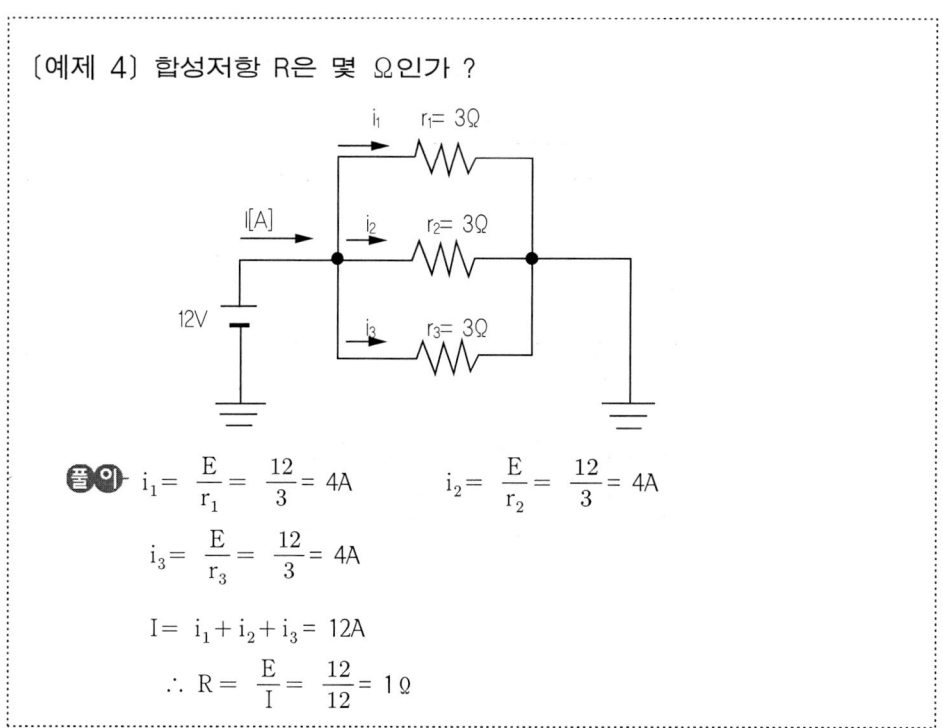

1.2.3. 직·병렬연결

직·병렬연결이란 직렬과 병렬연결을 혼합한 것이다. 합성저항은 직렬 합성저항과 병렬 합성저항을 더한 값이 되며 회로에 흐르는 전류와 전압이 상승한다.

그림에서 합성저항은 $R = \dfrac{1}{\dfrac{1}{R_1} + \dfrac{1}{R_2}} + R_3 + R_4$ 로 나타낼 수 있다.

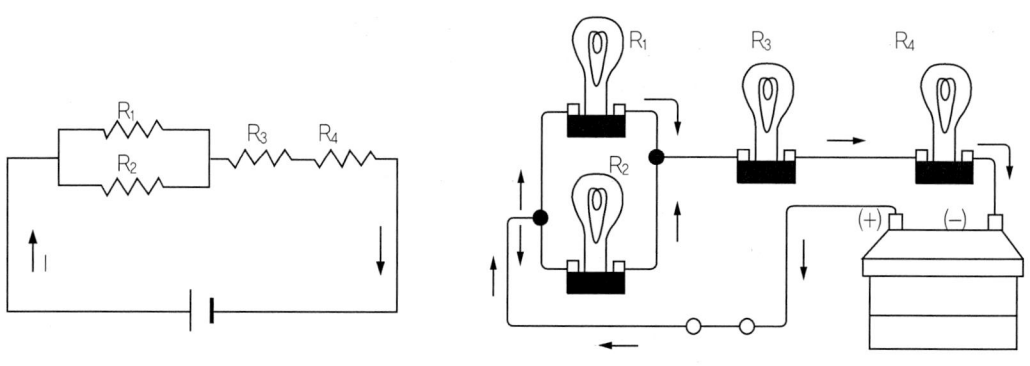

[그림 1-3] 저항의 직·병렬연결

〔예제 5〕 그림과 같이 저항을 연결하였을 경우 합성저항을 구하라.

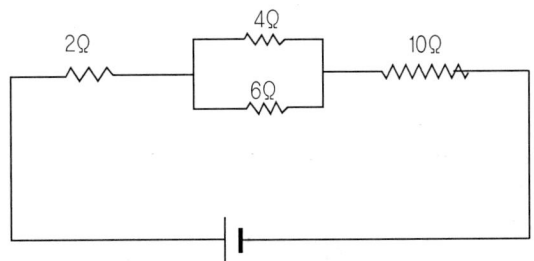

풀이 ① 직·병렬연결이므로 먼저 병렬 합성저항을 구한다.

$$\frac{1}{R} = \frac{1}{4} + \frac{1}{6} = \frac{3}{12} + \frac{2}{12} = \frac{5}{12}$$

$$\therefore 합성저항\ R = \frac{12}{5} = 2.4\,\Omega$$

② 직·병렬 합성저항 R= 2Ω +2.4Ω +10Ω = 14.4Ω

〔예제 6〕 다음 회로에 흐르는 전류는 ?

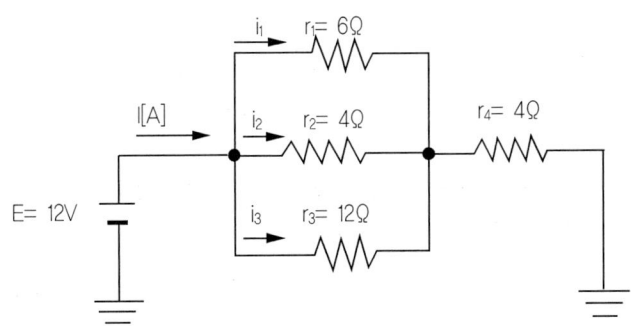

I´ : r₄가 없을 때 회로에 흐르는 전류
R´ ; r₁, r₂, r₃의 합성저항
R : 회로 전체의 합성저항

풀이 ① A안(우선 r₁, r₂ 및 r₃의 합성 저항치를 구한다)

$$i'_1 = \frac{E}{r_1} = \frac{12}{6} = 2A$$

$$i'_2 = \frac{E}{r_2} = \frac{12}{4} = 3A$$

$$i'_3 = \frac{E}{r_3} = \frac{12}{12} = 1A$$

$$I' = i'_1 + i'_2 + i_3 = 2+3+1 = 6A$$

$$R' = \frac{E}{I} = \frac{12}{6} = 2\,\Omega$$

$$R = R' + r_4 = 2+4 = 6[\Omega]$$

$$\therefore I = \frac{E}{R} = \frac{12}{6} = 2A$$

② B안

$$R = \frac{1}{\frac{1}{r_1}+\frac{1}{r_2}+\frac{1}{r_3}} = \frac{1}{\frac{1}{6}+\frac{1}{4}+\frac{1}{12}} = \frac{1}{\frac{2+3+1}{12}} = \frac{1}{\frac{6}{12}} = \frac{1}{\frac{1}{2}}$$

$$= 2\,\Omega$$

$$R = R' + r_4 = 2+4 = 6[\Omega]$$

$$\therefore I = \frac{E}{R} = \frac{12}{6} = 2A$$

1.3. 전기의 측정방법

1.3.1. 전류의 측정방법

전류의 측정은 그림 1-4와 같이 A와 B에 연결된 배선을 분리하고 전류계의 단자를 회로에 직렬로 연결하여야 한다. 배선은 전류계에 전류가 흘러 들어가는 방향(A)에 (+)단자를 연결하고, 그 반대쪽(B)에 (−)단자를 연결하여 측정한다.

전류계 및 전압계는 측정할 수 있는 정격값이 정해져 있으므로 측정할 때 사용하는 최대측정값을 넘지 않도록 주의하여야 한다. 그리고 전류계 자체의 내부저항은 매우 작아 0에 가까우므로 전류계를 잘못 접속하여 병렬로 연결하면 전류계가 손상된다.

1.3.2. 전압의 측정방법

전압측정은 그림 1-5와 같이 회로의 A와 B에 병렬로 연결하여야 하며, 전압계의 단자는 전원 측에 (+)단자를 연결하고 접지 측에 (−)단자를 연결하여 측정한다.

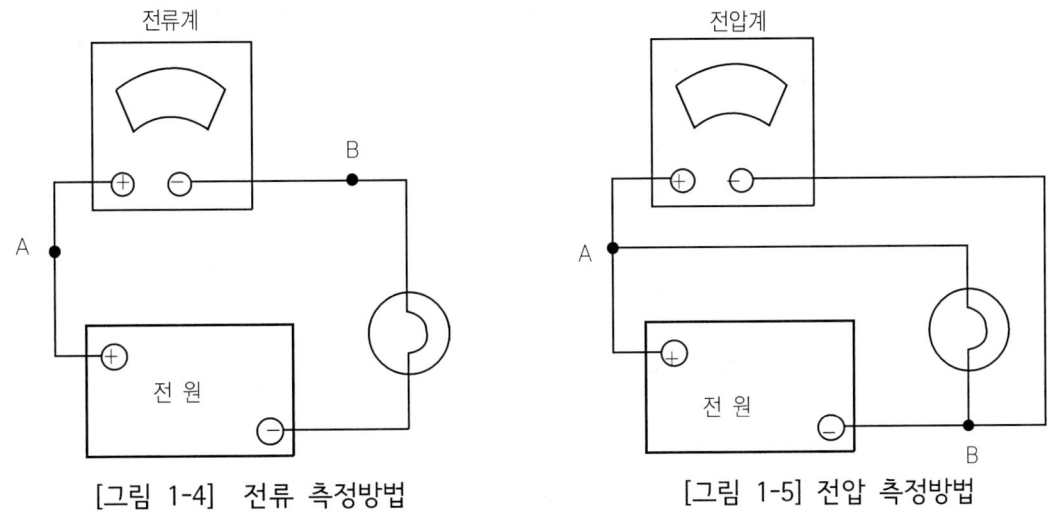

[그림 1-4] 전류 측정방법   [그림 1-5] 전압 측정방법

1.3.3. 저항의 측정방법

저항 측정은 그림 1-6과 같이 먼저 회로에서 측정 물체를 분리한 후에 측정하려고 하는 양 끝에 저항계를 연결하여 측정한다. 저항측정 시에는 내부에 들어 있는 건전지를 이용하여 계기판 지침이 움직이도록 되어 있어 각 위치마다 0점 조정을 한 후에 측정하여야 한다. 특히, 저항측정 시에는 자동차용 축전지의 전원스위치를 끄거나 축전지 단자를 분리 후에 측정한다. 저항계의 소손을 가져올 수 있다.

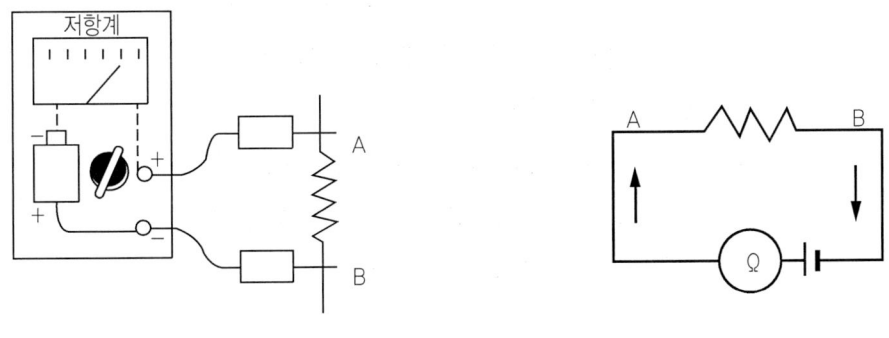

[그림 1-6] 저항 측정방법

1.3.4. 전압강하

전원에서 전기 에너지를 소비하는 부하에 전류가 흐를 때에는 도중의 전선저항(R) 때문에 전압이 소비되며, 이 전압은 전원에서 진행됨에 따라 점차로 낮아진다. 그림 1-7과 같이 단자 전압인 전원으로부터 전선을 연결하여 전구에 전류를 흐르게 하는 경우, 전선 한 줄의 저항을 표시하고 부하에 전류가 흘렀다고 하면 I·R의 전압이 소비되며 (+), (-)왕복 두 줄에서는 I·R 이 되기 때문에 부하의 c, d 양끝의 전압 E_L= E-2(I·R)이 된다.

이와 같이 전원에 주어진 전압은 부하쪽으로 나감에 다라 점차 낮아지고 부하 전압은 E_L은 그림 1-7(b)과 같이 된다. 즉 이 전압의 저하는 회로의 진행 중에 소비된 전압에 의해 생기는 것이다. 이와 같이 전기회로에서 사용하고 있는 전선의 저항이나 회로 접속부의 접촉저항 등으로 소비되는 전압을 그 저항에 의한 전압강하(voltage drop)라고 한다. 전압강하는 직렬연결 시 많이 발생하며, 전압강하가 커지면 전장품의 기능이 저하하므로 배선에 사용하는 전선의 굵기는 알맞은 것을 사용하여야 한다. 저항이 있는 전기회로에 전류가 흐르면 그 저항의 양끝에 걸리는 전압이 낮으므로 전원 측에서 공급하는 전압은 모두 부하저항(負荷抵抗)에서 강하하므로 부하 저항에 걸린 전압의 총합은 전원전압과 같다.

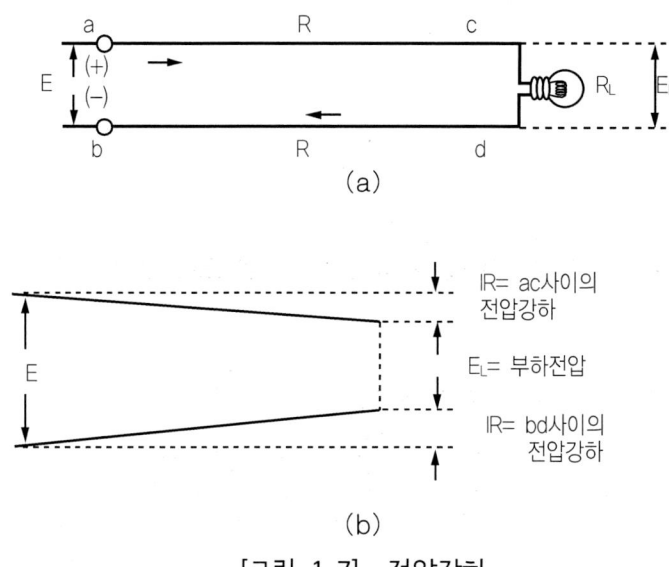

[그림 1-7] 전압강하

그림 1-8과 같이 동일한 20Ω의 전구에 40Ω의 저항을 연결했을 때 전구의 밝기가 감소한다. 그 이유는 20 + 40 = 60Ω으로 저항이 증가하므로 흐르는 전류는 I = E/R에서 12/60 = 0.2A로 흐르는 전류가 감소하기 때문이다.

방법을 바꾸어 공급전압이 12V일 때 A와 B사이의 전압은 $I \times r_1 = 0.2 \times 40 = 8V$이고, B와 C사이의 전압은 $I \times r_2 = 0.2 \times 20 = 4V$가 된다. 따라서 전구에 인가되는 전압이 8V에서 4V로 낮아졌기 때문에 전구의 밝기는 감소하는 것이다. 자동차의 전기회로 중에서의 전압강하는 축전지 단자, 스위치, 배선 접속부 등에서 발생하기 쉽다.

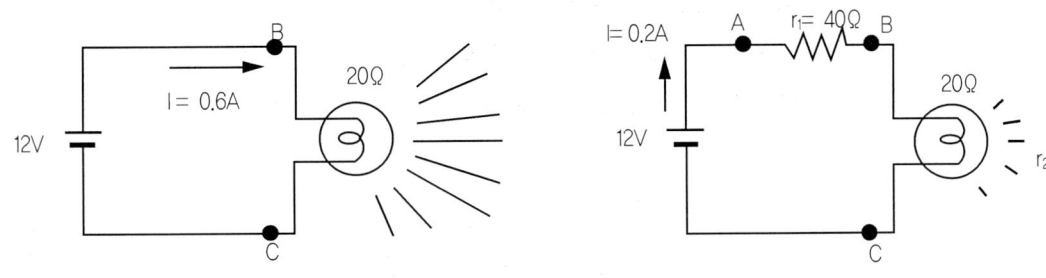

(a) 저항이 없을 때 전구밝기   (b) 저항이 있을 때 전구밝기

[그림 1-8] 전압강하

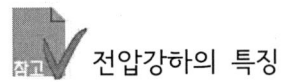 전압강하의 특징

① 저항을 통하여 전류가 흐르면 전압강하가 발생한다.
② 전류가 크고 저항이 클수록 전압강하도 커진다.
③ 회로에서 전압강하의 총합은 회로의 공급전압과 같다.
④ 불완전한 접속 또는 저항이 증가한 경우, 전장품에 인가되는 전압이 낮아짐으로써 작동불량을 유발한다.

[예제 7] 다음 회로에서 전류계와 전압계의 지시치는 ?

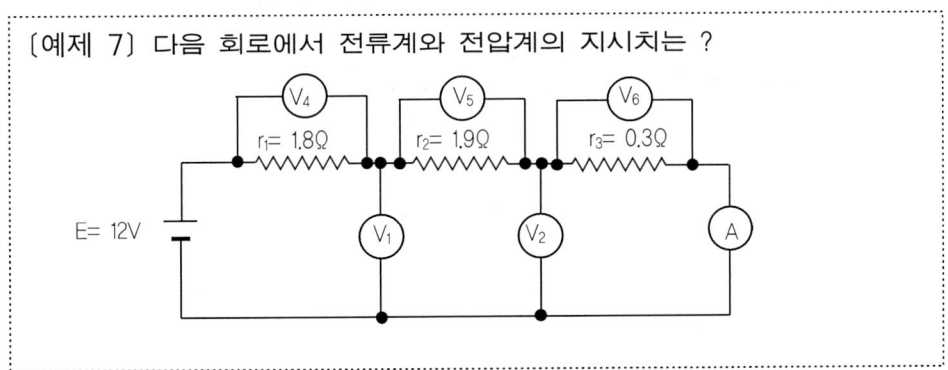

풀이 회로의 합성저항 $R = r_1 + r_2 + r_3 = 1.8 + 1.9 + 0.3 = 4\,\Omega$

$$I = \frac{E}{R} = \frac{12}{4} = 3A$$

따라서 전류계는 3[A]를 가리키고, 각 전압계의 지시치는 다음과 같다.

$V_1 = I \times r_1 = 3 \times 1.8 = 5.4V$ $\qquad V_2 = I \times r_2 = 3 \times 1.9 = 5.7V$

$V_3 = I \times r_3 = 3 \times 0.3 = 0.9V$ $\qquad V_4 = E - V_1 = 12 - 5.4 = 6.6V$

$V_5 = E - V_1 - V_2 = 12 - 5.4 - 5.7 = 0.9V$

〔예제 8〕 다음 회로에서 전류계와 전압계의 지시치는 ?

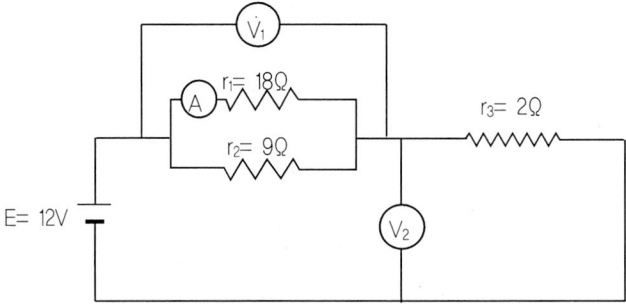

풀이 회로의 합성저항

$$R = \frac{1}{\frac{1}{r_1} + \frac{1}{r_2}} + r_3 = \frac{1}{\frac{1}{18} + \frac{1}{9}} + 2 = \frac{1}{\frac{1+2}{18}} + 2 = \frac{1}{\frac{3}{18}} + 2 = 6 + 2 = 8\,\Omega$$

전류 $I = \dfrac{E}{R} = \dfrac{12}{8} = 1.5A$

$\therefore V_1 = I \times (r_1\text{과 } r_2\text{의 합성저항}) = 1.5 \times 6 = 9V$

$\therefore V_2 = E - V_1 = 12 - 9 = 3V \,(V_2 = I \times r_3 = 1.5 \times 2 = 3V)$

$\therefore I = \dfrac{V_1}{r_1} = \dfrac{9}{18} = 0.5A$

CHAPTER 02

전기 · 전자시스템

1. 전기의 발생

전기현상은 물질속의 전자의 이동에 의하여 전기가 발생되는데, 전기적으로 중성인 물체가 전자를 빼앗기면 (+)로, 전자를 얻으면 (-)로 전기를 띠는 현상을 전기의 발생이라 한다.

1.1. 마찰전기

[1] 마찰전기(friction electric)

두 물체를 마찰시킬 때, 한 쪽에는 양전하(陽電荷; +)가, 다른 쪽에는 음전하(陰電荷; -)가 되는데 이 현상을 마찰전기라 한다.

[2] 대전(electric charge)

물체가 전기를 띠는 현상을 대전이라 하며, 대전된 물체를 대전체(帶電體; electric charged body)라 한다.

1.1.1. 도체와 부도체

[1] 도체(conductor)

전기를 잘 통하는 물체로 자유전자를 많이 갖고 있다.

[2] 부도체(nonconductor)

전기를 잘 통하지 못하는 물체로 자유전자가 없다.

[3] 반도체(semiconductor)

도체와 부도체의 중간인 것으로 조건에 따라 그 성질이 변한다.

[4] 절연체(insulator)

부도체가 전기가 필요하지 않는 곳에 전기가 흐르는 것을 막기 위해서 사용될 때에는 절연체라 한다.

[5] 도체의 성질

① 도체 내부에서 전기장의 세기는 0이다(E= 0).
② 도체 내부와 표면은 등전위면을 이룬다(V= 일정).
③ 도체에 대전된 전하는 표면에만 분포한다.
④ 도체표면의 뾰족한 곳에 전하가 많이 모인다.

1.2. 전류와 전압

모든 물질은 미소한 원자가 모여서 이루어져 있고, 이 원자는 양자(陽子; proton)와 중성자(中性子; neutron)로 되어 있는 원자핵(原子核)과 그 주위를 돌고 있는 전자(electron)로 구성되어 있다. 양자는 양의 전기를 지녔고, 전자는 음의 전기를 지니고 있으며, 그 절대 값은 같다. 즉 보통의 상태인 원자에서는 양자와 전자의 수가 같고, 원자 전체로서는 전기적으로 중성이다.

어떤 물체에 자유전자가 지나치게 많거나 또는 부족함으로서 전기를 띠게 되는 것을 대전(帶電)이라 하며, 이렇게 해서 얻어진 전기량을 전하(電荷; electric charge)라 한다. 전하 또는 전기량의 단위는 쿠울롬(coulomb), 기호는 C를 쓴다.

1.2.1. 전류와 전자

그림 2-1과 같이 양으로 대전한 물체 A와 음으로 대전한 물체 B를 금속선(金屬線) C로 이어주면 양음(陽陰)의 전자는 서로 끌어 당겨 B의 전자는 금속선 C를 지나 A로 이동하는데, 전자가 B에서 A로 흘렀을 때, 전류는 A에서 B로 흘렀다고 한다. 이와 같이 전자의 이동이 생겼을 때, 이 금속선에서는 전류가 흘렀다고 한다.

전류의 크기는 1초 사이에 도체(導體)를 통과하는 전기량으로 나타내며, 단위(unit)는 암페어(ampere)로, 기호는 A를 쓴다. 도체 내를 매초 1쿠울롬[1C]의 비율로 전기량이 통과했을 때, 이 전류(電流; electric current)를 1암페어[1A]라고 정하였다. 즉 1A = 1C/s이다. 따라서 도체 내를 t초 사이에 Q[C]의 전기량이 지나갔다면 전류 I의 크기는 다음 식과 같다.

$$I = \frac{Q}{t} \text{[A]} \quad \cdots\cdots\cdots\cdots\cdots\cdots\cdots\cdots\cdots\cdots\cdots\cdots\cdots\cdots\cdots\cdots\cdots\cdots\cdots \text{(2-1)}$$

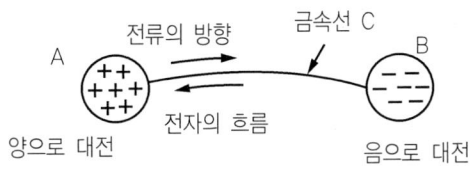

[그림 2-1] 전자의 흐름과 전류의 방향

1.2.2. 전압과 기전력

도선에 전류가 흐를 때 전기적으로 전위(電位; electric potential)가 높은 고전압 V_1에서 전위가 낮은 저전압 V_2으로 흐르는 것은 압력이 높기 때문이라고 생각할 수 있다. 따라서 $V_1 - V_2$의 차를 전위차(電位差)라 하며, 이 전위차를 전압(電壓; electric pressure, voltage)이라 부른다.

전위, 전위차, 전압의 단위로는 볼트(volt)를 기호로는 V가 쓰이며, 다음과 같이 정해져 있다. 1C(쿨롬)의 전기량이, 어느 두 점 사이를 이동했을 때의 일의 양이 1J(Joul)이였다면 이 두 점간의 전위차는 1V(volt)로 한다. 전위차를 만들어내는 힘을 기전력(electromotive force)이라 하여 전지(bettery), 발전기(generator)가 이와 같은 힘을 가지고 있다.

전지와 같이 기전력을 지녀서 전류의 원천이 되는 것을 전원(power source)이라 하고, 전등, 전열기, 전동기와 같이 전기를 사용하여 일을 하는 것을 부하(負荷; load)라고 한다. 기전력의 단위는 전압과 같이 볼트 V를 사용하고, 기호는 E로 표시한다. 또 전위, 전위차, 전압의 단위로는 볼트 V(volt)외에 밀리볼트(기호 mV), 마이크로볼트(기호 μV), 킬로볼트(기호 KV)도 쓰인다.

1.2.3. 전기저항

전류가 도선을 따라 흐를 때 도선이 가늘면, 전류는 적게 흐르고, 굵으면 많이 흐른다. 이것은 도선에도 전류의 흐름을 방해하는 성질이 있기 때문이므로, 이 성질을 전기저항 또는 저항(resistance)이라 한다. 이 저항은 물질의 종류나 온도, 형상에 따라 달라진다. 저항의 단위는 옴(Ohm)을, 기호는 Ω 을 쓴다.

도선에 1V의 전압을 가했을 때, 1A(Ampere)의 전류가 흐르는 경우 이 도선의 저항을 1Ω 으로 한다. 도선의 저항은 그림 2-2에 도시된 것과 같이 길이에 비례하고, 단면적에 반비례한다. 단면적을 S[m^2], 길이를 ℓ [m], 비례정수를 ρ(rho), 단위를 Ω m[ohm meter]라 하며, 도선의 저항 R는 다음의 식과 같이 표시한다.

$$R = \rho \cdot \frac{\ell}{S} [\Omega] \quad \cdots\cdots\cdots\cdots\cdots\cdots\cdots\cdots\cdots\cdots\cdots\cdots\cdots\cdots (2-2)$$

여기서 ρ는 비례정수인데 이것을 도체의 고유저항(固有抵抗)이라 한다. 이것은 도선의 단면적이 1m^2, 길이가 1m일 때의 도선의 저항이며, 이것을 저항율(抵抗率)이라 한다. 고유저항 ρ(rho)의 역수 $\frac{1}{\rho}$ 을 σ(sigma)로 표시하여, 이것을 전류가 흐르기 쉬운 정도를 나타내는 도전율(導電率; conductivity)이라 하며, 그 단위는 모우(mho), 기호로는 [℧/m]을 쓴다.

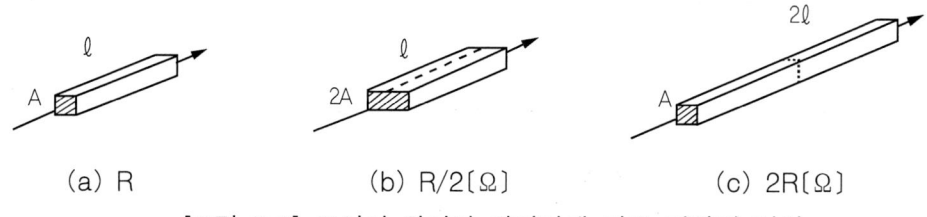

(a) R   (b) R/2[Ω]   (c) 2R[Ω]

[그림 2-2] 도선의 길이와 단면적에 따른 저항의 변화

또 저항의 단위는 옴(Ohm ; 기호 Ω) 외에 다음과 같은 단위도 쓰인다.

1밀리옴(기호 : mΩ) = 0.00Ω = 10^{-3}Ω

1킬로옴(기호 : KΩ) = 1,000Ω = 10^{3}Ω

1메그옴(기호: MΩ) = 1,000,000Ω = 10^{6}Ω

[예제 1] 고유저항이 2.3Ω-m인 도체에서 도선의 길이가 3.4m이고, 단면적이 3.2mm²이면 도선의 저항은 얼마인가?

풀이 식 (2-2) 의하여

$$R = \rho \frac{\ell}{S} = 2.3[\Omega-m] \times \frac{3.4[m]}{3.2 \times 10^{-6}[m^2]} = 2443750 \, \Omega$$

[예제 2] 길이가 1.2m이고, 지름이 2mm인 어떤 도선의 저항을 온도 20℃에서 측정하였더니 2.6Ω이었다. 이 도선의 고유저항은 얼마인가?

풀이 식 (2-2)에 의하여

$R = \rho \frac{\ell}{S}$ 에서 고유저항은 $\rho = R \times \frac{S}{\ell}$ 이다

도선의 단면적 S는, $S = \frac{\pi}{4} d^2 = 0.785 \times (2 \times 10^{-3})^2 = 3.14 \times 10^{-6}$

$$\therefore \rho = R \times \frac{S}{\ell} = 2.6\Omega \times \frac{3.14 \times 10^{-6} m^2}{1.2 m} = 6.8 \times 10^{-6} \, \Omega m$$

1.2.4. 온도와 저항과의 관계

물질의 저항은 온도에 따라 변하는데, 일반적으로 금속은 온도가 높아지면 저항은 증가 하고, 반면에 반도체, 절연물, 전해액 등은 반대로 저항은 감소한다. 온도가 1℃ 올라감에 따라 저항이 변화하는 비율을 온도계수(溫度計數)라 하며, 온도계수 α_t는 다음의 식으로 나타낸다.

$$\alpha_t = \frac{r_t}{R_t} \quad \cdots\cdots\cdots\cdots\cdots\cdots\cdots\cdots\cdots\cdots\cdots\cdots\cdots\cdots\cdots (2-3)$$

R_t : 온도 t℃에서의 저항값 [Ω/℃]
r_t : 온도 1℃ 올라갔기 때문에 변화한 저항값 [Ω/℃]
　　(전기에서는 기준온도를 0℃ 또는 20℃를 쓴다)

온도계수가 α_t(alpha)인 도선이 온도 $t[℃]$에서 저항이 $R_t[\Omega]$이고, 온도가 $T[℃]$로 변화되었을 때의 저항을 R_T라 하면 다음 식에 의해 구한다.

$$R_T = R_t[1+\alpha_t(T-t)][\Omega] \quad \cdots \cdots (2\text{-}4)$$

> [예제 3] 자동차 점화장치에서 1차 점화코일의 저항값이 20℃일 때 6Ω이었다. 운전 중 온도가 85℃일 때의 저항값은 얼마인가?(단, 구리의 저항 온도계수는 약 0.004이다)
>
> **풀이** 식 (2-4)에 의하여 구한다.
> $R_T = R_t[1+\alpha_t(T-t)] = 6×[1+0.004×(85-20)] = 7.58\,\Omega$
>
> [예제 4] 동선으로 된 어떤 코일(coil)에서 20℃에서 저항이 0.64Ω, 온도 상승 후의 저항이 0.72Ω이었다면, 이 코일의 온도상승은 얼마인가?(단 20℃일 때 이 동선의 저항 온도계수는 0.00393이다)
>
> **풀이** $R_T = R_t[1+\alpha_t(T-t)]$에서
> $0.72\,\Omega = 0.64\,\Omega\,[1+0.00393(T-20)]$
> ∴ $T = 51.8[℃]$

[금속의 저항율과 온도계수 예]

종 류	저항율(20℃)[$\Omega m \times 10^{-8}$]	온도계수(20℃ 부근)
은(Ag)	1.62	0.0038
동(Cu)	1.69	0.00393
알루미늄(Al)	2.62	0.0039
텅스텐(W)	5.48	0.0045
철(Fe)	10.0	0.005
백금(Pt)	10.5	0.003
망간합금(CuMn)	44±3	0.00001~0.00025
니크롬(NiCr)	95 ~ 113	0.0007~0.00014

1.3. 전기력

전기장(電氣場 ; electric field)이란 전기력(대전체 주위의 전하가 쿨롱법칙에 따라 받는 전기적인 힘)이 작용하는 공간으로 전계(電界) 혹은 전장(電場; electric field)이라고도 한다. 그리고 전계내의 한 점에 단위 정전하 +1[C]를 놓았을 때 이에 작용하는 힘을 그 점에 대한 전계의 세기(intensity of electric field) 또는 전기력(electric force)이라고 한다.

[1] 전기력의 방향

같은 종류의 전하사이에는 척력(斥力; thrust)이 다른 종류의 전하 사이에는 인력(引力; magnetism)이 작용한다.

[2] 기본전하량(e)

전자의 전하량 e= 1.6×10^{-19} C이다

1.3.1 쿨롱의 법칙(coulomb's law)

두 대전체(전하) 사이의 전기력 F는 거리 r의 제곱에 반비례하고, 전하량 q_1, q_2의 곱에 비례한다. 단위는 N(= kgf-m/s²)이다.

$$F = k \frac{q_1 \cdot q_2}{r^2} \text{ [N; Neuton]} \quad \cdots \cdots (2-5)$$

여기서, k는 비례정수(比例定數)이며, 매질(媒質)이 진공 또는 공기의 경우는 k= $\frac{1}{4\pi\epsilon_0} ≒ 6.33 \times 10^4$ 이다.

> [예제 5] 진공 중에서 6×10^{-5}[Wb]의 점전하(点電荷)와 -4×10^{-3}[Wb]의 점전하가 1cm 떨어져 있을 때 양 전하 간에 작용하는 전기력의 크기는 얼마냐 ?
>
> **풀이** 식 (2-5)에 의하여
> q_1 = 6×10^{-5}[Wb]
> q_2 = -4×10^{-3}[Wb]

$$r = 10 \times 10^{-2} = 10^{-1}[m]$$

이므로

$$F = k\frac{q_1 \cdot q_2}{r^2} = 6.33 \times 10^4 \times \frac{q_1 q_2}{r^2} = 6.33 \times 10^{-4} \times \frac{6 \times 10^{-5} \times (-4) \times 10^{-3}}{(10^{-1})^2}$$

$$= 6.33 \times 6 \times (-4) \times 10^{(4-5-3+2)} = -1.52[N]$$

1.3.2. 전기장

[1] 전기장

대전체 주위의 전기력이 미치는 공간을 전기장(electric field)이라 한다.

[2] 전기장의 방향

단위 양전하(+1C)가 받는 전기력(힘)의 방향이 전기장의 방향이다.

[3] 전기장의 세기($\vec{E}$)

단위 양전하(+1C)가 받는 힘의 크기와 방향이 전기장의 세기이다.

$$\vec{E} = \frac{\vec{F}}{q} = k\frac{Q}{r^2}\,[N/C] \quad \cdots\cdots (2-6)$$

$$\vec{F} = q\vec{E}\,[N] \quad \cdots\cdots (2-7)$$

1.4. 옴의 법칙과 저항의 연결

1.4.1. 옴의 법칙

"회로에 흐르는 전류 I는 전압 V에 비례하고 도선의 저항 R에 반비례 한다." 이것을 옴의 법칙(Ohm's law)이라 한다.

$$I = \frac{V}{R}\,[A] \quad \cdots\cdots (2-8)$$

$$V = IR [\text{V}] \quad\quad\quad\quad\quad\quad\quad\quad\quad\quad\quad\quad\quad\quad\quad\quad (2-9)$$

$$R = \frac{V}{I} [\Omega] \quad\quad\quad\quad\quad\quad\quad\quad\quad\quad\quad\quad\quad\quad\quad\quad (2-10)$$

1.4.2. 저항의 연결

[1] 직렬연결

① 그림 2-3에서와 같이 3개의 저항 R_1, R_2, R_3을 직렬로 연결한 경우 각 저항에 흐르는 전류의 세기 I는 모두 같고, 전압은 전류와 저항의 곱에 비례한다.

$$I_1 = I_2 = I_3 = I$$

$$\therefore V \propto IR \quad\quad\quad\quad\quad\quad\quad\quad\quad\quad\quad\quad\quad\quad\quad\quad (2-11)$$

② **합성저항(R)** : 각 저항에 걸리는 전압을 V_1, V_2, V_3라 할 경우 전체 전압 V는 V= V_1+V_2+V_3이므로 IR= IR_1+IR_2+IR_3로 된다.

$$\therefore R = R_1 + R_2 + R_3 \quad\quad\quad\quad\quad\quad\quad\quad\quad\quad\quad\quad (2-12)$$

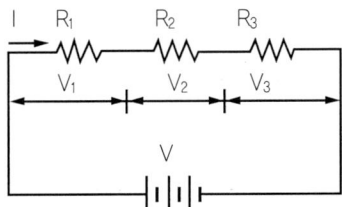

[그림 2-3] 저항의 직렬연결

[2] 병렬연결

① 그림 2-4에서와 같이 3개의 저항 R_1, R_2, R_3을 병렬로 연결한 경우 각 저항에 흐르는 전압 V_1, V_2, V_3는 모두 같고, 전류는 전압에 비례하고, 저항에 반비례한다.

$$V_1 = V_2 = V_3 = V$$

$$\therefore I \propto \frac{V}{R} \quad \cdots\cdots\cdots\cdots\cdots\cdots\cdots\cdots\cdots\cdots\cdots\cdots\cdots\cdots\cdots\cdots\cdots\cdots (2-13)$$

② 합성저항(R) : 각 저항에 흐르는 전류 I_1, I_2, I_3라 할 경우 전체 전류 I는 I= $I_1+I_2+I_3$이므로 $\dfrac{V}{R} = \dfrac{V}{R_1} + \dfrac{V}{R_2} + \dfrac{V}{R_1}$ 로 된다.

$$\therefore \frac{1}{R} = \frac{1}{R_1} + \frac{1}{R_2} + \frac{1}{R_3} \quad \cdots\cdots\cdots\cdots\cdots\cdots\cdots\cdots\cdots\cdots\cdots\cdots (2-14)$$

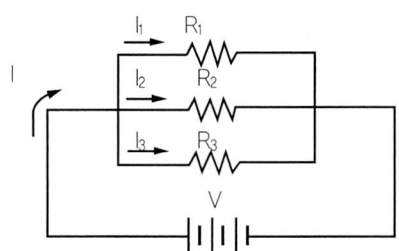

[그림 2-4] 저항의 병렬연결

[예제 6] 전하가 1×10^{-6}[Wb]과 3×10^{-6}[Wb]인 두 점자극(点磁極)을 공기 중에 1[cm] 거리에 놓았을 때, 두 점자극 사이에 작용하는 힘을 구 하여라.

풀이 식 (2-5)에 의하여 $F = k\dfrac{q_1 \cdot q_2}{r^2}$ 이므로

$$F = 6.33\times10^4 \times \frac{1\times10^{-6} \times 3\times10^{-6}}{(1\times10^{-2})^2} = 18.99\times10^{-4}[N]$$

[예제 7] 10Ω의 저항 3개를 직렬로 연결 했을 때와 병렬로 연결했을 때의 합성저항은 각각 얼마인가?

풀이 ① 직렬의 경우 식(2-12)에 의해

R= $R_1+R_2+R_3$= 10+10+10= 30Ω

② 병렬연결의 경우 식(2-14)에 의해

$$\frac{1}{R} = \frac{1}{R_1} + \frac{1}{R_2} + \frac{1}{R_4} = \frac{1}{10} + \frac{1}{10} + \frac{1}{10} = \frac{3}{10}$$

$$\therefore R = \frac{10}{3} \fallingdotseq 3.33 Ω$$

[예제 8] 전원 24V를 사용하는 4기통 디젤기관에 저항이 0.6Ω인 예열플러그를 각 기통에 병렬로 연결했을 경우 예열플러그의 합성저항은 몇 Ω이며, 각 예열플러그에 흐르는 전류 I는 얼마인가

풀이 ① 회로의 합성저항 R는 병렬연결이므로

$$\frac{1}{R} = \frac{1}{R_1} + \frac{1}{R_2} + \frac{1}{R_3} + \frac{1}{R_4} = \frac{1}{0.6} + \frac{1}{0.6} + \frac{1}{0.6} + \frac{1}{0.6} = \frac{4}{0.6}$$

$$\therefore R = \frac{0.6}{4} = 0.15\,\Omega$$

② 병렬회로이므로 각 회로에 흐르는 전압 V은 모두 같으므로 전류 i는

$$I = \frac{V}{R} = \frac{24V}{0.6\Omega} = 40A$$

1.5. 전기 에너지

전기에너지를 이용하여 전등을 켜고, 전동기를 돌리고, 전기도금(電氣鍍金)을 하는 등 여러 가지 일을 하는데, 이와 같이 전기 에너지를 빛, 열, 기계, 화학 등의 여러 형태로 이용할 수 있는 것이 전기에너지이다.

1.5.1. 전기가 한 일율

전하량 q가 전압 V의 전위차로 인해 단위시간에 하는 일을 일율(率)이라하며 기호는 Wr, 단위는 J을 사용한다.

$$Wr = qV = IVt = I^2Rt = \frac{V^2}{R}t\,[J] \quad \cdots\cdots (2\text{-}15)$$

$I = \frac{q}{t}$; 전류의 세기[A]
R ; 도선의 저항[Ω]
t ; 전류가 흐르는 시간[s]

1.5.2. 전력

1초 동안에 전기가 하는 일의 양을 전력(electric power)이라 하고, 단위는 와트(watt), 기호는 W를 쓴다. 즉, 전기가 1초 동안에 1주울(Joule)의 일을 하는 량을 일률이라 하며 크기는 1와트(W)이다.

"전력 P는 가해진 전압 V와 도선에 흐르는 전류 I와의 곱과 같다."

$$전력 = 전압 \times 전류$$

$$P = V \times I [W]$$

$$\therefore P = VI = I^2R = \frac{V^2}{R} [W] \quad \cdots\cdots\cdots (2-16)$$

이 만큼의 전기 에너지가 전원에서 나와 저항 R에서 소비되고 있는 것이다.

기계에서 주로 사용하는 동력의 단위로 마력(PS)이 쓰이고 있는데, 마력과 전력과의 관계는 다음과 같다.

$$1마력(1PS) = 75[kgf-m/s] = 735.5[W] = 0.7355[KW] \quad \cdots\cdots (2-17)$$

1.5.3. 전력량

어느 시간 동안에 전기가 한 일의 총량을 전력량(電力量)이라 한다. 이것은 전력 P[W]와 그 전력을 사용한 시간 t[s]을 곱한 것으로 단위는 와트초[Ws]이다. 즉, 전력량의 크기를 기호 H로 나타내면, 다음과 같은 식으로 표시된다.

$$전력량 = 전력 \times 시간$$

$$H = P \times t [Ws] \quad \cdots\cdots\cdots (2-18)$$

실제로는 전력량의 단위는 와트초 보다 큰, 킬로와트시[KWh]를 많이 사용한다. 즉 1KWh는 1KW의 전력을 1시간 사용했을 때의 전력량이며, 열에너지로 환산하면 860 kcal에 해당된다.

$$H = P \cdot t = IVt = I^2Rt = \frac{V^2}{R} \times t [J] \quad \cdots\cdots (2-19)$$

[예제 9] 5Ω의 저항에 100V의 전압을 걸었을 때 소비전력은 얼마인가?

풀이 식 (2-16)에서

$$\therefore P = \frac{V^2}{R} = \frac{100^2}{5} = 2000W$$

[예제 10] 600W의 전열기를 5시간 사용하였을 때 전력량은 얼마인가 ?

풀이 식(2-18)에 의해 구한다.

H= P×t= 600W×5HR= 0.6KW×5hr = 3kWhr

[예제 11] 100V, 500W의 전열기를 90V에서 사용하면 전력은 얼마나 소비되겠는가 ?

풀이 ① 500W 전열기의 저항을 R라 하면

$$R = \frac{V^2}{P} = \frac{100^2}{500} = 20\,Ω$$

② 90V 전원에서 사용할 때 전열기의 전력은

$$P = \frac{V^2}{R} = \frac{90^2}{20} = 405W$$

1.5.4. 전기에 의한 발열량

저항 R(Ω)인 도선에서 t초(s) 동안에 전력 P(W)을 소비하였다면 소비한 전력량 H= P·t(Ws)는 모두 열에너지로 바뀌어서 저항은 열 Q을 발생하는 것을 발열량(發熱量) 또는 열량이라 한다.

[1] 열량의 단위를 J[Ioule]로 사용할 경우

1Ws의 전력량은 1J의 열량과 같으므로 위의 식이 그대로 적용된다. 이 열을 주울 열(熱)이라 한다.

$$Q = P \cdot t [J] \quad\cdots\cdots\cdots\cdots\cdots\cdots\cdots\cdots\cdots\cdots\cdots\cdots\cdots\cdots\cdots\cdots\cdots\cdots (2-20)$$

[2] 열량의 단위를 칼로리[calorie]로 사용하는 경우

1cal≒ 4.2J이므로 1J≒ 0.24cal이다. 그러므로 위의 식에 0.24를 곱하면 된다.

$$Q = 0.24 P \cdot t = 0.24 I^2 R \cdot t [\text{cal}] \quad\cdots\cdots\cdots\cdots\cdots\cdots\cdots\cdots\cdots\cdots (2-21)$$

1.5.5. 전력과 일률의 관계

전력은 전기에너지를 단위시간에 기계 및 기기에 사용한량에 해당하는 것이 일률(=단위시간에 기계가 행한 일)에 해당하는 것으로 기호는 W, 또는 KW를 사용하고, 단위는 와트(W) 또는 킬로와트(KW)를 사용한다.

1W= 1J/s= 1N·m/s이고, 1kgf= 1kg×9.80665m/s²= 9.80665N이므로 1N (≠ uton)= $\frac{1}{9.80665}$ kgf= 1.102khg이다 그러므로 1W= 0.102kgf·m/s이다.

1KW= 1000W= 1000J/s= 1000N·m/s= 102kgf·m/s= 1.36PS

∵ 1PS= 75kgf·m/s이므로 1KW를 마력으로 환산하면 $\frac{102}{75}$= 1.36PS이다.

[예제 12] 500W의 전열기로 2ℓ의 물을 20℃에서 100℃까지 가열하는 경우 전열기에 발생한 열의 55%만 유효하게 이용된다면 전열기의 발생열은 얼마인가?

풀이 1W= 1J/s= 1N·m/s이고, 500W= 0.5KW이다.

열 : $Q = A(\frac{1}{427} \frac{\text{kcal}}{\text{kgf} \cdot \text{m}} ; \text{일의 열당량}) \times W(\text{일률}) \times \eta(\text{효율})$

∴ $Q = AW\eta = \frac{1}{427} \frac{\text{kcal}}{\text{kgf} \cdot \text{m}} \times \frac{51 \text{kgf} \cdot \text{m}}{\text{s}} \times 0.55 = 6.5 \times 10^{-2} \frac{\text{kcal}}{\text{s}}$

여기서, $A = \frac{1}{427} \frac{\text{kcal}}{\text{kgf} \cdot \text{m}}$ 는 열의 일당량으로 일을 열로 변환시키는 환산 값이다.

η: 효율(발생한 열이 실제로 사용된 양이다)

1.6. 키르히호프의 법칙

키르히호프의 법칙에는 제1법칙인 전류법칙, 제2법칙인 전압법칙이다.

1.6.1. 제1법칙(전류 법칙)

회로망 안에서 한 접합점에 유입(流入)하는 전류와 유출(流出)하는 전류의 대수합은 0 (zero)이다.

그림 2-5에서 집합점 0로 유입하는 전류를 (+), 유출하는 전류를 (-)로 잡으면

$$i_1 + i_3 - i_2 - i_4 - i_5 = 0 \quad \cdots (2-22)$$

가 된다. 즉 전류법칙을 대수적으로 나타내면 다음과 같다.

$$\sum_{k=1}^{n} i_k = 0 \quad \cdots (2-23)$$

> [예제 12] 그림 2-6의 회로에서 $i_1 = 1A$, $i_2 = 2A$, $i_3 = 3A$, $i_4 = 4A$ 가 흐르면 i_5 에는 몇 A의 전류가 흐르는가 ?
>
> **풀이** 키르히호프의 제1법칙인 전류의 법칙을 적용한다.
>
> 집합점으로 유입하는 전류는 (+)값으로 하고, 나가는 전류는 (-)값으로 한다.
>
> $$i_1 + i_3 - i_2 - i_4 - i_5 = 0$$
>
> $$1A + 3A - 2A - 4A - i_5 = 0$$
>
> $$\therefore i_5 = -2A \text{ [여기서 (-)는 나가는 방향이다] 즉, 2A의 전류가 흐른다.}$$

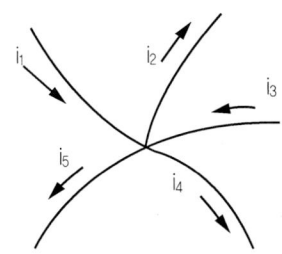

[그림 2-5] 제1법칙(전류법칙)

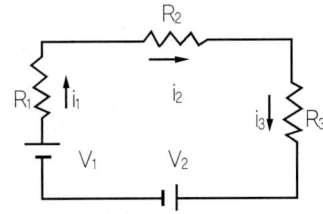

[그림 2-6] 제2법칙(전압법칙)

1.6.2. 제2법칙(전압법칙)

회로망(circuit net) 안에 임의의 폐회로를 일주하면서 계산한 전압상승의 합은 그 회로에서의 전압강하의 합과 같다.

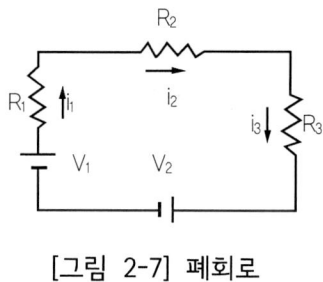

[그림 2-7] 폐회로

그림 2-6에서와 같이 폐회로전류의 방향을 시계방향으로 잡으면 위에서 설명한 것은 다음 식으로 표시할 수 있다.

$$\sum_{k=1}^{n} R_k I i_k = \sum_{k=1}^{n} V_k \quad \cdots\cdots\cdots\cdots (2-24)$$

[예제 14] 그림과 같은 직류회로에서 전류 I를 구하여라.

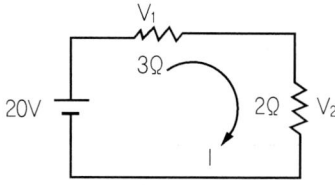

풀이 키르히호프 제2법칙을 적용하면

$V_1 + V_2 = 20$

여기서 $V_1 = 3I$, $V_2 = 2I$ 이므로

$3I + 2I = 20$

∴ $I = 4A$

2. 축전기 및 전지

2.1. 축전기

2.1.1. 전기용량

[1] 축전기

정전기 유도현상을 이용하여 서로 마주보는 두 금속판에 전하를 저장하는 장치를 축전기(蓄電器)라 한다.

[2] 전기용량

축전기에 축적된 전하량을 Q, 전기용량을 C, 축전기에 걸어준 전압을 V라고 하면

$$Q = CV \quad \cdots\cdots\cdots\cdots\cdots\cdots\cdots\cdots\cdots\cdots\cdots\cdots\cdots\cdots\cdots\cdots\cdots\cdots (2-25)$$

[3] 전기용량의 단위

축전기에서 전기용량의 단위를 F(패럿)을 사용하는데 다음과 같다.

$1F = 1C/V$

$1\mu F = 10^{-8}F$

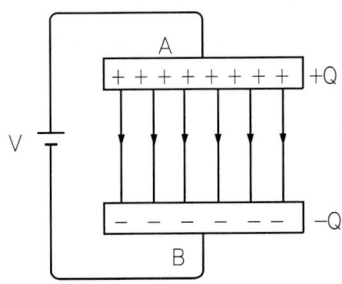

[그림 2-8] 축전기의 구조

2.1.2. 평행판 축전기

[1] 평행판 축전기의 전기용량

두 평판사이의 거리를 d, 판의 면적을 S, 두 평판사이에 있는 부도체의 유전율(誘電率)을 ϵ(epsilon)이라 하면 전기용량 C는 다음과 같다.

$$C = \epsilon \frac{S}{d} \quad \cdots\cdots (2-26)$$

[2] 축적된 에너지

그림 2-9에 도시된 것과 같이 축전기에 축적된 에너지 E는 Q-V그래프 아래 넓이와 같으므로 다음 식과 같이 표시할 수 있다.

$$E = \frac{1}{2}QV = \frac{1}{2}CV \cdot V = \frac{1}{2}CV^2 = \frac{Q^2}{2C}[J] \quad \cdots\cdots (2-27)$$

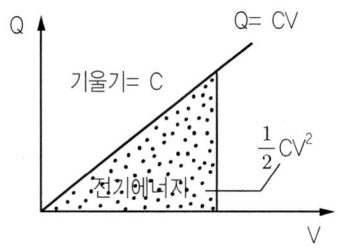

[그림 2-9] 축전기에 축적된 에너지

2.2. 축전기의 연결

2.2.1. 축전기의 직렬연결

[1] 전하량

그림 2-10에서와 같이 3개의 축전기 C_1, C_2, C_3을 직렬로 연결한 경우 각 축전기에 축적되는 전하량 Q는 모두 같다.

$$Q = Q_1 = Q_2 = Q_3$$

$$\therefore V \propto \frac{1}{C} \quad \cdots\cdots\cdots\cdots\cdots\cdots\cdots\cdots\cdots\cdots\cdots\cdots\cdots\cdots\cdots\cdots\cdots\cdots\cdots (2-28)$$

[2] 합성 전기용량(직렬연결)

각 축전기에 걸리는 전압을 V_1, V_2, V_3라 할 경우 전체전압 V는 $V = V_1 + V_2 + V_3$이므로 $\frac{Q}{C} = \frac{Q}{C_1} + \frac{Q}{C_2} + \frac{Q}{C_3}$로 된다.

$$\therefore \frac{1}{C} = \frac{1}{C_1} + \frac{1}{C_2} + \frac{1}{C_3} \quad \cdots\cdots\cdots\cdots\cdots\cdots\cdots\cdots\cdots\cdots\cdots\cdots\cdots (2-29)$$

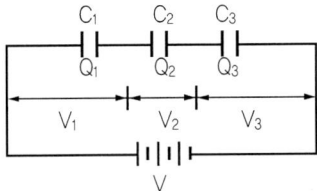

[그림 2-10] 축전기 직렬연결

2.2.2. 축전기의 병렬연결

[1] 전하량

그림 2-11에서와 같이 3개의 축전기 C_1, C_2, C_3을 병렬로 연결할 경우 각 축전기에 축적되는 전압 V_1, V_2, V_3는 모두 같다.

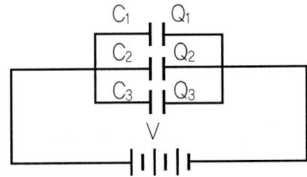

[그림 2-11] 축전기 병렬연결

$$V = V_1 = V_2 = V_3$$

$$\therefore Q \propto C \quad \cdots\cdots\cdots\cdots\cdots\cdots\cdots\cdots\cdots\cdots\cdots\cdots\cdots\cdots\cdots\cdots\cdots\cdots (2-30)$$

[2] 합성 전기용량(병렬연결)

각 축전기에 축적되는 전하량을 Q_1, Q_2, Q_3라 할 경우 전체 합성전기용량 Q는 Q= $Q_1+Q_2+Q_3$ 이므로 CV= $C_1V+C_2V+C_3V$로 된다.

$$\therefore C = C_1 + C_2 + C_3 \quad \cdots\cdots\cdots\cdots\cdots\cdots\cdots\cdots\cdots\cdots\cdots\cdots\cdots\cdots\cdots\cdots (2-31)$$

[예제 15] $C_1 = 2.0\mu F$, $C_2 = 3.0\mu F$, $C_3 = 5.0\mu F$인 3개의 축전기를 그림과 같이 연결하고, 단자 A, B사이에 10V의 전압을 걸었다.
① 단자 A, B사이의 합성전기 용량은 얼마인가?
② 축전기 C_1에 저장된 전하량은 얼마인가?

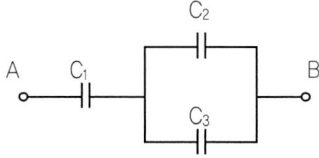

풀이 ① C_2와 C_3의 합성 전기용량 $C_T = 3+5 = 8\mu F$; 병렬연결 합성

C_1과 C_T의 합성 전기용량 $C_{TT} = \dfrac{2\times 8}{10} = 1.6\mu F$; 직렬연결 합성

② $V_1 : V_2 = C_T : C_1 + C_T \quad \Rightarrow \quad \dfrac{V_1}{V_2} = \dfrac{C_T}{C_1 + C_T}$

$\therefore V_1 = V_2 \times \dfrac{C_T}{C_1 + C_T} = 10 \times \dfrac{8}{2+8} = 8(V)$

$\therefore Q = C_1 V_1 = 2 \times 8 = 16(\mu C)$

[예제 16] 그림과 같이 각각의 전기용량이 $2\mu F$, 극판 간격이 $10^{-2}m$인 두 축전기 C_1, C_2를 기전력 6V인 전지에 연결하였다. 축전기 C_1의 극판 사이의 전기장 세기는 얼마인가 ?

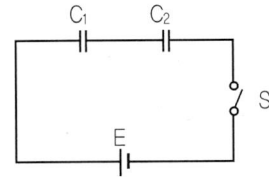

풀이 직렬연결이므로 $V = V_1 + V_2$, $V_1 = V_2 = Ed$

$$E = \frac{V_1}{d} = \frac{3}{10^{-2}} = 300 V/m$$

2.3. 전지의 연결

2.3.1. 기전력과 단자전압

[1] 기전력(E)

회로에 전류가 계속 흐르도록 두 극 사이의 전위차를 유지시키는 능력을 기전력이라 하며, 단위는 볼트 V을 사용한다.

[2] 내부저항(r)

전지내부에서 전류의 흐름을 방해하는 저항을 내부저항이라 하며, 즉 전지 한 개의 고유저항이다.

[3] 단자전압(V)

회로에 전류가 흐를 때 전지 양 끝에 걸리는 전압으로 외부저항 R, 즉 전지에 부하를 접속시킨 것과 같다. 즉, 단자전압 V= IR이다.

[4] 기전력과 전압 강하

기전력 E은 폐회로에서 총 전압강하[외부 전압강하(IR)+내부 전압강하(Ir)]와 같다.

기전력 = 총 전압강하 = 외부 전압강하 + 내부 전압강하

$$\therefore\ E = IR + Ir = I(R+r) \quad \cdots\cdots\cdots\cdots\cdots\cdots\cdots\cdots\cdots\cdots\cdots (2\text{-}32)$$

[5] 전류의 세기 I와 단자전압 V와의 관계

(단자전압 V) = (기전력 E) − (내부 전압강하 Ir)

$$\therefore\ V = IR = E - Ir \quad \cdots\cdots\cdots\cdots\cdots\cdots\cdots\cdots\cdots\cdots\cdots (2\text{-}33)$$

2.3.2. 전지의 직렬연결

그림 2-12에서와 같이 전지 n개를 직렬로 연결했을 경우 전압 V은 전지 개수에 비례하고, 전류 I는 일정하다.

$$I = I_1 = I_2 = I_3 \cdots\cdots$$

$$V = V_1 + V_2 + V_3 + \cdots\cdots + V_n = nV_1$$

$$r_t = r_1 + r_2 + r_3 + \cdots\cdots + r_n = nr_1$$

$$nE = I(R + nr_1) \qquad \therefore\ I = \frac{nE}{R + nr_1} \quad \cdots\cdots\cdots\cdots\cdots (2\text{-}34)$$

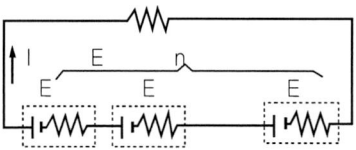

[그림 2-12] 전지의 직렬연결

따라서 단자전압 V는

$$V = IR = \frac{nE}{R+nr_1} \times R \quad \cdots\cdots\cdots\cdots\cdots\cdots\cdots\cdots\cdots\cdots\cdots\cdots\cdots\cdots\cdots\cdots (2-35)$$

2.3.3. 전지의 병렬연결

그림 2-13에서와 같이 전지 n개를 병렬로 연결했을 경우 전류 I는 전지 개수에 비례하고, 전압 V는 일정하다.

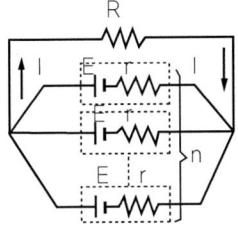

[그림 2-13] 전지의 병렬연결

$$V = V_1 = V_2 = V_3 = \cdots\cdots = V_n$$

$$I = I_1 + I_2 + I_3 + \cdots\cdots + I_n = nI_1$$

$$\frac{1}{r_t} = \frac{1}{r_1} + \frac{1}{r_2} + \frac{1}{r_3} + \cdots\cdots + \frac{1}{r_n} = \frac{n}{r_1}$$

$$\therefore r_t = \frac{r_1}{n}$$

$$E = I(R + \frac{r_1}{n}) \qquad \therefore I = \frac{nE}{nR+r_1} \quad \cdots\cdots\cdots\cdots\cdots\cdots (2-36)$$

따라서 단자전압 V는

$$V = IR = \frac{nE}{nR+r_1} \times R \quad \cdots\cdots\cdots\cdots\cdots\cdots\cdots\cdots\cdots\cdots\cdots\cdots (2-37)$$

[예제 17] 12V의 축전지에 60W의 전구를 3개 직렬로 연결했을 때와 병렬로 연결했을 때 전류는 각각 얼마나 흐르는가?

풀이 전력; $P = VI = \dfrac{V^2}{R}[W] \Rightarrow \therefore R = \dfrac{V^2}{P} = \dfrac{12^2}{60} = 2.4\Omega$

전구 한 개의 저항 $R_1 = 2.4\Omega$이다.

① 직렬 연결했을 때 전체저항 $R_T = R_1 + R_2 + R_3$ 이므로

$R_T = 3R_1 = 3 \times 2.4 = 7.2\Omega$

$I = \dfrac{V}{R_T} = \dfrac{12}{7.2} \fallingdotseq 1.7[A]$

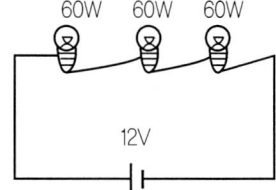

② 병렬연결했을 때 전체저항 $\dfrac{1}{R_T} = \dfrac{1}{R_1} + \dfrac{1}{R_2} + \dfrac{1}{R_3}$ 이므로

$R_T = \dfrac{R_1}{3} = \dfrac{2.4}{3} = 0.8\Omega$

$I = \dfrac{V}{R_T} = \dfrac{12}{0.8} = 1.5A$

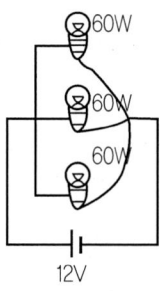

[예제 18] 12V축전지에 40W의 전구 2개를 병렬로 연결했을 때 총 몇 A의 전류가 흐르겠는가?

풀이 병렬회로이므로 각 회로의 전압은 같고, 두 회로의 전류의 합이 총 전류이다.

$$P = IV \Rightarrow \therefore I = \frac{P}{V} = \frac{40(W)}{12(V)} = 3.33[A]$$

전구 한 개에 흐르는 전류는 약 3.33(A)이다. 총전류 $I_T = I_1 + I_2$ 이므로

총전류 ; $I_T = 3.33 \times 2 = 6.66[A]$ 흐른다.

[예제 19] 200V, 500W인 전열기에 120V의 전압을 가하였을 때 전력은 얼마인가?

풀이 $P = IV = \frac{V}{R} \times V = \frac{V^2}{R}$ 이므로, $R = \frac{V^2}{P}(\Omega)$ 이다.

$R = \frac{200^2(V)}{500(W)} = 80\Omega$ 의 저항이 나온다. 그러므로 120V의 전압에서는

전력 ; $P = \frac{V^2}{R} = \frac{120^2(V)}{80(\Omega)} = 180W$

[예제 20] 어떤 기동전동기를 시험한 결과 전류 소모량이 130A이고, 전압이 24V라면 이 기동전동기의 출력은 몇 마력(PS)인가?

풀이 1PS= 0.735KW= 735W이므로, 즉, 0.735(KW/PS)이다.

전력(P)= 전류(I) × 전압(V)이므로

P= IV= 130A × 24V= 3120W= 3.12KW

출력 ; $P = \frac{IV}{0.735} = \frac{3.12(KW)}{0.735(KW/PS)} = 4.2PS$ 이다.

[예제 21] 효율이 85%인 발전기에서 80A, 115V의 전력을 발생시키기 위해 필요한 구동력은 몇 마력인가?

풀이 발생해야할 전력 = 효율(%)×전력(전류×전압) = 0.85×80×115 (W)

1마력= 1PS= 0.735KW= 735W이므로, 즉, 0.735(KW/PS)이다.

$$구동마력 = \frac{효율 \times 전력(전류 \times 전압)}{0.735 \times 1000} = \frac{0.85 \times 80 \times 115}{735} ≒ 10.63PS$$

또는 1PS= 75kgf-m/s, 1KW= 102kgf-m/s, 1W= (1/1000)KW이므로

$$구동마력 = \frac{0.85 \times 80 \times 115 \times 102}{75 \times 1000} = 10.63PS$$

3. 자기장과 전자기력

3.1. 자기장의 개념

3.1.1. 자기장

자기력이 미치는 공간을 자기장(磁氣場 ; magnetic field)이라 하며, 자침의 N극이 가리키는 방향이 자기장의 방향이다. 자기장의 세기는 B로 표기하고 크기와 방향을 갖는 벡터량(vector)이다.

3.1.2. 자기력선

자기장의 모양은 시각적으로 알 수 있도록 그린 가상적인 선이며, 자기장 내에서는 자침의 N극이 가리키는 방향으로 연결하여 나타낸 것으로, 자기력선(磁氣力線)또는 자력선(磁力線 ; magnetic line of force)이라고 한다.

[1] 자기력선의 특성

① 자기력선은 자석의 N극에서 나와 S극으로 들어가고, 자석 내부에서는 S극으로 통과하여 다시 N극으로 향하는 연속된 선으로, 이것을 자력선, 자기력선 또는 자속(磁束 ; magnetic flux)이라 한다.
② 자기력선은 도중에 끊어지거나 분리되지 않고 교차하지도 않는다.
③ 자기력선이 밀집된 곳은 자기장세기가 크다.

[2] 자기력선속

자기장에 수직인 단면을 지나는 자기력선의 총수를 자기력선속(磁氣力線束) 또는 자속(磁束)이라한다. 자속 기호는 ϕ(phi)로 표시하고, 단위는 Wb(웨버)를 사용한다.

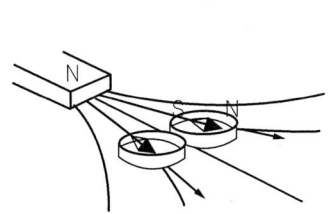

[그림 2-14] 자석과 자기장

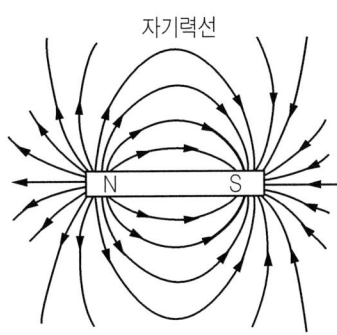

[그림 2-15] 자기력선

3.1.3. 자기장의 세기(B)

자기장에 수직한 단위면적($1m^2$)를 지나는 자기력선속을 자기장 또는 자기장의 세기 B라 한다. 이것을 자기력선속밀도 또는 자속밀도(磁束密度)로 표현하기도 한다. 자기장 B에 수직한 단면적 $S(m^2)$를 지나는 자기력선수를 ϕ라고 하면, 자기장의 세기(자속밀도) B는 다음 식과 같이 표현한다.

$$B = \frac{\phi}{S} (Wb/m^2 = T)$$

$$\phi = BS(Wb) \quad \cdots\cdots\cdots\cdots\cdots\cdots\cdots\cdots\cdots\cdots\cdots\cdots\cdots\cdots (2\text{-}38)$$

① 자기장 B는 크기와 방향을 갖는 벡터량이다.
② 자기장 B의 단위는 T(테슬라)를 사용한다($1T = 1Wb/m^2 = 1N/Am$).
③ 자기장 B의 방향은 자기력선상의 접선방향이다.

3.2. 전류에 의한 자기장

3.2.1. 직류 전류에 의한 자기장

[1] 자기장의 방향

그림에서와 같이 오른손의 엄지손가락을 전류의 방향과 일치시키고 나머지 네 손가락으로 도선을 감아쥘 때, 네 손가락이 감기는 방향이 자기장의 방향이 된다. 이것을 앙페르 오른나사의 법칙이라 한다.

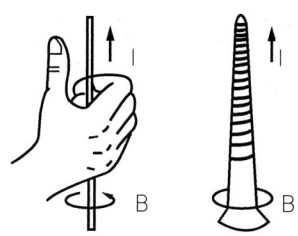

[그림 2-16] 앙페르 오른나사의 법칙

[2] 직선 전류에 의한 자기장의 세기

긴 직선 도선에 전류가 흐를 때 자기장의 세기 B는 도선에 흐르는 전류의 세기 I에 비례하고, 도선으로부터의 거리 r 에 반비례한다.

$$B = 2 \times 10^{-7} \frac{I}{t} (T\,;\mathrm{Wb/m^2}) \quad\quad\quad\quad\quad\quad\quad\quad\quad\quad (2\text{-}39)$$

3.2.2. 원형전류에 의한 자기장

[1] 자기장의 방향

원형도선은 매우 짧은 직선 도선의 모임이므로 직선전류에 의한 자기장의 방향을 찾아보면 된다. 이것을 그림으로 나타내면 그림과 같다.

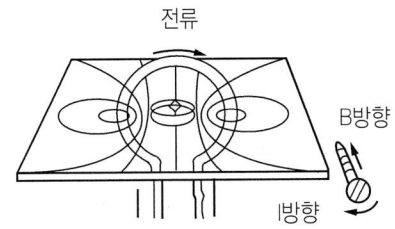

[그림 2-17] 원형전류에 의한 전류

[2] 자기장의 세기

원형전류 중심에서의 자기장의 세기 B는 도선에 흐르는 전류의 세기 I에 비례하고, 반지름 r에 반비례한다. 만약, 원형도선을 똑같은 반지름으로 n번을 감았다고 하면 중심에서의 자기장의 세기 B는 n배가 된다.

$$B = 2\pi \times 10^{-7} \frac{I}{r} \ (T) \quad \cdots\cdots\cdots\cdots\cdots\cdots\cdots\cdots\cdots\cdots\cdots\cdots\cdots\cdots\cdots (2-40)$$

3.2.3. 솔레노이드에 의한 자기장

[1] 자기장의 방향

그림에서와 같이 오른손 네 손가락의 끝이 전류의 방향을 가리키도록 코일을 감아 쥔 다음, 엄지손가락을 직각으로 뻗으면 엄지손가락이 가리키는 방향이 코일 내부에서의 자기장의 방향이다.

① 솔레노이드 내부의 자기장은 균일하고 중심축에 평행한 방향이다.
② 솔레노이드 외부의 자기장은 막대자석이 만드는 자기장과 같다.

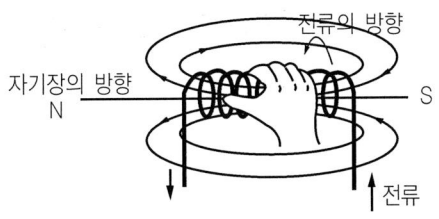

[그림 2-18] 솔레노이드에 의한 자기장

-」 자기장의 세기

솔레노이드의 길이를 ℓ, 코일의 감은 수를 N, 전류의 세기를 I라고 하면, 솔레노이드 내부의 자기장의 세기 B는 다음과 같다.

$$B = 4\pi \times 10^{-7} \frac{N}{\ell} I = 4\pi \times 10^{-7} n I(T) \quad \cdots\cdots (2-41)$$

[3] 전자석

솔레노이드 코일의 내부에 강자성체(强磁性體)인 철심을 넣어서 만든다. 강자성체 철심을 넣으면 솔레노이드가 만드는 자기장과 같은 방향으로 자화(磁化)되므로, 철심의 자기장과 솔레노이드의 자기장이 합쳐져서 강한 자기장을 형성한다.

3.3. 전자기력

3.3.1. 자기장 내에서 전류가 받는 힘

자기장(磁氣場) 내에 도체를 놓고 여기에 전류를 흘리면 도체에는 힘이 작용한다. 이 힘을 기전력 또는 전자기력(電磁氣力)이라 한다.

[1] 힘의 방향

힘의 방향은 그림 2-19(b)에서와 같이 왼손의 엄지손가락, 검지손가락, 가운데 손가락을 서로 직각이 되도록 펴고, 검지손가락을 자기장의 방향으로, 가운데 손가락을 전류의 방향을 가리키도록 하면, 엄지손가락이 도체에 작용하는 힘의 방향이 된다. 이것을 왼손 3손가락의 법칙 또는 플레밍의 왼손법칙(Fleming's left-hand rule)이라 한다.

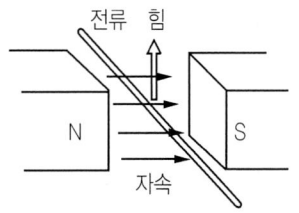 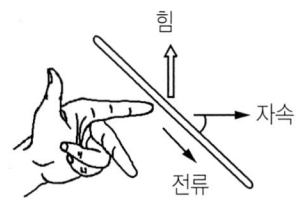

(a) 전류에 작용하는 힘 　　　　(b) 플레밍의 왼손의 법칙

[그림 2-19] 전자기력

[2] 힘의 크기

그림 2-19(a)에서와 같이 자기장의 세기 B[Wb/m²]인 평등 자기장 내에 길이 ℓ [m]인 도체를 자계와 직각으로 놓고, I[A]의 전류를 흘렸을 때 도체에 작용하는 힘 F는 다음과 같다.

$$F = BI\ell \text{ (N)} \quad\quad\quad\quad\quad\quad\quad\quad\quad\quad\quad\quad\quad\quad\quad\quad (2-42)$$

또 전류의 방향과 자기장의 방향 각(角)이 θ를 이루면 힘의 크기 F는

$$F = BI\ell \sin\theta [\text{N}] \quad\quad\quad\quad\quad\quad\quad\quad\quad\quad\quad\quad\quad\quad (2-43)$$

3.3.2. 도체가 자기장(자속)을 가로지르는 경우

[1] 힘의 방향

기전력의 방향은 그림 2-20(b)에서와 같이 오른손의 엄지손가락, 검지손가락, 가운데 손가락을 서로 직각으로 펴고, 검지손가락을 자기장(또는 자계)의 방향으로, 엄지손가락을 도선이 움직이는 방향으로 잡으면, 가운데 손가락이 기전력의 방향이 된다. 이것을 오른손 3손가락의 법칙 또는 플레밍의 오른손 법칙(fleming's ight-hand rule)이라 한다.

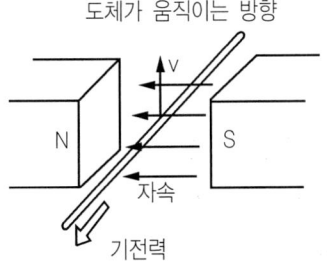
(a) 도체에서 일어나는 기전력

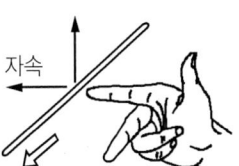
(b) 플레밍의 오른손 법칙

[그림 2-20] 도체가 자기장을 가로지를 때

[2] 힘의 크기

그림 2-20(a)에서와 같이 자기장의 세기 B[Wb/m²]인 평등 자기장 내에 길이 ℓ [m]인 도체를 속도 v[m/s]로 움직이면, 1초간에 Bℓv[Wb]의 자속(磁束)을 가로지르게 된다. 이때 이 도체에는 다음과 같은 기전력(起電力) E가 생긴다.

$$E = B\ell v \text{(V)} \quad\cdots\cdots\cdots\cdots\cdots\cdots\cdots\cdots\cdots\cdots\cdots\cdots\cdots\cdots\cdots \text{(2-44)}$$

즉, 하나의 도체가 1초간에 1Wb의 자속을 가로지를 때의 기전력은 1V이다.

> [예제 22] 0.3Wb/m²의 자기장(磁氣場) 속을 직각으로 놓인 전선에 12A의 전류를 흘렸을 때 전선 1.5m당에 작용하는 힘은 얼마 인가?
>
> **풀이** 유도기전력의 크기 $E = B\,lv$ ──────── ①
>
> 전력 $P = IV = IBlv$ ────────── ②
>
> 일율; $Wr = \dfrac{W(일량)}{t(작업시간)} = \dfrac{F(힘) \times S(움직인거리)}{t(작업시간)}$
>
> $\qquad\qquad = F \times v \;\; (v = \dfrac{S}{t})$ ────── ③
>
> P(전력)= Wr(일율)이므로
>
> $F \times v = IB\,lv \;\;\Rightarrow\;\; F = BIl\,(N)$ 즉, 식 (2-42)이 된다.
>
> $F = BI\ell = 0.3(\text{Wb/m}^2) \times 12(\text{A}) \times 1.5(\text{m}) = 5.4(\text{N})$

4. 전자기 유도

4.1. 전자기 유도

4.1.1. 전자기 유도의 기본개념

[1] 전자기 유도

코일과 자석사이에 상대적인 운동을 일으키면 코일에 전류가 유도되는 현상을 전자기유도(電磁氣誘導)라 한다.

[2] 유도기전력

전자기유도에 의해 발생된 기전력을 유도기전력이라 하고, 이때 흐르는 전류를 유도전류(誘導電流)라 한다. 따라서 코일과 자석사이에 상대적 운동을 시키면 도선에 전류가 흐르고, 코일과 자석사이에 운동을 정지시키면 전류는 흐르지 않는다.

4.1.2. 유도전류의 방향

[1] 렌츠의 법칙(lenz's law)

자석이 코일에 접근하거나 멀어질 때, 코일에서는 자석의 운동방향을 방해하는 방향으로 유도전류(誘導電流)가 흐른다. 즉, 코일이나 폐회로를 지나는 자기력선수의 변화를 방해하는 방향으로 유도전류가 흐른다.

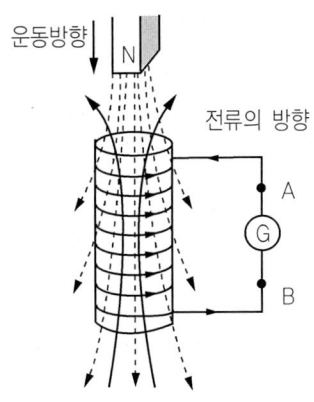

[그림 2-21] 유도전류의 방향

[2] 자석의 N극이 코일에 접근할 때

코일에서 자석이 접근하는 쪽은 N극, 반대쪽이 S극이 되는 자기장이 생기도록 유도전류가 흐른다.

[3] 자석의 N극이 코일에서 멀어질 때

접근할 때와 반대방향으로 유도전류가 흐른다.

4.1.3. 패러데이의 법칙(faraday's law)

패러데이는 전자기 유도현상에서 도선이나 자석의 상대 운동속도를 빠르게 하거나. 강한 자석을 사용하면 같은 시간동안에 코일을 지나는 자기력선수(자속)의 변화가 커지게 된다. 또 코일의 감은 수를 증가시켜도 유도기전력은 증가한다는 사실을 정리하였다.

[1] 패러데이의 법칙(faraday's law)

"유도기전력(誘導起電力)의 크기는 코일 속을 지나는 자기력선수의 시간적 변화율과 코일의 감은 회수에 각각 비례한다."라고 정리하였다.

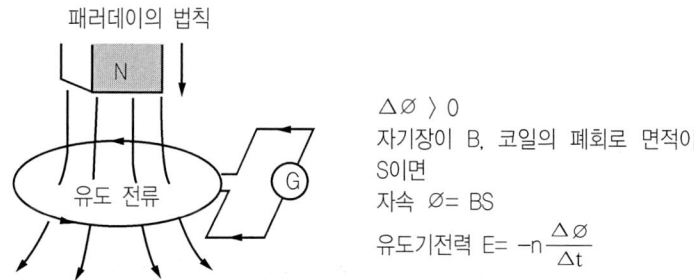

[그림 2-22] 유도기전력의 크기

[2] 유도기전력의 크기

유도기전력을 E, 코일의 감은 회수를 n, 시간 Δt동안 코일을 지나는 자기력선수의 변화량을 $\Delta \phi$(delta phi)라고 하면 다음 식이 성립한다.

$$E = -n\frac{\Delta \phi}{\Delta t} \quad (\phi = BS) \quad \cdots\cdots (2\text{-}45)$$

여기서, 마이너스(-)는 E와 $\frac{\Delta \phi}{\Delta t}$가 서로 반대방향임을 의미한다. 자속 ϕ(파이)의 단위는 Wb(웨브)이다. 이것은 자속이 일정한 비율로 변화한다. "한번 감은 코일에서 발생한 전압이 1(V)일 때 1초당 자속의 수를 1[Wb](weber)로 정의 한다."

[3] 자속밀도

자속밀도(磁束密度) $B[Wb/m^2]$란 자속의 방향에 수직인 단면 $S[m^2]$의 단위 면적당 자속의 수를 말한다. 식으로는 다음과 같이 표시된다(그림 2-22 참조).

자속(ϕ) = 자속밀도(B) × 자력선이 지나는 면적(S)

$$B = \frac{\phi}{S} \quad \Rightarrow \quad \phi = B \times S \quad \cdots\cdots (2\text{-}46)$$

자속변화량(磁束變化量) $\frac{d\phi}{dt}$ 은 위의 식에서 양변을 시간에 대해 미분하면 다음과 같은 식이 성립한다.

$$\frac{d\phi}{dt} = B\frac{dS}{dt} = B\frac{d(\ell \times dx)}{dt} = B\ell\frac{dx}{dt} = B\ell\frac{v\Delta t}{dt} = B\ell v \quad \cdots\cdots\cdots\cdots (2\text{-}47)$$

여기서, ℓ 는 도선의 길이, $\frac{dx}{dt} = \frac{v\Delta t}{dt} = v$는 도선이 움직이는 속도를 나타낸다.

4.1.4. 자기장에서 운동하는 직선도선에 생기는 유도기전력

[1] 유도기전력의 크기

그림 2-23과 같이 길이 ℓ 인 도선이 자속밀도 B인 균일한 자기장 내에서 속도 v로 운동할 때, 유도기전력 E는 다음 식과 같다. 여기서, 미소면적 $\Delta S = l \times dx = l \times v \times \Delta t$ 따라서, 점 A의 전위가 점 D보다 높다.

$$E = -\frac{\Delta \phi}{\Delta t} = -\frac{B\Delta S}{\Delta t} = \frac{B\ell v \Delta t}{\Delta t} = -B\ell v(V) \quad \cdots\cdots\cdots\cdots (2\text{-}48)$$

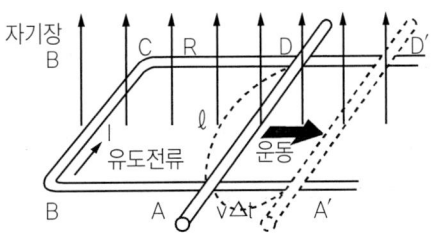

[그림 2-23] 유도전류

[2] 유도기전력의 방향

그림 2-24와 같이 오른손 바닥을 펴서 엄지손가락과 다른 네 손가락이 서로 직각이 되도록 하고, 네 손가락이 자기장의 방향, 엄지손가락이 도선의 운동방향(v)이 되게 일치시키면 손바닥에서 수직 위로 나가는 방향이 유도전류의 방향이 된다.

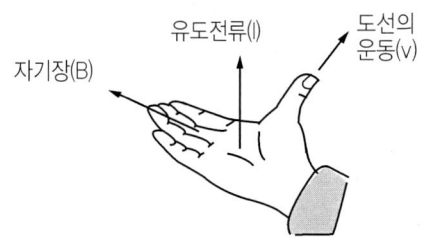

[그림 2-24] 유도전류의 방향

[예제 23] 그림과 같이 지면 뒤쪽으로 들어가는 1.6T의 균일한 자기장에 수직으로 폭 0.5인 ㄷ자 모양의 도선이 놓여 있다. 이 도선위에 도체 막대 PQ를 왼쪽으로 10m/s의 속력으로 운동시켰을 때, P, Q중 어느 쪽의 전위가 높은가 ? 또 막대 PQ에 유도되는 기전력은 몇 V인가 ?

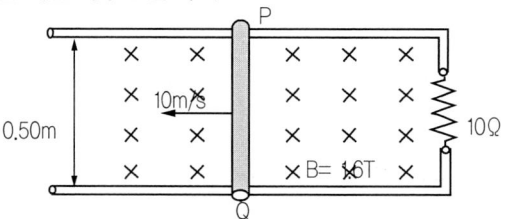

풀이 전류는 시계방향으로 흐르므로 P보다 Q의 전위가 높다.

$$E = B\ell v = 1.6 \times 0.5 \times 10 = 8(V)$$

[예제 24] 그림과 같이 저항을 무시할 수 있는 두 개의 평행금속 레일이 0.6T인 균일한 자기장에 직각방향으로 놓여 있다. 이 레일을 저항을 무시할 수 있는 도선으로 연결하고 저항이 0.15Ω인 막대를 2.0m/s의 일정한 속도로 운동시킬 때
① 막대 X Y가 자기장으로부터 받는 전자기력은 얼마인가 ?
② 이 때 회로에서 소비되는 전력은 얼마인가 ?

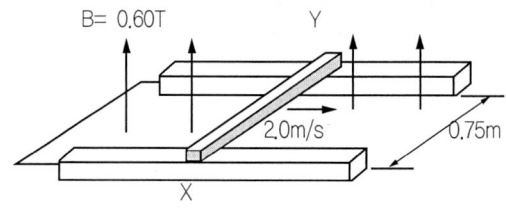

풀이 ① 유도기전력 E= $B\ell v$ = 0.60×0.75×2.0= 0.9V

막대에 흐르는 전류의 세기 $I = \dfrac{E}{R} = \dfrac{0.90}{0.15} = 6.0(A)$

전자기력 F= Blℓ = 0.60×6.0×0.75= 2.7N

② 전력 $P = \dfrac{E^2}{R} = \dfrac{0.9^2}{0.15}$ = 5.4W

[예제 25] 그림과 같이 반지름 0.1m인 원형코일을 균일한 자기장 B에 수직으로 놓고, 시간에 따라 자기장 B를 변화시켰더니 1V의 유도기전력이 발생하였다. 같은 비율로 자기장을 변화시킬 때 반지름을 0.2m로 하면 유도기전력은 얼마인가 ?

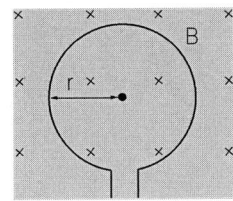

풀이 패러데이의 법칙에서 유도 기전력은

$$E = -n\dfrac{\Delta\phi}{\Delta t} = -n\dfrac{\Delta(BS)}{\Delta t} = -n\dfrac{S\Delta B}{\Delta t}$$ 이고, $S = \pi r^2$ 이므로

$$E = -(1)\dfrac{\pi \times 0.1^2 \times \Delta B}{\Delta t}$$: 지름 0.1m일 때 기전력

$$E = -(1)\dfrac{\pi \times 0.2^2 \times \Delta B}{\Delta t}$$: 지름 0.2m일 때 기전력

즉, 넓이 S가 4배로 증가하므로 E = 4V, 4배로 증가한다.

[예제 26] 자속밀도가 0.85[Wb/m^2]의 평형자속 내에 길이 0.6m의 도체를 직각으로 두고, 도체를 35m/s의 속도로 운동시키면, 이 도체에는 몇 V의 기전력이 발생 하겠는가 ?

풀이 1초당 자속변화량

① 1초당 자속변화량 = 자속밀도×도체길이×도체 운동속도
   = 0.85×0.6×35 = 17.85[Wb]

② 유도기전력 E는 식(2-48)에서

$$E = -n\dfrac{\Delta\phi}{\Delta t} = -1 \times 17.85 = -17.85V = 17.85V$$

여기서, 코일의 감은 수 $n = 1$은 직선도체이기 때문이고, 마이너스(-)는 유도 기전력과 자속 변화량이 서로 반대방향, 즉 방해하는 방향으로 작용한다는 의미이다.

4.2. 자체유도와 상호유도

4.2.1. 코일의 자체유도

[1] 코일의 자체유도

그림 2-25와 같은 회로에서 스위치를 닫는 순간부터 전류의 세기가 증가하므로, 코일 내부의 자기장이 변하면서 코일을 지나는 자기력선수가 변하게 된다. 따라서 코일에는 자기력선수의 변화 $\Delta\phi$을 방해하는 방향으로 유도기전력이 발생한다. 이와 같이 코일에 흐르는 전류의 변화에 의해 그 코일 자체에 유도기전력이 생기면서 유도전류가 흐르는 현상을 자체유도(自體誘導) 또는 자기유도(磁氣誘導)라고 한다.

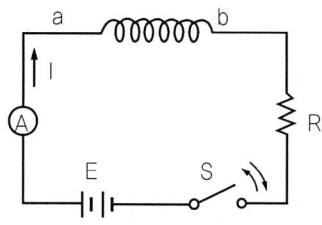

[그림 2-25] 자체유도 현상

[2] 자체유도 기전력

시간 Δt초 동안에 전류의 세기가 ΔI만큼 변할 때 자체유도 기전력 E는

$$E = -L\frac{\Delta I}{\Delta t} \quad \cdots\cdots\cdots\cdots\cdots\cdots\cdots\cdots\cdots\cdots\cdots\cdots\cdots\cdots (2\text{-}49)$$

여기서, L는 자기유도계수 또는 자기유도 인덕턴스(inductance)라 하며, 단위로는 헨리(henry ; H)로 표시한다. 예를 들면 자동차 점화장치에서 1차 회로에서 1차 전류를 반복하여 단속하면 자기력선이 변화하여 역기기전력 E가 생긴다.

4.2.2. 코일의 상호유도

[1] 코일의 상호유도

그림 2-26과 같이 인접한 두 개의 코일에 두 개의 코일에서 1차 코일에 흐르는 전류의 세기 변화에 따른 자기장의 변화로 1차 코일에는 자체유도가 생긴다. 이때 1차 코일을 지나는 자기력선수의 변화는 2차 코일에도 지나므로, 2차 코일에도 자체유도와 같은 모양의 유도기전력이 생기면서 유도전류(誘導電流)가 흐르게 된다.

이와 같이, 한 회로의 전류 변화에 의한 자기력선수의 변화로 인하여 다른 회로에서도 전자기유도 현상이 일어나는 것을 상호유도(相互誘導)라 한다. 상호유도기전력 E는 자체유도 기전력과 같은 형태가 된다.

$$E = -M\frac{\Delta I}{\Delta t} \text{(M: 상호유도계수)} \quad \cdots\cdots\cdots\cdots (2\text{-}50)$$

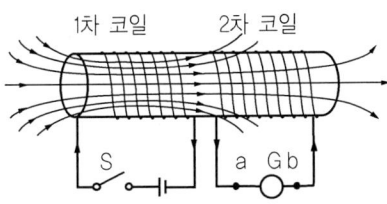

[그림 2-26] 코일의 상호유도

[2] 상호유도 전류

1차 코일에 흐르는 자체 유도전류와 같은 방향으로 2차 코일에도 상호 유도전류가 흐르게 된다.

4.2.3. 변압기

상호유도 현상을 이용하여 교류의 전압을 변화시키는 장치가 변압기이다. 그림 2-27과 같이 1차 코일과 2차 코일의 감은 권수가 n_1, n_2 전압이 V_1, V_2 전류의 세기를 각각 I_1, I_2라고 하면, 전력은 일정하므로 $I_1 V_1 = I_2 V_2$이고, 전자기유도에서 전압은 전류에 비례하므로 다음과 같은 관계식이 성립한다.

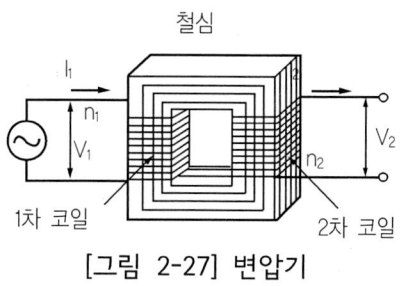

[그림 2-27] 변압기

$$V \propto n, \quad \frac{V_1}{V_2} = \frac{n_1}{n_2} = \frac{I_2}{I_1} \quad \cdots\cdots\cdots\cdots (2-51)$$

[예제 27] 그림과 같은 회로에서 저항 $R_1 = 10000\Omega$, $R_2 = 1\Omega$이다. 저항 R_3에 최대 전력을 공급하기 위한 변압기에 감긴 코일의 비 n_2/n_1는 얼마인가?

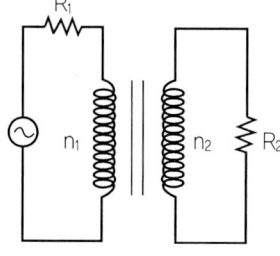

풀이 전력 $P = \dfrac{V^2}{R}$ 변압기에서 1차 코일과 2차 코일에서의 전력은 같다.

$$\frac{V_2}{R_1} = \frac{V_1}{R_1} \quad \therefore \frac{V_2}{V_1} = \frac{n_2}{n_1} = \sqrt{\frac{R_2}{R_1}} = \frac{1}{100}$$

---

5. 교류와 전자기파

5.1. 교류

시간에 따라 전압이 주기적으로 변하면서 그 방향이 바뀌는 기전력을 교류전압(交流電壓)이라 하고, 회로에 흐르는 전류를 교류전류(交流電流) 또는 교류라 한다.

5.1.1. 교류의 발생

그림 2-28과 같이 자석사이의 자기장 내에서 코일을 회전시키면, 코일 내부를 지나는 자속이 시간에 따라 변하므로 코일의 양 끝에 유도기전력이 생긴다.

① 코일 내부의 자기력선속 ; $\phi = BS\cos\omega t$

② 코일 내부의 자기력선속 변화량 ; $\dfrac{\Delta\phi}{\Delta t} = -\omega BS\sin\omega t$

③ 유도기전력 ; 패러데이의 법칙 ; $E = -n\dfrac{\Delta\phi}{\Delta t}$

$$E = -n\dfrac{\Delta\phi}{\Delta t} = n\omega BS\sin\omega t = E_0\sin\omega t \ (E_0 = n\omega BS) \quad \cdots\cdots (2\text{-}52)$$

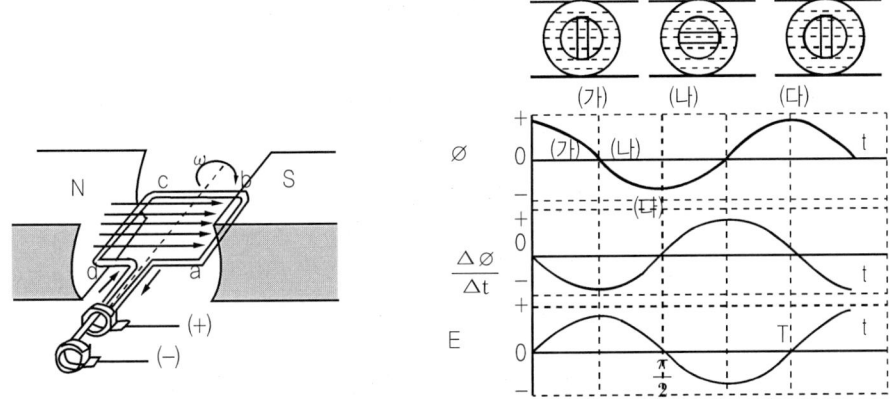

[그림 2-28] 교류발전기와 유도기전력

5.1.2. 교류의 실효값

[1] 교류의 실효값

교류는 전압과 전류가 시간에 따라 크기와 방향이 변하므로, 순간 값을 측정하기도 어렵고 실용적인 의미도 없다.

[2] 전압, 전류의 실효값

교류전압과 전류의 실효값(efficiency ; e)과 최댓값(maximum ; m)이 각각 V_e, V_m, I_e, I_m 이면 $V_e = \dfrac{V_m}{\sqrt{2}}$, $I_e = \dfrac{I_m}{\sqrt{2}}$ 이다.

[3] 전력의 실효값

$$P_e = I_e V_e = \frac{1}{2} I_m V_m = \frac{1}{2} I_e^2 R = I_e^2 R \quad \cdots\cdots\cdots (2-53)$$

5.2. 교류회로

[1] 저항 R만을 연결한 교류회로

① 저항 R에 교류전압 $V = V_0 \sin\omega t$을 걸어 주면 교류전류 I는 다음과 같다.

$$I = \frac{V}{R} = \frac{V_0}{R}\sin\omega t = I_0 \sin\omega t \ \left(I_0 = \frac{V_0}{R}, \ V_0 = I_0 R\right) \quad \cdots\cdots (2-54)$$

② 실효값으로 나타내면

$$I = \frac{V}{R} \quad \cdots\cdots\cdots\cdots\cdots\cdots\cdots\cdots\cdots\cdots (2-55)$$

단 $I = \dfrac{I_m}{\sqrt{2}}$, $V = \dfrac{V_m}{\sqrt{2}}$

③ 저항 R에 흐르는 전류 I의 위상(ωt)은 전압의 위상과 같다.

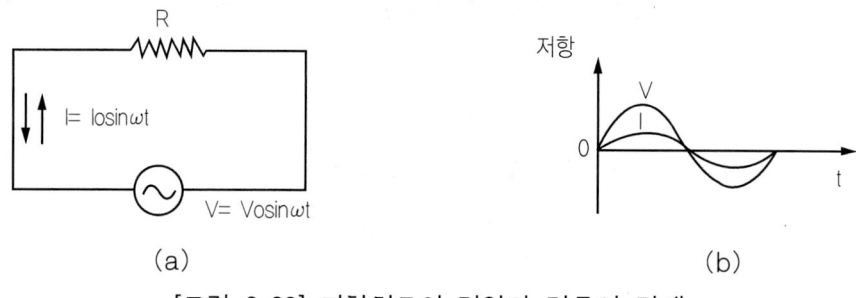

[그림 2-29] 저항회로의 전압과 전류의 관계

[2] 코일 L만을 연결한 교류회로

① 전류 I의 위상이 전압 V의 위상보다 $\frac{\pi}{2}(= 90°)$만큼 빠르다.

$$I = \frac{V_0}{R_L} \sin(\omega t + \frac{\pi}{2}) = I_0(\omega t + \frac{\pi}{2}) \quad \cdots\cdots (2-56)$$

② 실효값으로 나타내면

$$I = \frac{V}{R_L} \quad \cdots\cdots (2-57)$$

③ 유도 리액턴스(inductive reactance) R_L는 자체유도(自體誘導)에 의해 전류 흐름을 방해하는 저항요소이므로, R_L는 유도저항이며 단위는 옴[Ω]이다. 즉, 교류전원에서 코일에 발생하는 저항이다.

$$R_L = \omega L = 2\pi f L (\Omega) \quad \cdots\cdots (2-58)$$

[그림 2-30] 유도 리액턴스회로의 전압과 전류의 관계

[예제 28] 코일만을 사용하는 110V-60Hz의 교류전원의 회로인 경우에 이 코일의 자기 인덕턴스가 30mH일 때 발생하는 전류는 얼마인가?

풀이 유도저항 ; $R_L = \omega L = 2\pi f L (\Omega)$이므로

$R_L = 2\pi f L (\Omega) = 2\pi \times 60 \times 0.03 ≒ 11.31(\Omega)$

전류 ; $I = \frac{E}{R_L} = \frac{110(V)}{11.31(\Omega)} ≒ 9.73(A)$

(인덕턴스의 단위는 헨리 H이다. mH= 10^{-3}H이다)

[3] 축전기(condenser) C[F]만 연결한 교류회로

① 축전기에 교류전압을 가하면 충전전류(充電電流), 방전전류(放電電流)가 그림 2- 31(b)과 같이 흐른다. 이 전류는 전압보다 위상(ωt)이 $\frac{\pi}{2}(= 90°)$만큼 앞선다.

$$I = \frac{V_0}{R_e}\sin(\omega t + \frac{\pi}{2}) = I_0 \sin(\omega t + \frac{\pi}{2}) \quad \cdots\cdots\cdots (2\text{-}59)$$

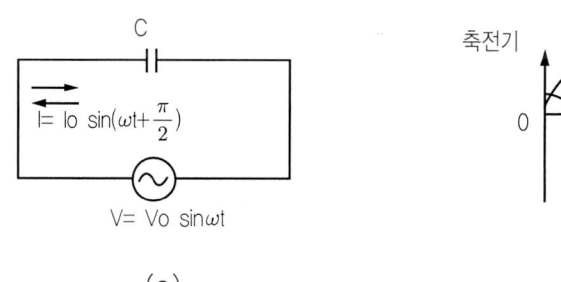

(a) (b)

[그림 2-31] 축전기회로의 전압과 전류의 관계

② 실효값으로 나타내면

$$I = \frac{V}{R_C} \quad \cdots\cdots\cdots (2\text{-}60)$$

③ 용량 리액턴스(capacitive reactance) Rc는 축전기의 교류에 대한 저항요소이므로, Rc는 용량저항이며 단위는 [Ω]이다. 즉, 교류전원에서 축전기에 발생하는 저항이다.

$$R_C = \frac{1}{\omega C} = \frac{1}{2\pi f C} \; (\Omega) \quad \cdots\cdots\cdots (2\text{-}61)$$

[예제 29] 축전기만을 사용하는 110V-60Hz 교류전원의 회로인 경우에 이 축전기의 정전용량이 220μF일 때 발생하는 전류 I는 얼마인가?

풀이) 용량저항 ; $R_C = \frac{1}{\omega C} = \frac{1}{2\pi fC}$ (Ω)이므로

$R_C = \frac{1}{2\pi fC}$ (Ω) $= \frac{1}{2\times \pi \times 60 \times 220 \times 10^{-6}} ≒ 12.06(\Omega)$

전류 ; $I = \frac{E}{R_C} = \frac{110}{12.06} = 9.12[A]$

[4] R-L-C 직렬회로

① 임피던스(impedance) Z는 교류에 대한 합성저항으로 그림 2-32와 같이 정하고 전류를 기준으로 하여 벡터(vector)도를 그리면 그림 2-32(b)와 같다.

$$Z = \sqrt{R^2 + R_X^2} = \sqrt{R^2 + (R_L - R_C)^2} \ (\Omega) \quad \cdots\cdots (2\text{-}62)$$

여기서, $R_X = R_L - R_C$는 리액턴스(reactance)이다.

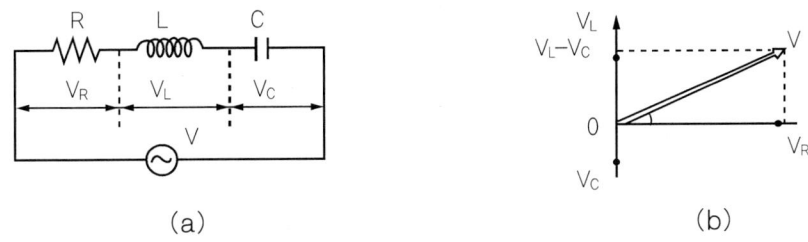

[그림 2-32] R, L, C의 직렬회로

② R-L-C직렬회로에서 전체전압 V는

$$V = \sqrt{V_R + (V_L - V_C)^2} = IZ \quad \cdots\cdots (2\text{-}63)$$

③ 임피던스 Z가 최소일 때($R_L - Z_C = 0$) 전류 I는 최대이다.
④ 고유주파수 f는 교류회로에서 최대 전류를 흐르게 하는 주파수이다.

$$f = \frac{1}{2\pi\sqrt{LC}} \quad \cdots\cdots (2\text{-}64)$$

5.3. 자극과 주파수

5.3.1. 주기와 주파수

① 주기란 한 사이클을 그리는데 소요되는 시간을 말하는 것으로 단위는 초(second)를 사용하고, 기호는 T로 표시한다.

② 주파수(frequency) 또는 진동수(vibration)란 1초 동안에 사이클 수가 몇 개인지를 나타내는 척도를 표시하는 것으로, 단위는 cycle/sec이고, 기호는 f로 표시한다. 보통 주파수의 단위는 Hz(헤르츠)을 사용하는데, 1Hz란 1초 동안에 주기의 수를 말한다.

$$f = \frac{1}{T}(H_Z), \qquad T = \frac{1}{f}(\text{second}) \quad \cdots\cdots\cdots\cdots\cdots\cdots (2\text{-}65)$$

5.3.2. 주파수와 자극

2극(極; pole)의 회전자(rotater)가 1분간에 N회전하면 1초간에는 $\frac{n}{60}$회전하므로 그때에 발생한 주파수 f는 다음과 같다.

$$f_2 = \frac{n}{60}(\text{cycle/second}) \quad \cdots\cdots\cdots\cdots\cdots\cdots (2\text{-}66)$$

만약 회전자가 P극(極)이면 그때의 주파수 f_p는 다음과 같다.

$$f_p = \frac{P}{2} \times \frac{n}{60}(c/s)$$

$$\therefore n(\text{회전수}) = \frac{120 f_p}{P}(\text{rpm}) \quad \cdots\cdots\cdots\cdots\cdots\cdots (2\text{-}67)$$

이와 같이 주파수와 극수가 정해지면 회전수 n가 정해진다. 또 회전자의 회전수를 n(rpm), 극수를 P, 극의 유효자석(有效磁石)을 $\phi(Wb)$라고 하면 1개의 도체에 발생하는 기전력 e는 다음과 같다.

$$e = \frac{\phi}{\frac{1}{P} \times \frac{60}{n}} = \frac{n}{60} \times P \times \phi(\text{V}) \quad \cdots\cdots\cdots\cdots\cdots\cdots (2\text{-}68)$$

로 표시되며 직렬로 이어진 도체수를 2라고 하면 전체 기전력 E는 다음과 같다.

$$E = P \times \frac{n}{60} \times 2 \times \phi (\text{V}) \quad \cdots\cdots\cdots (2\text{-}69)$$

[예제 30] 극수(pole number)가 6개인 교류발전기에서 회전수가 1800 rpm으로 회전할 때 발전기에서 발생하는 주파수는 얼마인가?

풀이 $f_p = \frac{P}{2} \times \frac{n}{60}$ (c/s) $= \frac{P \times n}{120} = \frac{6 \times 1800}{120} = 90\text{c/s}$

---

6. 자동차 전기시스템

6.1. 축전지

6.1.1. 축전지의 용량

자동차에 사용하는 축전지의 용량 Bc[A/hr]는 방전(放電)전류 Ic(A)와 방전종지까지의 시간 tc(hr)의 곱으로 표시한다.

축전지의 용량 = 방전전류×방전종지까지의 시간

$$B_C = I_C \times t_C \quad \cdots\cdots\cdots (2\text{-}70)$$

[예제 31] 축전지 용량이 $120 A/h$인 축전지가 매일 24시간 동안에 1.6%의 자기방전을 할 경우 이것을 충전하기 위해 정전류 충전기의 충전전류는 시간당 몇 A로 조정하여야 하는가?

풀이 ① 방법 하나; 정전류 충전시는 축전지의 용량 10%의 전류로 충전하므로 120×0.1= 12A가 되게 하여 충전하여야 한다.

② 방법 둘 ; 120A/hr의 1.6%를 매일 24시간 방전되는 전류는 몇 A인가? 120×0.016= 1.92≒ 2A

③ 시간당 방전되는 량은 $\frac{2\text{A}}{24\text{h}_r} = 0.0833\text{A}/\text{h}_r$이므로, 시간당 이 만큼 충전되게 하여야 한다.

[예제 32] 6A의 일정한 전류로 24시간 계속방전을 할 수 있는 축전지의 용량은 어느 정도인가?

풀이 식 (2-70)에 의하여

$$B_C = I_C \times t_C = 6A \times 24h_r = 144 Ah_r$$

[예제 33] 용량 120A/h의 축전지가 매일 2%식 자연방전 될 경우 시간당 방전량은 얼마인가?

풀이 매일 방전전류 = 축전지용량 × 매일 방전량 = 120A × 0.02 = 2.4(Ah_r)

시간당 방전전류 $I_c = \dfrac{2.4 Ah_r}{24h_r} = 0.1A$

[예제 34] 24V, 65A/h의 축전지에서 120A의 전류로 방전하여 비중이 1.4로 저하될 때까지 소요되는 시간은 얼마인가?

풀이 축전지의 용량 = 방전전류 × 방전종지 시간

$$65(A/h_r) = 120(A) \times 소요시간(t_c)h_r$$

소요시간 $t_c(h_r) = \dfrac{65 Ah_r}{120A} = 0.54(h_r)$

6.2. 기동장치

6.2.1. 기동전동기의 원리

시동시에 엔진은 자기기동(自己起動 ; self starting)이 불가능하기 때문에 외력을 이용하여 크랭크축을 회전시켜야 하는데 이때 필요한 장치가 기동장치(starting system)이다.

기동장치의 원리는 자계(계자철심)내에 있는 도체(전기자)에 전류가 흐르면 도체는 플레밍의 왼손법칙에 따르는 방향의 힘을 받는다. 이 원리에 따라 도체에 전류를 흐르게 하면 도체의 양쪽의 전류방향이 역으로 되기 때문에 회전력이 발생하여 전기자(電氣子)는 회전운동을 한다. 이 회전력이 크랭크축을 기동시킨다.

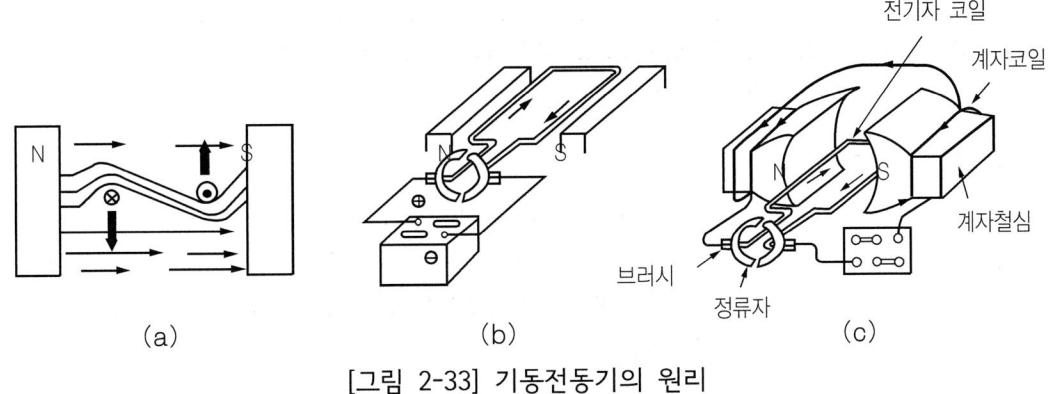

[그림 2-33] 기동전동기의 원리

6.2.2. 기동장치의 종류와 특성

직류전동기는 전기자코일과 계자코일의 연결방식에 따라 직권식 전동기, 분권식 전동기, 복권식 전동기로 분류된다. 현재 자동차에서는 축전지를 전원으로 하는 직류 직권식 전동기를 사용하고 있다.

[1] 직권식 전동기

직권식 전동기는 전기자코일과 계자코일이 직렬로 접속되어 있는 것으로 특징은 기동회전력이 크고, 부하를 크게 하면 회전속도가 낮아지고 흐르는 전류가 커지는 장점이 있으나 회전속도의 변화가 큰 단점을 지니고 있다.

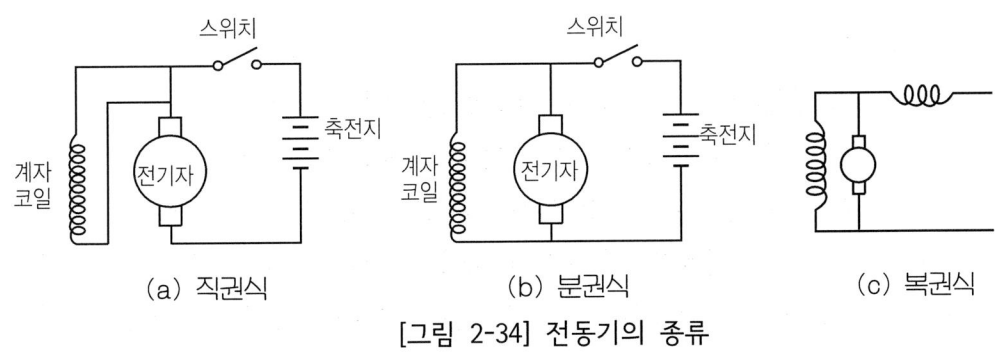

[그림 2-34] 전동기의 종류

[2] 분권식 전동기

분권식 전동기는 전기자코일과 계자코일이 병렬로 접속되어 있는 것으로 특징은 회전속도가 일정한 장점은 있으나 회전력은 작은 것이 단점이다.

[3] 복권식 전동기

복권식 전동기는 전기자코일과 계자코일을 직·병렬로 접촉한 것이며 특징은 회전력이 크고, 회전속도가 일정한 장점이 있으나 구조가 복잡한 단점을 지지고 있다.

6.2.3. 기동전동기 감속비

기동전동기(generator motor)의 감속비(speed reduction ratio) R_i는 엔진 플라이휠 회전수 n_f에 대한 기동전동기 피니언의 회전수 n_p의 비(比; ratio), 또는 기동전동기의 피니언 잇수 Z_p에 대한 플라이휠 링 기어 잇수 Z_f의 비로 나타낸다.

$$R_i = \frac{n_p}{n_f} = \frac{Z_f}{Z_P} \quad \cdots\cdots\cdots (2-71)$$

6.2.4. 기동전동기 회전력

[1] 회전저항에 의한 회전력

엔진의 무부하 상태에서 기동시킬 때 소요되는 동력을 회전저항(回轉抵抗)이라 하는데 이때 기동전동기의 필요 회전력은 다음 식에 의해 구한다.

$$회전력(T) = \frac{회전저항(n_R) \times 피니언 잇수(Z_p)}{링기어 잇수(Z_f)}$$

$$\therefore T = \frac{n_R \times Z_p}{Z_f} \quad \cdots\cdots\cdots (2-72)$$

> [예제 35] 배기량이 1500cc인 가솔린엔진의 회전저항이 6kgf·m이고, 링기어 잇수가 114개, 피니언 잇수가 9개일 때 기동전동에 필요한 회전력은 얼마인가?
>
> **풀이** $T = \dfrac{n_R \times Z_p}{Z_f} = \dfrac{6(\text{kgf}-\text{m}) \times 9}{114} = 0.47\text{kgf-m}$

[2] 기동전동기의 출력과 회전력

기동전동기의 출력 N_b는 회전력 T에 각속도 $\omega(=2\pi n)$을 곱한 값이다. 즉 회전수와 회전력은 서로 반비례 한다. 이것을 식으로 나타내면, 다음 식과 같이 표시된다.

$$N_b = T \times \omega = T \times \frac{2\pi n}{75 \times 60} \quad \cdots\cdots (2\text{-}73)$$

또 플라이휠 회전력을 T_f, 기동전동기 피니언 회전력을 T_p라 하면, 감속비 R_i는 다음과 같이 표시할 수 있다.

$$R_i = \frac{n_p}{n_f} = \frac{T_f}{T_p} = \frac{Z_f}{Z_p} \quad \cdots\cdots (2\text{-}74)$$

기동전동기의 출력은 가솔린엔진은 0.15~1.5PS, 디젤엔진은 3~10PS이며, 기동이 가능한 회전수는 가솔린엔진이 100rpm(표준 50~60rpm), 디젤엔진은 180rpm이상(표준 70~80rpm)이다.

[3] 극수에 의한 기동전동기 회전수

주파수 및 기동전동기의 극수(pole)에 의해 기동전동기의 회전수는 다음 식에 의해 구한다.

$$회전수(n) = \frac{120 \times 주파수(f)}{극수(P)} \quad \cdots\cdots (2\text{-}75)$$

[예제 36] 8극 60Hz, 500KW인 전동기가 있다. 이 전동기의 회전수는 얼마인가 ?

풀이 회전수$(n) = \dfrac{120 \times 주파수(f)}{극수(P)} = \dfrac{120 \times 60}{8} = 900 \text{rpm}$

[예제 37] 어떤 엔진에서 링 기어의 잇수가 115, 피니언의 잇수가 9이고, 회전 토크가 8kgf-m일 때 기동전동기의 회전력은 얼마인가 ?

풀이 엔진의 회전토크 = 플라이휠 링 기어 회전력 T_f이므로 식(2-74)에 의해 구한다.

$$R_i = \dfrac{T_f}{T_p} = \dfrac{Z_f}{Z_p} \Rightarrow \therefore T_p = \dfrac{T_f}{\dfrac{Z_f}{Z_p}} = T_f \times \dfrac{Z_p}{Z_f}$$

$$T_p = T_f \times \dfrac{Z_p}{Z_f} = 8 \times \dfrac{9}{115} \fallingdotseq 0.62 \text{kgf} - \text{m}$$

[예제 38] 총배기량이 1600cc인 어떤 엔진에서 링 기어의 잇수가 118, 피니언 잇수가 8, 엔진의 회전토크가 7kgf-m일 때 기동전동기의 최소 회전력은 얼마인가 ?

풀이 엔진회전토크= 플라이휠 링 기어 회전력이므로 T_p는 식(2-74)에 의해 구한다.

$$T_p = T_f \times \dfrac{Z_p}{Z_f} = 7 \times \dfrac{8}{118} \fallingdotseq 0.47 \text{kgf} - \text{m}$$

6.3. 점화장치

6.3.1. 점화장치의 개요.

점화장치는 가솔린엔진의 연소실내에 압축된 혼합기에 고압의 전기적 불꽃으로 점화하여 연소를 일으키는 장치를 점화장치라 한다. 점화장치에는 축전지(battery)를 전원으로 하는 축전지 점화식(직류전원 사용)과 자석(magnet)의 회전에 의해 고전압을 발생시키는 발전기를 전원으로 하는 고전압 점화식(교류전원 사용)이 있다.

최근에는 반도체의 발달로 트랜지스터식 점화식, 배전기를 없앤 점화식(DLI ; distributor less ignition), 고에너지 점화식(HEI ; high energy ignition) 등이 사용되고 있다.

6.3.2. 점화코일의 원리

점화코일은 점화플러그에 불꽃을 일으킬 수 있는 고압의 전류(15,000~20,000V)을 발생시키는 승압변압기의 일종이다. 점화코일은 1차 코일에서의 자기유도작용과 2차 코일에서의 상호유도작용을 이용하고 있다. 그 원리는 철심에 감겨져 있는 2개의 코일에서 입력 측을 1차코일, 출력 측을 2차 코일이라 한다. 1차 코일에는 축전지로부터 1차 전류(저압전류)가 흘러 자화되지만 직류(DC)이기 때문에 유도 작용에 의한 전압발생은 없다.

그러나 배전기의 단속기 접점으로 1차 전류를 차단하면 자기유도 작용으로 1차 코일에 전원전압(축전지 전압)보다 높은 전압이 발생한다. 1차 코일에 발생한 전압은 1차 코일의 권수, 전류의 크기, 전류의 변화속도 및 재질에 따라 변화한다. 또, 2차 코일에는 상호유도작용으로 코일의 감은 권수에 비례하는 고전압이 발생한다.

1. 자기 유도작용(self induction)
자기 유도작용이란 코일자신에 흐르는 전류를 변화시키면 코일과 교차하는 자력선도 변화하기 때문에 코일에 그 변화를 방해하는 방향으로 기전력이 발생하는 작용이다. 자기 유도작용은 코일의 권수가 많을수록, 철심이 들어 있으면 더욱 커진다.

2. 상호 유도작용(mutual induction)
상호 유도작용이란 하나의 전기회로에 자력선의 변화가 생겼을 때, 그 변화를 방해하려고 다른 전기회로에 기전력이 발생하는 현상을 말한다. 상호 유도작용을 이용한 장치에는 점화코일, 변압기 등이 있다.

6.3.3. 점화코일의 유도전압

E_1, E_2을 각각 1차 코일의 전압과 2차 코일의 전압이라 하고, N_1, N_2을 각각 1차 코일의 감은 권수와 2차 코일의 감은 권수라 하면, 점화코일의 유도전압 E와 코일의 감은 권수 N는 서로 비례하므로 다음과 같이 표시할 수 있다.

$$E_1 : E_2 = N_1 : N_2$$

$$E_1 \times N_2 = E_2 \times N_1 \quad \Rightarrow \quad \therefore E_2 = E_1 \times \frac{N_2}{N_1} \quad \cdots\cdots\cdots\cdots (2\text{-}76)$$

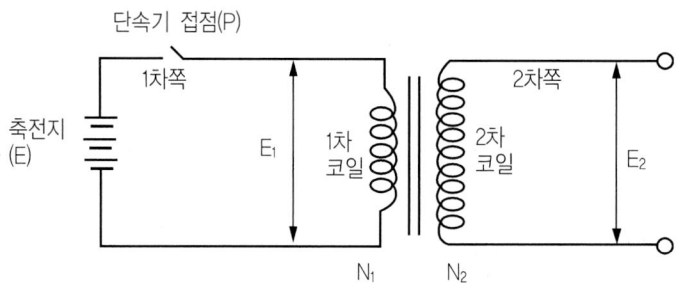

[그림 2-35] 점화코일의 세부도

[예제 39] 1차 코일의 감은 권수가 160회, 2차 코일의 감은 권수가 16000회이고, 1차 코일의 발생전압이 220V일 때 2차 코일의 유도전압은 몇 V인가 ?

풀이 유도전압은 코일의 권수에 비례하므로 식(2-76)에 의하여 구하면

$$E_2 = E_1 \times \frac{N_2}{N_1} = 220 \times \frac{16000}{160} = 22000V$$

6.3.4. 캠각 또는 드웰각

캠각 또는 드웰각(cam angle or dwell angle)이란 캠축이 회전하면서 단속기 접점이 닫혀 있는 동안 캠이 회전한 각도를 말한다. 캠각은 캠각 테스터로 측정하며, 보통 한 실린더에 주어지는 캠각은 전체 캠각의 60% 정도로 되어 있다.

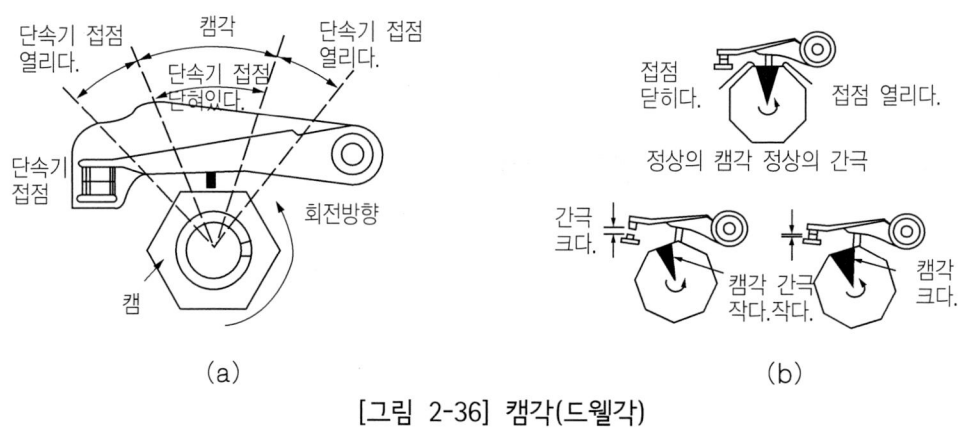

[그림 2-36] 캠각(드웰각)

$$캠각 = \frac{360°}{실린더수} \times 캠각율(\%)$$

$$캠각 = \frac{360°}{실린더수} \times 0.6 \quad\cdots\cdots\cdots\cdots\cdots\cdots\cdots\cdots\cdots\cdots\cdots\cdots\cdots\cdots\cdots (2-77)$$

[1] 엔진 스코프로 점검한 점화파형의 설명

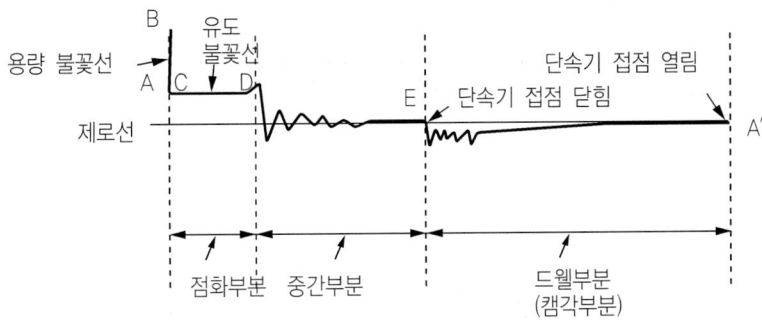

A점; 배전기의 단속기 접점이 열리는 순간 점화코일에 고전압이 형성되는 지점
B점; 점화코일에 고전압이 형성되어 점화플러그에서 불꽃방전이 일어나는 지점으로, 이 지점의 높이가 불꽃방전 전압의 크기 이다.
C점; 불꽃방전이 일어나면 고전압은 이 C점까지 저하되며 불꽃방전이 일어나는 동안 수평을 유지한다.
D점; 점화플러그에서 불꽃방전이 끝나는 지점이다.
E점; 단속기 접점이 닫힘
A'점; 단속기 접점이 열림

[그림 2-37] 점화파형의 설명

[2] 캠각의 영향

(1) 캠각이 클 때의 영향

① 접점간극이 작다.

② 점화시기가 늦어진다.

③ 1차 전류 확립기간이 길어 2차 전압이 높다.

④ 점화코일이 발열된다.

⑤ 단속기 접점이 소손된다.

(2) 캠각이 적을 때의 영향
① 접점간극이 크다.
② 점화시기가 빨라진다.
③ 1차 전류의 확립기간이 짧아 2차 전압이 낮다.
④ 고속에서 실화가 일어나기 쉽다.

6.3.5. 점화파형과 캠각

이것은 1차 코일이 어스되는 구간을 말하는 것이다. 그림 2-38에서 AB구간은 용량 및 유도 불꽃구간, BC구간은 감쇠구간, CD구간은 캠각 구간으로 캠각의 크기는 다음 식으로 표현할 수 있다.

$$캠각 = \frac{캠각구간}{1실린더\ 점화구간} \times \frac{360^0}{실린더 수} \quad \cdots\cdots (2-78)$$

$$캠각 = \frac{\overline{CD}}{(\overline{AB}+\overline{BC}+\overline{CD})} \times \frac{360^0}{실린더 수} \quad \cdots\cdots (2-79)$$

위의 식에 의하면 캠이 한 바퀴를 돌면 크랭크 각으로 720도 회전했지만, 여기서는 캠축이 중심이므로 캠축이 한 바퀴 회전하는데 점화는 모든 기통에서 일어나므로, 1기통에서의 총점화구간은 $\frac{360^0}{실린더 수}$ 이다.

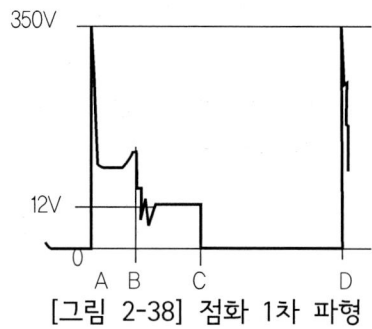

[그림 2-38] 점화 1차 파형

[예제 40] 다음 그림은 4실린더 엔진의 점화상태를 엔진스코프로 점검한 파형이다. 이 파형에서 캠각은 몇 도인가 ?

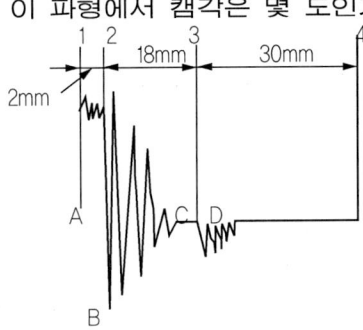

풀이 캠각 = $\dfrac{\text{캠각 구간}}{1\text{실린더 점화구간}} \times \dfrac{360°}{\text{실린더수}} = \dfrac{30}{2+18+30} \times \dfrac{360°}{4} = 54°$

[예제 41] 4실린더 엔진의 점화장치를 엔진 스코프로 점검한 결과 제1실린더의 파형이 그림과 같이 나타났을 경우 캠각의 크기는 몇 도인가 ?

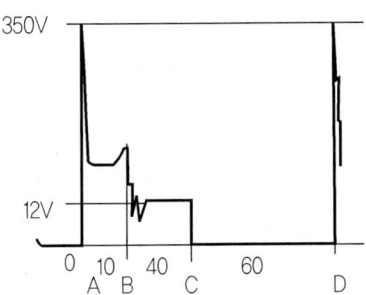

풀이 식 (2-79)에 의하여 구하면

$$\text{캠각} = \dfrac{\overline{CD}}{(\overline{AB}+\overline{BC}+\overline{CD})} \times \dfrac{360°}{\text{실린더수}} = \dfrac{60}{(10+40+60)} \times \dfrac{360°}{4} = 49°$$

[예제 42] 점화간격의 55%를 캠각(드웰각)으로 할 때 4사이클 6실린더 기관에서 캠각의 크기는 몇 도인가?

풀이 1기통에서의 총 점화구간(AD구간)은 $\dfrac{360°}{\text{실린더수}}$ 이므로

$$\text{캠각} = \dfrac{360°}{\text{실린더수}} \times 0.55(55\%)\text{이다}.$$

$$\therefore \text{캠각} = \dfrac{360°}{6} \times 0.55 = 33°$$

6.4. 자동차 조명

6.4.1. 조도

빛(light)의 밝기(光度)를 나타내는 단위로서 조도(illumination) Lux를 사용하는데, 조도는 광의 밝기에 비례하고, 거리의 제곱에 반비례한다.

$$조도(Lux) = \frac{광도}{거리^2} = \frac{cd}{r^2} \quad \cdots\cdots\cdots (2-80)$$

[예제 43] 광도가 380cd일 때 거리 6m 떨어진 위치에서의 조도는 몇 Lux 인가?

풀이 조도(Lux) = $\frac{광도}{거리^2} = \frac{cd}{r^2} = \frac{380}{6^2}$ = 10.5Lux

[예제 44] 23,000cd의 전조등으로부터 12m 떨어진 위치에서의 밝기는 몇 Lux인가?

풀이 조도(Lux) = $\frac{광도}{거리^2} = \frac{cd}{r^2} = \frac{23,000}{12^2}$ ≒ 160Lux

Chapter 02 연습문제

01. 길이가 120m, 단면적이 0.02cm²인 어떤 도선의 저항을 20℃에서 측정하였더니, 2.8Ω이였다. 이 도선의 저항계수는 ?

㉮ $4.3 \times 10^{-6} \Omega$ m ㉯ $4.5 \times 10^{-6} \Omega$ m
㉰ $4.7 \times 10^{-6} \Omega$ m ㉱ $4.9 \times 10^{-6} \Omega$ m

풀이 $R = \rho \dfrac{l}{S} (\Omega)$ 에서 $\rho = R \dfrac{S}{l}$ 이므로

$$\rho = R\dfrac{S}{l} = 2.8 \times \dfrac{0.02 \text{cm}^2}{120 \times 100 \text{ cm}} \fallingdotseq 4.7 \times 10^{-6} (\Omega \text{m})$$

02. 점화코일의 1차코일 저항값이 20℃일 때 7Ω이였다. 작동시(80℃)의 저항값은 ?(단 구리선의 온도 저항계수는 0.004이다)

㉮ 6.7Ω ㉯ 7.7Ω
㉰ 7.2Ω ㉱ 9.7Ω

풀이 $R_T = R_t 1 + \alpha_t (T-t)[\Omega] = 7 \times 1 + 0.004(80-20) \fallingdotseq 7.2 \Omega$

03. 4사이클 4기통 디젤엔진에서 저항이 0.6Ω인 예열플러그를 각 기통에 병렬로 연결할 경우, 예열플러그의 합성저항은 몇 Ω인가 ?(단, 기관의 전원은 24V이다)

㉮ 0.15Ω ㉯ 1.5Ω
㉰ 0.25Ω ㉱ 2.5Ω

풀이 병렬저항의 합성공식은 $\dfrac{1}{R} = \dfrac{1}{R_1} + \dfrac{1}{R_2} + \dfrac{1}{R_3} --- + \dfrac{1}{R_n}$ 에 의해

$$\dfrac{1}{R} = \dfrac{1}{0.6} + \dfrac{1}{0.6} + \dfrac{1}{0.6} + \dfrac{1}{0.6} = \dfrac{4}{0.6} \fallingdotseq 6.7$$

그러므로 $R = \dfrac{1}{6.7} \fallingdotseq 0.15 (\Omega)$

04. 아래 그림과 같은 직렬회로 $R_1 = 14\Omega$, $R_2 = 6\Omega$에 흐르는 전류는 몇 A인가?

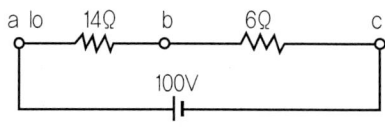

㉮ 3.5A
㉯ 4.0A
㉰ 4.5A
㉱ 5.0A

풀이 공식 V=IR에 의해 $I = \dfrac{V}{R}$이다.

① 직렬회로의 합성저항 ; $R = R_1 + R_2 = 14\Omega + 6\Omega = 20(\Omega)$ 이다.

② 전류는 $I = \dfrac{V}{R} = \dfrac{100V}{20\Omega} = 5[A]$

05. 아래 그림과 같은 직·병렬회로에 흐르는 전류는 몇 A인가?

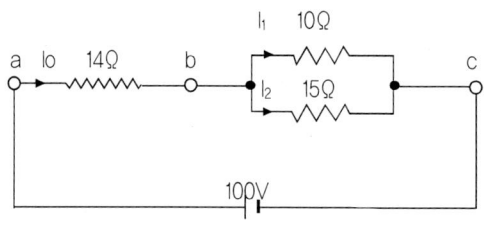

㉮ 3.8A
㉯ 4.2A
㉰ 4.8A
㉱ 5.2A

풀이 공식 V=IR에 의해 $I = \dfrac{V}{R}$

① 병렬회로의 합성저항 ; $\dfrac{1}{R} = \dfrac{1}{R_1} + \dfrac{1}{R_2} = \dfrac{1}{10} + \dfrac{1}{15} = \dfrac{15}{150}$

$\therefore R = \dfrac{150}{15} = 10(\Omega)$

② 전체저항 R_T는 두 저항의 합이다.

$R_T = R_0 + R = 14\Omega + 10\Omega = 24(\Omega)$

③ 전류는 $I = \dfrac{V}{R_T} = \dfrac{100(V)}{24(\Omega)} \fallingdotseq 4.2(A)$

06. 12V의 축전지에 36W의 전구를 그림과 같이 연결하였을 때 전구의 전체저항 R_T 및 전체 전류 I_T는 각각 얼마인가 ?

㉮ I= 6A, R= 2Ω
㉯ I= 4A, R= 3Ω
㉰ I= 3A, R= 4Ω
㉱ I= 2A, R= 6Ω

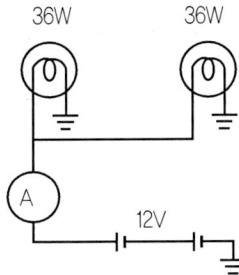

풀이 병렬회로이므로 각 회로에 흐르는 전압은 같고, 두 회로의 전류의 합이 전체전류이다.

① 1개의 전구의 저항 R_1은 $P = IV = \dfrac{V^2}{R}$ 이므로 $R = \dfrac{V^2}{P}$ 이므로

$$R_1 = \dfrac{V^2}{P} = \dfrac{12^2(V)}{36(W)} = 4(\Omega)$$

② 전체저항 $\dfrac{1}{R_T} = \dfrac{1}{R_1} + \dfrac{1}{R_1} = \dfrac{2}{R_1}$ ∴ $R_T = \dfrac{R_1}{2} = \dfrac{4(\Omega)}{2} = 2(\Omega)$

③ 전구 1개에 흐르는 전류 $I = \dfrac{P}{V}$ 이므로

$$I = \dfrac{P}{V} = \dfrac{36}{12} = 3(A)$$

총전류 $I_T = 2(개) \times 3(A) = 6(A)$

07. 220V, 1000W인 전열기에 120V의 전압을 가하였을 때 전력은 얼마인가 ?

㉮ 267.5W   ㉯ 277.5W
㉰ 287.5W   ㉱ 297.5W

풀이 220V일 때의 저항 R는

전력 ; $P = IV = \dfrac{V}{R} \times V = \dfrac{V^2}{R}$ 이므로

① $P_{220} = \dfrac{V^2}{R}$ → $R = \dfrac{V^2}{P_{220}} = \dfrac{220^2}{1000} = 48.4\Omega$

② 120V일 때 전력 P_{120}은 $P_{120} = \dfrac{V^2}{R} = \dfrac{120^2}{48.4} ≒ 297.5(W)$ 이다.

08. 그림과 같이 12V의 축전기에 24W의 전구 2개를 병렬로 연결 하였을 때 전류계에 몇 A의 전류가 흐르며, 1개의 전구의 저항은 얼마인가?

㉮ I_T= 2A, R_1= 5Ω
㉯ I_T= 4A, R_1= 6Ω
㉰ I_T= 2A, R_1= 7Ω
㉱ I_T= 4A, R_1= 8Ω

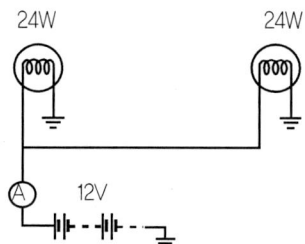

풀이 병렬회로이므로 각 회로에 흐르는 전압 V은 모두 같다.

① 1개 전구의 저항 R_1은 전압 $P=IV=\dfrac{V^2}{R}$ 에 의해 구하면

$$\therefore R_1 = \dfrac{V^2}{P} = \dfrac{12^2}{24} = 6(\Omega)$$

② 1개의 전구에 흐르는 전류 I_1은 전압 P= IV에 의해 $I=\dfrac{P}{V}$ 이므로

$$\therefore I = \dfrac{P}{V} = \dfrac{24}{12} = 2(A)$$

③ 전구는 2개이므로 전체전류 $I_T = 2(A) \times 2개 = 4(A)$이다.

09. 130A의 전류를 소모하는 기동모터에 사용하는 전압이 24V라면 이 기동모터의 출력은 몇 PS 인가?

㉮ 3.2PS ㉯ 4.2PS
㉰ 5.2PS ㉱ 6.2PS

풀이 전력이 출력이므로

① 전력(P)= 전압(V) × 전류(I)이다.

  P= VI= 24×130= 3120(W)= 3.12(KW)

② 1PS = 0.735KW, 즉, 735(W/PS)

  마력: $H_{ps} = \dfrac{3120(W)}{735(W/PS)} ≒ 4.2(PS)$

  또는 마력: $H_{ps} = \dfrac{3.120(KW)}{0.735(KW/PS)} ≒ 4.2(PS)$

10. 자속밀도가 0.85Wb/m²의 평등자속 내에 길이 0.6m의 직선 도체를 직각이 되게 하고 32m/s의 속도로 운동시키면 이 도체에는 몇 V의 기전력이 발생하겠는가?

㉮ 14.3V ㉯ 15.3V
㉰ 16.3V ㉱ 17.3V

풀이 자속(∅)= 자속밀도(B)× 도체길이(ℓ)×속도(v)

① 1초당 자속변화량 $\Delta\phi/\Delta t$

∴ $\dfrac{\Delta\phi}{\Delta t} = 0.85 \times 0.6 \times 32 = 16.32 (\text{Wb/s})$

② 기전력: $V = n\dfrac{\Delta\phi}{\Delta t} = 1 \times 16.3 = 16.3V$

여기서, n = 1은 직선도체이기 때문이다.

11. 12V 전원에 $R_1 = 1\Omega$, $R_2 = 2\Omega$, $R_3 = 3\Omega$ 의 3개 저항이 병렬로 연결되었을 때 총 전류는 몇 A인가?

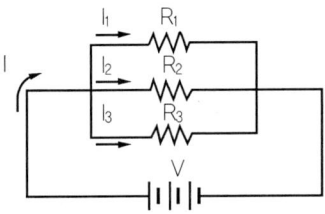

㉮ 18A ㉯ 20A
㉰ 22A ㉱ 24A

풀이 병렬회로이므로 각 회로에 흐르는 전압은 같다. 그러므로 $I = \dfrac{V}{R}$에 의해

$I_1 = \dfrac{V}{R_1} = \dfrac{12(V)}{1(\Omega)} = 12(A)$

$I_2 = \dfrac{V}{R_2} = \dfrac{12(V)}{2(\Omega)} = 6(A)$

$I_3 = \dfrac{V}{R_3} = \dfrac{12(V)}{3(\Omega)} = 4(A)$

총전류 I_T는 $I_T = I_1 + I_2 + I_3 = 12 + 6 + 4 = 22(A)$

12. 코일의 권수가 250회인 도선에 6A의 전류를 흐르게 하였을 때 8×10^{-2} (Wb)의 자속이 쇄교하면, 이 코일의 자기 인덕턴스는 얼마인가 ?

㉮ 3.33H   ㉯ 4.33H
㉰ 5.33H   ㉱ 6.33H

풀이 $V = L \times \dfrac{\Delta I}{\Delta t}$, $V = n \times \dfrac{\Delta \phi}{\Delta t}$ 에서 전압 V는 서로 같으므로

$L \times \dfrac{\Delta I}{\Delta t} = n \times \dfrac{\Delta \phi}{\Delta t}$ 놓을 수 있다.

$\therefore L = n \times \dfrac{\Delta \phi}{\Delta I} = 250 \times \dfrac{8 \times 10^{-2}}{6} \fallingdotseq 3.33(H)$

13. 배터리의 비중이 1.382이며 이 때 전해액은 온도 28℃이다. 표준상태(20 ℃)의 비중으로 환산하면 얼마인가 ?

㉮ 1.2676   ㉯ 1.2876
㉰ 1.3676   ㉱ 1.3876

풀이 환산비중을 구하는 식은 다음과 같다.

$S_{20} = S_t + 0.0007(t^0 - 20^0)$

$= 1.382 + 0.0007(28^0 - 20^0) = 1.3876$

14. 120Ah의 축전지가 매일 2.2%의 자기방전되므로, 이것을 보충하기 위해 정전류 충전기로 충전전류는 시간당 몇 A로 조정하여야 하는가 ?

㉮ 0.11   ㉯ 0.12
㉰ 0.21   ㉱ 0.22

풀이 ① 정전류 충전시 표준전류는 축전지 용량의 10%의 전류로 충전하는 방식이므로 120×0.1= 12A로 충전되게 한다.

② 다른 방법; 120A/h가 매일 2.2% 방전되므로, 그 량(量)은 120(A/h)× 0.022 = 2.65(A/h)이다. 그러므로 시간당 충전해야 할 량은

$\dfrac{2.64(A)}{24(h_r)} = 0.11(Ah/h_r)$이다.

15. 링 기어 잇수가 120, 피니언의 잇수가 9이고, 엔진의 회전력이 8kgf-m일 때 기동전동기가 필요한 최소의 회전력은 얼마인가?

㉮ 0.4kgf-m ㉯ 0.5kgf-m
㉰ 0.6kgf-m ㉱ 0.7kgf-m

풀이 감속비 R_i는

$$R_i = \frac{\text{링 기어 잇수}(Z_r)}{\text{피니언 잇수}(Z_p)} = \frac{\text{링 기어 회전력}(T_r)}{\text{피니언 회전력}(T_p)}\text{에서}$$

$$\frac{Z_r}{Z_p} = \frac{T_r}{T_p} \Rightarrow T_p Z_r = T_r Z_p \text{이므로}$$

$$T_p = T_r \times \frac{Z_p}{Z_r} = 8 \times \frac{9}{120} = 0.6\text{kgf-m}$$

[주] 엔진의 회전력이 플라이휠 링 기어의 회전력(T_r)이다.

16. 어떤 엔진의 회전력이 9kgf-m 이고, 링 기어 잇수가 124, 피니언 잇수가 8이라면, 기관의 감속비와 기동전동기의 회전력은 각각 얼마인가?

㉮ R_i= 14.5, T_p= 0.48kgf-m
㉯ R_i= 15.5, T_p= 0.58kgf-m
㉰ R_i= 16.5, T_p= 0.68kgf-m
㉱ R_i= 17.5, T_p= 0.78kgf-m

풀이 감속비 R_i는

$$R_i = \frac{\text{링기어 잇수}(Z_r)}{\text{피니언 잇수}(Z_p)} = \frac{\text{링기어 회전력}(T_r)}{\text{피니언 회전력}(T_p)}\text{에서}$$

[주] 엔진의 회전력이 플라이휠 링 기어의 회전력(T_r)이다.

① $R_i = \dfrac{Z_r}{Z_p} = \dfrac{124}{8} = 15.5$

② 회전력(토크) T(kgf-m)는 $\dfrac{Z_r}{Z_p} = \dfrac{T_r}{T_p} \Rightarrow T_p Z_r = T_r Z_p$ 이므로

$$T_p = T_r \times \frac{Z_p}{Z_r} = 9 \times \frac{8}{124} \fallingdotseq 0.58\text{kgf} - \text{m}$$

17. 어떤 엔진의 회전력이 9kgf-m이고, 링 기어 잇수가 130, 피니언 잇수가 12이며, 기관의 총 배기량이 1500cc일 때 기동전동기의 회전력은 얼마인가?

㉮ 0.63kgf-m ㉯ 0.73kgf-m
㉰ 0.83kgf-m ㉱ 0.93kgf-m

풀이 감속비 R_i는 $R_i = \dfrac{링기어 잇수(Z_r)}{피니언 잇수(Z_p)} = \dfrac{링기어 회전력(T_r)}{피니언 회전력(T_p)}$ 에서

$$\dfrac{Z_r}{Z_p} = \dfrac{T_r}{T_p} \Rightarrow T_p Z_r = T_r Z_p \text{이므로}$$

$$T_p = T_r \times \dfrac{Z_p}{Z_r} = 9 \times \dfrac{12}{130} = 0.83 \text{kgf-m}$$

[주] 엔진의 회전력이 플라이휠 링 기어의 회전력(T_r)이다.

18. 1차 코일의 권수가 180회, 발생전압이 220V일 때 2차 코일의 권수가 16000회라면 2차 코일에서의 유도전압은 몇 V인가?

㉮ 10,000V ㉯ 15,000V
㉰ 20,000V ㉱ 25,000V

풀이 1차 코일과 2차 코일의 감은 권수가 n_1, n_2, 전압이 V_1, V_2 전류의 세기를 I_1, I_2라고 하면, 전력은 일정하므로 $I_1 V_1 = I_2 V_2$이고, 전자기 유도에서 $V \propto n$이므로 다음관계가 성립한다.

$$\dfrac{V_2}{V_1} = \dfrac{n_2}{n_1} = \dfrac{I_1}{I_2} \Rightarrow \therefore V_2 = V_1 \times \dfrac{n_2}{n_1} \text{이므로}$$

$$V_2 = V_1 \dfrac{n_2}{n_1} = 220 \times \dfrac{16000}{180} \fallingdotseq 19{,}555(V) \fallingdotseq 20{,}000(V)$$

19. 4사이클 6실린더 엔진에서 점화 간격의 55%를 캠각(드웰각)으로 할 때 캠각은 몇 도(^{0})가?

㉮ 36° ㉯ 38°
㉰ 46° ㉱ 48°

풀이 캠각 = $\dfrac{360도}{실린더수} \times 0.6(60\%$이므로$)$이다.

캠각 = $\dfrac{360도}{6} \times 0.6 = 36° = 36$도

20. 광도가 250cd일 때 6m 거리에 위치한 점에서의 조도는 몇 Lux인가 ?

㉮ 6Lux ㉯ 7Lux
㉰ 8Lux ㉱ 9Lux

풀이 조도$(L) = \dfrac{광도(cd)}{거리(r)^2}$ 이므로

조도$(L) = \dfrac{cd}{r^2} = \dfrac{250}{6^2} ≒ 7(Lux)$ 이다

21. 22,000cd의 전조등으로부터 12m 떨어진 위치에서의 밝기는 몇 룩스(Lux)인가 ?

㉮ 133Lux ㉯ 143Lux
㉰ 153Lux ㉱ 163Lux

풀이 조도$(L) = \dfrac{광도(cd)}{거리(r)^2}$ 이므로

조도$(L) = \dfrac{cd}{r^2} = \dfrac{22,000}{12^2} ≒ 153(Lux)$ 이다.

축전지(battery)

1. 축전지의 개요

축전지는 전극의 작용물질과 전해액이 가지는 화학적 에너지를 전기적 에너지로 변환시키는 역할을 하며 반대로 전기적 에너지를 공급하면 다시 화학적 에너지로 변환된다. 따라서 축전지는 기관을 시동하거나 기관이 정지된 상태에서는 충전장치가 작동되지 않기 때문에 기동장치나 점화장치에 전기를 공급하며, 주행 중일 때에는 발전기가 충전할 수 있도록 발전기와 전원장치에 전기를 공급하는 역할을 한다. 축전지의 구비조건과 기능은 다음과 같다.

1.1. 축전지의 구비조건

① 소형 경량이고 수명이 길어야 한다.
② 심한 진동에 견딜 수 있어야 하며, 다루기가 쉬워야 한다.
③ 용량이 크고, 가격이 저렴하여야 한다.

1.2. 축전지의 기능

① 기동장치의 전기적 부하를 부담한다.
② 발전기 고장시 주행을 확보하기 위한 전원으로 작동한다.
③ 주행상태에 따른 발전기의 출력과 부하와의 불균형을 조정한다.

2. 축전지의 종류

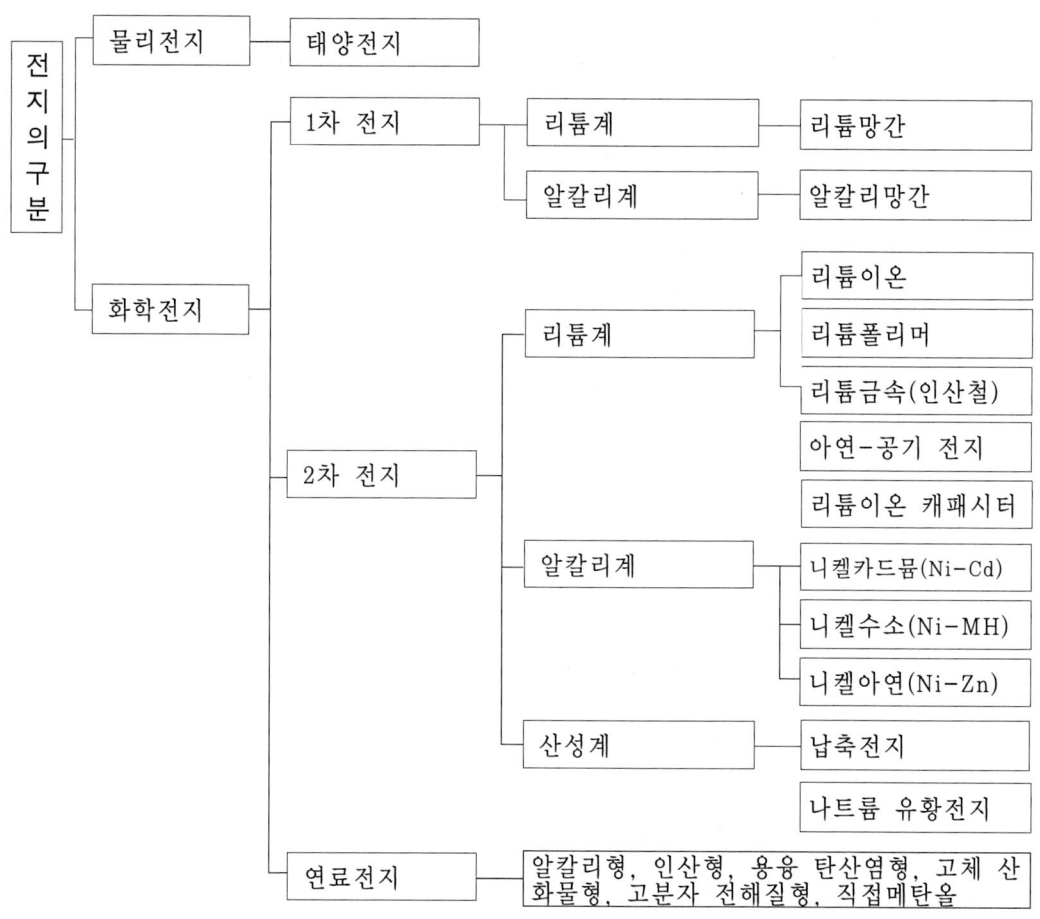

1차 전지란 비가역적인 전지로 방전을 하였을 경우에는 재사용이 불가능한 전지를 말한다. 즉 흔히 사용하는 1회용 건전지라고 볼 수 있다. 원리는 묽은황산에 구리판과 아연판을 넣으면 아연이 황산에 녹아 양전하를 갖는 아연 이온(Zn^{2+})이 되므로 아연판은 음전하를 띠게 된다. 또 묽은 황산(H_2SO_4)속의 수소이온(H^+)은 아연이온에 반발하여 구리판 쪽으로 이동하여 모이게 된다. 이때 구리판에는 양(+) 극성을, 아연판에는 음(-) 극성을 띠게 되어 양극판에는 전위차가 발생하게 된다. 이것을 전기회로로 연결하면 전류가 구리판에서 아연판으로 흐르게 된다. 이러한 원리에 의해 화학적 에너지가 전기적 에너지로 변환된다.

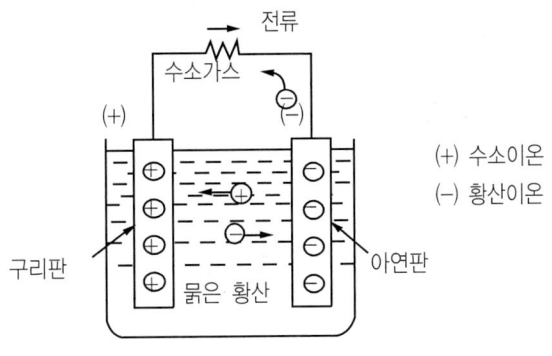

[그림 3-1] 1차 전지의 원리

2차 전지는 가역적 작동이 가능한 전지로 방전되었을 경우 충전을 하여 재사용이 가능한 전지를 2차 전지 또는 축전지라 한다. 자동차용 전지에는 2차 전지가 사용된다.

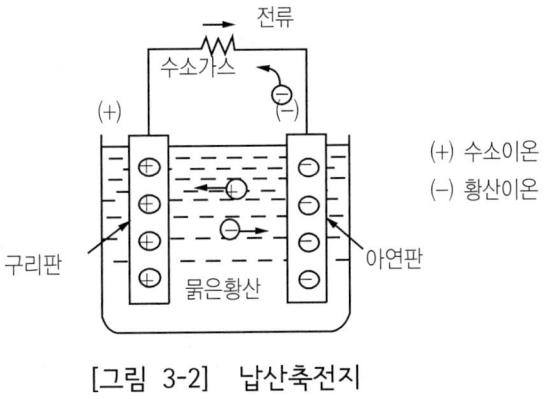

[그림 3-2] 납산축전지

2.1. 납산축전지(lead-acid battery)

2.1.1. 납산축전지의 장점

① 화학반응이 상온에서 일어나므로 위험성이 적다.
② 신뢰성이 크고, 가격이 저렴하다.

2.1.2. 납산 축전지의 단점

① 에너지 밀도가 40Wh/kgf 정도로 적다.
② 수명이 짧고, 충전시간이 길다.

축전지의 에너지 밀도와 출력밀도
① Wh/kgf : W= 전력량, h= 방전시간, kgf= 축전지 무게
② 에너지 밀도 : 축전지의 단위무게 당 충전 가능한 에너지의 양(Wh/kgf)
③ 출력 밀도 : 단위무게 당 축전지에 얻을 수 있는 출력의 크기(W/kgf)

2.2. 알칼리 축전지(Ni-Cd battery)

이 축전지는 양극판이 수산화 제2니켈, 음극판은 카드뮴, 전해액은 가성가리 용액이며 알칼리 축전지의 장·단점은 다음과 같다.

2.2.1. 알칼리 축전지의 장점

① 과충전, 과방전, 장기 방치 등 가혹한 조건에 잘 견딘다.
② 고율방전 성능이 매우 우수하다.
③ 출력밀도가 크다.
④ 수명으로(10~20년) 매우 길다.
⑤ 충전시간이 짧다.

2.2.2. 알칼리 축전지의 단점

① 에너지 밀도가 25~35Wh/kgf 정도로 적다.
② 전극에 사용하는 금속의 가격이 비싸다.
③ 자원상 대량공급이 어렵다.

2.3. 리튬 폴리머 전지

① 전압은 3.6V로 폭발 위험이 없고 전해질이 젤타입이기 때문에 전지모양을 다양하게 만들 수 있는 적이 장점이다.
② 일부 휴대폰에 사용하고 있으며, 리튬이온 전지를 이을 차세대 전지이다. 현재는 양산하는 곳이 적으며 국내에서도 많은 기업이 연구개발 중이다.
③ 리튬폴리머전지는 양극, 전해질, 음극으로 구성되어 있고, 양극과 음극사이의 전해질이 양극과 음극을 분리하는 분리막과 리튬이온의 전달역할을 수행한다.

④ 고분자 겔 형태의 전해질을 사용함으로써 과충전과 과방전으로 인한 화학적 반응에 강하게 만들 수 있어 리튬이온전지에 필수적인 보호회로가 불필요하다.

2.4. 리튬 이온전지

① 전압은 3.7V로 휴대폰, PCS, 캠코더, 디지털카메라, 노트북, MD 등에 사용한다.
② 양산 전지중 성능이 가장 우수하며 가볍다.
③ 현재 일본 소니사가 가장 앞선 기술을 보유하고 있으며 가장 먼저 양산되었다.
④ 리튬이온 전지는 폭발 위험이 있기 때문에 일반 소비자들은 구입할 수 없으며 보호회로가 정착된 PACK형태로 판매 된다.
⑤ 위험성만 제거되면 가볍고 높은 전압을 갖고 있어 앞으로 가장 많이 사용될 전지이다.
⑥ 리튬이온 전지는 양극, 분리막, 음극, 전해액으로 구성되어 있고 리튬이온의 전달이 전해액을 통해 이루어진다.
⑦ 전해액이 누수되어 리튬 전이금속이 공기 중에 노출될 경우 전지가 폭발할 수 있고, 과충전시에도 화학반응으로 인해 전지 케이스내의 압력이 상승하여 폭발할 가능성이 있어 이를 차단하는 보호회로가 필수이다.

2.5. 니켈-수소 전지

① Ni-Cd와 리튬이온 중간단계의 전지로 특정 사이즈만 생산한다.
② 워크맨, 디지털카메라, 노트북, 캠코더 등에 사용되며, 리튬이온(Li-ion)전지가 안정화되면 Ni-MH전지는 특수제품을 제외한 곳에는 더 이상 사용이 안될 것으로 예상된다.
③ 전압은 1.2V이며, 니카드 전지와 혼용하여 사용하는 제품이 많고 니카드 전지보다 2배의 용량을 갖는다.

2.6. 니카드(Ni-Cd) 전지

① 전압은 1.2V이며, 무선전화기, 무선자동차, 소형 휴대기기에 가장 많이 사용하며, 특히 순간 방전량이 우수하여 레이싱카에 많이 사용된다.

초기에는 휴대폰, 무전기, 노트북캠코더에 많이 사용되었으나 용량이 적어 거의 사용되지 않고 있으며 초기 니카드 전지는 일본산이 대부분이었으나 현재는 중국 및 동남아 제품도 성능이 안정화되어 일본회사들도 생산라인을 중국으로 많이 이전했으나 고가의 제품에는 일본산 전지가 사용한다.

② 니켈-카드뮴 건전지에는 뛰어난 특징과 약간의 결점이 있다.
③ 망간건전지와 같은 크기로 공칭 전압이 거의 일정한 타입이다.
④ 망간건전지와 비교 내부저항이 낮으며 단시간이라면 큰 에너지를 꺼낼 수 있다(큰 전류를 낼 수 없음).
⑤ 충전 가능한 전지 중에서는 수명이 간편하며 방향을 생각하지 않고 사용할 수 있다.
⑥ 충전하지 않고는 사용할 수 없으나 단시간에 충전가능하다.
⑦ 외부의 충격, 열에 약하며 내부에는 사용되고 있는 금속은 독성이 높고 약품은 극약이다.
⑧ 방전 전압이 2단계로 내리는 것이 있다.

2.7. 금속 공기 축전지

금속 공기 축전지에는 아연 공기 축전지, 마그네슘 공기 축전지, 철 공기 축전지 등이 있으며 대표적인 것이 아연 공기 축전지이다. 아연 공기 축전지는 공기 속의 산소이온을 반응시키는 공기극(O_2)을 양극(陽極)으로 하고, 아연(Zn)을 음극(陰極)으로 하며, 전해액은 가성가리를 주로 한 알칼리 전해액을 사용한다. 아연 공기 축전지의 장·단점은 다음과 같다.

[1] 금속 공기 축전지의 장점

① 상온에서 화학반응이 일어나므로 위험성이 적다.
② 에너지 밀도가(80~120Wh/kgf) 크다.
③ 무게가 가볍고, 충전시간이 짧다.

[2] 금속 공기 축전지의 단점

① 출력밀도(出力密度)가 적다.

2.8. 연료전지

연료전지는 반응물질을 지니고 있는 화학적 에너지를 연소(燃燒)라는 과정을 거치지 않고 직접 전기적 에너지로 변화시키는 장치이다. 이러한 에너지 형태의 변환이 전기·화학적 반응에서 이루어진다는 점에서는 현재 사용되고 있는 축전지와 유사하지만 연료전지는 전지의 구성요소 또는 전지 내에 비축된 재료는 일체 반응에 참여하지 않는다는 점에서는 단순한 에너지 변환장치이다.

따라서 연료전지가 작동되기 위해서는 외부로부터 적절한 연료의 공급이 이루어져야 하며 연료의 공급과 함께 반응 생성물질이 제거된다면 지속적인 발전이 가능하게 된다. 에너지 형태의 변환을 위하여 일어나는 연료전지에서의 반응은 물의 전기분해반응($H_2O \rightarrow H_2 + 1/2\, O_2$)의 역반응으로써 외부에서 공급되는 연료(수소)와 공기 중의 산소가 반응하여 전기와 물이 생성되는 반응이다. 실제 연료전지에서 수소는 천연가스, 메탄올, 석탄가스 등 탄화수소 계열의 화석(化石) 연료로부터 개질 반응을 통하여 공급된다.

연료전지는 사용되는 전해물질 및 작동온도에 따라 여러 가지 형태가 있으며 대표적인 것이 수소-산소형이며 이것은 환원제로서의 연료(수소)와 산화제로서의 산소나 공기를 공급하여 전기·화학적으로 양극에 산소를 반응시키고 음극에 수소를 반응시켜서 전력을 얻는 것이다. 전해액은 주로 알칼리 수용액을 사용한다.

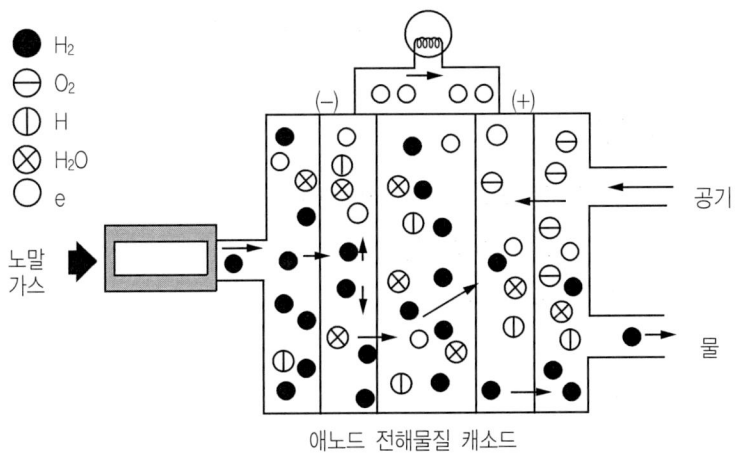

[그림 3-3] 연료전지의 원리

2.8.1. 연료전지의 장·단점

[1] 장 점

① 상온에서 화학반응을 하므로 위험성이 적다.
② 에너지 밀도가 200~350Wh/kgf로 매우 크다.
③ 연료를 공급하여 연속적으로 전력을 얻을 수 있으므로 충전이 필요 없다.

[2] 단 점

① 출력밀도가 적다.
② 수명이 6개월~1년 정도로 매우 짧다.
③ 가격이 비싸다.

2.8.2. 연료전지의 종류

현재 개발 중이거나 개발된 연료전지에는 다음과 같은 종류가 있다.

[1] 폴리머(polymer) 전해 물질형 연료전지(PEMFC)

이 연료전지는 전해물질이 이온전도성 폴리머이며, 작동온도는 20~100℃ 정도이다. 사용 연료는 수소(H)이며 다음과 같은 특징이 있다.
① 부식이나 재료의 선택 및 휘발성 전해물질 처리에 대한 문제점이 없다.
② 셀(cell) 제작 및 운전이 쉽다.
③ 물(H_2O) 처리가 어렵다.
④ 백금(Pt) 함유량이 높아야 한다.
⑤ 폴리머의 가격이 비싸다.

[2] 알칼리형 연료전지(AFC)

이 연료전지는 전해물질이 용융 KOH(가성가리) 또는 KOH(가성가리) 석면이고, 작동온도는 20~260℃이다. 사용연료는 순수한 수소이며 다음과 같은 특징이 있다.
① 속도론적으로 매우 우수하다.
② 귀금속 촉매가 필요 없으며, 현재 가장 발달되어 있는 연료전지이다.

③ 연료 중에 이산화탄소(CO_2) 함량이 없어야 한다.
④ 대용량화가 어렵다.

[3] 인산형 연료전지(PAFC)

이 연료전지는 전해물질이 인산이고, 작동온도는 180 ~ 210℃이다. 사용연료는 수소이며 다음과 같은 특징이 있다.
① 실용화가 가능하다.
② 이산화탄소(CO_2) - 리젝팅(rejecting) 전해물질을 사용한다.
③ 일산화탄소(CO) 허용값이 매우 낮다.
④ 산소환원 반응속도가 느리다.
⑤ 전해물질의 전기전도도가 낮다.

[4] 용융 탄산염형 연료전지(MCFC)

이 연료전지는 전해물질이 용융 탄산염이고, 작동온도는 600~700℃이다. 사용연료는 수소 및 일산화탄소이며 다음과 같은 특징이 있다.
① 연료로 일산화탄소의 사용이 가능하다.
② 연료의 직접개질이 가능하다.
③ 양질의 폐열회수가 가능하다.
④ 사용하는 재료에 따라 수명이 결정된다.
⑤ 연료중의 황(S) 성분이 낮아야 한다.
⑥ 음극반응에 이산화탄소가 필요하다.

[5] 고체 전해질형 연료전지(SOFC)

이 연료전지는 전해물질이 지르코니아이고, 작동온도는 800~1,000℃이다. 사용연료는 수소, 일산화탄소, 탄화수소 등이며 다음과 같은 특징이 있다.
① 효율이 가장 높다.
② 이산화탄소의 재사용이 가능하다.
③ 전해물질의 처리에 문제가 없다.

④ 양질의 폐열회수가 가능하다.
⑤ 제작비가 매우 비싸다.
⑥ 작동온도가 매우 높아 재료선택에 문제가 있다.
⑦ 전해물질의 전기전도도가 낮다.

3. 축전지(납산축전지)의 작동원리

3.1. 방전 중의 화학작용

납산 축전지를 방전시키면 내부에서 화학적 변화를 일으켜 전해액 중의 황산(黃酸)이 양극판(陽極板)과 음극판(陰極板)에 작용한다. 이에 따라 양극판의 과산화납, 음극판의 해면상납 모두가 황산납($PbSO_4$)이 된다.

한편, 전해액인 묽은황산 속의 수소는 양극판 속의 산소와 화합하여 물(H_2O)을 생성한다. 따라서 전해액 중의 비중(比重)은 방전이 진행됨에 따라서 점차 낮아진다. 축전지는 그림 3-4와 같이 과산화납으로 된 양극판과 해면상납으로 된 음극판 및 묽은 황산인 전해액으로 구성되어 있다. 전해액인 묽은 황산액은 물속에 용해되면서 (-)황산이온과 (+)수소이온으로 분리되어 존재하게 된다.

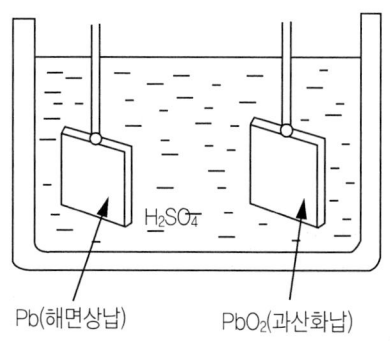

[그림 3-4] 축전지의 구성

> **참고** 방전 중의 극판과 전해액
> ① 양극판 : 과산화납(PbO_2) → 황산납($PbSO_4$)
> ② 음극판 : 해면상납(Pb) → 황산납($PbSO_4$)
> ③ 전해액 : 묽은 황산(H_2SO_4) → 물(H_2O)

3.1.1. 음극판의 작용

(-)극판의 해면상납(Pb)은 전해액에 의해 용해되며, 이때 (+)납 이온은 극판에서 전해액속으로 이동하게 된다. 납이 용해되면 (-)극판에는 (-)전자가 남게 되어 (-)로 충전된다. 전해액 속으로 이동한 (+)납 이온은 전해액속 (-)황산이온과 결합하여 황산납으로 되며 (-)극판에 부착된다.

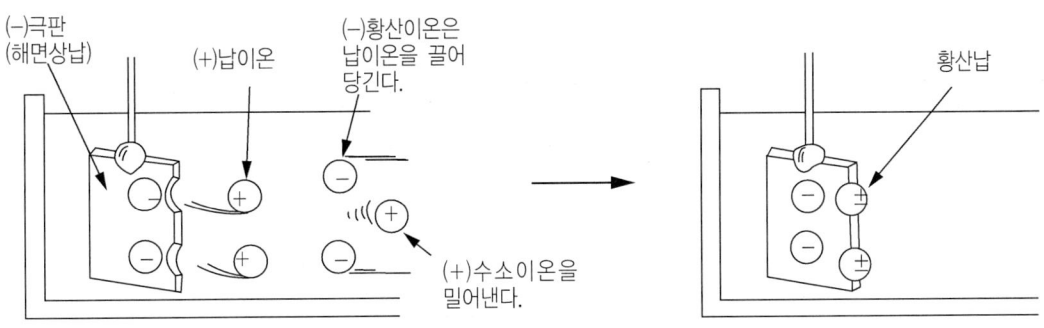

[그림 3-5] 음극판의 화학작용

3.1.2. 양극판의 작용

(-)극판에서 전해액 속으로 이동한 (+)납이온은 전해액속 (+)수소이온을 밀어내 (+)극판으로 이동하게 된다. 이로 인하여 (+)극판은 (+)로 충전된다. (+)극판에 부착된 (+)수소이온은 (-)극판으로부터 전자를 받아 중성화된다.

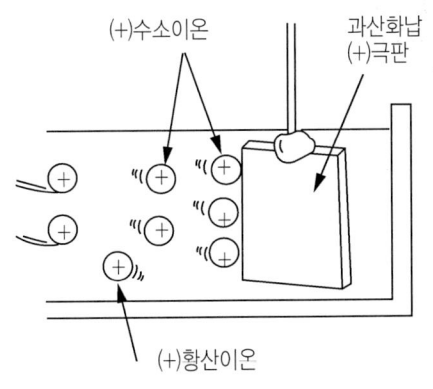

[그림 3-6] 양극판의 화학작용

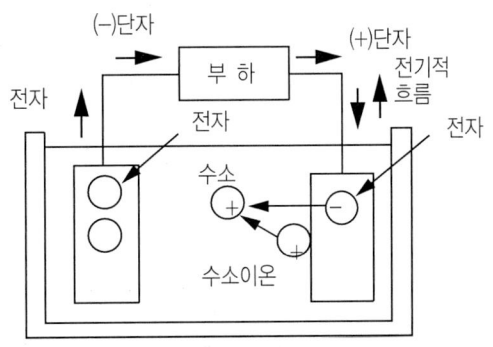

[그림 3-7] 전기와 전자의 흐름

이때 전자의 흐름으로 인하여 전류가 흐르게 된다. (+)극판에 생성된 과산화납은 (+)납이온과 (-)산소이온이 결합된 것이다. (-)극판으로부터 전자를 받아들여 형성된 수소, 그리고 과산화납의 (-)산소이온과 전해액중의 (+)극판에 남은 (+)납 이온은 전해액 중의 (-)황산이온과 순차적으로 결합하여 황산납이 되어 (+)극판에 부착된다.

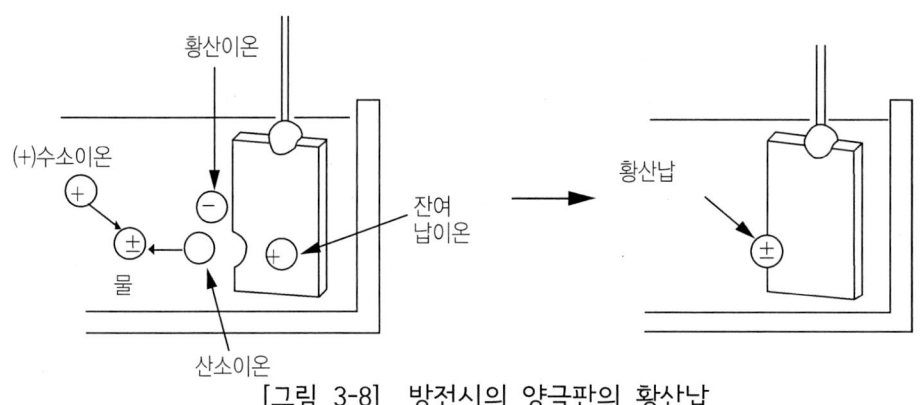

[그림 3-8] 방전시의 양극판의 황산납

 축전지 방전시 화학반응
① 축전지 방전시 (+)극판의 과산화납은 점점 황산납으로 변한다.
② 축전지 방전시 (-)극판의 납은 점점 황산납으로 변한다.
③ 축전지 방전시 전해액의 황산은 점점 물로 변한다.

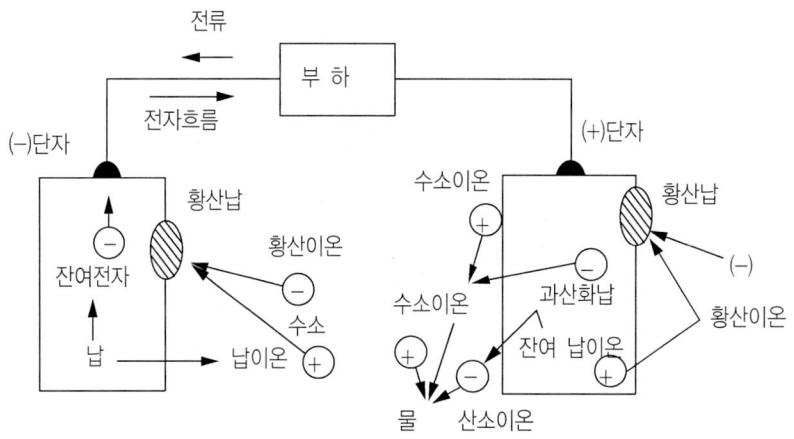

[그림 3-9] 방전시의 음극판과 양극판의 화학작용

3.2. 충전 중의 화학작용

방전된 납산축전지에 발전기나 충전기를 접속하여 전류를 축전지로 공급하면 양쪽극판과 묽은황산이 화학변화를 일으켜 극판의 표면에 부착되어 있던 황산납이 분해되어 전해액 속으로 방출된다. 이에 따라 양극판은 과산화납으로 음극판은 해면상납으로 환원이 된다. 또 전해액은 양쪽 극판에서 황산이 나오기 때문에 그 비중이 점차 증가하고 양극과 음극사이의 전압도 상승한다. 충전이 완료되면 그 이후의 충전전류는 전해액 중의 물을 전기 분해하여 양극판 쪽에서는 산소를 음극판 쪽에서는 수소를 발생시킨다. 충전중의 화학작용을 요약하면 다음과 같다.

다시 말해서 축전지 충전시 화학반응은 방전시 설명된 진행과정의 역 진행된다. 그러나 약간의 (+)수소이온은 (-)극판에서 전자상태로 이탈되어 증발된다. 또한, 물이 분해되어 발생한 약간의 산소이온은 (+)극판에 전자를 주고 산소로 환원되어 증발한다.

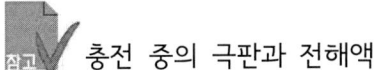
충전 중의 극판과 전해액
① **양극판** : 황산납($PbSO_4$) → 과산화납(PbO_2)
② **음극판** : 황산납($PbSO_4$) → 해면상납(Pb)
③ **전해액** : 물(H_2O) → 묽은 황산(H_2SO_4)

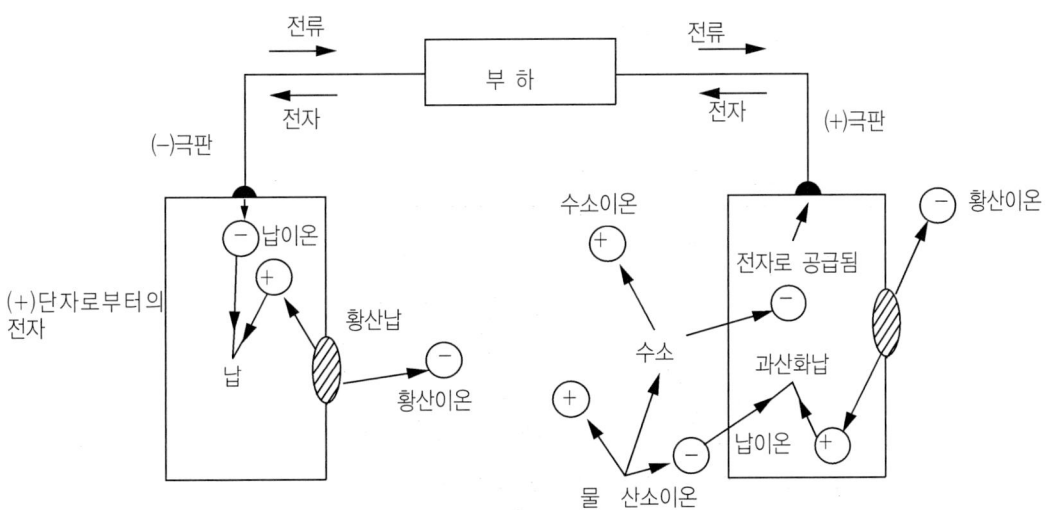

[그림 3-10] 충전시의 화학작용

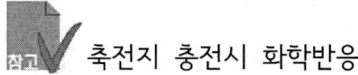 축전지 충전시 화학반응

① 충전시 (+)극판의 황산납은 과산화납으로 변한다.
② 충전시 (-)극판의 황산납은 납으로 변한다.
③ 충전시 물은 전해액으로 변한다.

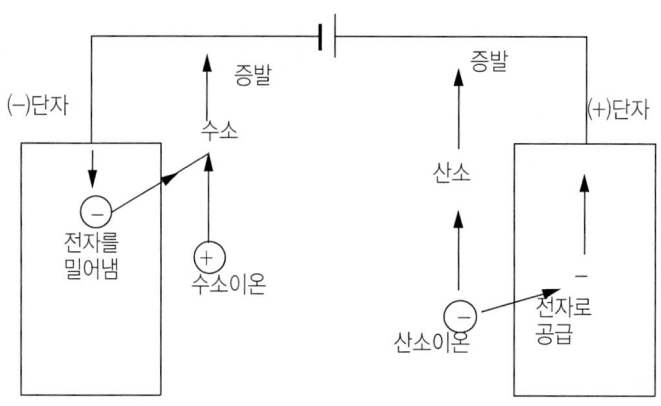

[그림 3-11] 축전지 충전시의 증발가스

충·방전시 축전지 화학반응식을 표시하면 아래와 같다.

$$\underset{(+)극판}{PbO_2} + \underset{전해액}{2H_2SO_4} + \underset{(-)극판}{Pb} \underset{충전}{\overset{방전}{\rightleftarrows}} \underset{(+)극판}{PbSO_4} + \underset{물}{2H_2O} + \underset{(-)극판}{PbSO_4}$$

3.3. 설페이션(sulfuration)현상

축전지가 충·방전되는 과정에서 극판에 침투된 황산은 충전시에 다시 전해액으로 돌아와 전해액은 묽은 황산이 되고, 비중은 다시 정상으로 돌아오게 된다. 이러한 작용이 반복되어 충전과 방전이 이루어지게 되는데 방전된 상태로 충전하지 않고 방치하면 극판 속에 일시적 황산납으로 된 극판 내의 황산이 납과 화학작용이 심화되어 극판 표면에 유백색의 결정이 생기고 불활성 황화(유화)현상이 발생된다. 즉 일시적 황산납이 영구적 황산납으로 되는 이러한 현상을 설페이션(sulfuration)현상이라고 한다.

설페이션 현상은 과방전, 방전상태의 장시간 방치, 전해액 양의 부족, 과도한 전해액 속의 황산 등이 발생 원인이 된다. 설페이션이 발생되면 더 이상의 화학작용이 발생되지 않아 축전지를 사용할 수 없게 된다. 이럴 경우에는 회복충전으로 극판속의 황산납을 전해액으로 되돌리는 작업을 해야 한다. 회복 충전으로도 환원되지 않으면 축전지를 교환하여야 한다.

4. 납산 축전지의 구조

납산 축전지의 구조는 그림 3-12와 같이 케이스 속에 12V 축전지의 경우에는 6개의 셀(cell)이 있으며 이 셀 속에 양극판, 음극판 및 전해액이 들어 있으며 이들이 화학적 반응을 일으켜 각 셀 마다 2.1~2.3V의 기전력을 발생시킨다. 그리고 양극판이 음극판 보다 더욱 활성적이므로 화학적 평형을 고려하여 음극판이 1장 더 많다.

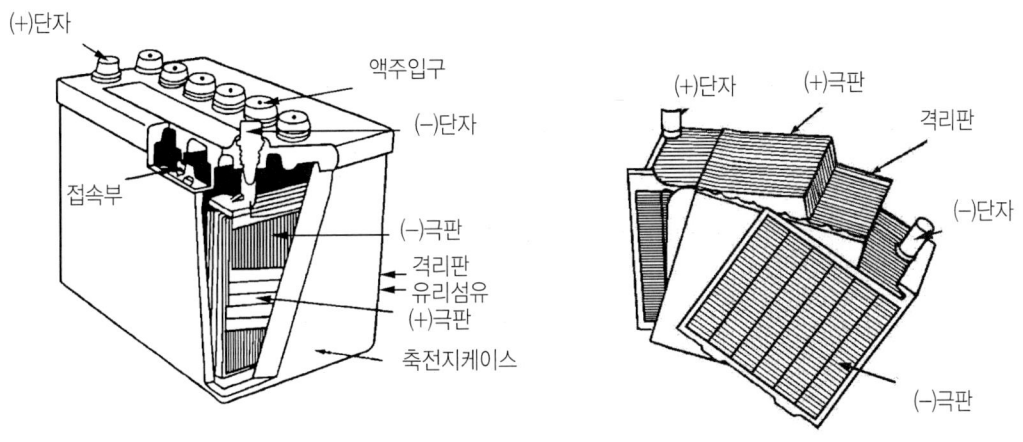

[그림 3-12] 납산축전지의 구조

4.1. 극 판

극판에는 양극판과 음극판이 있으며 격자(格子 ; grid)에 납 분말이나 산화납을 묽은황산으로 반죽하여 충전하고 건조 및 화성(化成) 등의 공정을 거쳐 양극판은 과산화납으로 음극판은 해면상납으로 한 것이다.

격자는 과산화납이나 해면상납의 탈락을 방지하고 외부와 작용물질과의 전기 전도작용을 하며, 재질은 납과 안티몬의 합금이다. 과산화납은 암갈색이며 다공성이어서 전해액의 확산 침투가 쉽다. 그러나 충격에 약하여 부서지기 쉽다.

4.2. 극판군(plate group)

극판군은 그림 3-13(a)과 같이 일반적으로 1.5~2.0mm 정도의 양극판과 음극판 사이에 격리판을 끼운 후 군(group)을 만든 것이다. 양극군은 양극판과 연결단자를 음극군은 음극판과 연결단자를 용접하여 만든 것으로 용량에 따라 필요한 만큼의 극판을 용접하여 만든다. 이 극판군을 셀(cell)이라 부르며 한 개의 셀에는 3~12장의 양극판을 사용한다. 기전력은 약 2.1~2.3V 정도가 된다. 12V 축전지는 6개의 셀을 연결부속으로 직렬 연결한 것으로 축전지의 단자간 전압은 약 12.6~13.8V를 나타낸다.

축전지 내부의 접속상태는 각 셀의 극판은 병렬접속이고, 셀과 셀은 직렬로 접속되어 있다. 따라서 셀의 극판의 수가 늘어나면 전류의 용량이 증가하며, 셀의 수가 늘어나면 전압이 증가한다.

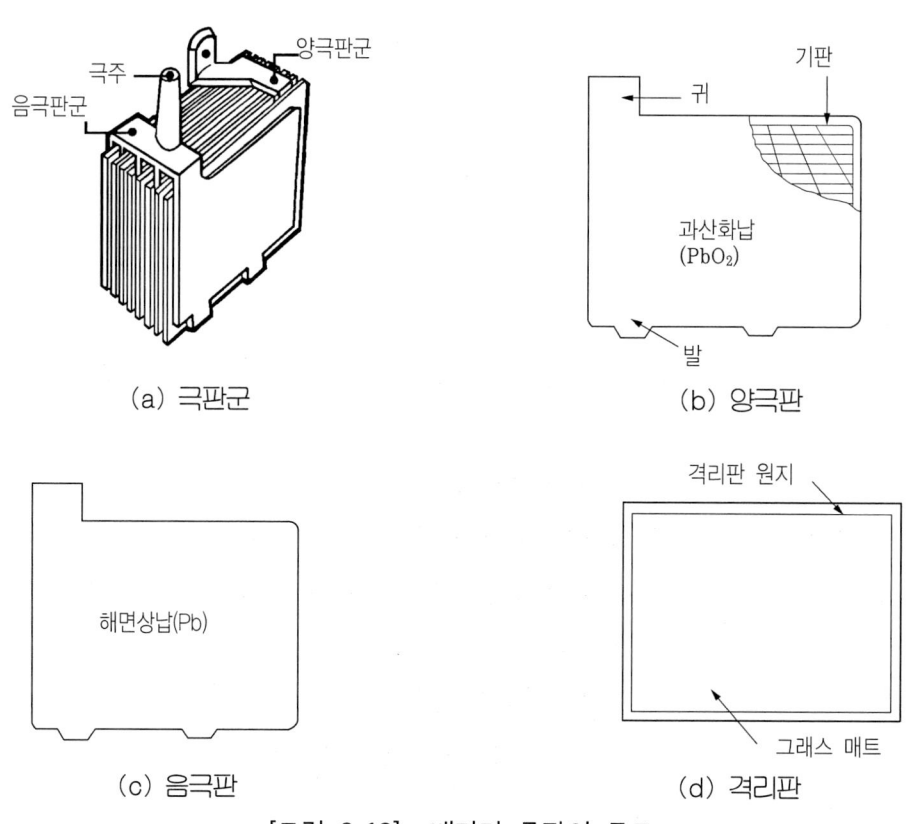

[그림 3-13] 배터리 극판의 구조

4.2.1. 양극판(positive plate)

양극판은 기판에 양극 활물질인 과산화납(PbO_2)을 도포한 것으로 암갈색을 띠고 있으며 풍부한 다공성의 PbO_2 미립자가 결합되어 있어 전해액이 입자사이를 확산 침투되어 충분한 화학반응이 일어나도록 되어 있다.

4.2.2. 음극판(negative plate)

음극판은 기판에 음극 활물질인 해면상납(Pb)을 도포한 것으로써 회백색을 띠고 있으며 결합력이 크기 때문에 쉽게 탈락되지 않으나 다공성이 부족하므로 황산의 침투 확산이 양(+)극판보다 작아 화학작용이 양(+)극판보다 활발하지 못하므로 양(+)극판과의 화학적 평형을 고려하여 양(+)극판보다 1장 더 많게 하고 또, 음극판이 바깥쪽에서 양(+)극판을 보호하도록 하여 탈락을 가능한 방지하도록 하고 있다.

혹한 시 시동능력 향상과 사용 중 화학반응에 의한 수축경화 현상으로 인한 활물질 탈락을 방지하기 위하여 방축제 등 특수 첨가제를 첨부시킨다.

4.2.3. 격리판(separators)

양극판과 음극판이 단락되면 축전지 내의 에너지가 없어지게 되므로 양극판의 단락을 방지하기 위한 것이다. 격리판은 비전도성이며 다공성이여야 한다. 전해액에 부식되지 않아야 하며, 전해액의 확산이 잘 되어야 한다. 또한 기계적 강도가 우수하여야 하며 극판에 좋지 않은 물질을 내뿜지 않아야 한다.

이와 같은 조건을 만족시키는 것으로는 합성수지로 가공한 섬유 격리판, 미공성 고무 격리판, 합성수지 격리판 또는 목재 격리판 등이 있다. 이들 격리판은 단독 또는 글래스 매트(glass mat)와 함께 사용된다. 이것은 양극판 양면에 끼워져 어떤 일정의 압력으로 양극판을 눌러 작용물질이 떨어지는 것을 방지한다.

글래스매트는 반드시 격리판과 함께 사용되며 단독으로 사용하지는 않는다. 또 격리판은 홈이 있는 면이 양극판 쪽으로 기워져 있다. 이것은 과산화납에 의한 산화부식을 방지하고 전해액의 확산이 잘 되도록 하기 위해서이다.

4.2.4. 셀 연결 부속 및 극주

셀 연결 부속은 셀 간을 직렬 연결하여 전기를 전달하는 납합금의 주조물이며 (+)극판극과 용접된 연결부속은 다음 셀의 (-)극판군과 용접된 연결부속과 연결된다. 셀간 연결방법은 셀 벽위를 통과하여 연결하는 OP(over the partition)방법과 셀 벽의 통과시켜 연결하는 TP (through the partition)방법이 있는데 시동력 향상을 위하여 TP방법을 대부분 채택하고 있다. 극주는 내부의 전기를 방출하거나 외부로부터 전기를 받아들이는 단자와 극판군을 연결시켜주는 납합금 주조물로 되어 있다.

4.3. 케이스(case)

축전지케이스는 극판군과 전해액을 담고 있는 용기로써 폴리프로필렌 또는 플라스틱 재질로 만들며 바닥에는 안장이 설치되어 있어 극판군이 흔들리지 않게 하고 탈락된 활물질을 바닥에 쌓이게 하여 축전지가 수명이 다 할 때까지 사용할 수 있도록 되어 있다.

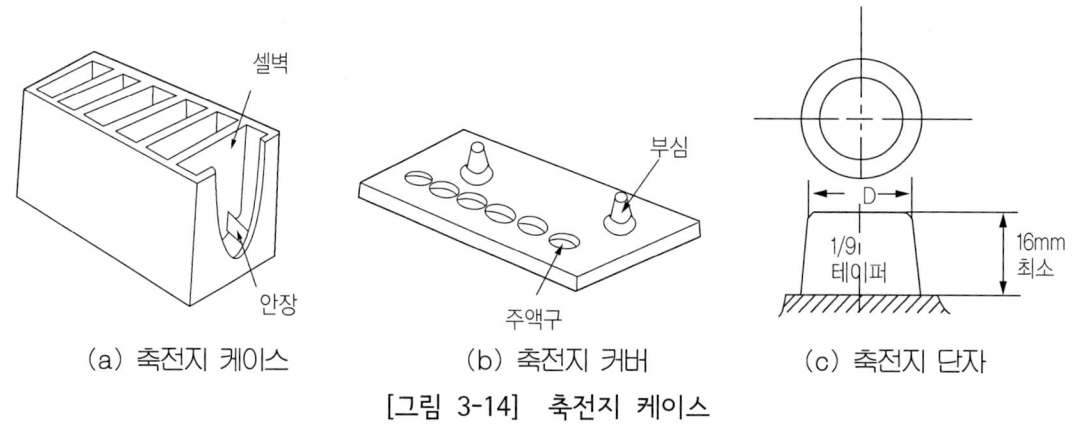

[그림 3-14] 축전지 케이스

4.3.1. 축전지 커버(cover)

커버는 전조와 융착시켜 전해액이 새어 나오지 못하도록 전조 윗부분을 덮은 것으로 재질은 플라스틱이다. 단자를 성형할 수 있는 터미널이 사출되어 있고 주입구 겸 배기역할을 하는 주액구가 만들어져 있다. 또한 터미널 부위에는 (+), (-) 극성표시가 되어 있어 사용자로 하여금 구별이 쉽게 되어 있다.

4.3.2. 축전지 단자(terminal)

단자는 축전지와 부하측 회로를 연결하여 사용할 수 있도록 축전지 외부에 돌출된 연합금제이다. 자동차용 축전지 단자는 테이퍼식 원추형이며, (+)단자가 (-)단자보다 약간 굵다. 단자는 용도에 따라 테이퍼식(tapertype), 볼트 너트식(ball nut type), 사이드 터미널식(side turminal type) 등 여러 형태가 있다.

[단자형태]

치 수 단자 형태	ØD±0.3mm	
	(+)	(-)
소형 테이퍼 단자	12.7	11.1
대형 테이퍼 단자	17.5	16

4.3.3. 벤트 플러그(vent plug)

벤트 플러그는 축전지에서 발생하는 가스와 황산무를 분리하며 배기구멍을 통하여 가스는 분출시키고 전해액은 축전지로 다시 환류시키는 역할을 한다. 각 셀마다 개별 마개를 사용하는 스크류형(screw type)과 3개의 셀을 1개의 집중 배기 구조로 된 갱벤트형식(gang vent type)이 있다.

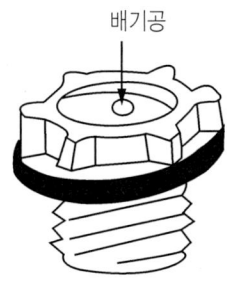
(a) 스크류형

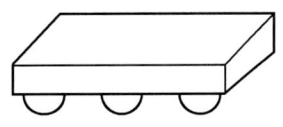
(b) 갱벤트형

[그림 3-15] 벤트 플러그

5. 전해액과 비중

5.1. 전해액 비중

전해액은 무색무취의 순수한 황산과 순수한 물인 증류수를 혼합하여 희석시킨 묽은 황산(H_2SO_4)을 사용하며 양극판의 과산화납과 음극판의 해면상납의 작용물질과 접촉하여 화학작용을 한다.

전해액의 비중은 축전지가 완전 충전되었을 때 20℃에서 1.240, 1.260, 1.280의 3종류를 사용하며, 열대지방에서는 1.240, 온대지방에서는 1.260을 주로 사용하며, 한랭지에서는 1.280의 비중을 사용한다. 우리나라는 온대에 속하므로 통상 1.260의 비중으로 제작하고 있다. 이러한 비중은 항상 일정한 것이 아니라 충전과 방전상태 및 전해액의 온도 등에 따라 비중은 수시로 변화한다. 따라서 전해액의 비중을 측정하려면 표준온도인 20℃로 환산하여 확인하여야 한다.

전해액의 비중은 충방전이 이루어지지 않을 때라도 온도에 따라 비중이 변하는데 온도가 올라가면 비중은 낮아지고, 온도가 내려가면 비중은 높아진다. 온도가 1℃ 변화할 때 변화하는 비중을 온도계수라 하며 일반적으로 0.0007값을 사용하고 있다. 전해액의 온도는 1℃ 상승하면 비중은 0.0007 저하하게 되므로 어떤 온도계에서 측정한 비중을 20℃의 비중으로 환산할 수 있다.

또한 축전지의 비중이 변화하면 축전지의 단자 전압은 그림 3-16과 같이 변화하게 된다. 즉 축전지의 비중변화는 충·방전시 뿐만 아니라 온도의 변화에 따라서도 비중은 변화하게 된다.

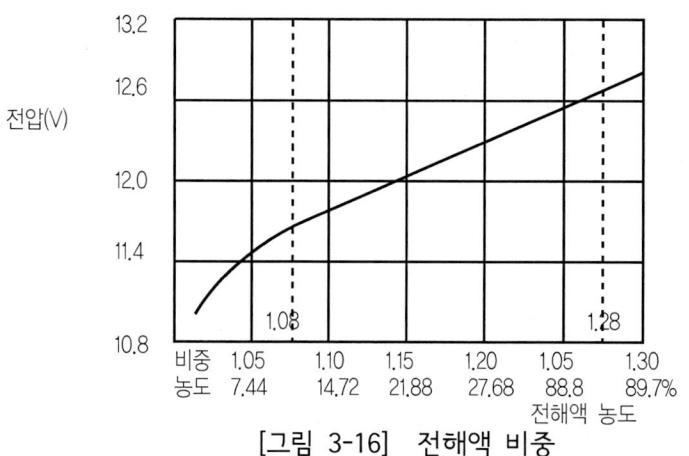

[그림 3-16] 전해액 비중

$$S_{20} = S_t + 0.0007(t-20℃) \cdots\cdots\cdots\cdots\cdots\cdots\cdots\cdots\cdots\cdots\cdots\cdots (3-1)$$

S_{20} : 20℃에서의 비중. S_t : t℃에서의 비중
t : 측정할 때의 전해액 온도

5.2. 전해액량 점검 및 측정

일반 축전지(납산축전지)는 과충전 및 과방전시 전해액 속의 물이 전기분해 됨에 따라 수소가스와 산소가스가 발생한다. 이때 발생된 가스가 축전지 벤트 플러그의 구멍을 통해서 방출됨으로 전해액이 줄어들게 된다.

따라서 전해액이 부족할 때는 일반적으로 증류수로 보충하여야 한다. 잘못하여 전해액으로 보충하면 비중이 증가할 우려가 있고, 증류수 대신 수돗물 등을 사용하면 불순물에 의해 충·방전기능이 떨어지고, 화학반응에 의해 양극판과 음극판이 부식될 수 있다. 전해액량 점검 및 측정은 다음과 같다.

5.2.1. 케이스에 표시된 점검 선을 이용하는 방법

전해액이 배터리 케이스에 표시된 최고선(Upper)과 최저선(Low)중간에 있으면 정상이다.

5.2.2. 축전지 상부에 부착된 점검 창(인디케이터)을 이용하는 방법

인디케이터의 점검창이 빨간색으로 보일 때 전해액은 부족한 상태이다(인디케이터 작동원리 참조).

5.2.3. 자를 이용하여 직접 측정하는 방법

벤트플러그를 열고 유리봉 또는 대나무 자를 이용하여 극판위에 가볍게 닿게 한 후 전해액 높이를 측정하여 판정한다.

[1] 판 정

① 용량이 70AH 이하인 경우 : 10~13mm 이내 일 때 정상이다.
② 용량이 70AH 이상인 경우 : 13~20mm 이내 일 때 정상이다.
③ 측정시 전해액이 튀지 않도록 한다(보안경 및 에이프런, 장갑 착용).

[2] 전해액 부족 시 영향 및 조치

① 영향 : 극판의 산화촉진 및 용량의 감소
② 조치 : 증류수를 보충하여 규정 높이로 한다.

[3] 전해액 과다 시 영향 및 조치

① 영향 : 충·방전 시 전해액 넘침, 자기방전 증대
② 조치 : 스포이드로 덜어낸다.

5.3. 인디케이터 작동원리

비중이 다른(녹색 : 1.22 ± 0.005, 빨간색 : 0.85)투명 플라스틱 볼을 이용 충전상태 및 전해액 부족상태를 알 수 있다.

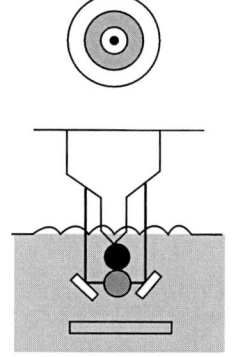 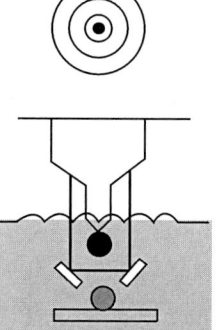 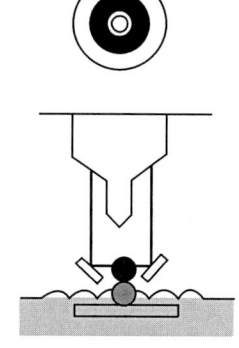

녹색 : 비중 1.22 이상 　　　 백색 : 비중 1.22 이하 　　　 빨간색 : 비중 1.22 이상
　(a) 충전양호　　　　　　　　(b) 방전상태　　　　　　　　(c) 전해액 부족

[그림 3-17] 인디케이터의 작동원리

5.3.1. 비중에 따른 충전율 및 인디케이터 색(25℃기준)

구 분 \ 충전율	0%	50%	70%	100%
비　　중	1.080	1.18	1.22	1.28
전　　압	11.7~11.8	12.2~12.3	⇓	12.7~12.8
인디케이터		(방전)흰색 ←		→ 녹색(충전)

5.3.2. 인디케이터 이상시 점검

① 2종류의 전해액 및 비이커를 준비한다(비중 1.22 이상, 이하).
② 전해액을 준비된 비이커에 조심스럽게 담는다.
③ 인디케이터를 비이커에 담궈 인디케이터 변색을 확인한다.

5.4. 전해액 비중 측정 및 판정

전해액의 비중측정은 배터리상태 및 충전상태를 알아보는데 사용한다.

5.4.1. 흡입식 비중계 측정방법

① 축전지 상면에 있는 벤트 플러그를 연다.
② 비중계의 상단에 있는 흡입밸브를 누른 상태에서 비중계 흡입구를 벤트플러그 구멍으로 넣는다.
③ 비중계의 흡입밸브를 천천히 놓으면서 전해액을 흡입시킨다(흡입량은 뜨개가 유리관 중심부에 오도록 한다).
④ 유리관 속의 전해액과 눈높이를 같이한 후 뜨개의 눈금을 읽는다(읽는 위치는 아래 그림을 참조한다).
⑤ 측정 비중을 20℃로 환산한 후 판정한다.

$$S_{20} = S_t + 0.0007 \times (t-20) \quad \cdots \cdots \cdots \cdots \cdots \cdots \cdots \cdots \cdots \cdots (3\text{-}2)$$

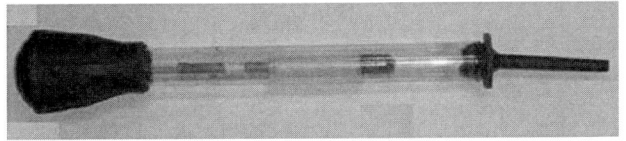

[그림 3-18] 흡입식 비중계

5.4.2. 광학식 비중계 사용방법

① 광선 굴절 덮개를 열고 덮개와 측정 유리면을 깨끗이 닦는다.
② 계심봉을 이용 전해액을 유리면에 충분히 바른다.

③ 광선 굴절 덮개를 살며시 덮고 비중계를 수평으로 한다.
④ 측정부를 밝은 쪽으로 향하게 한 후 렌즈를 통해 밝고, 어두운 경계선이 가르키는 부분의 비중눈금을 읽어 판정한다(온도환산 안함).

(a)

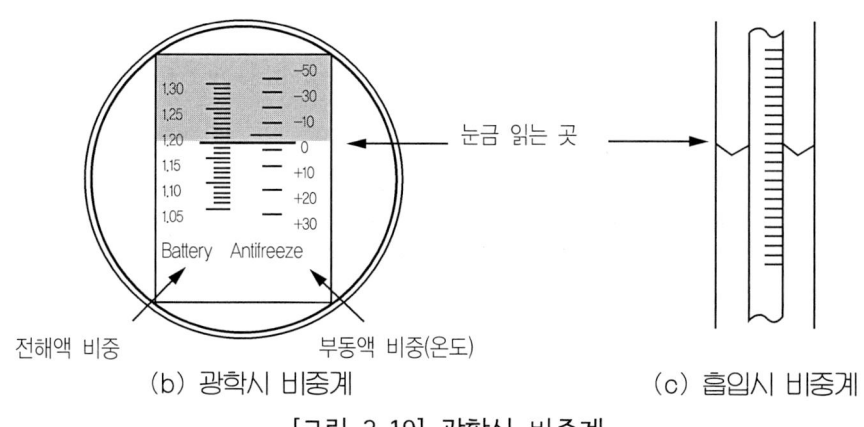

(b) 광학식 비중계   (c) 흡입식 비중계

[그림 3-19] 광학식 비중계

5.4.3. 측정 비중 판정

① 측정된 셀당 비중차이는 0.025 이내일 것. 0.025 이상인 경우는 불량이다.
② 측정 비중을 환산한 충전량이 75%(3/4) 이하시 보충전을 실시한다.

$$방전율(\%) = \frac{완전충전시\ 비중 - 측정\ 비중}{완전충전시\ 비중 - 완전방전시\ 비중} \times 100 \quad \cdots\cdots\cdots (3-3)$$

$$충전율(\%) = 100 - 방전율 \quad \cdots\cdots\cdots (3-4)$$

[1] 비중과 전압이 맞지 않을 때 조치

(1) 규정보다 비중이 높을 때

증류수를 주입하여 비중을 맞춘 후 전해액 높이를 규정높이로 한다.

(2) 규정보다 낮을 때

보충전 실시 후 비중을 재 측정한다. 재 측정에도 비중이 낮을 때 묽은 황산을 넣어 비중을 맞춘 후 전해액 높이를 규정높이로 한다.

5.5. 비중 점검표

배터리 전해액의 비중은 온도에 따라 변화한다. 온도가 높으면 용액이 엷어져 비중이 떨어지고 온도가 낮으면 비중이 증가한다. 완전 충전된 배터리는 전해액 온도 26.6℃, 1.260에서 1.280사이의 비중을 나타내며, 비중값은 26.6℃에서 5.5℃ 증가할 때마다 0.004 증가시키고 5.5℃ 감소할 때마다 0.004 빼주어 보정한다.

> [예제 1] 비중 측정값이 1.280, 전해액 온도 측정값이 10℃일 때 점검표를 사용한 실제 비중은?
>
> **풀이** 온도 보정값= 1.280-0.012= 1.268(실제 비중)

[전해액 비중온도 환산표]

-10℃	0℃	10℃	20℃	25℃	30℃	40℃	50℃
1.325	1.318	1.311	1.304	1.300	1.297	1.290	1.282
1.315	1.308	1.301	1.294	1.290	1.287	1.280	1.272
1.305	1.298	1.291	1.284	1.280	1.277	1.270	1.262
1.295	1.288	1.281	1.274	1.270	1.267	1.260	1.252
1.285	1.278	1.271	1.264	1.260	1.257	1.250	1.242
1.275	1.268	1.261	1.254	1.250	1.247	1.240	1.232
1.265	1.258	1.251	1.244	1.240	1.237	1.230	1.222

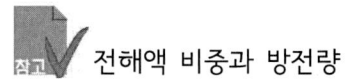 전해액 비중과 방전량

$$방전량(AH) = 축전지\ 용량(AH) \times \frac{만충전시\ 비중 - 측정비중}{만충전시\ 비중 - 방전종기\ 비중}$$

축전지가 방전될 때 방전량에 비례하여 비중이 낮아진다. 따라서 전해액의 비중을 측정하면 충전상태를 알 수 있게 된다. 전해액의 비중과 잔존용량은 아래 표와 같다. 축전지는 방전상태에서 사용하면 고장이 발생하는 경우가 많으므로 비중이 1.220(20℃) 정도가 되면 보충전하여 주는 것이 좋다.

[전해액 비중과 잔존(殘存) 용량]

전해액 비중		잔존용량(%)
A	B	
1.280	1.260	100
1.230	1.210	75
1.180	1.160	50
1.130	1.110	25
1.080	1.060	0

주) A : 만충전시의 비중이 1.280(20℃)의 축전지 경우
　　B : 만충전시의 비중이 1.260(20℃)의 축전지 경우

1Ah의 방전 량에 대해 전해액 중의 황산(H_2SO_4)은 3.660g소비되며 0.67g의 물이 생성된다. 또 같은 1Ah의 충전 량에 대해서도 0.67g의 물이 소비되고 3.660g의 황산이 생성된다. 1.280(20℃)의 묽은 황산 1ℓ에 약 35%의 황산과 65%의 물(증류수)이 포함되어 있으며 묽은 황산 속에 포함되어 있는 황산의 양(중량, %)과 비중과의 관계를 알면 충방 전에 따르는 비중의 변화를 계산으로 구할 수 있다.

5.6. 전해액의 빙결점

전해액의 온도가 낮아지면 비중은 높아지나 황산과 극판 작용물질의 화학작용이 활발하지 못하므로 용량이 저하되며 방전되어 비중이 낮아진 전해액을 그대로 방치하면 온도가 추운 겨울철이나 한랭지에서는 전해액이 빙결될 수 있다. 전해액이 얼면 양극판의 작용물질이 붕괴되어 다시 사용할 수 없게 되므로 주의해야 한다.

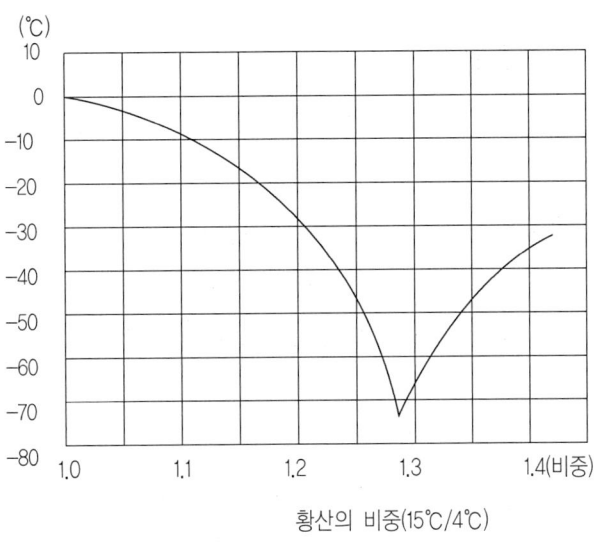

[그림 3-20] 묽은황산의 빙결점

그림 3-20에서와 같이 완전충전 상태일 때는 빙결점이 낮아지나 방전상태에서는 비중 저하에 비례하여 빙결온도가 올라가므로 한랭지방에서는 가능한 완전 충전상태를 유지하여 빙결되지 않도록 하여야 한다. 완전방전된 축전지는 약 -10℃에서 빙결되거나 완전충전의 축전지는 -60℃까지 얼지 않는다. 전해액이 빙결되면 양극판의 작용물질이 파손되어 회복되지 않으므로 재사용이 불가능하게 된다.

따라서 추운지방이나 겨울철에서는 방전되어 비중이 낮아진 축전지를 그대로 방치하여서는 안되며, 완전충전된 상태에서 보관하여야 한다. 완전충전되어 비중이 1.200~1.300의 범위가 되면 -30℃ 이하로 내려가지 않으면 빙결되지 않는다.

[회석 황산의 전해가]

충전상태	배터리 타입	전해액 비중(kgf/1′)	동결 시작 온도(℃)
충전상태	보통(normal)	1.28	-68
	열대형(for tropics)	1.23	-40
반 충전상태	보통(normal)	$1.16/1.20^2$	-17 … -27
	열대형(for tropics)	$1.13/1.16^2$	-13 … -17
방전상태	보통(normal)	$1.04/1.12^2$	-3 … -11
	열대형(for tropics)	$1.03/1.08^2$	-2 … -8

6. 납산 축전지의 특성

6.1. 납산 축전지의 구분

6.1.1. 유형별 구분

[1] MF축전지(MF : maintenance free)

무보수 축전지는 가스발생과 충전중 부수적 전해액 손실을 감소시키기 위해 격자를 안티몬(주석) 함량이 적은 저안티몬합금이나, 안티몬이 전혀 들어있지 않은 납-칼슘합금을 사용하여 자기방전을 감소시킨다. 또한 보수형 축전지(납산축전지)는 양극판과 음극판이 단락이 일어나지 않도록 하고 있는데 MF축전지는 양극판과 음극판의 단락방지는 물론 세퍼레이터(separator)를 매트(mat)상태로 만들어 전해액을 함침하는 기능을 갖고 있다. 따라서 MF축전지에서는 전해액(H_2SO_4)은 거의 양극과 음극, 세퍼레이터(격리판)에 함침되어 유동하는 전해액은 거의 없는 것이다.

그러나 MF축전지는 충전 중에 양극에서 발생하는 산소가스(O_2)를 음극에서 흡수하여 다시 물(H_2O)로 되돌려 주기 때문에 전해액 감소는 일어나지 않는다. 또한 충전 중에 수소가스가 발생하면 수소가스는 흡수할 수 없기 때문에 MF축전지는 수소가스가 발생하지 않는 납-칼슘계의 합금 격자체를 사용하고 있는 이유이기 때문이다.

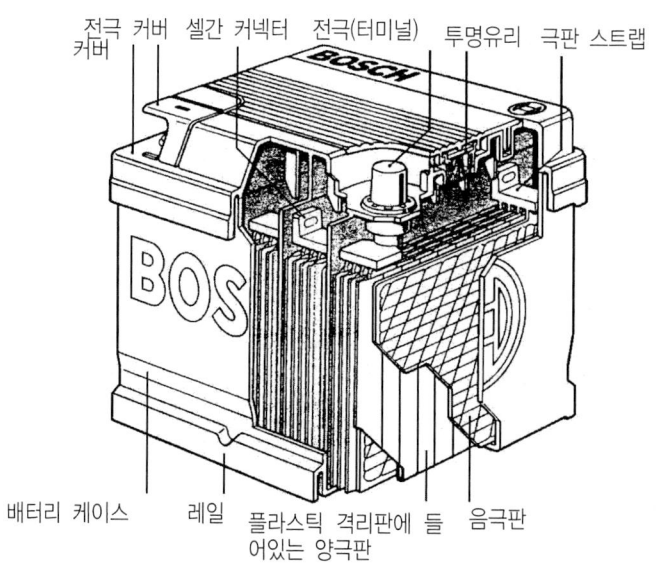

[그림 3-21] MF배터리 구조 및 각부 명칭

MF축전지는 전기장치가 정상 작동을 하게 되면 전해액의 감소는 거의 축전지 수명이 다할 때까지 유지된다. 또한 MF축전지는 납-안티몬계의 합급 격자체를 사용한 축전지에 비해 자기방전이 약 1/3 정도로 작아 장기보관에 유리하며 수명도 약 30% 정도 길며 전해액 보충이 불필요해 축전지의 체적을 작게할 수 있으며 또한 시동 성능이 보수용 축전지에 비해 우수하며, 최초에 완전 충전된 상태였다면 사용치 않고 몇 개월간 방치하여도 큰 지장이 없다.

MF축전지를 재충전할 때는 충전 전압이 셀당 2.3~2.4V를 넘어서는 안 된다. 만약 그렇지 않을 경우 증류수가 소모되기도 한다. 하지만 MF축전지는 전해액 보충구가 없어 비중을 측정할 수 없다.

[2] 내(耐) 사이클 축전지(cycle-proof battery)

일반적으로 자동차용 배터리는 극심한 방전과 충전이 반복되므로 작용물질의 분리와 침적이 반복되기 때문에 양극판의 수명이 짧아지게 된다. 내 사이클 축전지 침전물 형성을 방지하기 위해 격리판에 유리 섬유매트가 포함되어 있고 포켓 격리판과 펠트층(felt later)을 갖고 있어 보통 배터리보다 수명이 길다.

[3] 내 진동 축전지(vibration proof battery)

내 진동 축전지는 성형수지 플라스틱 앵커가 극판이 케이싱 내에서 움직이지 못하도록 잡아주는 구조이다. 내 진동 축전지는 주파수 22Hz, 수직방향 최대 가속도 6g(g= $9.8m/s^2$)로 20시간에 걸친 사인파 진동시험에 견딜 수 있는 구조이다. 이러한 조건은 기존의 축전지에 비해 약 10배 정도의 내 진동성을 강화한 것이다. 이 형식은 대형 디젤자동차나 건설장비와 트랙터 등에 주로 사용한다.

[4] HD축전지(heavy duty battery)

HD축전지는 내 사이클 축전지와 내 진동 축전지를 결합시킨 형식으로 높은 진동과 사이클 스트레스에 노출되는 상용차량(대형 디젤자동차 등)에 사용된다.

6.1.2. 제조 과정별 분류

[1] 건식 충전 축전지(dry charged battery)

자동차용 축전지의 주된 제조방법으로써 충전된 극판을 특별한 방법으로 건조한 후 조립하여 사용시에 전해액을 주입하여 사용토록 한 축전지이다. 저장, 운반이 용이하며 충전장비 없이도 사용이 가능하나 장기간 저장된 것은 사용시 전해액을 넣고 약간의 보충전을 행하여야만 만족한 축전지의 성능을 유지시킬 수 있다.

[2] 건식 미충전 축전지(dry uncharged battery)

산업용 축전지의 제조에 주로 사용하는 방법으로서 화성, 건조된 극판을 조립한 것으로써 미주액, 미충전된 축전지이다. 활물질 중 일부가 산화연, 황산염으로 변한 음극판을 해면상납으로 부활시키기 위해 축전지 용량의 300~400% 초충전을 행하여 사용해야 한다. 최근 제조기술의 발달로 인하여 산업용 축전지 중 일부가 드라이 충전식으로 제조, 실용화되고 있다.

[3] 습식 충전 축전지(wet charged battery)

습식 충전 배터리는 조립 후 전해액을 주입하여 충전시킨 것으로써 즉시 사용 가능토록 하게 한 축전지이다. 주로 주문자 공급용(O.E.M) 제품이 생산되며 방치시에는 자기방전에 의한 용량 감소와 비중저하를 일으키며 전해액량 감소를 가져온다. 그러므로 장기간 방치시에는 보충전을 행하여야 하며 배터리를 사용하지 않더라도 2개월에 1회 정도는 보충전을 실시하여야 한다.

6.2. 기전력 개로 전압

개로 상태의 축전지 전압은 셀당 약 2.1V나 전해액 비중, 전해액 온도 방전정도에 따라 다소의 차가 있다. 그림 3-22는 기전력과 전해액의 비중과 비중 1.280(20℃) 경우의 각 온도에 대한 기전력을 표시한 것이다.

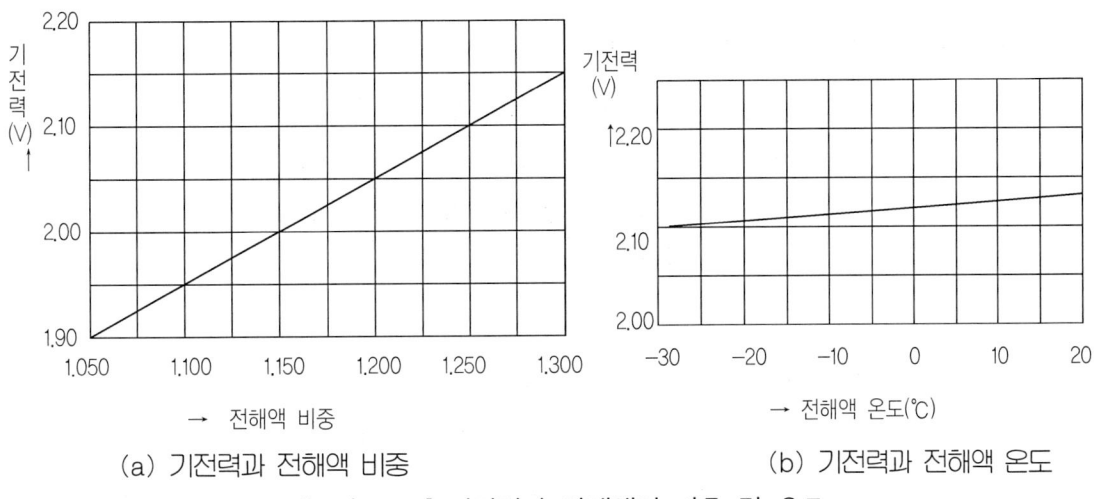

(a) 기전력과 전해액 비중   (b) 기전력과 전해액 온도

[그림 3-22] 기전력과 전해액의 비중 및 온도

6.3. 납산축전지의 방전율

축전지의 모든 성능은 전류의 크기에 따라 크게 영향을 받는다. 방전율이란 방전이 시작된 만충전상태 전지의 단자전압이 방전종지전압까지 달하는 시간 수를 말하는데 예를 들어 20시간율 전류란 방전종지전압에 달하는데 20시간이 필요할 때의 전류를 말한다.

[시간율에 따른 방전 전기량]

방전 시간율	방전효율	방전전류의 크기	규정용량(100AH 경유)
20	100%	규정용량의 1/20A	100AH
10	92%	규정용량의 1/10A	92AH
5	80%	규정용량의 1/5A	80AH
1	68%	규정용량 1/1A	68AH

6.4. 충·방전 중의 전압변화

6.4.1. 방전 중의 전압변화

방전 중의 단자전압 변화는 일반적으로 그림 3-23에서 보는 바와 같이 방전이 진행됨에 따라 천천히 하강하다가 어느 한도에 이르면 급하게 하강한다.

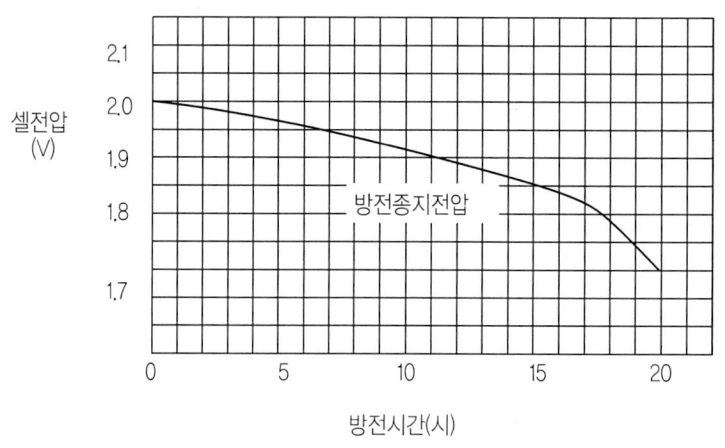

[그림 3-23] 방전곡선

6.4.2. 충전 중의 전압변화

충전시의 단자전압은 점차 전압이 상승하다가 어떤 최고치에 달하면 더 이상 충전전압의 변화가 없다. 충전 중의 전압의 변화하는 곡선은 그림 3-24와 같다.

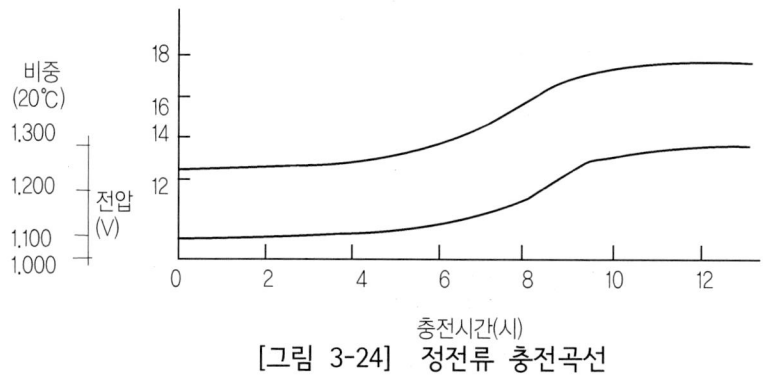

[그림 3-24] 정전류 충전곡선

6.5. 방전 종지전압

일반적으로 축전지는 어느 정도 방전되면 그 후의 전압강하는 매우 급격한데 이 급격히 떨어지는 전압 이후로 방전시키면 축전지에 재생불능의 악영향을 줄 수 있는데 이 급강하점 이하로 방전시키지 않기 위하여 이 한계를 정하여 둘 필요가 있다. 이 한계를 방전종지전압이라 한다. 20시간율 방전의 경우 방전종지전압은 셀당 1.75V이다.

6.6. 20시간율 방전특성

축전지 용량의 20시간율 전류로 셀당 1.65V(6V 경우 2.25V, 12V 경우 10.5V)될 때까지 연속 방전하였을 때의 특성을 말하며 20시간율 전류는 자동차의 점등전류나 주차램프의 부하와 같다. 방전 중 축전지의 전압과 비중은 큰 변화가 없으나 방전말기에는 전압과 비중이 급속히 저하되는 특성을 나타낸다.

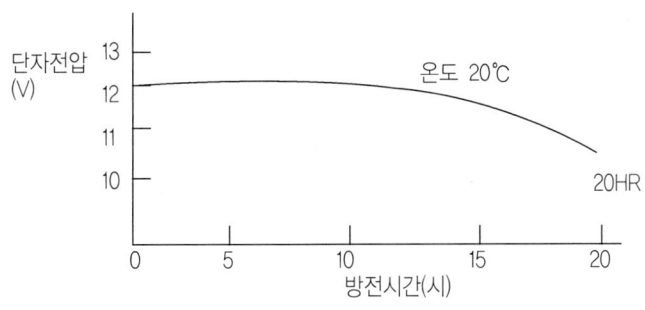

[그림 3-25] 시간율 방전특성

6.6.1. 보유용량

만충전 완료 후 전해액 온도 20℃에서 25A의 전류로 방전하여 종지전압이 10.5V까지의 지속시간으로 나타내는데 자동차의 재충전 시스템이 고장 났을 때 축전지로 점등, 점화할 수 있는 최대 시간을 표시한 것이다.

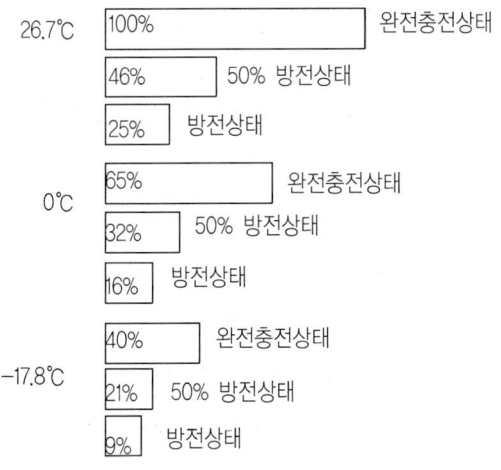

[그림 3-26] 온도에 따른 시동력 비교

6.6.2. 저온시동 능력

만충전 완료된 축전지를 -18℃로 유지시킨 다음, 방전 종지전압이 7.2V가 될 때까지 일정한 전류로 30초간 방전하였을 때 흐를 수 있는 전류로 동결기 엔진 시동능력을 나타낸 것이다.

6.7. 자기방전

자기방전이란 축전지가 보유하고 있는 전기량을 유효히 사용하지 아니하고 자연히 방전되는 현상을 말하며 다음과 같은 원인이 있다.

[1] 화학적인 반응으로 인한 자기방전

음극판의 해면상납(Pb)은 전해액(H_2SO_4)과 반응하여 서서히 황산납($PbSO_4$)으로 변하면서 자기방전을 일으킨다. 또한 충전시에 음·양극판에 발생하는 수소와 산소가 반대극에 닿을 때 이것이 환원, 산화를 일으켜 자기방전이 되기도 한다.

[2] 전기 화학적인 반응으로 인한 자기방전

극판 중에나 전해액 중에 존재하는 불순금속은 국부전지를 구성하여 자기방전이 일어난다. 또한 극판에 닿은 전해액의 온도차와 농도차로서 각 온도 및 농도에서의 기전력이 다름으로 인하여 국부 전지가 구성되어 자기방전이 일어나기도 한다.

[3] 전기적인 반응으로 인한 자기방전

① 축전지 표면이 젖어 있을 때 축전지 표면에 황산이 묻어 먼지가 붙어 있을 때 축전지를 장치한 캐리어 등에 전기회로가 형성되어 전류가 흐르게 된다. 이 현상을 일반적으로 누전(leakage)이라고 한다. 누전 되는 축전지는 전식현상(電飾現像)이 일어나 축전지의 (+)측 부근의 극주나 커넥터가 벌레 먹은 것처럼 점차 부식되어 얇아진다.

 전식현상(電飾現像)
전해액 중에 전류가 흐를 때 전류가 흘러나오는 측의 금속은 점차 전해액에 용출되고 전류가 흘러 들어가는 측의 금속은 석출되는 현상

② 내부 단락이 생겼을 때 : 탈락한 활물질이 축전지의 하부나 측면에 쌓이는 경우 또 격리판이 파괴되었을 경우 단락이 일어나 자기방전이 생긴다. 이 현상은 수명이 다된 축전지에서 많이 볼 수 있다.

[4] 자기 방전량

자동차용 축전지의 1일(日)당 자기 방전량을 표에 적어 놓았다. 내부 단락이 일어나 수명이 거의 다된 전지는 표와 그림의 값보다 훨씬 큰 것이 보통이다.

[자기 방전량]

온도	자기 방전량	비중 저하량
30℃	1일당 1.0%	1일당 0.0020
20℃	1일당 0.5%	1일당 0.0010
5℃	1일당 0.25%	1일당 0.0005

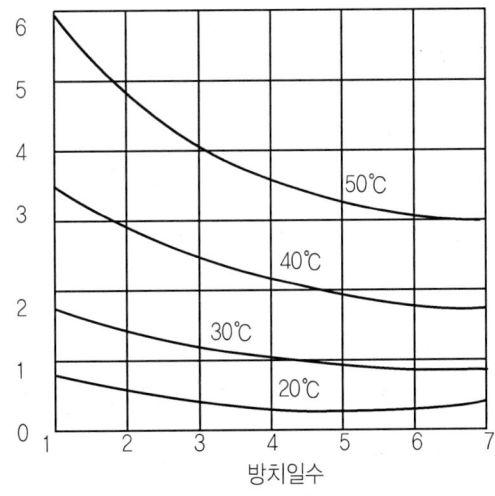

[그림 3-27] 자기 방전량(방치일수 전해액 온도 관계곡선)

6.8. 납산축전지의 효율

축전지의 효율은 용량의 경우와 마찬가지로 주로 AH(ampere hours) 효율과 WH(watt hours) 효율로 표시한다.

전자는 방전한 전기량(AH)과 방전전과 같은 상태로 충전하는데 요하는 전기량(AH)과의 비를 말하고 후자는 방전한 전력량(WH)과 방전전과 같은 상태로 충전하는데 요하는 전력량(WH)과의 비를 말한다.

AH효율과 WH효율 식은 다음과 같다.

$$\text{AH효율} = \frac{\text{방전전류} \times \text{방전시간}}{\text{충전전류} \times \text{충전시간}} \quad \cdots\cdots (3-5)$$

$$\text{WH효율} = \frac{\text{방전 평균전압}}{\text{충전 평균전압}} \times \text{AH효율} \quad \cdots\cdots (3-6)$$

6.9. 납산축전지의 내부저항

축전지 고유의 내부저항은 극판, 격리판, 전해액 등의 저항의 총화이며 매우 작은 값이다. 그러나 전류가 흐를 때는 전기화학반응으로 인하여 내부저항이 약간 증대한다. 축전지의 내부저항은 충·방전의 진행상태와 축전지온도 등에 따라 다르다. 이것은 방전이 진행됨에 따라 양극간의 활물질이 전도성이 나쁜 황산납으로 크게 되어 변하게 되는 것이다. 표는 만충전 상태의 각형 축전지의 내부저항 값의 일례를 고율방전시의 전압강하로 계산한 값이다.

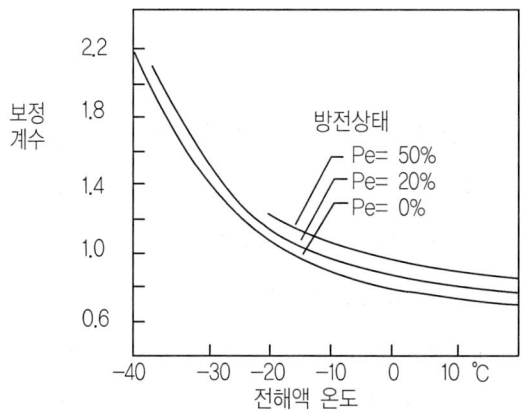

[그림 3-28] 축전지 내부저항(전해액 및 방전상태와의 관계)

[각종 축전지의 내부저항의 사례]

온도 형명	25℃	-15℃
PT 35	0.0160 Ω	0.0226 Ω
PT 45	0.0120 Ω	0.0174 Ω
PT 120	0.0052 Ω	0.0072 Ω

6.10. 납산 축전지의 용량

축전지의 용량은 완전히 충전시킨 축전지를 일정전류로 연속 방전하여 방전 중의 단자전압이 규정의 방전종지전압에 달할 때까지 꺼내어 얻은 전기량이나 전력량을 말한다. 이때 전자를 AH용량, 후자를 WH용량이라 한다. 축전지의 용량은 극판의 크기, 극판의 장수, 전해액의 양에 따라 결정된다.

AH용량과 WH용량식
AH 용량= 일정 방전전류(A) × 방전 종지전압까지의 연속 방전시간(H)
WH 용량= AH 용량(AH) × 방전 종지전압까지의 평균 방전전압(V)

6.11. MF축전지(maintenance free battery)

6.11.1. MF축전지의 특징

MF축전지는 정상 사용시 수명이 완료될 때까지 전해액 보충과 보수 등 점검 관리가 거의 필요치 않은 습식 상태의 배터리이다. 이는 특수 합금 처리된 재질의 부품을 사용함으로써 가스발생이 거의 없게 하여 전해액 증발을 방지하고 특수 배기 구조를 가진 밴트 플러그로 발생가스를 제거케 하여 극주의 부식을 거의 없도록 하였기 때문이다.

또한 MF축전지는 전기저항이 낮은 격리판(봉투식 격리판 포함)과 특수 합금의 기판을 사용하였으므로 낮은 기온에서도 우수한 시동능력을 발휘하며 자기방전율이 낮아 기존 일반 축전지보다 저장성이 길다.

6.11.2. 충전 인디케이터(charge indicator)

축전지의 점검관리 포인트가 되는 전해액 비중을 눈으로 확인할 수 있도록 인디케이터가 부착되어 있어 비중계 없이 축전지의 충·방전상태 및 전해액 유무를 파악할 수 있다. 인디케이터에 따른 축전지 상태 및 조치사항은 아래와 같다.

[축전지의 충전과 인디케이터의 색상]

축전지의 충전상태	인디케이터의 색상	조 치 사 항
GOOD CONDITION (정상)	녹색(Green)	충전상태 양호, 축전지 즉시 사용 가능
UNDER CHARGE (충전부족)	흰색(White)	방전상태, 시동이 가능하더라도 인디케이터가 녹색이 될 때까지 충전요망
SHORT OF FLUID (액부족)	적색(Red)	증류수 주입 후 인디케이터가 녹색이 될 때까지 충전요망

6.11.3. 일반 축전지와 MF축전기의 비교

일반 축전지와 MF 축전지를 비교하면 아래 표와 같다.

[축전지의 비교]

구 분	특 성 비 교	
	MF 축전지	일반 축전지 (드라이차지식 축전지)
취급 및 장착	•전해액이 주입되어 있어 취급시 주의 요함 •습식충전식으로 전해액이 주입되어 있어 자동차에 즉시 장착가능 •전해액 상태 확인경(인디케이터)으로 충전상태 눈으로 확인	•규정 전해액 주입 •주입 후 20분 이상 방치 후 장착 •운반이 용이 •전해액 별도 구입
증류수 보충	•가스발생에 의한 전해액 증발량이 적어 증류수 보충이 거의 필요 없으나 과충전에 의한 전해액 부족시 보충 •월 1회 정도 인디케이터 확인 요망	•가스 발생이 심해 수시로 전해액 보충해야 함. •주 1회 전해액 수준상태 확인 요함.

구 분	특성비교	
	MF 축전지	일반 축전지 (드라이차지식 축전지)
저온시동 능력	전기저항이 낮은 격리판과 연-칼슘의 기판을 사용함으로써 특히 저온시동 능력이 기존 일반용 축전지보다 약 20% 높음	연-안티모니 합금의 기판을 사용함으로써 기온이 낮아지면 축전지내의 저항이 증가하여 시동 능력이 극히 약해짐.
자기방전 방전	• 연-칼슘기판을 사용하여 자기방전율이 매우 낮다. • 장기 보관 시간이 길다.	• 연-안티모니 기판을 사용하여 자기방전율이 높다. • 장기, 보관시간이 짧아 수시로 보충전을 행하여야 한다.
마개구조	• 3개의 주액구를 갱벤트(GANG VENT)마개로 막게 되어 있으며 배기구가 하향으로 되어 있어 오물의 유입을 방지 • 배기석과 안전밸브(당사 특허품) 장치로 전해액 유출이 없으며 과도한 압력이 걸릴 경우 안전밸브 작동으로 배터리 폭발의 위험성이 거의 없음	6개의 개별마개로 되어 있으며 배기구가 상향으로 흙 또는 먼지 등으로 전해액을 오염시킬 우려가 있음.
충전 수입성 및 수명	사용 중 축전지가 과방전되었을 경우는 충전 수입성이 낮기 때문에 충전회복이 늦으며 과충전 사용시에는 수명이 짧아진다.	일반적으로 충전수입성이 양호한 편이며 정상적으로 사용시 MF 축전지와 비슷하다.

7. 축전지의 충전

방전된 축전지는 직류전원으로 충전하지 않으면 안되지만 일반적으로 교류전원을 직류로 정류하는 충전기를 사용하여 충전한다. 충전기는 정류소자에 실리콘을 사용한 실리콘 충전기가 많이 쓰이고 있다.

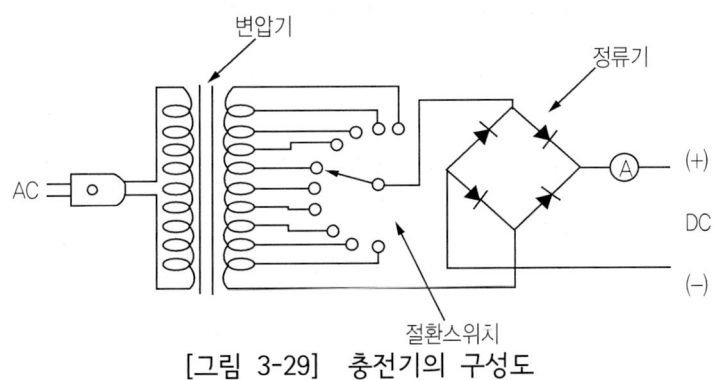

[그림 3-29] 충전기의 구성도

그림 3-29는 충전기의 기본 구성도이며 충전기는 변압기와 정류기 그리고 전압을 절환용 스위치로 구성되어 있다. 그림에서 AC는 교류전원의 접속부분이며 DC단자에 접속된 축전지부하에 대소에 따라 임의 출력전압을 인출하기 위한 변압기와 절환 스위치가 있다. 변압된 소요의 교류전류는 절환 스위치에서 정류기로 흘러 4개 정류기의 정류회로에 의하여 단상전파정류가 이루어진다. 그리고 DC쪽 (+), (-)단자에서 직류전류가 충전전류로서 흐른다.

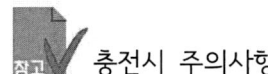 충전시 주의사항

① 충전기는 취급설명서에 따라 정확한 취급을 하여야 하며 충전기의 (+), (-) 단자와 축전지의 (+), (-)단자가 일치하도록 한다.
② **직렬충전** : 같은 용량의 축전지를 연결하여 충전하여야 하나 용량이 서로 다른 축전지를 직렬 연결하여 충전하여야 할 때에는 가장 적은 용량의 축전지 전류에 맞추어 충전을 실시한다.
③ **병렬충전** : 병렬충전은 축전지의 충전상태에 따라 충전전류의 불균형을 잡아주어야 한다.
④ 충전 중에는 수소가스와 산소가스가 발생하여 불꽃에 의한 인화 폭발 가능성이 매우 크므로 화기나 담뱃불을 절대 접근시켜서는 안 된다.

7.1. 접속방법에 의한 분류

그림 3-30과 같이 축전지의 접속에 의한 방법에는 직렬접속과 병렬접속이 있다. 충전의 출력 단자 (+), (-)에는 충전을 하는 축전지의 (+)단자와 충전기의 (+), 축전지의 (-)단자와 충전기의 (-)단자를 접속하여 규정의 전류가 흐르도록 절환 스위치로 출력전압을 조정한다. 1대의 충전기로 여러 개의 축전지를 동시에 충전하기 위해서는 그림과 같은 방법이 있다.

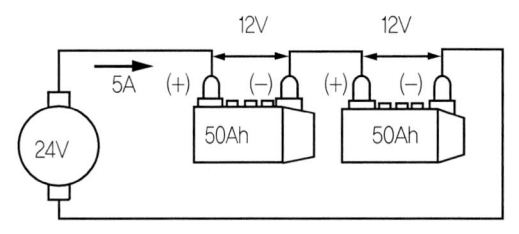
(a) 직렬 연결방법

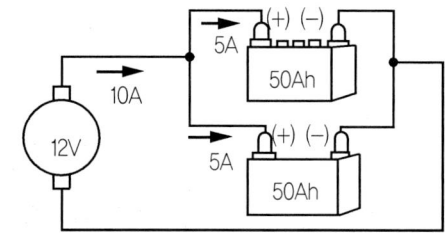
(b) 병렬 연결방법

[그림 3-30] 충전시의 축전지 접속방법

7.1.1. 직렬접속 충전법

그림 3-30(a)은 직렬 접속법이라 불리우고 동일한 용량의 축전지를 동시에 충전하는 방법이다. 이 경우 각 축전지는 동일한 전류가 흐르므로 방전상태에 따라 충전전류를 각각 조정하여 흐르게 할 수 없다. 이 접속방법에서 충전전류는 축전지 1개 분의 전류가 나올 수 있는 경우라면 충전은 가능하지만 충전기의 최대 정격전압에 의하여 접속 가능한 축전지 개수가 결정된다.

충전기의 최대 정격전압에서부터 축전지에 접속 가능한 개수를 결정하는 데는 축전지 1셀당 2.7V 정도가 됨으로 12V 축전지에서는 대략 16V 정도로 하여 산출할 필요가 있다. 즉, 최대 정격전압 75V의 충전기에는 12V의 축전지를 직렬로 접속하여 충전하는 경우 4개까지 접속이 가능하게 된다.

7.1.2. 병렬접속 충전법

그림 3-30(b)은 병렬접속법이다. 이 방법은 용량이 다른 축전지라든가, 방전량이 다른 축전지를 여러 개 동시에 충전할 수 있다. 각각의 축전지에는 동일한 충전전압이 가해짐으로 가변저항기를 결선하고 각각의 축전지에 따라 전류를 흐르게 하여 충전한다. 이 충전방법에서 출력전압은 축전지 1개당 전압으로도 좋지만 충전전류가 이들 각 축전지 충전전류의 합계가 되므로 충전기의 정격전류에 의하여 동시에 충전가능한 축전지의 개수는 정해진다.

충전기에는 보통 충전기와 급속 충전기가 있다. 이것은 기본적으로 보면 차이는 없으나 급속 충전기는 짧은 시간에 충전을 하기 위하여 출력전류는 큰 용량을 가지고 충전시간을 설정하기 위한 타이머가 있으며 대형으로는 정류기나 변압기를 냉각하기 위한 팬이 설치되어 있는 것도 있다.

 직렬연결과 병렬연결의 이해

그림 A-(a)와 같이 2개의 축전지를 연결하는 방법을 직렬연결이라 하고, 이러한 연결법에서는 양극단간에 나타나는 전압이 축전지 각각의 전압을 더한 것과 같다. 물의 경우로 비교하게 되면 다음 사실을 알게 된다.

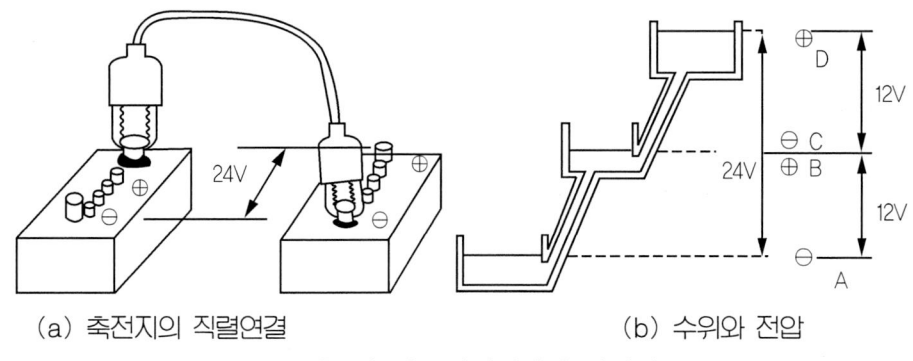

(a) 축전지의 직렬연결   (b) 수위와 전압

[그림 A] 직렬연결과 전위차

    B점에서의 수위는 A점보다 12V가 높고, D점에서의 수위는 C점보다 12V가 높다. 따라서 직렬연결 상태에서는 B점과 C점의 수위는 같으므로 A점과 D점 사이의 전압은 24V가 된다.
    다음 그림 B(a)와 같이 2개의 축전지가 연결되어 있는 경우를 병렬연결이라 하고, 이 경우에 있어서 전압은 12V로 변하지 않지만 흐르는 전류는 배가된다. 물에 있어서의 경우 그림 B(b)와 같은 수압을 가진 축전지 2개가 병렬로 연결되어 있는 경우에 나타나는 양단의 수압은 동일하게 되고, 병렬로 연결되어 있는 경우에 있어서는 흐르는 수량이 2배가 된다.

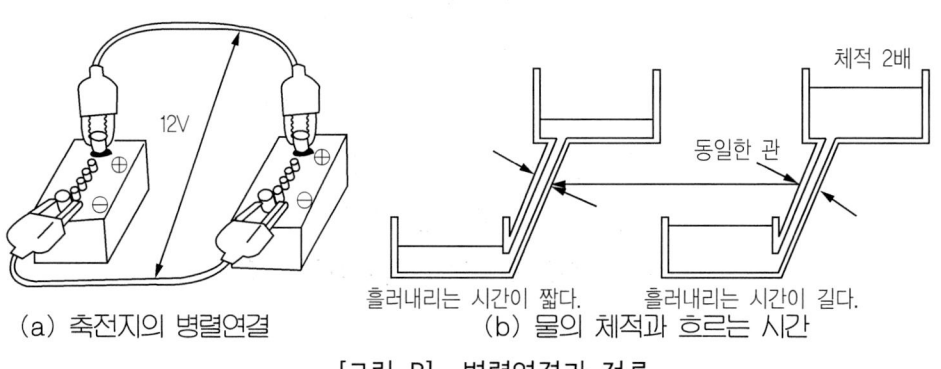

(a) 축전지의 병렬연결   (b) 물의 체적과 흐르는 시간

[그림 B] 병렬연결과 전류

7.2. 충전방법에 의한 분류

    전기로 충전하는 방법에는 여러 가지가 있으며 충전할 때는 전류(충전전류)는 모두가 충전반응으로서 이용되는 것은 아니고 충전 중 전해액의 발열에 의한 손실과 물의 전기분해에 따라 가스발생 등의 손실이 가해진다. 효율을 좋게 충전할 때 이들의 손실을 어떻게 하면 적게 하면서 효율을 좋게 충전하는가에 따라서 다음과 같이 분류한다.

① 정전류 충전법
② 단별 충전법
③ 정전압 충전법
④ 준정전압 충전법

그림 3-31과 2-32는 각각의 충전법에 따라 충전전압과 그것에 의한 충전전류의 변화를 나타낸 그래프이다.

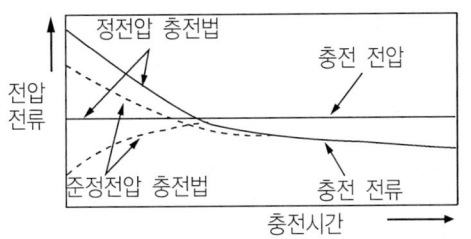

[그림 3-31] 정전압 및 준정전압 충전법

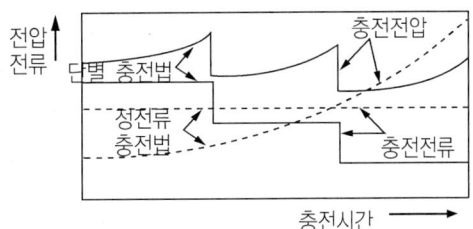

[그림 3-32] 정전류 및 단별충전법

7.2.1. 정전류 충전법

이 정전류 충전방법은 충전시작부터 완료시까지 일정한 전류를 유지·충전시키는 방법으로, 전압은 축전지 전압에 따라 점점 상승하게 되고 충전기 전압과 축전지 상승전압과의 차이는 항상 일정전압으로 유지되고 있다. 정전류 충전시 충전기의 조정 전류값 선정은 축전지 용량의 1/10의 전류로써 충전시켜야 한다. 단, 축전지 용량은 20시간율 용량이다. 축전지 충전시 전류를 알맞게 선정하여 충전기 노브(knob)를 선정 전류치에 위치시킨다. 축전지 충전에 따라 충전 전류값이 점점 감소하기 때문에 노브를 조정하여 전류치를 수정한다.

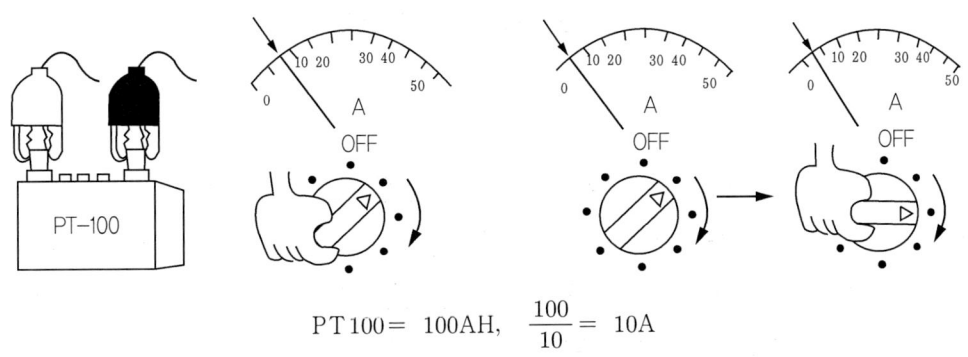

$PT\,100 = 100AH, \quad \dfrac{100}{10} = 10A$

[그림 3-33] 정전류 충전법

① **최대 충전전류** : 축전지 용량의 20%
② **표준 충전전류** : 축전지 용량의 10%
③ **최소 충전전류** : 축전지 용량의 5%

축전지를 충전시키기 전에 축전지 비중을 측정하여 충전시간을 결정한다.
① 비중 측정 : 각 셀의 평균치를 선정한다.
② 충전 전류치 : 20시간율 용량의 1/10로 선정한다.
③ 충전시간 : 측정비중치로 아래 그림에서 구한다.

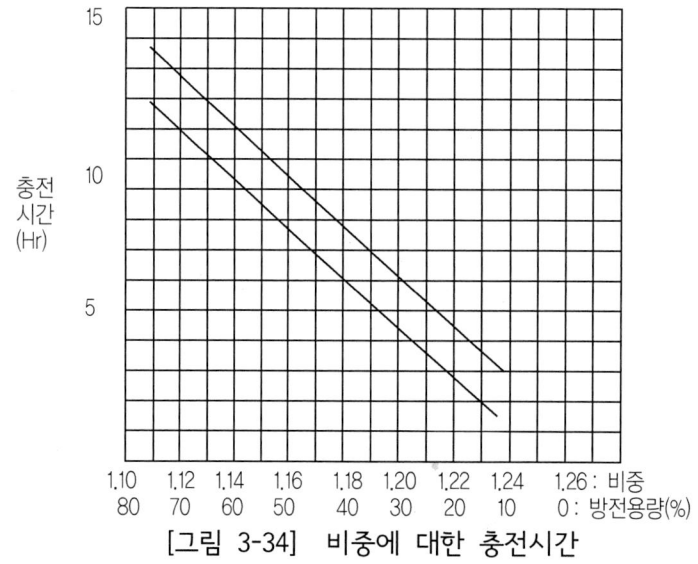

[그림 3-34] 비중에 대한 충전시간

〔예제 2〕PT-100 축전지가 측정비중이 1.17일 때 충전시간은?

풀이 PT-100 축전지는 100AH이므로 충전전류는 10A로 선정하고 그래프에서 비중이 1.17일 때의 충전시간은 6~8시간 동안 충전시켜야 한다.

7.2.2. 정전압 충전법

이 정전압충전은 충전시작부터 완료시까지 일정한 전압을 유지 충전시키는 방법으로 축전지를 충전시킴에 따라 축전지 전압은 상승되고 축전지 전압과의 차이가 점점 감소하기 때문에 충전기전류 또한 감소하게 된다. 충전전압은 보통 2.3~2.5[V/cell]이므로 12V 축전지에서는 충전지 충전전압은 6×(2.3~2.5V)= 12.8~15.0V가 된다. 이 정전압 충전방법은 충전초기에 많은 전류가 흐르기 때문에 충전시 축전지에 손상을 줄 수 있다.

[그림 3-35] 정전압 충전상태

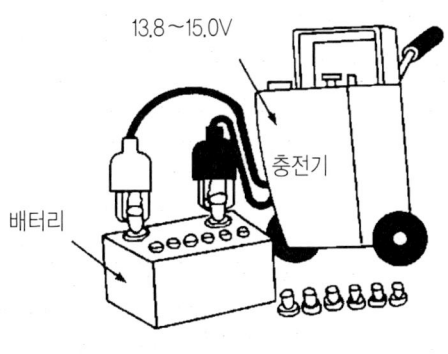

[그림 3-36] 충전기 연결

7.2.3. 단별 충전법

단별(段別) 충전법은 충전 초기에는 큰 전류로 충전하고 시간의 경과와 함께 전류를 2~3단 단계적으로 내리는 방법이다. 이것은 조작이 번거로운 반면 충전 중 전해액의 온도상승이 적고 비교적 효율이 좋은 충전이 이루어짐으로 일반적으로 널리 사용된다.

7.2.4. 준 정전압 충전법

준(準) 정전압 충전법은 정전압 충전법의 충전초기에 대전류가 흐르는 결점을 방지하는 방법으로서 충전 초기에는 충전전압을 조금씩 낮추어 전류를 과다하게 흐르지 않도록 하고 어느 정도 충전이 진행되면 충전전압을 상승시키면서 정전압충전을 한다. 이 방법은 전해액의 온도 상승을 방지할 수 있으며 점점 전류가 저하되기 때문에 야간의 충전에 적합하다.

7.2.5. 급속 충전법

보충전과 같이 시간적 여유가 없을 때에 하는 충전이며 급속 충전기를 사용한다. 충전 전류는 축전지의 방전상태와 충전 시간에 따라 정해지나 축전지 용량의 1/2 정도의 전류가 바람직하며, 급속충전은 가능한 짧은 시간에 해야 한다. 급속충전 시에는 축전지 (+), (-)단자에서 케이블을 떼어 낸 다음 충전기의 단자를 극성에 맞추어 설치하여야 한다. 축전지 단자를 떼어 내지 않고 충전시킬 경우에는 발전기의 다이오드나 ECU 등 기타 전기회로가 손상이 된다.

7.3. 충전 시기에 의한 분류

방전상태와 충전의 시기 및 필요성에 따라 분류하면 다음과 같다.

7.3.1. 초 충전

초 충전은 축전지 제조 후 전해액을 주입하고 최초에 실시하는 충전으로서 극판의 활성화가 목적이다. 이것을 「화성충전(化成充電)」이라고 하며 메이커에서 출하시에 실시하는 충전이다. 화성충전 외에 극판과 전해액을 길들이기 위해서 실시하는 충전은 판매점 또는 사용자가 충전하지만 이것도 초충전이라고 하는 경우가 있다. 이 충전방법은 「정전류 충전법」으로서 약 70시간 정도 장시간 충전을 하게 된다.

7.3.2. 보 충전

보 충전은 사용에 따라 또는 자기방전에 의하여 부족한 용량을 보충하기 위한 것으로서 이것에는 보통 충전과 급속충전이 있다. 보통충전은 일반적으로 20시간율을 기준으로 하여 충전 전류를 산출하며 축전지의 충전효율에 따라 다르지만 대개 방전량의 1.2~1.5배 정도의 충전량으로 한다.

급속충전은 위기에 있어서 시간율에는 관계없이 짧은 시간 동안에 실시하는 충전이며 일시적으로 대전류로 충전을 하는 충전법이다. 급속충전은 극판 중심부까지 충전반응이 이루어지지 않으므로 급속충전을 한 후에 위기를 모면한 다음에는 반드시 보통충전을 할 필요가 있다.

7.3.3. 회복충전

회복충전은 방전상태가 계속되어 극판 표면에 경도의 셀페이션을 일으켰을 때 이것을 다시 회복시키는데 사용되는 충전방법이다. 충전방법은 정전류 충전법으로서 실시되며 매우 적은 전류로 40~50시간 충전을 실시한 다음 이것을 방전시켜 다시 위에서 설명한 충전을 실시함과 동시에 여러 번 되풀이한다.

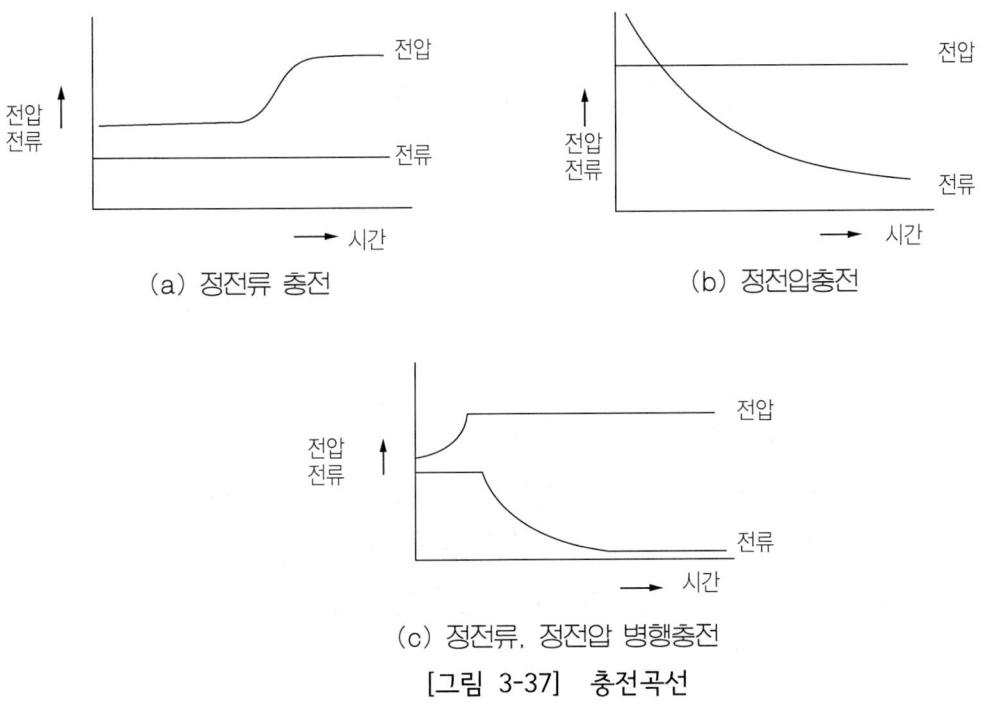

(a) 정전류 충전　　(b) 정전압충전

(c) 정전류, 정전압 병행충전

[그림 3-37]　충전곡선

7.3.4. 균등충전

균등충전은 각 셀의 전해액 비중이 동일하지 않을 때 실시하는 충전으로서 평상시 전류값의 20~25% 증가의 계획적 과충전을 실시하여 각 셀의 비중을 균일화하기 위한 충전으로 정전류 충전법이 사용된다.

[충전방법]

구 분	충전방법	적용 대상
정전류충전	일정한 전류로 충전	① 정확한 양을 충전하고자 할 때 (시험, 연구) ② 완전 충전을 요할 때
정전압충전	전원 전압을 일정하게(셀당 2.3~2.5V)하여 하는 충전	① 비교적 짧은 시간에 충전코자 할 때 ② 대용량 충전기 필요
정전류 정전압 병행충전	충전전압과 초기 최대 충전전류를 일정하게 하여 하는 충전.	① 자동차의 충전계통 ② 밀폐형 배터리의 cycle service 시 충전

7.4. 축전지 취급 및 충전시 주의사항

① 자동차의 배선을 수리하거나 커넥터를 떼어낼 때는 점화스위치가 OFF인 상태에서 축전지 접지(-)케이블을 먼저 분리하고, 접속할 때에는 축전지 (+)케이블을 나중에 접속시킨다.

② 축전지 케이스에 전해액이 묻어 있을 때는 탄산소다나 암모니아수로 닦아낸다.

③ 축전지 단자에 케이블 클램프를 단단히 체결하여 전압강하가 일어나지 않도록 하고 그리스를 얇게 발라 부식을 방지한다.

④ 전해액의 높이는 극판 위 10~13mm사이에 있어야 하며, 전해액 부족시에는 증류수를 보충한다.

⑤ 기동전동기의 연속 사용시간은 10초 이내로 하는데 이는 배터리 과다방전을 방지하고 기동전동기를 보호하기 위함이다.

⑥ 충전 전에 축전지의 벤트 플러그를 모두 개방을 한다.

⑦ 충전기 배선접속시 극성에 주의하여 극성이 바뀌지 않도록 견고히 접속한다.

⑧ 실차에서 축전지를 충전할 경우에는 축전지 접지케이블을 탈거 후 충전한다.

⑨ 충전할 때에는 전해액의 온도가 45℃ 이상 올라가지 않도록 하고, 충전할 때 다량의 수소가스가 발생되므로 통풍(환기)이 잘되는 곳에서 실시하며 화기를 가까이 해서는 안 된다.

⑩ 축전지를 사용하지 않을 때에는 2주마다 보충전을 한다.

7.5. 축전지시험

7.5.1. 경 부하시험

전조등을 점등한 후 1분 후에 0.01V까지 읽을 수 있는 정밀한 전압계로 각 셀의 전압을 측정한다. 셀의 전압이 1.95V 이상이고 셀사이의 전압차가 0.05V 이하이면 양호한 축전지이며, 각 셀의 전압차가 1.95V 이하이고, 각 셀의 전압이 1.95V 또는 그 이상이라도 각 셀의 전압차가 0.05V 이상일 경우에는 불량한 축전지이다.

7.5.2. 중 부하시험

① 축전지 용량시험기를 사용하여 측정한다.
② 전류계로 축전지 용량의 3배 전류로 15초 후에 전압을 읽는다.
③ 전압이 9.6V 이상이고 비중이 1.230 이상이면 양호한 상태이다.

8. 축전지의 규격

① P(plastic) : 케이스 재질
② T(twelve ; 12V 공칭전압) : 소형차는 12V, 트럭, 버스 등 대형차는 24V로 표시한다.
③ 64(5시간율 용량 : Ah) : 우리가 흔히 사용하는 80Ah는 20시간율인데, 상온 25℃ 조건에서 용량의 1/20 전류(예, 80Ah/20시간= 4A)용량으로 단자 전압이 10.5V일 때까지 연속방전 했을 때 지속시간이 20시간인 용량이다. 이것의 5시간율 용량은 65Ah이다.

[그림 3-38] 축전지 규격

위와 동일하게 상온 25℃ 조건에서 축전지의 5시간율 용량에 1/5전류(예, 80Ah/5시간= 16A)로 단자 전압이 10.5V일 때까지 연속방전 했을 때 지속시간이 5시간인 용량이다.

환산식을 알아보면
- 5시간율 → 20시간율로 환산할 때, 64Ah/0.8= 80A
- 20시간율 → 5시간율로 환산할 때, 80Ah/0.8= 64A

여기서 0.8이란 것은 실험수치이다.

④ 28: 축전지 길이의 어림치수(cm)

⑤ F: 축전지 폭의 기호

A: 127mm	B: 129mm	C: 132mm	D: 135mm
E: 154mm	F: 173mm	G: 175mm	H: 176mm 이상

⑥ L : 단자의 방향, 단자를 자기 쪽으로 놓고 보았을 때, 음극(-)단자가 좌측이면 L(left), 우측이면 R(right)

⑦ RC(reserve capacity : **보유용량**) : 25℃ 조건에서 25A의 전류로 단자 전압이 10.5V일 때까지 연속 방전이 가능한 지속시간을 분으로 나타낸 것이다(25A: 차량 운행중 발전기 고장시 차량운행에 필요한 최대한의 전기 소모량). 차량 운행 중에 발전기 고장시 차량 운행에 필요한 최소한의 전기소모량(야간, 우천시 등, 악조건 고려)을 평균 25A로 가정하고, 이 25A로 방전하였을 때 단자전압이 10.5V까지 도달하는데 까지 시간을 분단위로 나타낸 것이다. 예를 들어 고속도로를 주행하다 발전기가 고장 났다고 가정한다면 주행 중 필요한 전류가 점화장치에 10A, 비상등 10A 그리고 오디오채널 메모리에 필요한 전류, 시계메모리 보전 전류 ECU 메모리 전류 등 약 25A 정도라고 가정하고 이러한 상황일 경우 145분을 주행할 수 있다는 뜻이다.

⑧ CCA 660A(cold cranking ampere : **저온 시동전류**) : 혹한조건 (-18℃)에서 차량의 시동에 필요한 전류를 공급해줄 수 있는 능력으로 위의 조건에서 완전충전된 전지를 660A로 방전하였을 때, 7.2V(저온시동 시험시 방전종지전압)까지 최소한 30초 이상은 유지시켜줄 수 있음을 나타낸다.

⑨ CMF(closed maintenance free : 무보수) : 정상적인 배터리 사용 조건 하에서는 수명 말기까지 증류수 보충 등의 보수관리가 필요 없는 밀폐형 제품이다.
⑩ 12V: 공칭전압(방전중의 평균전압)
⑪ 80 : 20시간율 용량값(Ah)

Chapter 03 | 연습문제

01. 축전지의 종류를 쓰고 장·단점을 논하시오.
02. 축전지 수명의 단축요인을 논하시오.
03. 연료전지의 종류와 특징을 쓰시오.
04. 축전지의 방전 종지전압이란?
05. 축전지의 충·방전시의 화학반응식을 쓰시오.
06. 축전지의 충·방전 중 극판과 전해액이 어떻게 변하는가?
07. 축전지의 셀페이션현상이란 무엇이며 그 원인을 기술하시오?
08. MF 축전지란 무엇이며 특징을 쓰시오.
09. 축전지의 방전율을 구하는 식을 쓰시오.
10. 충전시기에 의해 충전법을 분류하고 특징을 쓰시오.
11. 동일한 용량의 축전지라도 방전율이 다르면 용량이 변하는 원인은 무엇인가?

CHAPTER 04 시동장치

1. 시동장치의 개요

　내연기관은 전동기나 증기 기관같이 자기 기동(self-starting)을 하지 못하므로 별도의 시동장치에 의해 기동되어야만 한다. 기관을 시동할 때는 압축, 피스톤 마찰 및 베어링 마찰 등으로 인한 상당한 저항을 극복해야 한다. 이러한 힘들은 엔진 형식과 실린더 수 그리고 윤활유의 특성과 엔진의 온도 등으로부터 상당한 영향을 받고 마찰저항은 온도가 낮을수록 크다. 따라서 가솔린기관은 시동하기 위해서는 기동전동기의 출력이 0.5~0.6PS이고, 100rpm 이상으로 회전하여야 하며, 디젤기관은 출력이 3~10PS이고, 180rpm 이상으로 회전하여야 한다.

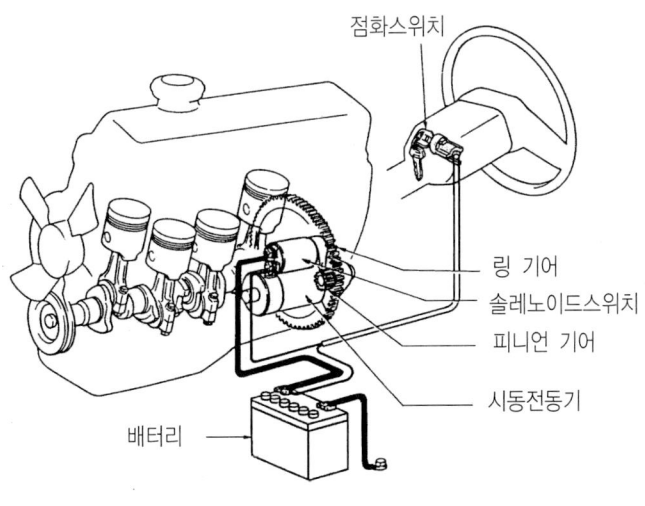

[그림 4-1]　시동장치

1.1. 시동장치 설계 시 고려사항

시동장치의 설계 시에는 기관의 제원과 함께 다음과 같은 시동에 필요한 요건들이 고려되어야 한다.

1.1.1. 시동 한계온도

그림 4-2와 같이 시동 한계온도에 따른 스타터의 회전 속도와 시동에 필요한 엔진의 최저 회전속도를 고려해야 한다. 그림 4-2(a)곡선과 같이 온도가 떨어지면 배터리 내부저항이 증가하므로 회전 속도는 감소한다. 또한 (b)의 곡선과 같이 온도가 떨어지면 크랭킹 저항이 증가하므로 시동 한계 온도는 교차점인 약 -23℃가 되는 것이다. 엔진의 시동 한계온도는 아래 표와 같다.

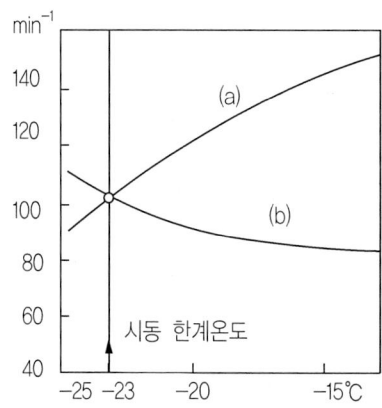

[그림 4-2] 시동 한계온도

[시동 한계온도]

차종 및 엔진	시동 한계온도
승용차	-18℃ ~ -25℃
트럭, 버스	-15℃ ~ -20℃
트랙터	-12℃ ~ -15℃
선박용 구동 및 기기 엔진	-5℃
디젤 기관차	+5℃

1.1.2. 엔진 크랭킹 저항

그림 4-3의 곡선 (a)와 같이 온도에 따라 스타터 모터에 의해 엔진의 크랭크축에 전달된 회전력과 곡선 (b)와 같이 온도에 따라 걸리는 크랭킹 저항은 두 곡선의 교차점에서 해당온도의 크랭킹속도를 결정한다. 예컨대, -25℃에서의 회전력은 약 135N·m, 크랭킹속도는 약 60rpm이 되는 것이다. 엔진의 최저 크랭킹 속도는 표와 같다.

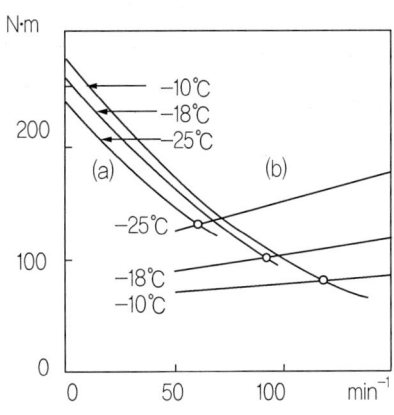

[그림 4-3] 엔진의 회전력

[최저 크랭킹 속도]

필요 크랭킹 속도 (-20℃에서 측정)	크랭킹 속도(rpm)
왕복 피스톤 스파크 점화 엔진	60~90
회전식 피스톤 스파크점화 엔진	150~180
직접 분사식 디젤엔진, 예열장치 무 예열장치 유	80~200 60~140
간접 분사식 디젤엔진, 예열장치 무 예열장치 유	100~200 60~100

1.1.3. 기타 고려사항

시동전동기의 피니언과 링 기어비 및 시동장치의 정격전압과 배터리의 용량 및 특성 제원은 물론, 시동 케이블의 전압강하 등이 고려되어야 한다. 이런 점에서 특히 중요한 것은 시동 한계온도. 즉, 주어진 전기장치를 가진 엔진, 규정된 충전상태의 배터리 및 규정 윤활유 정도 등이 자력 운전속도 상태에 갈 수 있는 최저 온도이다. 엔진의 시동 한계 온도는 사용지역의 기후와 시동 시 엔진의 운전조건 및 경제성을 고려하여 설정한다. 시동장치에 의해 요구되는 출력 및 그 비용은 시동 한계 온도를 낮추면 급격히 상승한다.

예컨대, 시동 한계온도 -23℃에서 2.2kw의 시동전동기와 12V, 90Ah, 450A의 배터리가 필요하다면 배터리는 정격용량의 20%가 방전된 것이다. 엔진 온도가 낮으면 낮을수록 시동에 필요한 회전속도는 높아진다. 이상적인 것은 시동전동기가 높은 회전 출력으로 엔진의 저온에 대한 반응 패턴을 보상하는 것이다.

그러나 시동전동기는 배터리의 에너지 공급에 의존하고, 배터리는 온도가 내려가면 온도 강화율보다 더 큰 내부저항 증가를 일으켜 시동전동기의 회전속도를 감소시킨다. 시동저항은 마찰력과 관성을 극복하고 크랭크축을 회전시키기 위해 필요한 회전력이며 주로 엔진 배기량과 윤활유 점도(엔진 내부마찰의 지수)의 함수이다. 일반적인 법칙으로 가솔린엔진의 평균 회전저항은 크랭크축 회전속도의 함수로서 증가한다. 그리고 디젤엔진의 경우, 대조적으로 80에서 100rpm에서 최대 저항을 보이고, 비교적 높은 수준의 압축에너지가 시스템에 유입되면 다시 감소한다.

그림 4-3과 같이 엔진과 시동전동기의 회전력 곡선의 교차점은 주어진 온도에서 엔진의 회전속도를 나타낸 것이다. 시동장치 설계에 고려되어야 할 추가 사항들은 엔진 디자인 및 실린더 숫자, 내경/행정비, 압축률, 엔진 회전속도 등과 함께 베어링, 클러치, 변속기 등이다. 최저 크랭킹속도는 엔진 디자인과 엔진의 인덕션시스템에 따라 상당히 다르다. 디젤엔진에 있어서는 보조 시동장치에 대한 고려도 중요한 요소이다.

그림 4-4는 실제 시동과정을 나타낸 것이다. 엔진의 가연성 혼합기는 최저 크랭킹속도에서 점화되기 시작한다. 회전력 곡선은 자력 운전상태로 넘어갈 때까지 올라가며 곡선 1은 일정한 진행을 보이는 단순화된 곡선이다. 또한 곡선 2는 엔진의 회전력은 하향 곡선에 겹쳐졌다. 이 단계에서 엔진의 회전속도는 자력 운전에 요구되는 회전속도로 올라간다. 시동전동기는 지원 기능으로 전환하여 엔진의 회전속도가 자신의 속도보다 더 높아질 때까지 계속 크랭킹시킨다.

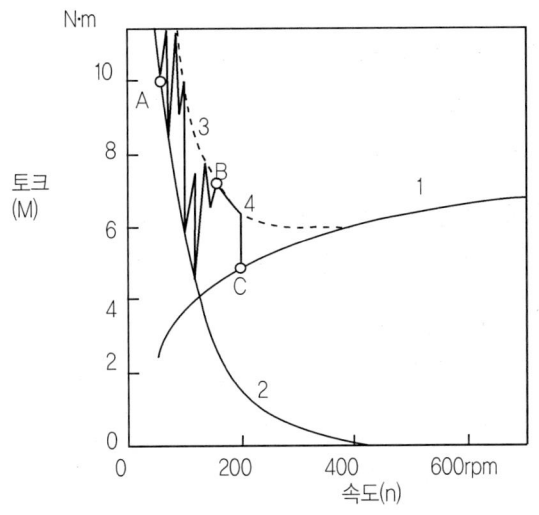

[그림 4-4]　내연기관 시동과정

 이 두 회전력 곡선의 합이 이론적인 총회전력 곡선을 만든다(곡선 3 절단선). 실제 상황에서는 점 A에서 시작된 연소가 초기 불완전연소 때문에 이 이론 곡선은 단지 간헐적으로 어느 순간들에서만 실현된다. 이 상황은 엔진의 정속운전이 시작되는 점 B까지 지속된다. 점 C에서 스타터는 정지되고 엔진의 자력운전이 이루어진다.

1.2. 모터의 작동원리

1.2.1. 자계로부터 전류가 받는 힘

 전기와 자기항의 자력선의 특성에서 언급한 바와 같이 서로 같은 극성끼리는 반발하는 힘을 가지며 자력선이 섞일 수도 없다는 것을 알았다. 또한 자력선은 진행특성에서 가장 짧은 경로로 이동하려는 특성이 있다.

 그림 4-5에서와 같이 자계 내에 전류를 통하면 도선의 주위에 나사의 법칙에 의해 자계가 형성된다. 또한 도선 주위의 자력선은 자계 내의 자력선에 의해 중화되어 자력선의 반정도가 사라지게 된다. 그리고 자계 내의 자력선과 도선의 자력선 사이에 반발력이 발생하며 힘(F)이 발생하게 된다. 여기서 도선에서의 힘을 전자력이라고 한다. 이것은 자력선과 전류에 의해 영향을 받는다. 힘의 방향은 그림과 같이 엄지, 검지, 중지의 방향에 의해서 변한다. 이것은 플레밍의 왼손법칙이라고도 한다.

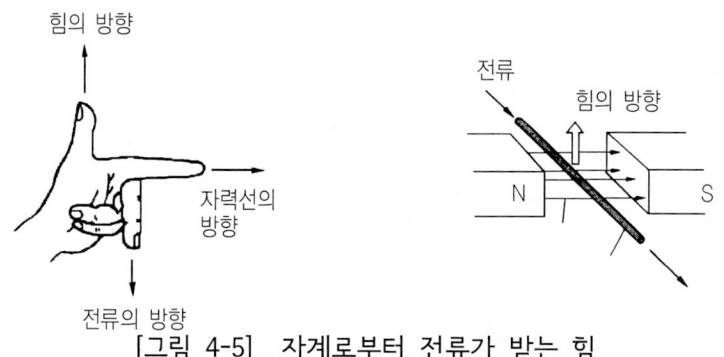

[그림 4-5] 자계로부터 전류가 받는 힘

1.2.2. 모터와 플레밍의 왼손법칙

그림 4-6에서 보는 바와 같이 모터는 자계코일과 변환기(정류자), 브러시로 구성되어 있다. 브러시와 변환기를 통해서 코일에 전류가 공급되면 왼손법칙에 의해서 힘이 발생, 모터가 회전하게 된다. 자계를 형성시키는 데 이용되는 자석을 "계자(界磁)"라고 한다.

플레밍의 왼손법칙에 의하여 도선 (A)은 위 방향으로, 도선 (B)는 아래방향으로 힘을 받게 되고, 이 힘의 합성에 의해 코일은 회전하게 된다. 코일이 자석과 수직으로 위치하게 되는 순간에는 코일에 전류가 흐르지 않게 되고, 이로 인하여 코일의 회전력이 약화되게 된다. 이 직후 직류가 변환기를 통하여 코일에 역방향으로 흐르기 시작한다.

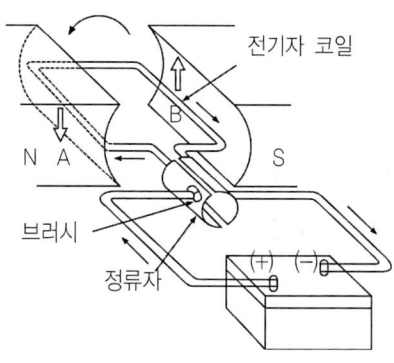

[그림 4-6] 모터의 회전원리

따라서, 도선 (A)는 밑으로 힘이 작용하고 도선 (B)는 위로 힘을 받게 된다. 이와 같이 모터는 위에서 설명한 3단계를 통해서 회전하게 된다. 소형 모터인 경우에는 자계의 형성을 위해 영구자석을 사용하고 있으며 자동차에서도 광범위하게 사용된다.

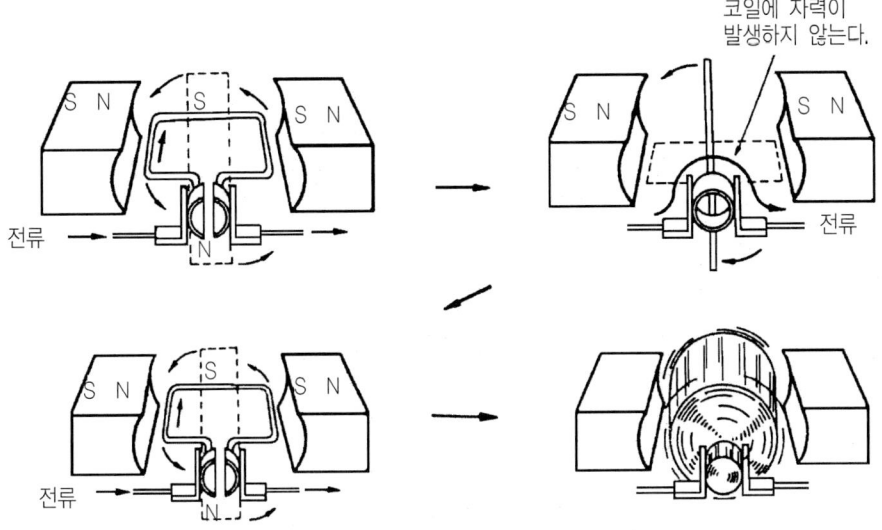

[그림 4-7] 모터의 작동원리

1.2.3. 모터와 나사의 법칙

모터의 원리는 오른나사의 법칙을 통해서도 역시 이해가 가능하다. 그림 4-8에서와 같이 오른나사의 법칙에 의해서 단일 코일에 자력선이 발생한다. 이것을 코일에 전류가 통하면 자석이 된다는 것에 의해서 이해할 수 있다. 그림에서 전류가 흐를 때 코일이 자석이 되고 다른 자석의 자력이 바뀌는 힘에 의해 회전하게 된다.

코일의 위치가 자계와 90°가 되었을 때 변환기(정류자 : commutator)에 전류가 오랫동안 흐르지 못하고 코일은 자력을 점차 잃게 된다. 따라서 코일은 회전력이 둔해지게 된다. 이 위치에서 변환기(정류자)에 전류가 다시 통하게 되면 코일에 흐르는 전류의 흐름은 반대가 되고 극성 역시 반대가 된다. 이로 인하여 자계로부터 회전하게 된다. 이상과 같은 3단계를 통하여 모터는 회전하게 된다.

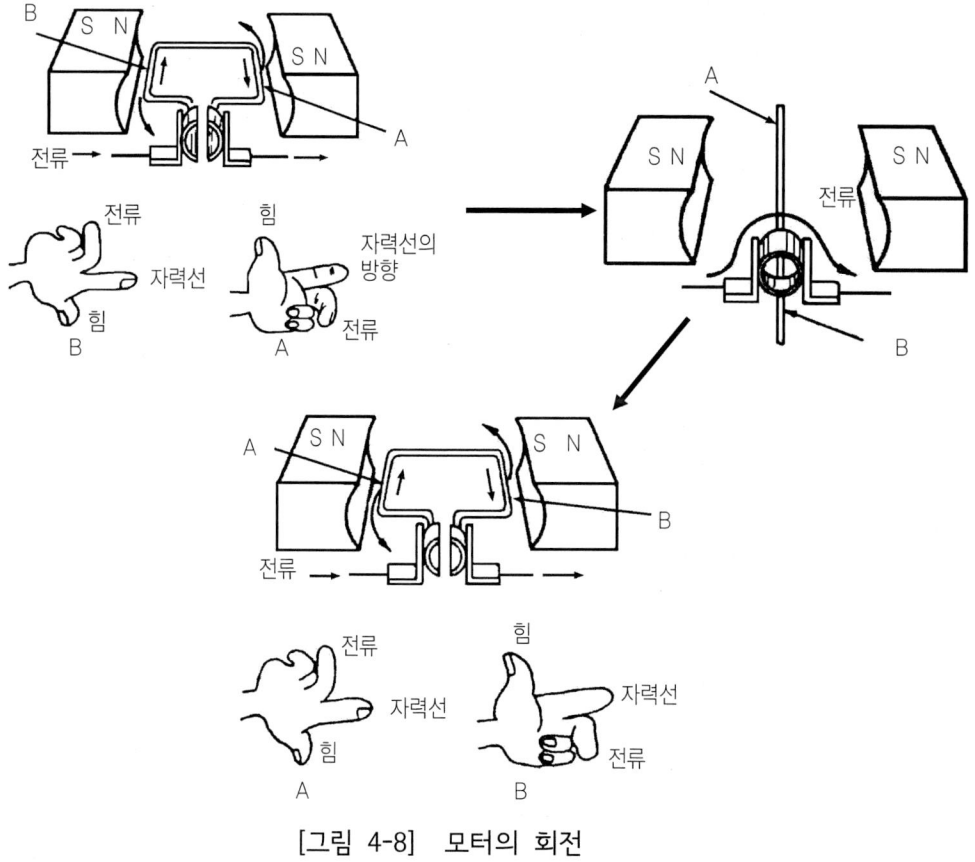

[그림 4-8] 모터의 회전

1.2.4. 직권식 모터의 원리

[1] 작동원리

직권식 모터는 필드코일과 아마추어 코일이 직렬로 접속되어 있다. 직권식 모터의 작동원리는 다음과 같다.

① 그림 4-9(a) : 아마추어 극 ㉠은 N, ㉡는 S이다. 아마추어는 필드코일의 극에 의해 흡인 및 반발하여 회전한다.

② 그림 4-9(b) : 이 정류자의 위치에서는 전류가 아마추어로 흐르지 못하지만 관성에 의해 회전은 계속된다.

③ 그림 4-9(c) : 아마추어 극 ㉠은 S, ㉡는 N이다. 아마추어 코일은 필드코일의 극에 의해 흡인 및 반발하여 회전한다.

④ 그림 4-9(d) : ②와 동일하게 전류는 흐르지 않지만 회전은 계속된다.

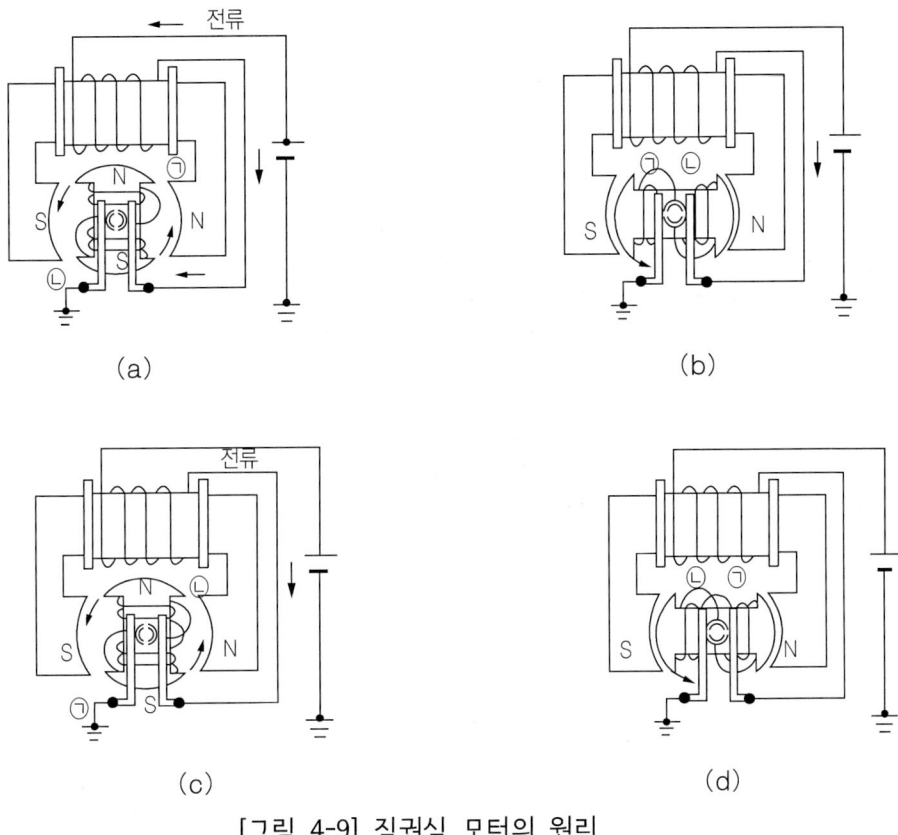

[그림 4-9] 직권식 모터의 원리

[2] 직권식 모터 토크(motor torque)

모터 토크는 아마추어 코일에 흐르는 전류(I_a)에 비례하고 필드코일에 흐르는 전류(I_f)에 비례한다. 직권식 모터에서 $I_a = I_f$이므로, 전류가 2배일 때 토크는 4배가 된다. 즉, 직권식 모터의 토크는 전류 제곱에 비례한다.

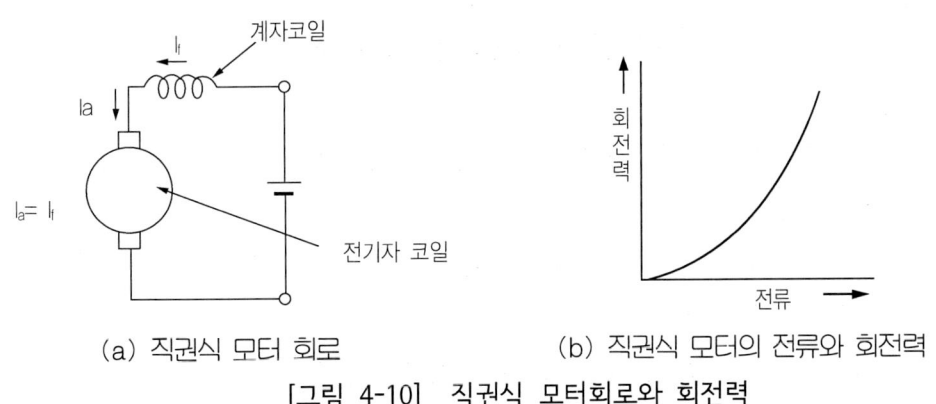

(a) 직권식 모터 회로   (b) 직권식 모터의 전류와 회전력

[그림 4-10] 직권식 모터회로와 회전력

1.3. 전동기 종류와 특성
1.3.1. 직권식 전동기
[1] 직권식의 작용

직권전동기는 계자코일과 전기자 코일이 직렬로 접속되어 있는 형식으로 전기자 전류는 전동기에서 발생하는 역 기전력에 반비례하며, 역 기전력은 전기자의 회전속도에 비례하여 발생된다. 또한 전동기의 회전력은 전기자 전류와 계자의 세기와의 곱에 비례하므로 전기자에 전류가 많이 흐를수록 발생되는 회전력도 크다. 따라서 직권 전동기는 부하가 클 때에는 회전속도가 낮기 때문에 전기자에는 전류가 많이 흘러 큰 회전력을 발생되므로 자동차용 시동 전동기에 알맞다.

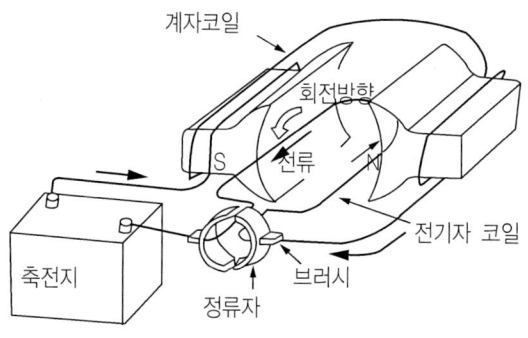

(a) 직권전동기의 작용

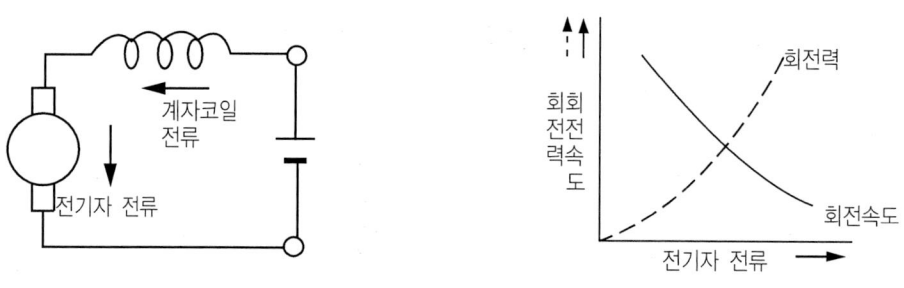

(b) 특성곡선

[그림 4-11] 직권식 전동기의 특성 곡선도

[2] 직권식 전동기의 특성

시동전동기 코일과 계자코일이 직렬접속되어 있고 짧은 시간에 큰 회전력을 필요로 하는 장치로 일반적으로 자동차의 시동전동기에 주로 쓰인다.

(1) 토크특성

직권전동기의 토크는 전기자 코일에 흐르는 전류의 제곱에 비례한다. 기관 기동 때와 같이 큰 부하가 걸릴 때 많은 전류를 소모 하나 발생 토크 크다.

(2) 속도특성

전동기가 회전하면 계자 코일에 발생하는 자속을 차단하므로 기전력이 유지된다. 이 기전력은 플레밍의 오른손법칙에 따라 가해진 단자 전압의 방향과 역방향으로 발생되어 전기자 전류를 방해하는 방향으로 작용한다. 이에 따라 직류 전동기의 회전속도가 빨라질수록 전기자에 흐르는 전류가 감소되어 발생 토크는 작아진다. 결국 직권전동기는 부하가 높아 회전속도가 느릴수록 토크발생이 크고 회전 부하가 낮아 회전속도가 빠를수록 토크 발생은 작다.

1.3.2. 분권식 전동기

[1] 분권식의 작용

분권식은 계자코일의 전류는 일정하므로, 회전력은 회전자의 전류에 비례하여 크게 된다. 회전속도에 의해서 회전자의 전류는 상당한 영향을 받는다. 속도가 일정한 모터에 사용하며 계자가 영구자석인 모터와 같은 특성을 갖고 회전력이 비교적 작다.

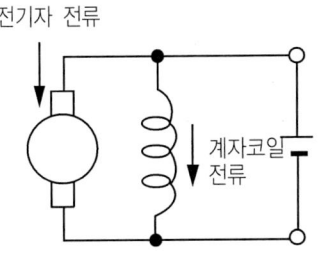
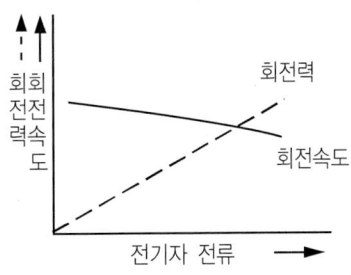

[그림 4-12] 분권식 전동기의 특성 곡선도

[2] 분권식의 특성

(1) 토크특성

분권식도 직권식과 같이 전기자에 흐르는 전류에 비례하나 자장의 크기가 일정하므로 발생 토크는 직권식보다 낮다.

(2) 속도특성

분권식 전동기는 가해지는 축전지 전압이 거의 일정하므로 속도의 변화가 거의 없다. 회전속도는 가해진 전압에 비례 자장의 세기는 반비례한다. 자동차에서는 발전기에 응용, 전동 팬, 히터 팬, 모터에 주로 사용된다.

1.3.3. 복권식 전동기

전기자 코일과 계자 코일을 직·병렬로 연결하였으며 직권과 분권의 공통 특성을 가졌으며 자동차에서는 와이퍼 모터에 사용되나 대형 스타터들은 두 단계로 작용하는 직권과 분권의 두 계자 코일을 가지고 있는 복권 모터를 사용한다.

첫 번째 단계에서는 분권 코일이 아마추어에 직렬로 연결되어 밸러스트 저항으로 기능하기 때문에 아마추어 전류가 제한받는다. 이것은 아마추어의 맞물림 회전력을 낮은 상태로 만든다.

두 번째 단계에서는 스타터 모터에 전전류가 작용, 스타터의 최대 회전력을 일으킨다. 이제는 분권 코일은 아마추어와 병렬로 연결되고, 직권 코일이 추가적으로 직렬로 연결된다. 피니언이 최초 위치로 복귀하면, 분권 코일은 재빨리 아마추어를 정지시킨다.

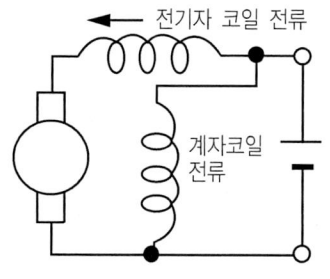 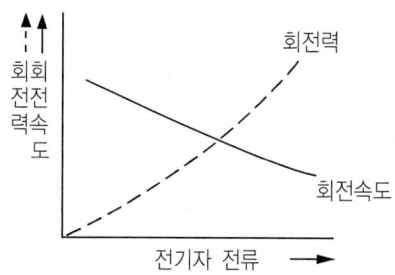

[그림 4-13] 복권식 전동기의 특성 곡선도

1.4. 모터의 효율

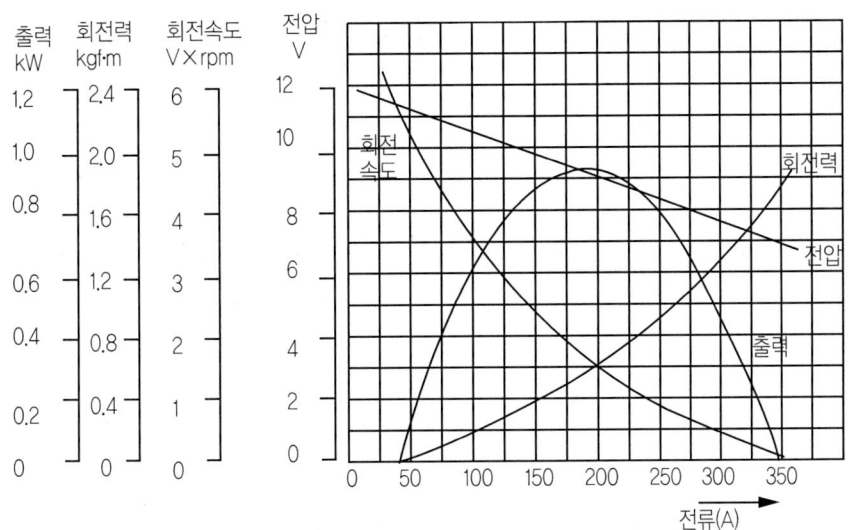

[그림 4-14] 모터의 전압과 전류에 따른 효율

위 그림 4-14는 스타터에 가한 회전력, 회전속도, 출력 그리고 전압에 대한 전류와의 관계를 나타내고 있다. 모터의 출력은 kW로 표시되고, 다음과 같이 나타낸다.

$$P = 1.03 \times T \times N \times \frac{1}{1000} [\text{kW}] \quad \cdots\cdots (4-1)$$

P(kw) : 출력, N(rpm) : 회전수
T(kgf-m) : 토크

스타터 모터의 전류증가에 따라 전압이 감소하는 이유는 배터리 내부저항과 축전지 케이블 저항에 관계된다. 공급전원에 의한 전기적 에너지와 모터의 출력과의 비를 효율이라 한다.

$$\text{전기에너지} = I \times E (\text{W}) \quad \cdots\cdots (4-2)$$

$$\text{모터 출력} = P(\text{kw}) \quad \cdots\cdots (4-3)$$

$$\text{효율} = \frac{P \times 1000}{I \times E} \times 100 [\%] \quad \cdots\cdots (4-4)$$

2. 시동전동기의 작동과 구조

2.1. 시동전동기의 작동원리

시동키를 돌리면 전류는 기동전동기 솔레노이드스위치의 St(기동)단자를 통하여 풀인코일(pull-in coil)을 거쳐 그림 4-15와 같이 접지로 흐른다. 이때 풀인코일은 플런저와 접촉판을 닫힘 위치로 당기는 전자력을 형성하여 기동전동기 솔레노이드스위치 B(축전지)단자와 M(전동기)단자사이의 접촉이 이루어진다. B단자와 M단자사이의 접촉은 고전류 회로에 에너지를 전달하고 계자 코일 및 브러시에 축전지 전압을 인가하여 기동 전동기가 크랭킹을 하게 된다.

솔레노이드스위치의 플런저는 시프트 레버를 통하여 피니언으로 연결된다. 풀인 코일의 전자력이 플런저를 이동시키면 피니언은 엔진 플라이휠 링 기어로 이동한다. 즉, 접촉판이 솔레노이드스위치 B단자와 M단자사이를 접촉시키면 피니언과 플라이휠 링 기어가 완전히 물리고 기동 전동기의 회전으로 플라이휠이 회전하게 된다. 한편 홀드 인 코일(bold in coil)은 솔레노이드스위치가 St단자를 통하여 에너지를 받아 기동전동기로 흐르고 시스템 전압이 떨어질 때 접촉판을 맞물린 채로 있도록 하는 추가 전자력을 공급한다.

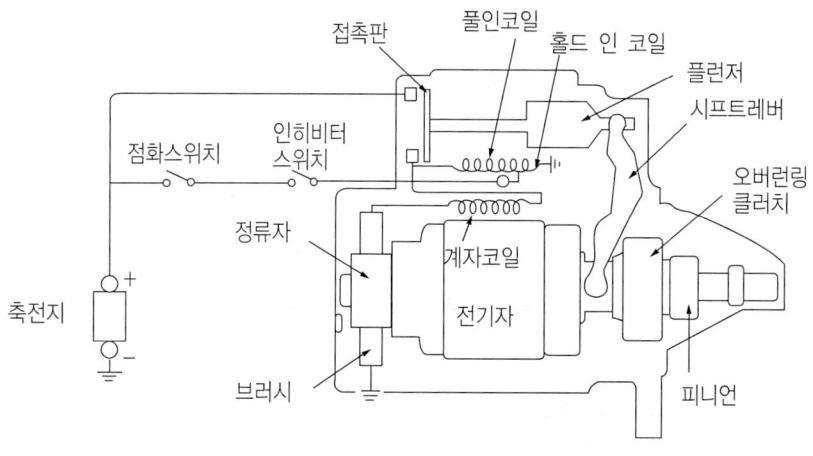

[그림 4-15] 시동모터의 작동

또한 그림 4-16과 같이 자동변속기 차량에 설치된 인히비터 스위치는 접점이 닫혀져 있는 점화스위치 St스위치로 돌리면 솔레노이드스위치 St단자에 축전지 전압을 인가한다. 또 엔진을 기동할 때 전기자 코일의 과도한 회전에 의한 손상을 방지하기 위하여 피니언에 오버 런링 클러치를 두고 있다. 시동모터의 구조는 그림 4-17과 같다.

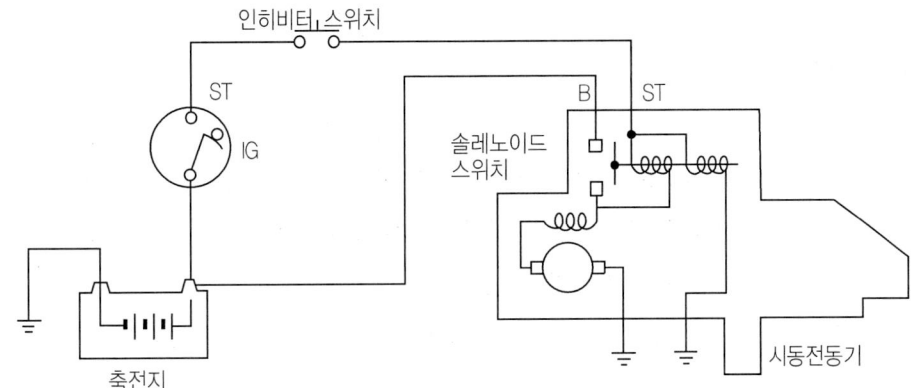

[그림 4-16] 시동회로

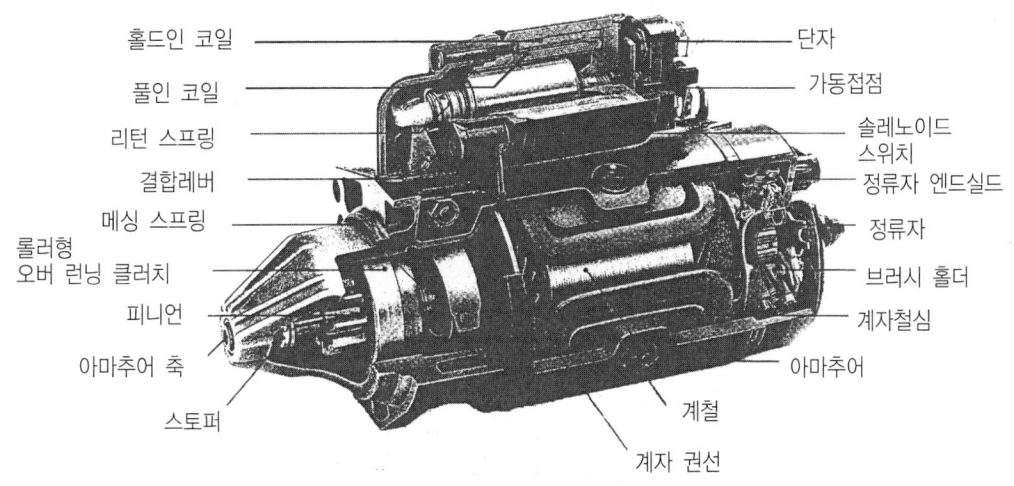

[그림 4-17] 시동모터의 구조

2.2. 시프트식 시동전동기의 구조

시동 전동기는 그림 4-18과 같이 회전부분인 전기자, 전기자철심 및 코일, 정류자와 고정부품인 계철, 계자철심, 계자코일, 브러시와 홀더 그리고 맞물림 기구인 마그네틱 스위치와 오버 런닝 클러치로 구성되어 있다.

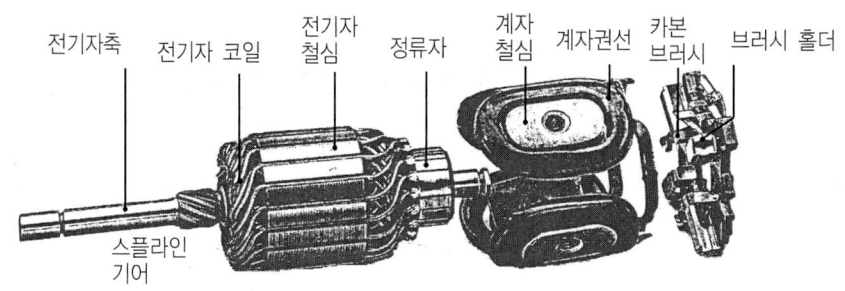

[그림 4-18] 시동전동기 주요부

2.2.1. 회전부품

전기자 코일, 전기자 철심, 정류자로 구성되었으며 회전력을 발생한다.

[1] 전기자(armature)

회전력을 발생하는 부품으로 철심, 전기자 코일, 정류자로 구성되며 축 양끝은 베어링으로 지지되어 자계 내에서 회전한다. 전기자축(armature shaft)은 큰 회전력을 받는 부분으로 절손 변형 굽힘 등이 일어나지 않게 베어링 지지부를 특수강으로 하였으며 베어링 지지부는 내마멸성을 증대시키기 위하여 담금질되어 있다. 피니언의 섭동 부분에는 스플라인이 파여져 있다.

그리고 정류자 편의 아래 부분을 V형 링으로 조여 회전 중 원심력에 의해 이탈되지 않게 하였다. 코일의 움직임을 회전운동으로 전환시키는 역할을 한다.

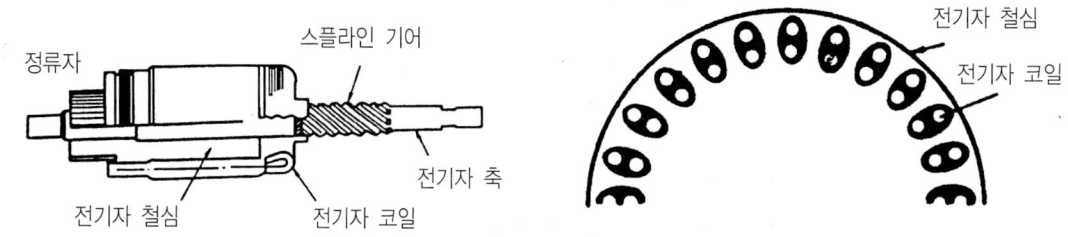

[그림 4-19] 전기자의 구조

[2] 전기자 철심(armature core)

전기자 코일을 유지하며 계자철심에서 발생한 자계의 자기회로가 되어 자력선을 잘 통과시키고 동시에 맴돌이 전류를 감소시킨다.

전기자코일에 흐르는 전류에 의한 맴돌이 전류를 감소시키기 위해 얇은 강판을 절연시켜 겹쳐 만든 성층 철심이 사용된다. 철심도 도체이므로 회전하면 역시 내부에 전압이 발생하여 맴돌이 전류가 흘러서 열이 발생하게 되며 열손실로 인해 전동기의 효율을 저하시키기 때문에 얇은 철판을 겹쳐서 만든다. 보통 전동기에는 규소 강판을 사용하여 맴돌이 전류를 적게하고 있으나 기동전동기에는 소요 토크가 크므로 고자화력에 대하여 큰 자속을 통과시킬 수 있는 0.35~1.0mm의 보통 강판을 성층해서 사용하고 있다.

전기자가 회전하면 역기전력이 유기 되어 열이 발생되어 전동기의 효율이 저하되므로 바깥 둘레에는 전기자 코일이 들어가는 홈이 파져 있어 사용 중 발열이 되지 않도록 한다. 고속 회전시 코일의지지 및 보호하는 역할을 한다.

전기자 코일과 전기자 철심은 서로 단락되어서는 안되므로 운모, 종이, 합성수지 파이버, 절연오일 등의 절연체를 사용하여 층간 단락이나 접지 등을 방지하고 있다.

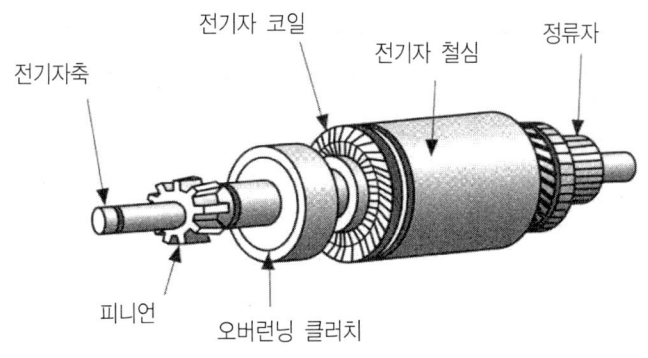

[그림 4-20] 전기자 철심

[3] 전기자 코일(armature coil)

큰 전류가 흐를 수 있는 평각 동선을 운모 종이 합성수지 등으로 절연하여 코일의 한쪽은 N극 쪽에 다른 한쪽 끝은 S극이 되도록 철심의 홈에 끼워져 있다. 코일의 양끝은 정류자 편에 납땜되어 모든 코일에 동시에 전류가 흘러 각각에 생기는 전자력이 합해져 전기자를 회전시킨다.

[4] 정류자(commutator)

브러시에서의 전류를 일정 방향으로만 흐르게 하는 것으로 경동판을 절연체로 싸서 회전중 원심력으로 빠져 나오지 않게 V형 마이카(mica) 환형링(ring) 등으로 조여진다. 정류자편 사이는 1mm 정도 두께의 운모로 절연되어 있고 운모의 언더컷은 0.5~0.8mm이며 한계값은 0.2mm이다. 그러나 절연 재료로서 운모에 닿아서 정류자 편에 밀착되지 않게 되므로 기동전동기의 동작에 나쁜 영향을 미친다.

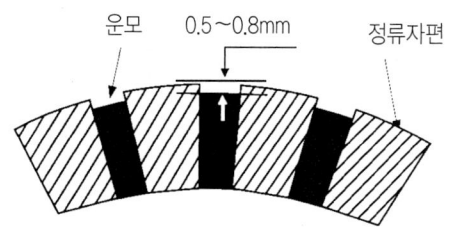

[그림 4-21] 언더컷

2.2.2. 고정부품

[1] 계철(York)

계철은 전동기 케이스이며 안쪽면에 계자철심을 볼트로 지지하고 자력선의 통로 역할을 한다.

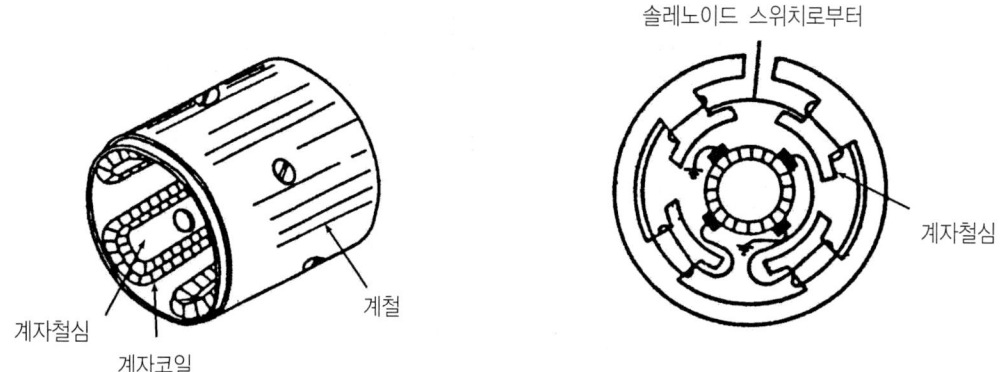

[그림 4-22] 고정부품

[2] 계자철심(field core)

인발 성형강이나 단조강으로 만들었으며 계자 코일이 감겨져 있으므로 전류가 흐르면 전자석이 된다. 전기자에 접한 곳에는 면적을 크게 두어 자속이 통하기 쉽게 하고 동시에 계자 코일을 지지하는 역할을 한다. 계자철심의 수에 의해 극수가 정해지며 4개이면 4극(pole)이 된다.

[3] 계자 코일(field coil)

계자코일은 철심에 감겨져 자속을 일으키는 코일로써 그 자력은 전기자 전류에 의해 좌우된다. 따라서 큰 전류가 흐르기 때문에 평각 동선이 사용된다.

계자코일은 그림 4-23(a)와 같이 층간 단락과 접지를 방지하기 위하여 표면에 면 테이프를 감고 니스나 왁스 등을 침투시켰으며 최근에는 면 테이프 대신 염화비닐이나 에폭시 수지코팅을 한 절연 재료를 사용하고 있다. 기동전동기의 계자코일은 4개로 그림 4-23(b)와 같이 코일을 감는 방식에는 직렬접속과 직·병렬접속이 있다.

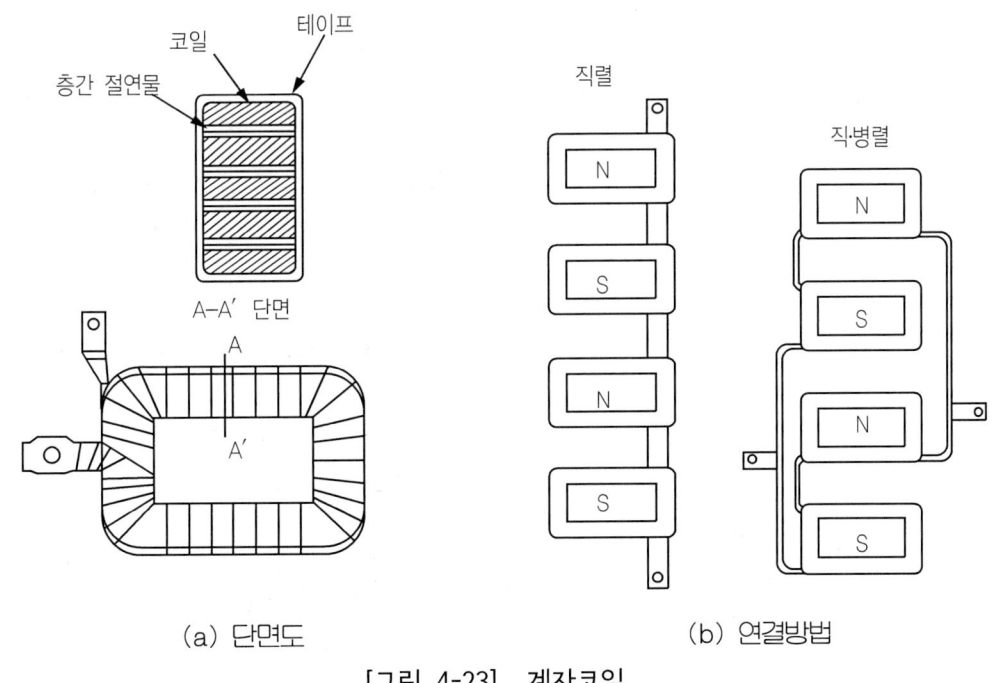

(a) 단면도 (b) 연결방법

[그림 4-23] 계자코일

[4] 브러시와 브러시 홀더(brush holder)

브러시는 정류자를 통하여 전기자 코일에 전류를 전달하는 역할을 한다. 일반적으로 4개가 있으며 그 중 2개는 절연된 홀더에 지지되어 정류자와 접촉하고 다른 2개는 접지된 홀더에 지지되어 정류자와 접촉하고 있다.

기동전동기의 브러시는 큰 전류가 흐르고 있기 때문에 흑연계의 재료가 이용되고 사용 전압이 높은 것일수록 흑연이 많이 들어 있다. 브러시는 정류자를 거쳐 전기자 코일에 전류를 흘러 들어가게 하기 때문에 알맞은 스프링장력에 의해 정류자에 압착되며 홀더 내에서 상하 섭동하게 되어 있다. 스프링 장력은 브러시의 성질 진동 정류 마멸도 등에 따라 다르나 대략 $0.5 \sim 1.0 kgf/cm^2$이다.

[5] 베어링(bearing)

기동전동기는 하중이 크고 사용할 시간이 짧기 때문에 대개가 부싱을 사용하고 있다. 베어링에는 윤활이 잘 되도록 홈이 파져 있고 구리 함유 합금으로 된 것도 있다.

2.2.3. 맞물림 기구(치합기구)

피니언 치합기구는 그림 4-24와 같이 피니언, 피니언 드라이버, 오버런닝 클러치, 시프트레버, 피니언 스프링, 전기자축으로 구성된다. 이 시동 전동기 어셈블리는 솔레노이드 스위치의 축상 운동과 전기 시동전동기의 회전운동을 조화시키고, 이를 피니언을 통해 엔진의 플라이휠 링 기어에 전달하는 기능을 한다. 시동전동기는 엔진 플라이휠의 링 기어와 피니언 기어라 부르는 작은 슬라이딩 기어를 통해 치합된다. 높은 기어비(보통 10 : 1에서 15 : 1) 때문에 비교적 작고, 고속인 시동전동기로 엔진의 큰 크랭킹 저항을 극복할 수 있기 때문에 시동전동기의 크기와 무게가 가볍게 유지될 수 있다.

시동 회전력을 전달할 수 있고, 원하는 순간에 치합 해제를 할 수 있는 시동전동기 피니언과 플라이휠 링 기어의 완벽한 맞물림을 보장하기 위해서는 다음과 같은 특수한 피니언 기어 형식이 필요하다.

① 치합을 용이하게 하기 위해 인벌류트(involute) 치형으로 한다.
② 피니언 기어의 치차 페이스(teeth face) 및 링 기어 치차의 페이스(시동 전동기 디자인에 따라)를 챔퍼링(chamfering)한다.

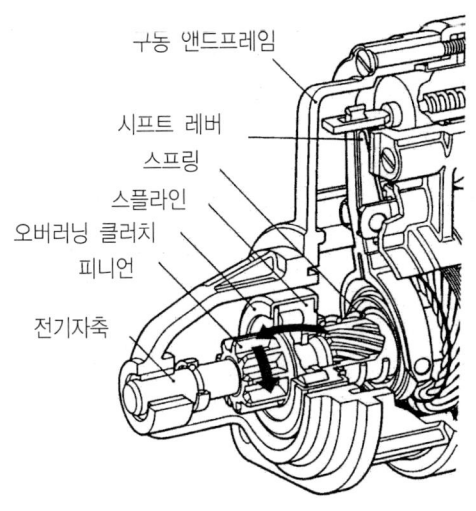

[그림 4-24] 피니언 치합기구

③ 항시 맞물려 있는 기어와 대조, 피니언과 링 기어 사이의 중심거리를 늘려, 기어 플랭크에 충분한 백래시를 확보한다.
④ 정지상태에서 피니언의 바깥쪽 페이스는 링 기어의 페이스로부터 일정거리 떨어져 있어야 한다.
⑤ 긴 서비스 수명을 갖기 위해 피니언과 링 기어의 재질 및 담금질 방법을 서로 일치시킨다.

엔진이 시동되고 크랭킹속도를 넘어 가속되면, 시동전동기를 보호하기 위해, 피니언은 즉각 자동적으로 링 기어에서 분리되어야 한다. 즉 다시말해서 시동전동기 축과 엔진 플라이휠이 자동적으로 분리되어야 한다. 이 기능을 위해 시동 전동기는 오버런닝 클러치와 리턴 기구를 가진다.

[1] 마그네틱 스위치식(magnetic switch type)

구동 레버를 잡아당기기 위한 전자석과 코일로 되어 있고 여자코일은 플런저를 잡아당기는 풀인코일(pull in coil) 잡아당긴 상태를 유지하는 홀딩 코일(holding coil)로 되어 있다. 기동전동기 스위치를 닫으면 풀인코일과 홀딩코일이 축전지의 전류로 강력한 전자석이 되어 플런저를 잡아당긴다.

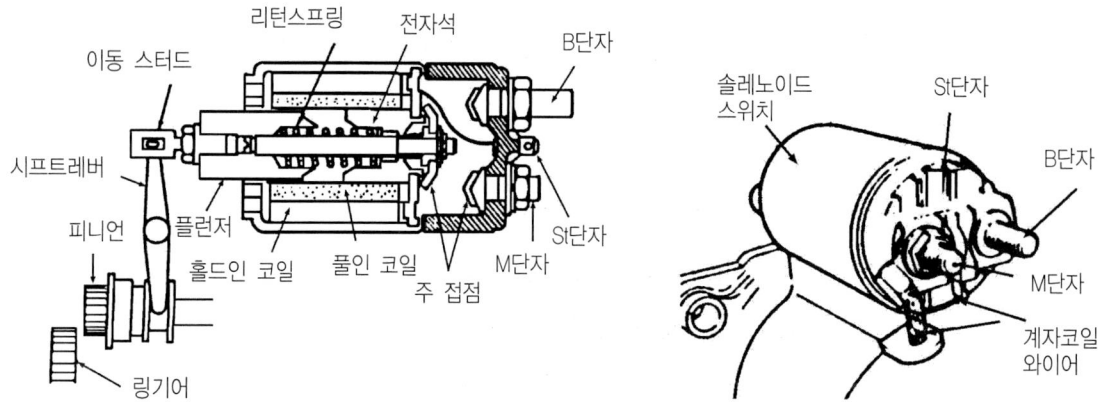

[그림 4-25] 마그네틱 스위치의 구조

플런저는 구동레버를 잡아당겨 피니언을 링 기어에 물린다. 이 물림이 완료되는 순간 기동전동기 스위치가 닫혀 기동전동기에 축전지 전류가 흘러 강력한 회전을 시작한다.

(1) 시동스위치 ON시
① 풀인코일과 홀딩코일이 여자 되어 자기력으로 플런저를 잡아당겨 피니언을 움직인다.
② 마그네틱 스위치가 ON되어 피니언 기어와 링 기어가 치합되면서 대전류가 모터로 흘러 기관이 회전하고 플런저는 오직 홀딩코일에 의해 유지되게 된다.

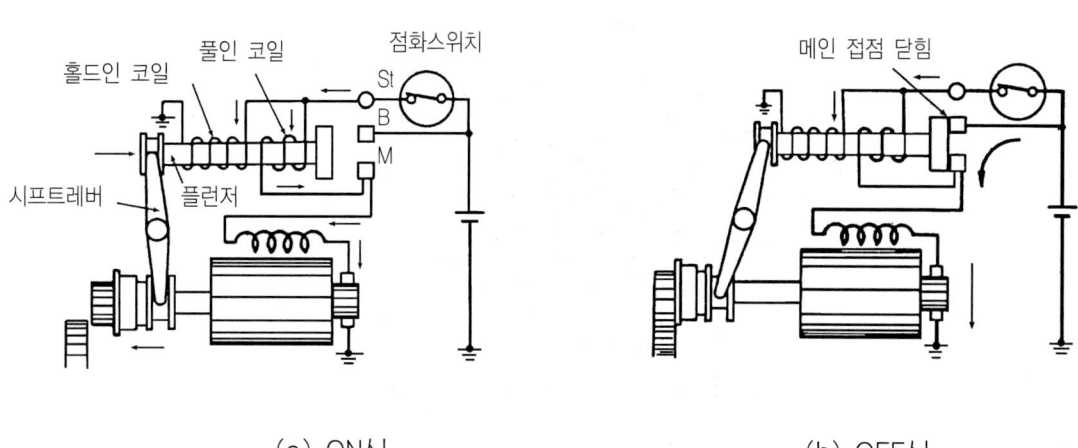

(a) ON시   (b) OFF시

[그림 4-26] 시동스위치 작동회로도

(2) 시동스위치 OFF시

풀인 코일과 홀딩 코일을 통해 흐르던 전류가 정지되며 두 코일에 자화력이 없어져 플런저는 리턴스프링에 의해 복귀하게 된다.

[2] 전기자 섭동식(magnetic sliding gear type)

전기자 축의 끝부분에 피니언이 고정되어 있고 전기자 철심의 중심과 계자철심의 중심이 서로 오프셋되어 조립되어 있다. 계자코일은 전기자를 이동시키기 위한 보조 계자코일과 회전력을 발생시키는 주 계자코일이 있다. 시동스위치를 닫으면 솔레노이드 스위치의 상부 접점이 접촉하여 보조코일과 전기자 코일로 전류가 흐른다. 이때 계자철심의 자력으로 전기자 철심은 계자철심의 중심에 끌어 당겨지고 서서히 돌면서 전기자가 이동하여 피니언이 링 기어에 물린다.

전기자의 이동이 끝날 무렵 솔레노이드 스위치의 하부접점이 접촉하면 주 계자코일과 전기자 코일로 전류가 흘러서 전기자가 회전하여 엔진이 크랭킹 된다. 엔진이 시동된 다음에는 링 기어가 피니언 기어를 돌리게 되지만 오버런닝 클러치에 의하여 엔진의 회전력은 차단된다. 회전력이 차단되어 전동기의 부하가 가볍게 되면 계자 전류도 적어지고 리턴 스프링에 의하여 전기자는 제자리로 되돌아가면서 피니언이 링 기어로부터 이탈된다.

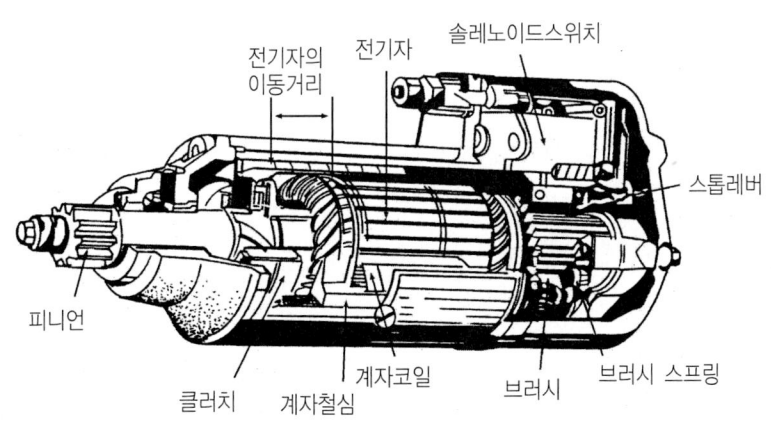

[그림 4-27] 전기자 섭동식 시동전동기

[3] 벤딕스식

벤딕스식은 피니언의 관성과 직류, 직권전동기가 무부하에서 고속회전하는 특성을 이용한 것이다. 벤딕스식의 구조는 매우 간단하나 기어 물림에 약간의 문제점이 있다. 피니언기어의 섭동원리는 그림 4-28(a)와 같이 볼트와 너트가 결합되어 있을 때 볼트를 갑자기 빠른 속도로 회전시키면 너트는 관성에 의하여 멈추어 있고 볼트만 회전한다.

이때 그림 4-28(b)와 같이 너트가 풀려 화살표방향으로 전진하는 것과 동일한 원리로 작동한다. 여기서 볼트를 전기자 축이라 하고, 너트를 피니언기어라 하면 피니언기어는 이동을 하여 링 기어에 물리게 된다.

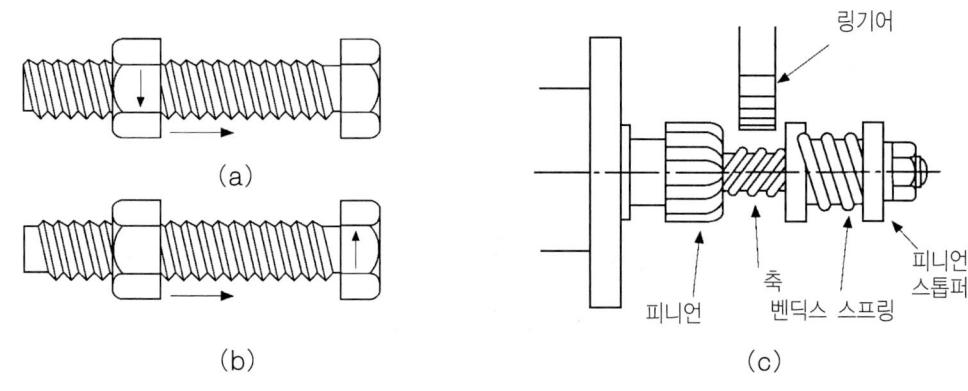

[그림 4-28] 회전너트의 원리

그림 4-29에서와 같이 너트에 해당되는 피니언 안쪽면에 각 나사를 파고 전기자축에 이것이 맞물려질 수 있는 나사를 파 두면 전기자 축의 회전에 따라 피니언이 링 기어와 맞물려지게 된다. 작동은 기동전동기에 전류가 흐르기 시작하면 처음에는 무부하 상태이므로 기동전동기는 고속회전을 한다.

그러나 피니언은 관성 때문에 전기자축과 함께 회전하지 못하고 나사 슬리브(threaded sleeve) 위를 돌면서 축방향으로 움직여 정지하고 있는 링 기어에 물리게 되어 전동기의 전기자축의 회전력이 구동스프링(drive spring)을 거쳐 피니언에 전달되어 링 기어를 회전시킨다. 이때 전기자의 회전력은 구동스프링을 거쳐 피니언에 전달되므로 양 기어 물림의 충격이 완화되어 전기자와 기어의 파손을 감소시킨다. 전기자의 회전력은 구동스프링을 거쳐 피니언에 전달되므로 양 기어 물림의 충격이 완화되어 전기자의 기어의 파손이 방지된다. 또 피니언의 이와 링 기어의 이에는 챔버(chamfer)를 두어 쉽게 물려지게 되어 있다.

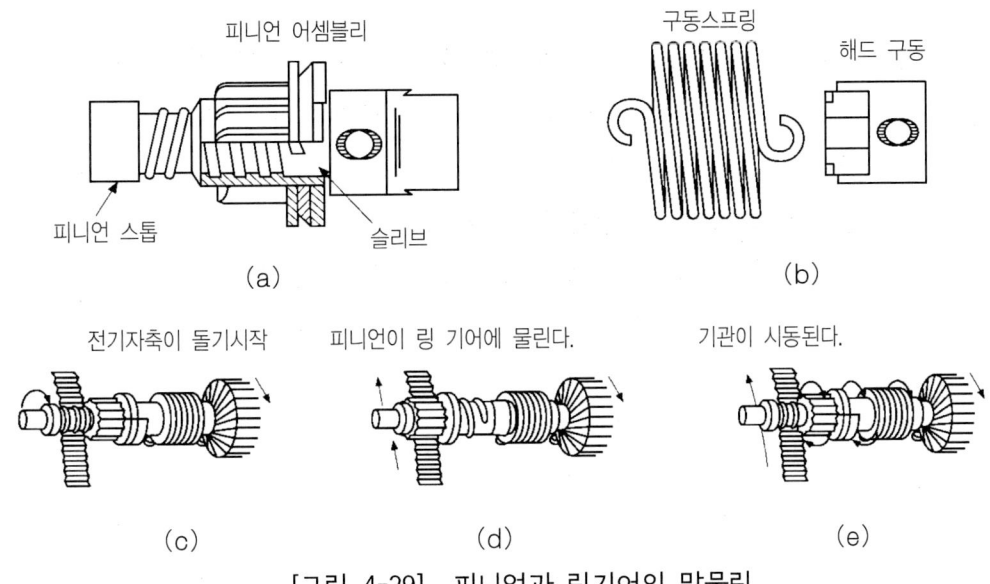

[그림 4-29] 피니언과 링기어의 맞물림

 기관이 시동되면 이젠 반대로 기관의 회전력에 의해 링 기어가 피니언기어를 회전시키게 된다. 이에 따라 피니언기어의 회전속도와 회전력이 전기자축의 회전속도와 회전력보다 크게 되므로 피니언기어는 벤딕스나사를 반대로 회전하게 되어 링 기어와 피니언기어의 물림이 풀리게 된다. 따라서 시동된 다음에는 기동전동기가 기관에 의해 고속회전되는 일이 없게 되므로 오버런닝 클러치를 필요로 하지 않는다.

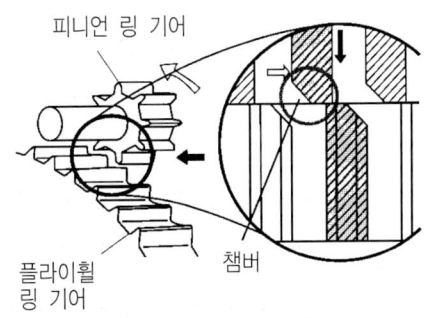

[그림 4-30] 피니언과 링 기어의 챔버

2.2.4. 오버런닝 클러치

[1] 롤러식 오버런닝 클러치(roller type over running clutch)

　구동슬리브 피니언, 코일스프링 등으로 구성되어 있으며 구동슬리브 안쪽 면에는 전기자축의 스플라인이 파져 있다. 이 구동슬리브는 구동레버에 의해 전기자축의 스플라인 상을 섭동하여 링 기어와 치합되어 엔진시동시 전기자축의 회전력은 먼저 구동슬리브에 전달되고 다시 이것과 피니언사이에 있는 몇 개의 롤러를 거쳐 피니언에 전달한다.

　엔진 시동시 전기자축의 회전력은 먼저 구동 슬리브를 거쳐 클러치 아우터에 전달 클러치 아우터가 회전하면 피니언과 일치가 된다. 따라서 전기자축의 회전력이 링 기어에 전달된다. 엔진이 회전하면 피니언의 회전이 클러치 아우터보다 빨라진다. 이에 따라 피니언이 공전하게 되어 기동 전동기가 엔진에 의해 구동되지 않는다.

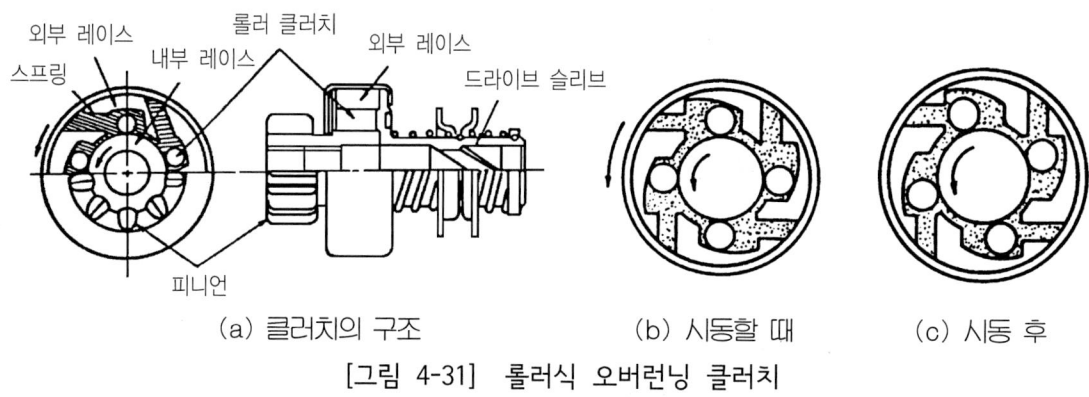

[그림 4-31] 롤러식 오버런닝 클러치

[2] 스프레그식 오버런닝 클러치(sprag type over run ring clutch)

　중급이나 중량급의 엔진에 사용되며 바깥 레이스는 기동전동기에 의해 구동되며 엔진 기동시 스프래그는 바깥 레이스와 안 레이스가 고정되어 일체가 된다. 기관이 기동되어 엔진이 피니언을 구동하게 되면 안 레이스가 바깥 레이스보다 빨리 회전하게 되어 바깥 레이스와 안 레이스의 고정이 풀려 기관이 기동전동기를 구동하지 않게 된다.

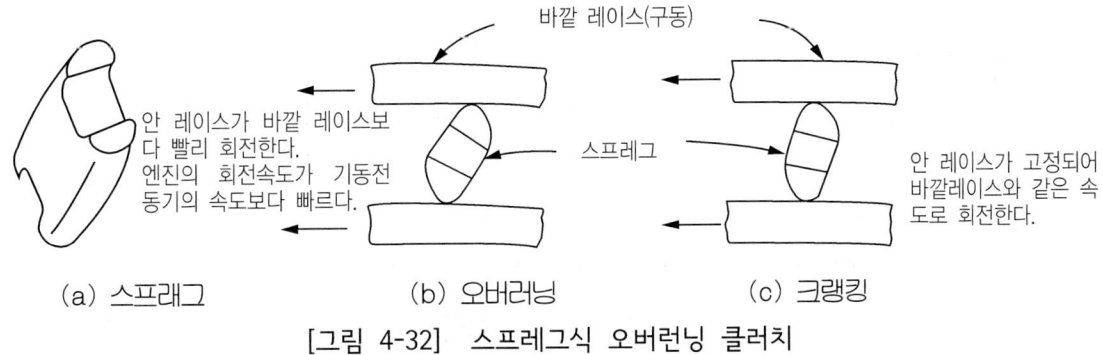

[그림 4-32] 스프래그식 오버러닝 클러치

[3] 다판식 클러치

다판 클러치방식은 대형 디젤기관과 같은 속도 변동이 큰 것에 사용되는 방식으로 다판 클러치로 구성되어 있다. 피니언과 일체로 된 원통과 슬리브와 일체가 된 외통과의 사이에 금속체의 구동판(드라이브 플레이트)과 피동판(드리븐 플레이트)이 교대로 쌓여 조립되어 있다.

엔진이 기동된 다음 피니언 기어가 링 기어에 의해 회전하므로 피니언 축이 전기 자축보다 빠르게 회전되어 역으로 어드밴스 슬리브가 회전하게 되어 이때 나선형 스플라인의 작용으로 어드밴스 슬리브는 피니언과 멀어지게 되어 구동 및 피동 클러치사이의 면압이 감소되어 미끄럼이 생겨 엔진 회전력을 차단한다.

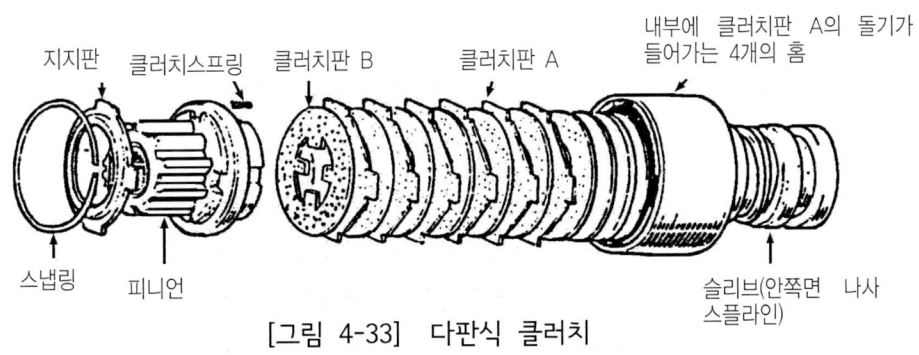

[그림 4-33] 다판식 클러치

2.2.5. 감속 기어식 시동전동기

감속기어가 있는 시동전동기와 모터의 회전력을 재래적 방법으로 직접 피니언 치합기구에 전달하는 감속기어가 없는 시동전동기는 디자인과 기능에서 대단히 유사하다.

[1] 특징

재래식 시동전동기의 주된 차이점은 전기자인 아마추어와 피니언 사이에 유성 기어가 설치되어 있다는 것이다. 유성 기어는 전기자의 회전 토크를 아무런 횡력의 영향 없이 피니언에 전달한다는 것이다. 유성 기어는 쇠로 만들어진 반면, 인터널 기어는 강도와 내마모성을 증대시키기 위해 광물성 첨가제가 들어간 고급 폴리아마이드 컴파운드(high grade polyamide compound)이다. 이 새로운 디자인은 스타터를 더 소형으로 가볍게 만들 수 있게 해준다. 재래식 스타터에 비교해 대략 35~40%의 중량 절감이 가능하다. 경량화의 부가적 이득은 연비의 개선이다.

[2] 구조

(1) 영구자석 자장형식

영구자석 자장을 가진 인터미디에이트-트랜스미션 스타터(intermediate transmission starter)형식은 최대 5리터의 배기량을 갖는 스파크-점화 엔진 승용차 및 최대 1.6리터의 디젤엔진용으로 디자인된 것이다. 이 형식은 같은 운전조건을 갖는 일반 시동 전동기에 비해 최대 40%까지 더 가볍고, 소형일 뿐 아니라 동일하거나 더 큰 시동 출력을 갖고 있다.

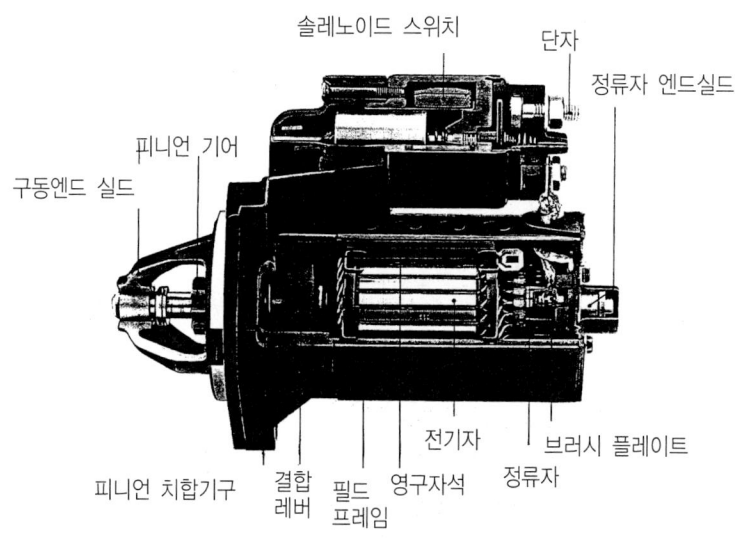

[그림 4-34] 시동전동기의 구조 및 명칭

(2) 감속 기어부 스타터모터

영구자석식 직류모터가 스타터모터로 사용된다. 여자회로에 전자석 대신에 영구자석이 사용된다. 아마추어와 영구자석의 길이는 스타터의 출력에 따라 조정된다. 이 스타터의 디자인은 전기 스타터모터의 크기, 따라서 전체적으로 스타터의 사이즈를 감소시킬 수 있게 만들었고, 그 결과 무게도 현저히 줄일 수 있게 만들었다. 감속기어는 모터의 회전속도를 시동에 적절한 속도로 낮추고, 이 과정에서 회전 토크를 요구되는 수준으로 증대시킨다.

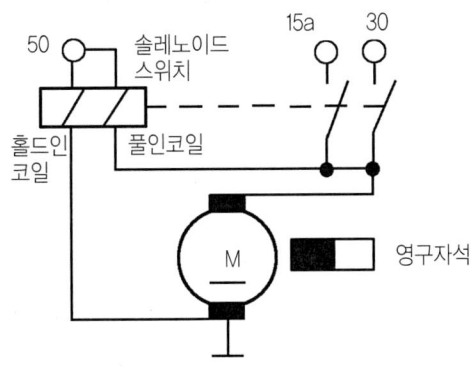

[그림 4-35] 영구자석 자장형 시동전동기 내부결선

(3) 솔레노이드 스위치

다른 사전 치합식 스타터와 마찬가지로 구동 슬리브를 작동시키고 스타터 회로를 연결시키는 솔레노이드스위치가 스타터에 설치되어 연결레버를 통해 운동을 아마추어 축상의 부품들에 전달한다.

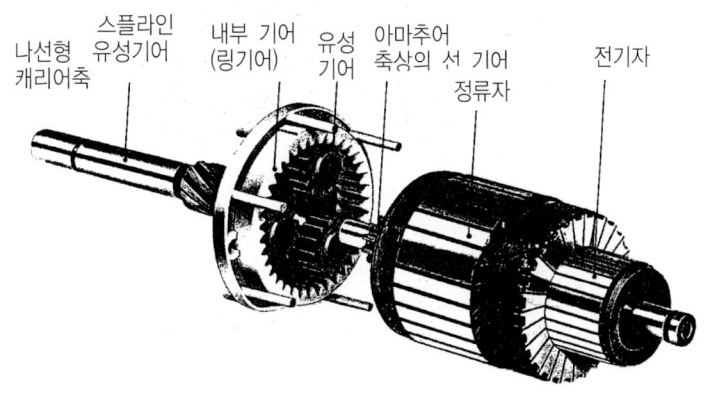

[그림 4-36] 전기자와 유성 감속기어

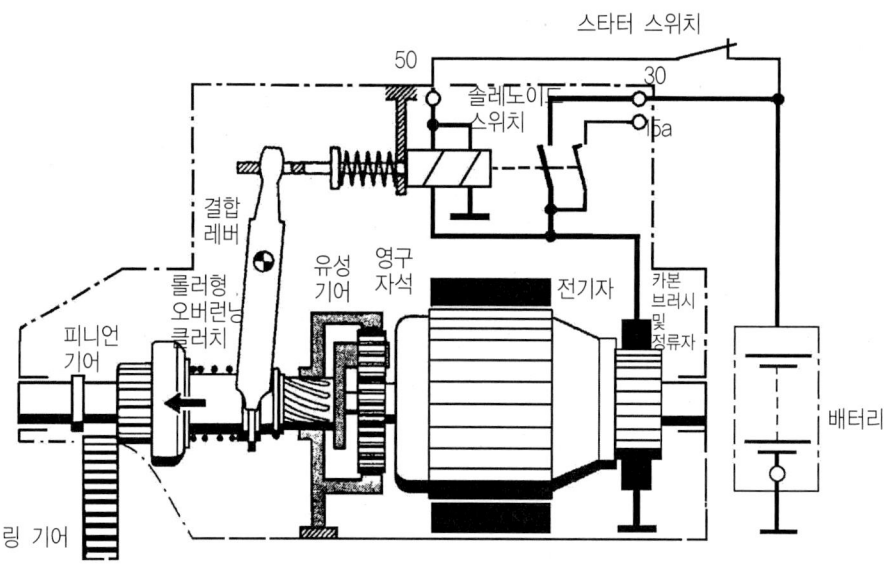

[그림 4-37] 감속 기어식 회로도

(4) 피니언 치합기구

위에서 설명한 다른 롤러 타입 오버런닝 클러치를 가진 피니언 치합구로서 감속 기어부 스타터 타입은 다른 사전 치합식과 동일하게 작동한다. 다른 점은 보통 직렬로 결선되는 여자회로를 갖고 있지 않은 전기회로이다. 스타터회로가 연결되면, 전류가 카본 브러시와 아마추어로 직접흐르는 형식이다.

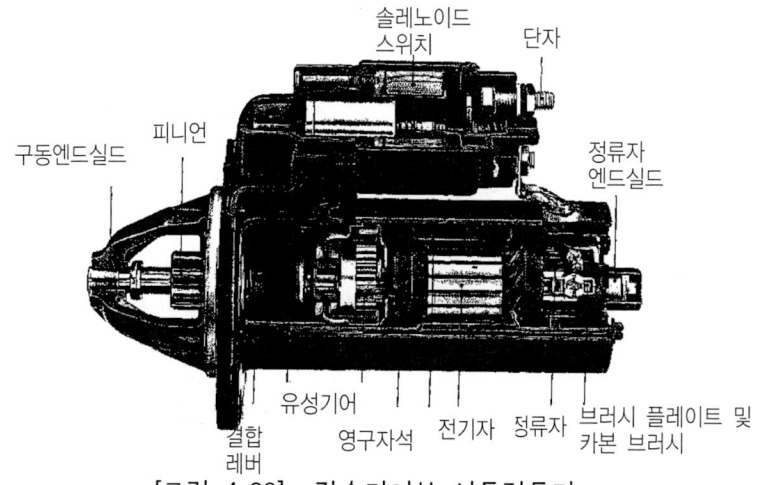

[그림 4-38] 감속기어부 시동전동기

3. 전동기의 시험

3.1. 무부하시험

전동기 무부하시험은 첫째 전동기를 시험기 대에 정확하게 고정시키고 시험기의 전원을 전동기단자에 접속하여 전기자 축에 회전계를 설치한다. 시험기를 쓰지 않을 경우는 작업대에 전동기를 고정시켜 전동기단자에 완전히 충전된 축전지 최대 눈금이 500A의 전류계 용량 50A를 직렬로 접속하며 전동기단자와 접지사이에는 최대 눈금이 30~50V의 전압계를 접속한다.

전동기의 전기자에는 회전계를 설치하여 전동기가 회전 중에 주 전류 단자전압 회전속도를 동시에 측정할 수 있게 준비한다. 전압 12V 출력 1HP의 전동기를 기준하여 시험기의 전원 스위치 또는 배터리와 전동기사이의 스위치를 넣었을 때 전류계는 20~30A, 전압계는 11~12V, 전기자 회전속도는 4,500rpm 이상을 나타낼 때는 전동기 자체는 대체로 좋은 것이다. 전동기 자체에 이상이 없고 기관에 결합하였을 때 동작이 좋지 않는 것은 피니언 기어 불량, 솔레노이드 스위치 또는 가속페달, 시동스위치 등의 시동회로의 회로불량 및 조정불량이라고 판단할 수가 있다.

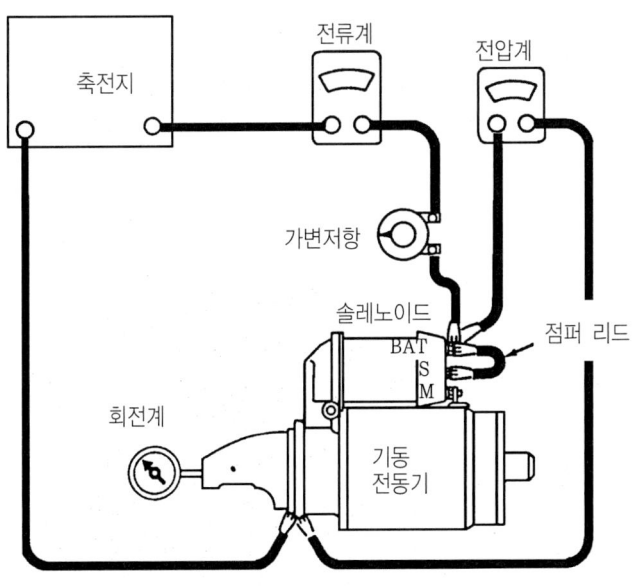

[그림 4-39] 무부하 시험회로 연결

이상의 무부하시험에서 전동기의 회전불능 또는 회전속도가 느린 것, 전류계의 지시 전류가 적은 것, 주단자의 내부접속이 풀림, 정류자의 과열로 말미암아 납땜이 떨어짐, 계자코일의 접속 풀림, 브러시의 마모 또는 브러시 스프링의 부러짐 혹은 장력 부족에 의하여 정류자에 접촉불량 등으로 판단한다. 전류계의 지시 전류가 지나치게 크고 전압계의 지시전압이 낮은 것은 계자 코일 또는 전기자 코일의 접지 단락이 있는 것으로 판단한다.

전기자의 회전속도가 규정값이 못되고 회전속도가 규칙적으로 변화하는 것은 전기자 코일의 일부 단락 또는 정류자 시그먼트(segment)의 일부 접속불량, 정류자의 편 마모 등이 있는 것으로 보며 회전속도 또는 전류가 불규칙적으로 변화하는 것은 전기자 코일 및 계자코일의 부분적으로 도전 불량, 정류자 또는 브러시의 오물에 의한 절연 및 도전 불량, 브러시의 마모 또는 브러시 홀드 지나친 기울림, 브러시 스프링의 장력 부족 등으로 판단한다.

3. 2. 시동전동기의 토크시험

전동기의 토크시험은 무부하 시험의 경우와 같은 상태로 시험기 또는 작업대에 전동기를 설치하여 전원과 측정기를 접속하고 전기자 축의 회전계는 제거한다. 시험기에서 전기자 축에 토크 측정 이음대를 연결하여 시험기를 쓰지 않을 경우는 피니언 기어의 물림 후크가 붙은 길이 30cm 정도의 이음대와 스프링 게이지를 연결하고 스프링 게이지의 위쪽은 지지대에 고정한다.

그림 4-40은 전동기에 주 전류를 흘렸을 때 12V 1HP의 전동기를 기준하면 토크는 3kgf-m 이상 주전류 200A 이하 전압 9~10V이면 전동기의 성능은 양호한 것이다. 전기자 축의 스프링 게이지의 눈금이 이음대의 길이가 30cm일 경우에 10kgf을 가리키면 토크는 3kgf-m인 것이다.

이상의 토크 시험결과 토크가 부족한 것은 자극의 조임이 풀림, 전기자 코일 한 부분의 도통불량, 계자코일 한 부분의 도통 불량, 정류자와 브러시의 접촉불량 또는 정류자 면에 오물이 끼어 있는 것으로 판단한다. 피니언 기어의 회전이 멈춘 그대로 전기자 축이 공회전하는 것은 피니언 기어의 오버런닝 클러치에 미끄러짐을 뜻한다.

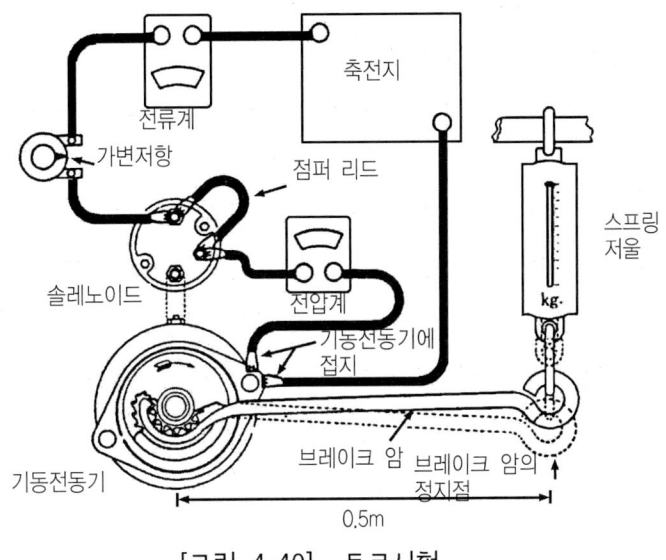

[그림 4-40] 토크시험

3. 3. 시동전동기의 부하시험

전동기 출력 및 기능시험에는 실제의 동작상태에서 회전력 및 소비전력의 점검을 하는 부하 운전시험과 전동기의 기능이 정격과 같은가 또는 아닌가를 조사하는 무부하 운전 시험과의 두 가지 방법이 있다.

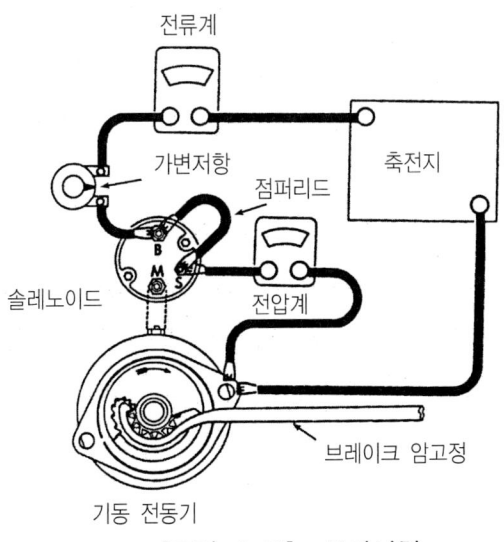

[그림 4-41] 부하시험

다음 그림 4-41은 시동전동기의 부하시험을 하는 경우의 시험기의 배열을 나타낸 것이다. 이 시험의 목적은 시동전동기가 기관을 시동시킬 수 있는가를 알아보고 엔진 시동 중의 소비 전류의 세기에 따라 전동기의 기능을 판정하는 것으로 시동전동기의 출력값을 직접 구하는 것은 아니다. 시험할 때는 완전 충전된 축전지를 사용하며 기관은 시동되지 않게 가솔린기관인 경우 점화플러그의 고압코드를 빼고 디젤기관일 경우 분사펌프(injection pump)의 컨트롤 랙(control rack)을 작용하지 못하게 한다.

그림 4-42는 시험회로에 있어서 시동전동기 스위치를 넣어 시동전동기에 의해서 기관을 회전시키며 이때의 전압 값을 알아본다. 이때 전압계의 지침은 통상 6V일 때 6~6.5V를 가리키고 회전하고 있을 때는 5~5.4V 정도까지 저하한다. 이 시험은 전동기의 정격시간 10초 내에 끝마치지 아니하면 전동기 코일을 소손시킬 수도 있다.

그림 4-42와 같이 시험회로로부터 시동전동기를 제거하여 가변저항기와 전류계에 접속하여 전압계의 지침이 전자의 시험에 의해서 알게 된 안전 전압값이 되도록 저항기를 조정하고 그때의 전류계의 지침을 읽으면 이 값이 시동전동기의 소비 전류의 세기이다.

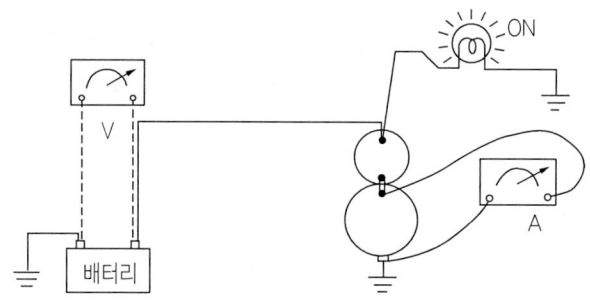

[그림 4-42] 부하 전류시험

3.4. 축전지 전압강하 시험

시험을 하기 전에 축전지 비중 및 충전 상태를 완전하게 한 다음 전압계의 배선을 연결하고 전압 선택 스위치를 배터리 전압보다 높은 위치에 둔다. 12V는 20V로 위치시키고 배터리 두 개를 직렬로 사용할 때는 1개씩 따로 측정한다.

위에서 말한 바와 같이 엔진이 시동되지 않는 상태에서 시동전동기 스위치를 넣어 기관을 회전시키는데 이때의 회전은 3초씩 시동되게끔 한다. 회전하는 동안 전압계의 눈금을 읽는다. 이때의 판정은 배터리 전압의 10~15%는 허용되는 것이다.

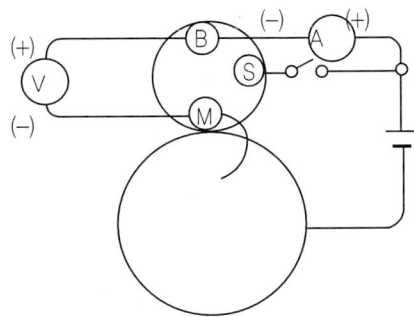

[그림 4-43] 전압강하 시험

전압강하 시험방법은 그림 4-43의 단자 B와 M을 연결하여 전압강하를 측정한다. 만약 100A시 전압강하가 0.3V 이하이면 기온이 낮을 때는 엔진 저항이 증가하므로 시동이 어렵게 된다. 이와 같은 경우 마그네틱 스위치를 교환한다.

3.5. 시동전동기의 전류 소모시험(부하시험)

시동전동기의 전류 소모시험은 그림 4-44와 같이 배터리의 전압강하 시험요령과 같으며 배터리의 접지선을 제거하고 외부병렬 도선을 흑색은 배터리 접지용 단자에 접속하고 적색은 배터리에 접속시킨다(그림 4-44). 가는 두 선은 전류계의 (+), (-)단자에 구분하여 접속하고 위의 요령과 같이 기관을 회전시킨다. 이때 전류계는 500A 눈금을 읽는다. 이때 소모 전류는 전원표의 시동전동기 부하시험의 수치를 초과해서는 안 된다.

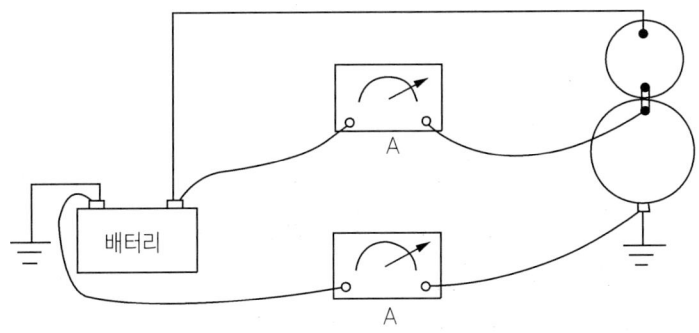

[그림 4-44] 전류 소모시험

4. 고장진단 및 정비

4.1. 시동장치의 고장원인

기동전동기가 작동하지 않는 현상으로는 시동스위치를 넣어도 전혀 회전하지 않는 경우와 회전은 되어도 힘이 약해 기관을 시동하지 못하는 경우가 있다. 기동전동기는 축전지로 부터의 전류에 의해 회전하므로 베어링, 전기자, 브러시, 피니언, 오버런링 클러치의 마모 등이 생기고 또한 축의 휨도 생긴다.

이러한 원인으로 회전력이 저하되고, 기관을 시동할 때 부하가 과대하거나 연속으로 장시간 회전하면 전기자코일, 계자코일에 과대한 전류가 흘러 발열하고 코일의 단선, 단락, 절연불량을 일으킨다. 이러한 경우는 기동전동기가 회전한지 않는다. 기관의 회전 중에 일어나는 진동, 자동차가 주행 중 일으키는 진동이나 충격 등으로 기동전동기의 체결부나 단자가 헐거워지거나 배선의 단선, 단락으로 접촉불량을 일으키는 경우가 있다.

4.2. 기동전동기가 작동하지 않을 때

고장원인이 외적인 요인으로 되는 경우가 많다, 즉 축전지의 용량, 배선관계, 기동전동기 단자의 조임상태 등을 들 수 있고, 외적인 요인 외에도 기동전동기 자체의 고장이 있을 경우가 있다.

4.2.1. 외부에 고장이 있을 때

[1] 축전지 점검

축전지 충전상태의 점검은 전해액 비중 또는 용량시험으로 알 수 있으나 경음기의 소리가 보통 때의 소리와 비교하여 약할 때, 전조등 밝기가 약할 때, 시동스위치를 ST단자에 넣었을 때 솔레노이드스위치 작동 소음만 들리고 기관을 크랭킹 못할 때는 축전지가 방전되었으므로 축전지를 충전 또는 교환한다.

[2] 기동전동기 전원회로 및 접속상태 점검

① 축전지의 케이블의 노후상태를 점검하고 노후되었으면 교환한다.

② 축전지의 단자기둥(trerminal post)과 솔레노이드 스위치 B단자사이에 축전지 케이블 접속상태를 점검하여 불량하면 단자 기둥과 케이블의 클램프를 깨끗이 닦아서 조이고 솔레노이드스위치 B단자의 너트가 풀렸으면 확실히 조인다.
③ 점화스위치 ST단자와 솔레노이드 ST단자사이에 배선 결선상태를 점검하여 불량하면 수리한다.
④ 시동회로 전압강하 시험을 하여 전압강하가 규정값 이하이면 축전지를 충전 또는 교환한다.

4.2.2. 기동전동기 자체 고장시

① 솔레노이드스위치의 플런저 흡인, 유지, 리턴 작동상태를 시험한다(풀인, 홀드인 코일의 단선, 단락을 시험한다).
② 전기자 축의 부싱마모 및 표면을 점검한다.
③ 정류자의 흔들림과 마모 및 표면을 점검한다.
④ 전기자 코일의 단선, 단락, 접지(절연)를 시험한다(그로울러 테스터기 사용).
⑤ 계자코일의 단선, 접지(절연)을 시험한다.
⑥ 브러시와 브러시 스프링 점검 및 브러시 홀더 절연을 시험한다.
⑦ 피니언과 오버런닝 클러치를 점검한다.

4.3. 기동전동기의 회전이 느린 경우

① 축전지의 과방전으로 전압이 낮을 때는 축전지를 충전 또는 교환한다.
② 축전지의 접속이 불량할 때는 접속을 확실히 한다.
③ 기관에 기계적인 고장이 있을 때는 점검하여 정비한다.
④ 브러시의 마멸상태 및 스프링장력을 점검하여 불량시 교환한다.
⑤ 정류자 표면 소손 및 운모 깊이(0.5~0.8mm) 정도에 따라 수정, 교환한다.
⑥ 전기자 및 계자코일의 접지(절연)상태를 점검하여 불량하면 교환한다.
⑦ 계자코일과 브러시 리드선의 납땜부분을 점검하여 불량하면 수정한다.
⑧ 각부의 부식, 베어링의 마모를 점검하여 마모되었으면 교환한다.

4.4. 기동전동기가 회전은 하지만 링 기어와 피니언기어가 물리지 않을 때

　기어의 치합이 불량할 때는 소음이 많이 발생되며 기관을 원활히 크랭킹시키지 못하므로 기동전동기의 클러치 피니언의 앞 끝이 마모되었을 때, 클러치가 공회전할 때, 클러치 스프링이 쇄손되었을 때 또는 피니언기어가 링 기어 방향으로 이탈하여 돌지 않을 때는 클러치를 교환한다.

4.5. 기동전동기가 회전한 후 정지하지 않을 때

① 솔레노이드 스위치의 접촉판이 튀어나와 계속 전동기의 내부(B, M)단자에 접촉될 때는 솔레노이드 스위치를 교환한다.
② 솔레노이드 스위치의 코일이 단락되었을 때는 솔레노이드 스위치를 교환한다.
③ 솔레노이드 스위치의 플런저 리턴스프링이 쇄약할 때는 스프링을 교환한다.
④ 피니언과 링 기어사이의 저널 간극이 불량하면 조정한다(보통 기준값 3~4mm).
⑤ 기관이 시동된 후 즉시 점화스위치의 ST단자에서 IG단자로 복귀가 안될 때는 점화스위치를 교환한다.

Chapter 04 | 연습문제

01. 시동모터의 구비조건에 대하여 기술하시오.

02. 시동모터를 분류하고 그 특징에 대하여 기술하시오.

03. 직권식 모터의 작동원리에 대하여 설명하시오.

04. 모터 플레밍의 왼손법칙에 대하여 설명하시오.

05. 오버런닝 클러치의 종류와 작동 특성에 대하여 설명하시오.

06. 시동모터의 오버런닝 클러치의 필요성에 대하여 설명하시오.

07. 시동모터의 마그네틱 스위치의 작동원리를 설명하시오.

CHAPTER 05 충전장치

1. 충전장치의 개요

충전장치는 엔진의 시동과 점화장치, 연료분사장치, 각종 전자제어장치, 등화장치 및 기타 전기장치를 정상적으로 작동시키기 위해 일정한 전원을 공급하는 효율적이고 확실한 전기적인 에너지를 공급하는 장치이다.

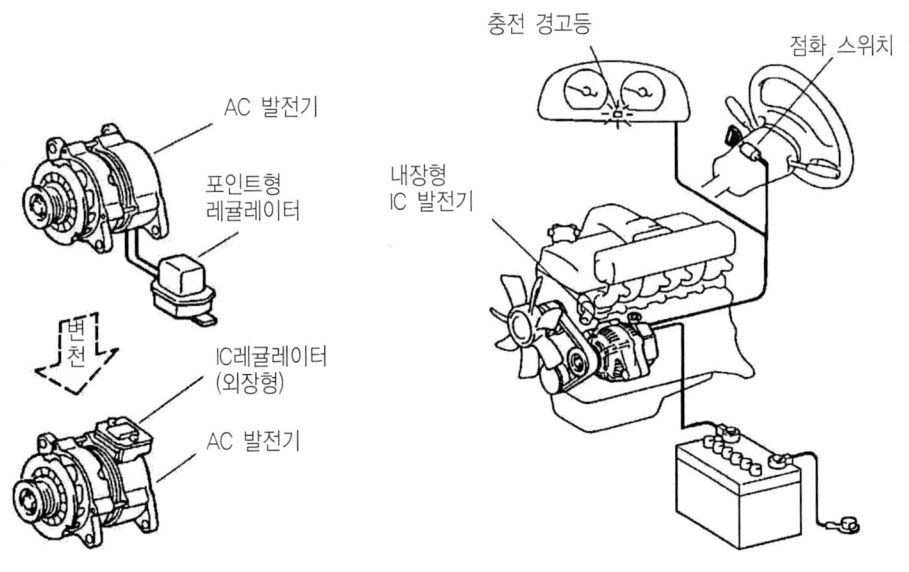

[그림 5-1] 충전장치

충전장치는 그림 5-1과 같이 엔진에 의하여 구동은 발전기와 발생 전압을 일정한 전압으로 제어하기 위한 조정기(레귤레이터), 충전상태를 표시하는 충전 경고등과 축전지로 구성되어 있다. 하지만 최근의 자동차에 사용되는 발전기는 교류발전기에 IC조정기를 내장한 알터네이터를 대부분 사용하고 있다.

발전기에는 직류와 교류로 구분하며 직류발전기는 DC발전기(direct current generator)라 하고, 전기자 코일에 발생한 교류를 정류자와 브러시에 의하여 직류로 정류되어 출력을 얻는 방식이다. 또한 일반적으로 사용하는 교류발전기는 AC발전기(alternating current generator)라고도 부르며 3상 교류발전기의 교류를 실리콘 다이오드에 의하여 정류되어 직류로 출력되도록 한 것으로서 알터네이터(alternator)라고도 부른다.

충전장치가 구비해야 할 조건은 다음과 같다.
① 소형, 경량이며 출력이 클 것
② 속도 범위가 넓고 저속 주행시에도 충전이 가능할 것
③ 출력 전압은 안정되어 다른 전기회로에 영향을 주지 않을 것
④ 전파방해의 원인이 되는 불꽃발생이나 전압에 맥동이 없을 것
⑤ 수리 및 정비가 용이하며, 내구성이 우수할 것

2. 발전기의 원리

2.1. 발전기와 플레밍의 오른손법칙

교류발전기는 자계 내에 고정된 코일의 기계적인 회전운동에 의해서 전자력을 발생시키며 그림 5-2와 같은 원리로 작동된다.
① 그림 5-2(a)의 위치에서는 코일이 자력선을 차단하지 않으므로 기전력(electro motive)은 [V]이다.
② 그림 5-2(b)의 위치에서는 코일이 자력선을 차단하기 시작하므로 기전력이 발생하기 시작한다.
③ 그림 5-2(c)의 위치에서는 코일이 많은 수의 자력선을 차단하기 때문에 기전력이 최대치가 된다.
④ 그림 5-2(d)의 위치에서는 자력선 차단의 수가 감소하고 따라서 기전력도 감소한다.
⑤ 그림 5-2(e)의 위치에서는 기전력이 다시 0V로 돌아간다.

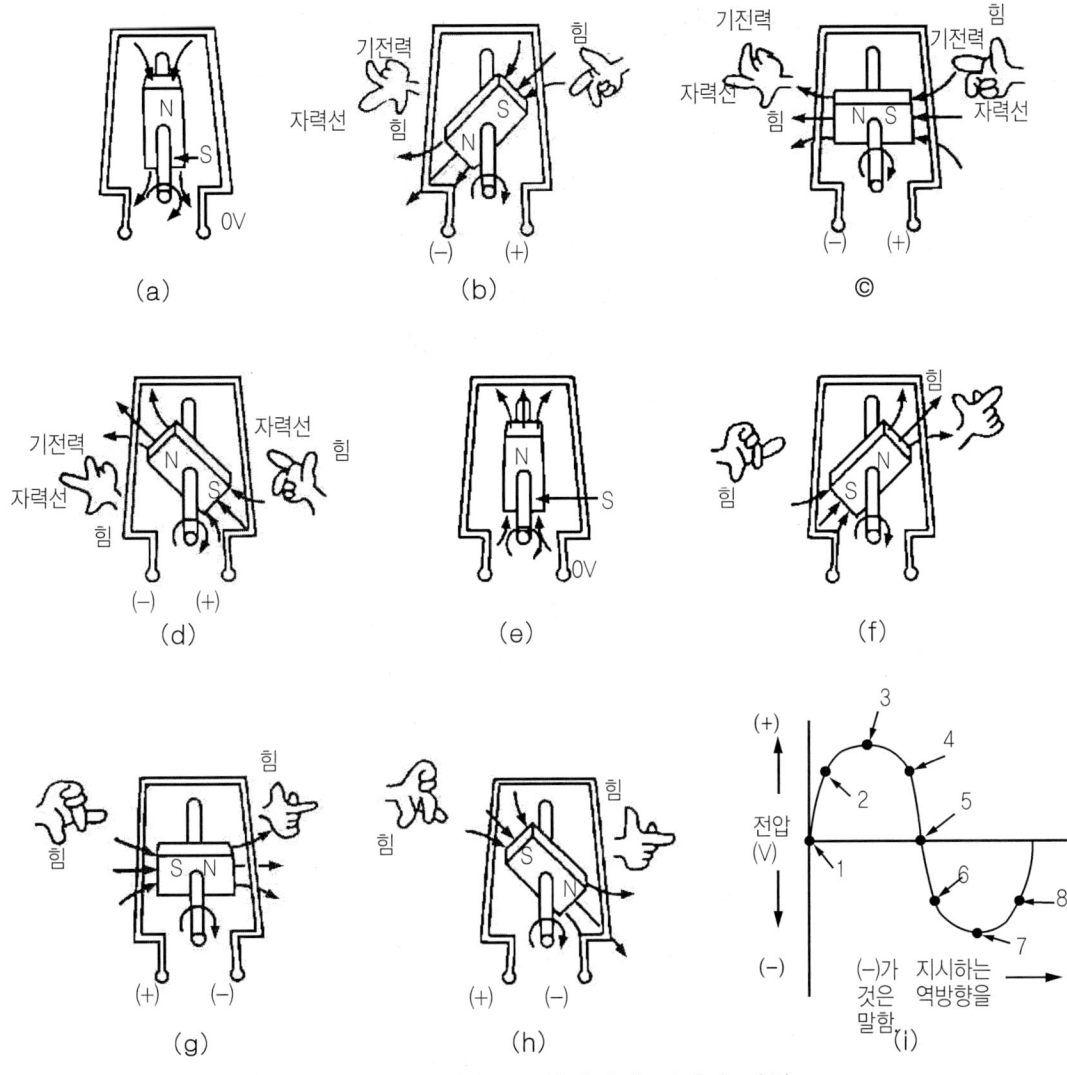

[그림 5-2] 교류발전기의 원리와 파형

⑥ 그림 5-2(f)의 위치에서 기전력의 방향은 역방향이다.
⑦ 그림 5-2(g)의 위치는 기전력이 최대가 된다.
⑧ 그림 5-2(h)의 위치에서는 기전력이 감소한다.
⑨ 이와 같은 과정을 그림 5-2(i)에 나타냈다. 이 파형은 AC전류와 힘의 정(+), 부(-)를 포함한 파형이다.

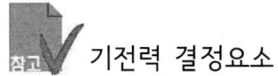 기전력 결정요소

① 로터코일이 빠른 속도로 회전하면 많은 기전력을 얻을 수 있다(비례 관계).
② 로터코일을 통해 흐르는 전류(여자 전류)가 큰 경우 기전력은 크다(비례 관계).
③ 자극의 수가 많은 경우 자력은 크다(비례관계).
④ 권수가 많은 경우 도선(코일)의 길이가 긴 경우는 자력이 크다(비례관계).

2.2. 발전기와 렌쯔의 법칙(Loenz's law)

발전기의 이론은 렌쯔의 법칙을 통해서도 이해가 가능하다. 전류에 의해 발생하는 자력선과 자계의 운동방향은 반대이기 때문에 기전력은 교번 한다. 예를 들면, 그림에서 자석을 오른쪽으로 회전시키면 자력선은 자석을 왼쪽으로 회전시키려고 한다.

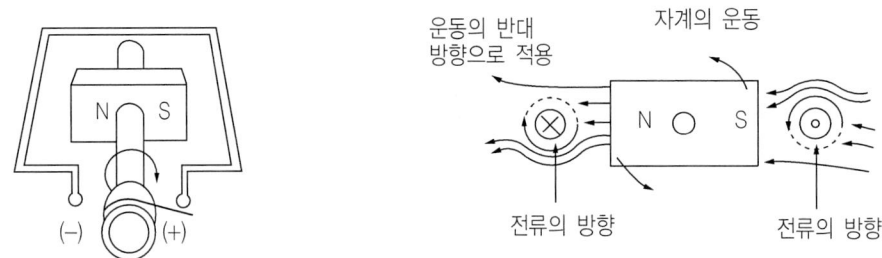

[그림 5-3] 렌쯔의 법칙에 의한 발전기의 원리

2.3. 실제 자동차의 발전기원리

2.3.1. 로터회전과 기전력의 발생

자동차의 발전기에서 발전하는 전류는 3상의 교류전류이다. 알터네이터에서는 영구자석 대신에 회전자석을 사용한다. 회전자석의 코일을 로터(rotor)코일이라고 부르며 발전기로부터 전류를 공급받는 코일을 스테이터(stator)코일이라 한다. 여자전류는 로터코일을 통하여 슬립링(slip ring)으로 보내어진다.

앞서 말했듯이 로터코일의 극(pole)에 오른손법칙을 적용하고 스테이터 코일에 의한 기전력의 발생에 렌쯔의 법칙을 적용한다면 알터네이터의 이론은 쉽게 이해할 수 있다.

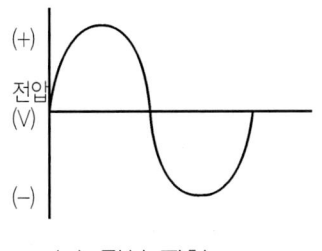

(a) 단상 파형 (b) 3상 교류파형

[그림 5-4] 단상과 3상 교류파형

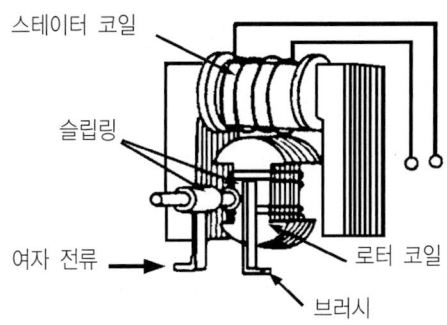

[그림 5-5] 발전기의 구조

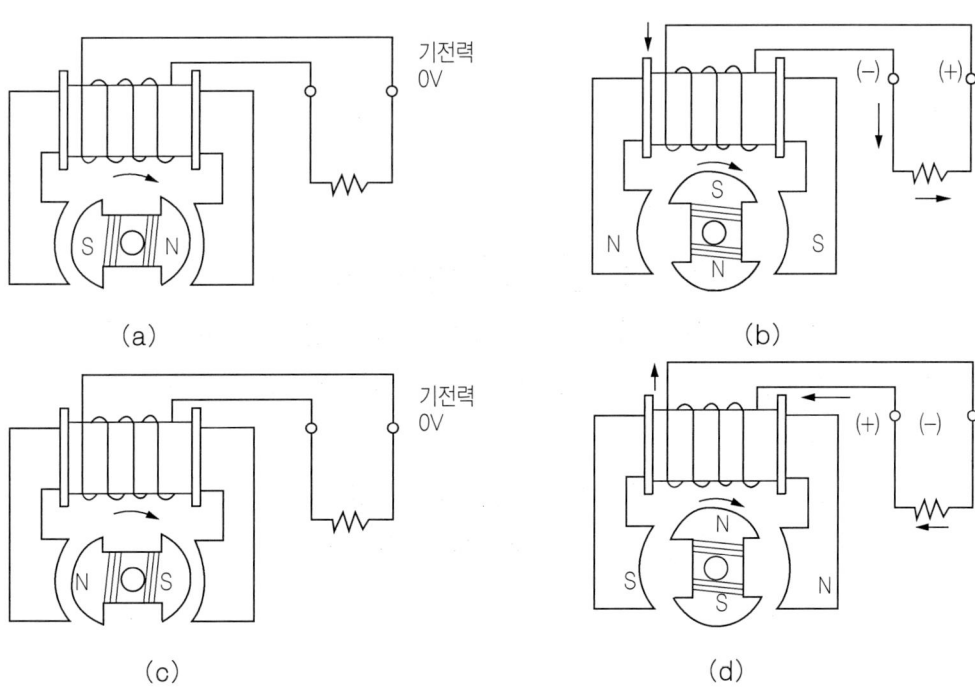

[그림 5-6] 로터의 회전력에 의한 기전력의 변화

다음 그림 5-6은 로터의 회전에 따른 기전력의 변화를 나타냈고 이때 발생하는 전압은 단상파형으로 그림 5-7에 나타냈다. 그림 5-6(a), (c)의 위치에서는 자력선 수의 증감이 없기 때문에 자계의 운동은 없다. 따라서 스테이터 코일에 의한 전압의 발생은 0V이다.

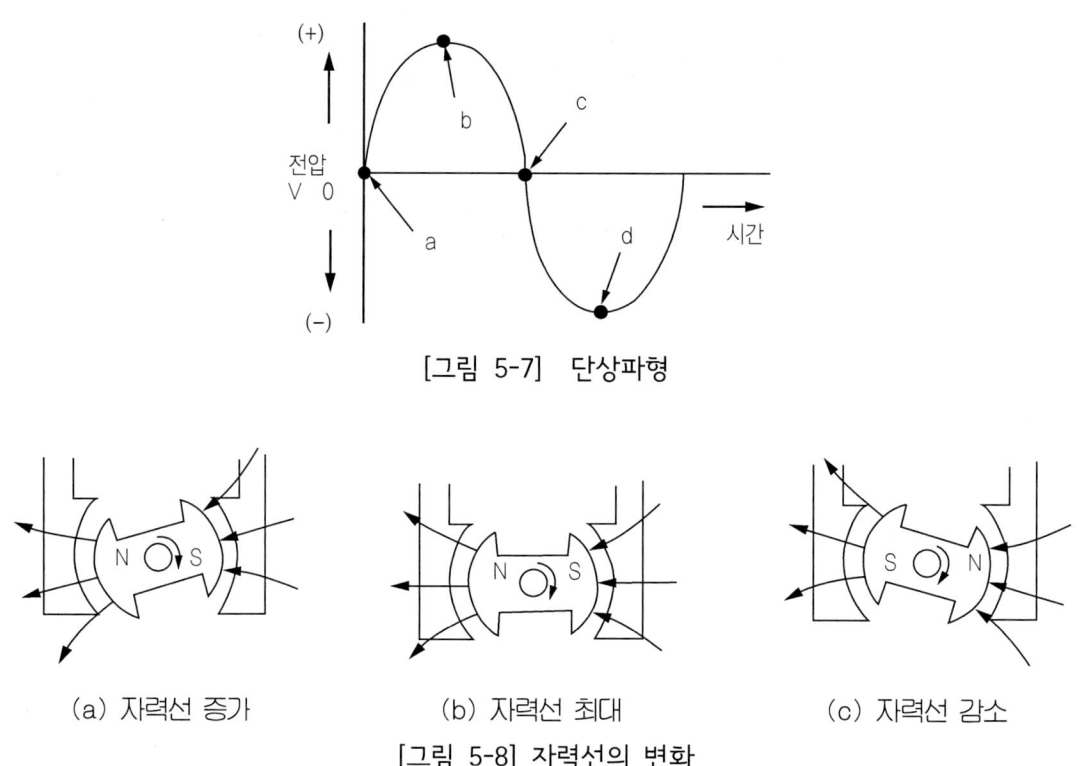

[그림 5-7] 단상파형

(a) 자력선 증가　　(b) 자력선 최대　　(c) 자력선 감소

[그림 5-8] 자력선의 변화

2.3.2. 3상 교류의 발생

다음 그림 5-9에서와 같이 3개의 스테이터 코일(stator coil ; 기전력발생 코일)이 서로 120°의 각을 가지고 배열되어 있는 것을 3상 교류발전기라고 한다. 전압은 회전자가 120° 돌 때 이 3개의 코일에 의해서 생성된다.

스테이터 코일의 결선법에는 2가지 방법이 있는데, 하나는 성형 결선법(star connect)이고 다른 하나는 델타 결선법(⊿-connect)이 있다.

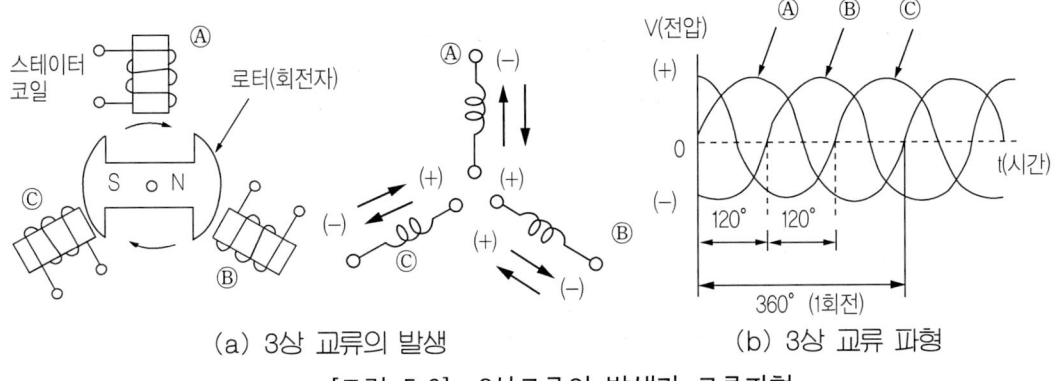

[그림 5-9] 3상교류의 발생과 교류파형

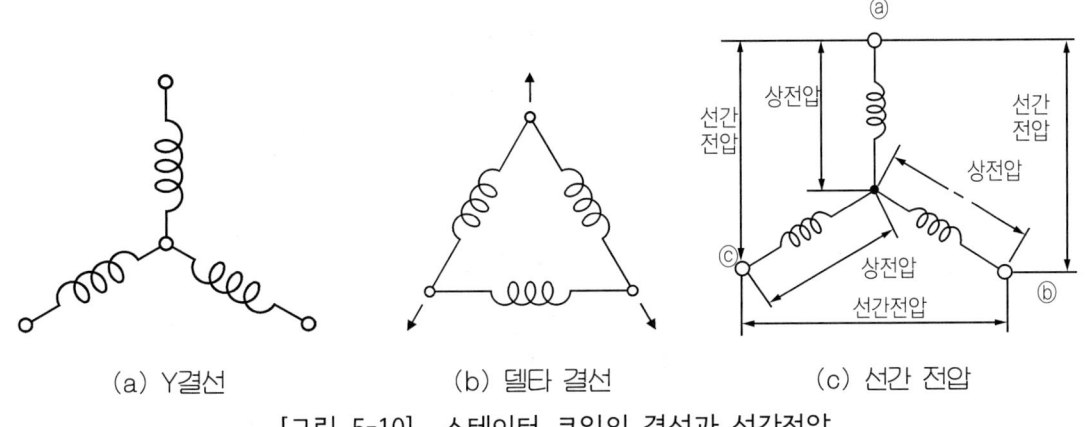

[그림 5-10] 스테이터 코일의 결선과 선간전압

각 코일에 생성된 전압을 상전압이라 부르며, 이 전압은 그래프 상에서 3개의 선으로 나타낸다. 이때 각 단자사이의 전압 ⓐ-ⓑ, ⓑ-ⓒ 그리고 ⓒ-ⓐ를 선간 전압이라고 부른다. 자동차의 알터네이터는 3상 전류를 정류시켜 직류로 변환시키며 각 선간의 최대 전압차를 이용할 수 있도록 되어 있다.

2.3.3. 발전기의 정류작용

정류(整流)란 교류를 직류로 변환하는 것을 말하며, 정류의 방식에는 여러 종류가 있으나 자동차에서는 실리콘 다이오드를 사용하여 정류를 하고 있다.

[1] 단상 교류의 정류

그림 5-11과 같이 단상 AC 제너레이터와 부하와의 사이에 다이오드를 직렬로 접속하면 다이오드에 정방향 전압이 가해졌을 때만 전류가 흐르고 역방향의 경우에는 전류가 흐르지 않는다. 이와 같이 정방향의 교류전압을 반파만 사용하는 방식을「단상 반파정류」라고 한다. 그림의 파형에서 보이는 것과 같이 부하에 흐르는 전류는 맥동(脈動)이 대단히 크지만 역방향 전류는 없고 넓은 의미에서는 직류이며, 가장 간단한 정류방식이다.

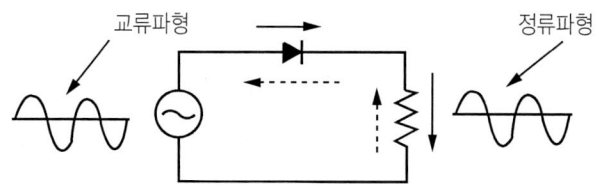

[그림 5-11] 단상 반파교류의 정류

그림 5-12는 다이오드 4개를 브리지 접속한 회로로서 교류전압의 정방향 (+) 및 역방향 (-) 모두 전류를 흐르게 하여 그림에서 비교하면 효율이 좋은 정류가 될 수 있다. 축전지용 충전기 등은 기본적으로 이 방식의 정류기를 사용하고 있으며, 이것을「단상 전파정류」라고 한다.

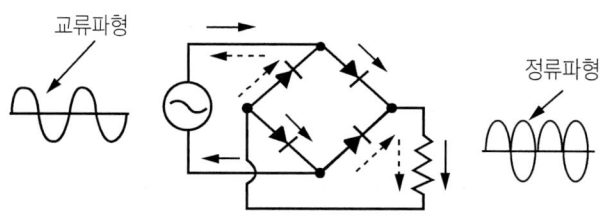

[그림 5-12] 단상 전파정류

[2] 3상 교류의 정류

그림 5-13에 나타낸 것과 같이 성형 결선된 3상 AC 제너레이터의 3개 출력단자에 3개의 다이오드를 접속하고 중성점과의 사이에 부하를 접속하면 그림 5-13(b)와 같은 정류전류가 얻어진다. 이것을「3상 교류 반파정류」라고 한다.

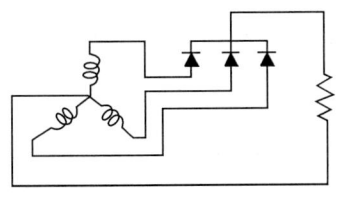 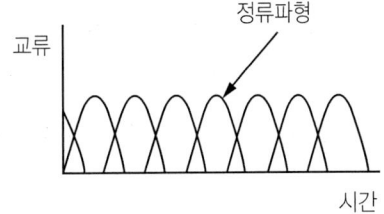

(a) 3상 반파 정류회로　　　　　　(b) 3상 반파 정류파형

[그림 5-13] 반파 정류회로 및 파형

그림 5-14는 6개의 다이오드를 브리지 접속하여 3상 교류발전기의 각 출력단자에 접속한 것으로서 이 방식은 3상 교류를 정류하고 있으며, 이것을 「3상 교류 전파정류」라고 한다.

그림 5-15는 발전기에서 발생한 3상 전류가 6개의 다이오드에 의하여 어떻게 정류되는가를 나타낸 것이지만 이 방식으로는 그림 상부에 보이는 것과 같이 맥동이 아주 작은 전류가 얻어진다. 여기서 3개의 코일이 함께 연결된 부분을 중성점(neutral point)이라 하며 파형은 아래 그림 5-15와 같다. 이 파형의 실효치는 출력전압이 1/2이다.

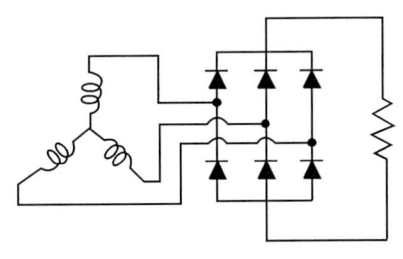 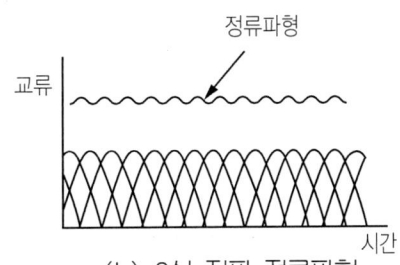

(a) 3상 전파 정류회로　　　　　　(b) 3상 전파 정류파형

[그림 5-14] 3상 전파 정류회로 및 파형

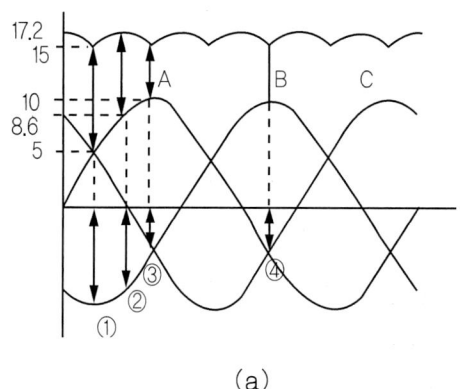

(a)

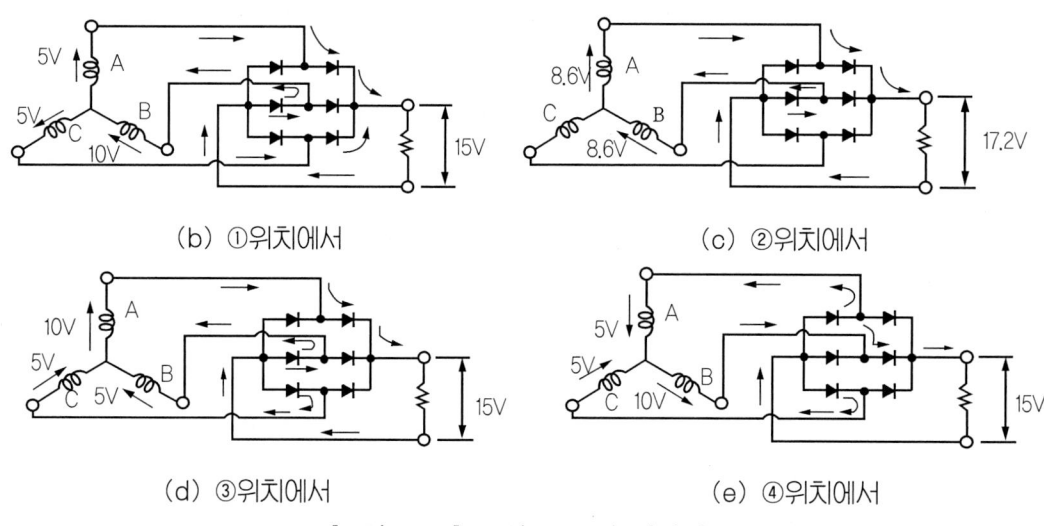

(b) ①위치에서   (c) ②위치에서

(d) ③위치에서   (e) ④위치에서

[그림 5-15] 3상 교류의 전파정류

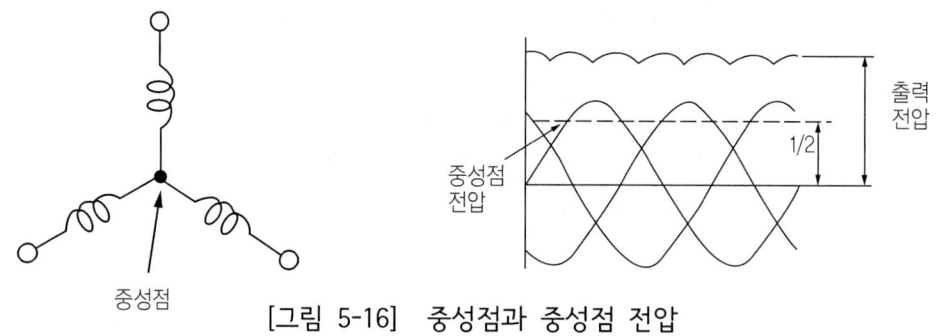

[그림 5-16] 중성점과 중성점 전압

3. 발전기의 구조와 작용

3.1. 발전기의 개요

3.1.1. 발전기의 구비조건

자동차용 발전기의 형식과 구조는 각종 전기장치에 전원을 공급하고 배터리를 충전하는 용량에 따라 달라진다. 교류발전기는 먼저 교류(AC)를 발생시키지만, 차량의 전기장치들은 배터리를 충전시키고, 전자 부하시스템에 전원을 공급하기 위해 직류(DC)를 필요로 한다. 자동차용 발전기의 구비조건은 다음과 같다.

① 모든 연결부하에 직류를 공급할 것.
② 전기부하가 걸려 있는 상황에서도 배터리의 충전을 유지하고 급속충전이 가능토록 예비 전력을 보유할 것.
③ 발전기에 걸린 부하와 상관없이 엔진 전속도 전 범위에 걸쳐 최대한 일정한 전압을 유지할 것.
④ 내부 부품은 진동, 고열, 온도변화, 먼지, 습기 등에 견딜 수 있는 튼튼한 구조일 것.
⑤ 설치가 간편하고 경량화 구조일 것.
⑥ 저소음에 긴 수명을 갖을 것.

3.1.2. 자동차용 발전기의 특징

① 기관이 공전시에도 충전 전류를 발생한다.
② 교류를 정류에 3상 브리지회로의 출력 다이오드들을 사용한다.
③ 발전기의 전압이 배터리 전압보다 낮으면 다이오드가 발전기 및 배터리를 차량의 전기시스템과 차단한다.
④ 기계적 효율은 교류발전기가 직류발전기보다 높고, 가볍다.
⑤ 교류발전기는 진동, 고온, 먼지, 습기 등 외부적 영향을 견딜 수 있다.
⑥ 회전방향과 상관없이 작동할 수 있다.

3.1.3. 직류와 교류발전기의 비교

직류와 자동차용 교류발전기를 비교하면 다음과 같다.

[직류와 교류발전기의 비교]

항 목	직류(DC)발전기	교류(AC)발전기
중량	크고 무겁다	작고 가볍다
브러시 수명	짧다	길다
회전자	정류자 손질이 필요하다.	슬립링 손질이 불필요하다.
저속 성능	충전 불량	충전 가능
고속 성능	내구성 문제로 제한	충전 전류 안정
조정기	전압, 전류, 컷아웃 릴레이	전압 조정기
여자 방법	자여자방식	타여자방식
최소 회전수	1,200rpm 이상	300rpm 이상
최고 회전수	8,000rpm	12,000rpm
중량에 따른 출력		직류발전기의 1.5배
잡음	많다.	적다

3.2. 직류발전기(direct current generator)

3.2.1. 직류발전기 분류

[1] 제3브러시식 직류발전기

정전류 충전식으로 항상 일정한 전류로 배터리에 충전시키기 때문에 배터리의 수명이 단축되는 관계로 현재 사용하지 않는다.

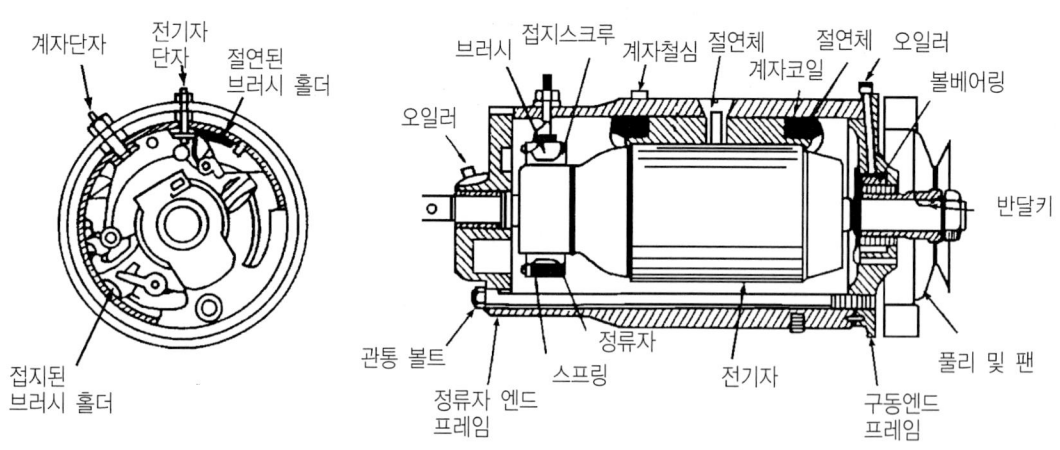

[그림 5-17] DC발전기의 구조

[2] 정류자식 직류발전기

제3브러시식을 개량하여 전압조정기를 사용하는데 엔진이 공회전상태에서는 충전되지 않고, 800rpm 이상 되어야 충전된다. 그리고 고속 회전시에는 정류자에서 소음이나 불꽃을 일으켜 브러시와 정류자의 소손이 심하다.

3.2.2. 직류발전기 조정기(DC regulator)

자동차에 사용되는 배터리를 항상 알맞는 충전상태를 유지시키기 위해서는 발전기의 특성을 일정한 조건으로 작동되도록 제어할 필요가 있다. 이 제어장치가 전압을 조정하고 전류를 제한하여 과충전으로 인하여 높은 전류가 배터리에서 발전기로 흘러 발전기의 코일 등을 소손시키는 사례가 발생될 수가 있기 때문에 이러한 역전류를 차단시키는 작용을 하는 컷 아웃 릴레이이다.

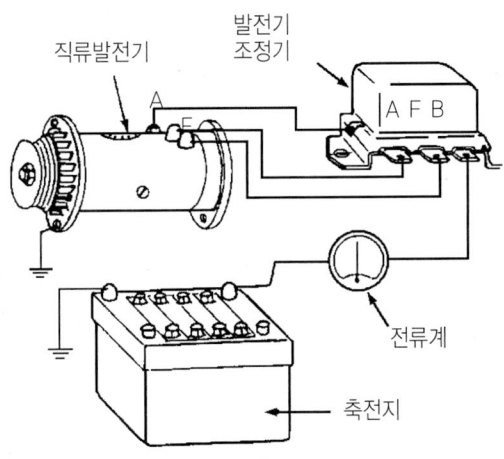

[그림 5-18] 직류발전기 조정기와 회로

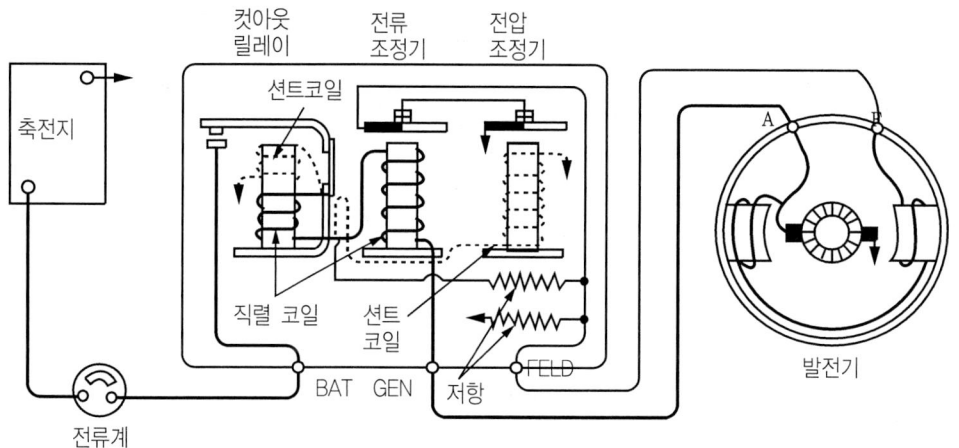

[그림 5-19] DC 충전장치의 조정기

3.3. 교류발전기(alternating current generator)

교류발전기는 스테이터라 불리우는 고정자와 로터라 불리우는 회전자 그리고 교류를 정류하는 작용과 역전류 방지작용을 하는 다이오드 및 조정기로 구성된다. 로터는 엔진 쪽에서 V벨트 풀리에 의해 구동되며 회전중인 로터 코일에는 브러시와 슬립링을 통하여 여자 전류가 흐른다. 스테이터 코일에 발생한 3상 교류는 6개 또는 9개의 실리콘 다이오드에 의하여 정류되어 외부 단자에 직류로 출력된다.

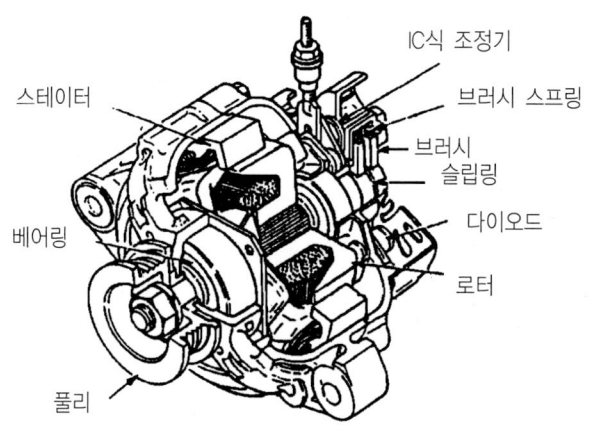

[그림 5-20] 교류발전기의 구조

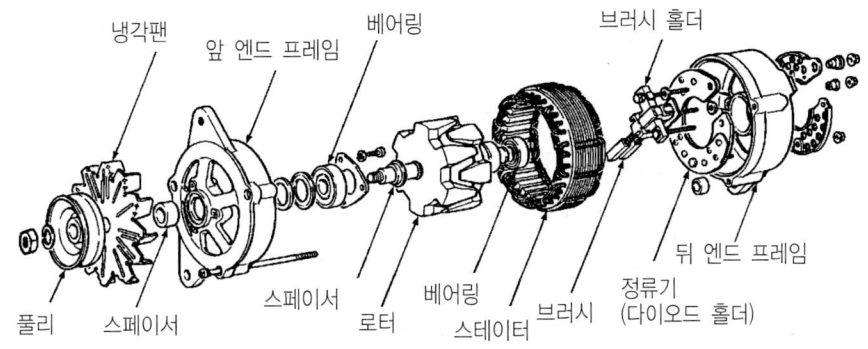

[그림 5-21] 교류발전기의 조립도

3.3.1. 스테이터(stator)

스테이터는 앞서 언급한 바와 같이 결선하는 방법에 따라 스타 결선, 델타 결선으로 구분하여 다음과 같은 특성을 가지고 있다.

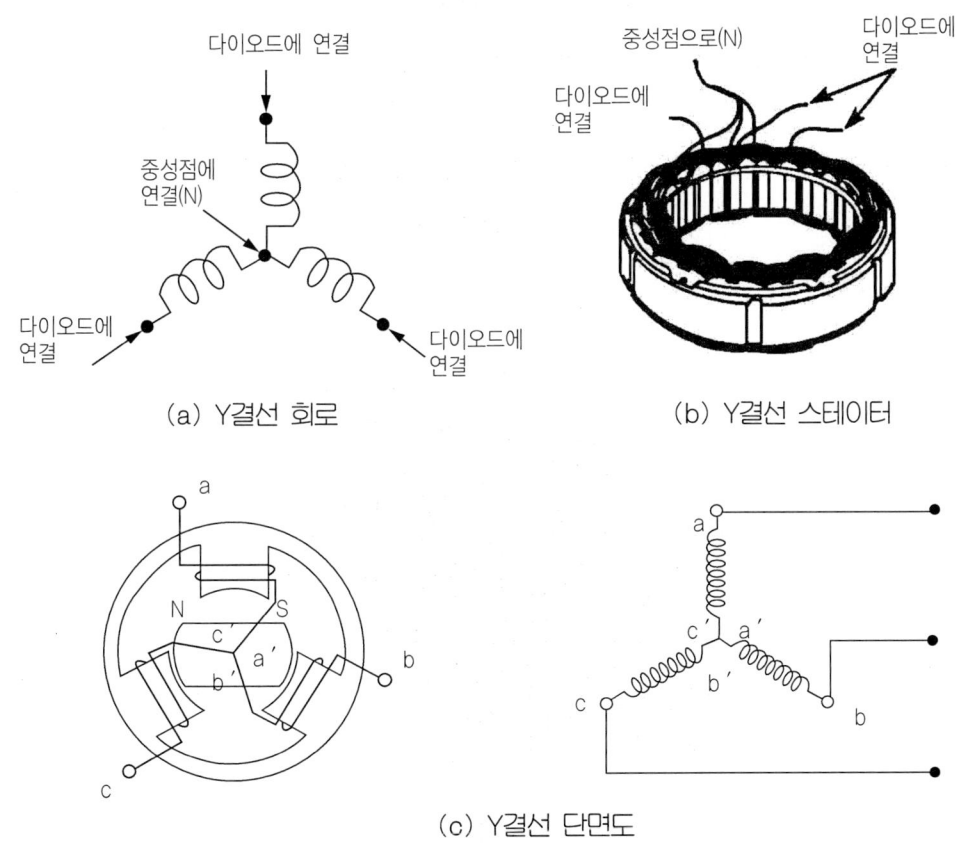

(a) Y결선 회로 (b) Y결선 스테이터

(c) Y결선 단면도

[그림 5-22] Y결선 형식

① 3상 교류발전기로 각각 120°로 고정된 스테이터 코일(전압발전 코일) 3개와 중앙에서 회전하는 로터코일로 구성되었다.
② 스테이터 코일은 성형결선 방식으로 연결되었다.
③ 자동차용 알터네이터는 3상교류를 전파 정류하여 연속적으로 전압을 공급한다.
④ 중성점 N(neutral point)은 3개의 코일이 함께 연결된다.
⑤ 직류발전기의 전기자에 해당되는데 고정된 상태로 교류를 발생한다.
⑥ 스타 결선은 Y결선(Y connection)이라고도 하며 다음과 같다.
　㋐ 3개의 코일 한쪽을 공통점으로 접속하고 다른 쪽을 출력선으로 끌어내었다.
　㋑ 저속 회전시 높은 전압이 발생되고 중성점의 전압은 선간전압의 약 1/2을 활용한다.
　㋒ 선간전압은 상전압의 $\sqrt{3}$ 배로 저속에서 높은 기전력을 얻을 수 있고 중성점의 전압을 이용할 수 있어 교류발전기에 이용되고 있다.

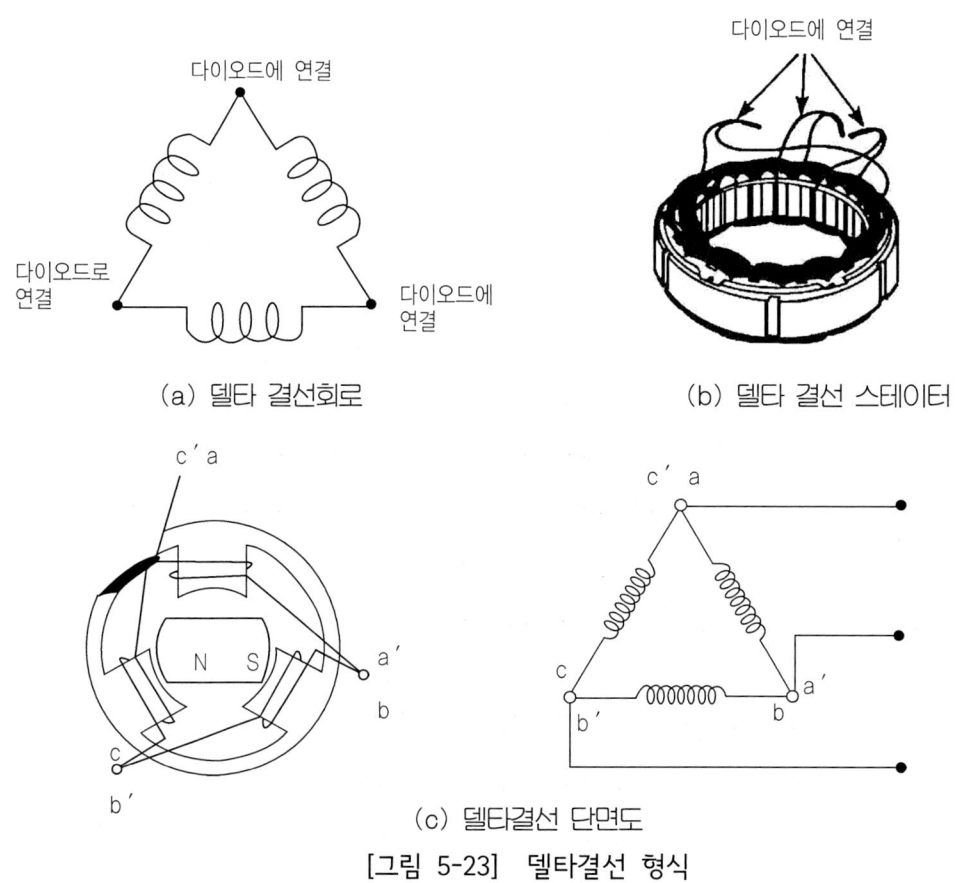

(a) 델타 결선회로　　　　　　(b) 델타 결선 스테이터

(c) 델타결선 단면도

[그림 5-23] 델타결선 형식

⑦ 델타 결선은 △결선(delta connection)이라고도 하며 다음과 같은 특징이 있다.
  ㉮ 3개의 코일을 2개씩 차례로 접속하고 각각의 접속점을 출력선으로 이용한다.
  ㉯ 선간 전류는 각 상 전류의 $\sqrt{3}$ 배로 큰 출력을 요구하는 경우에 사용된다.

3.3.2. 로터(rotor)

로터는 전자석으로 로터 코어, 로터코일, 슬립 링으로 구성되어 있으며 크랭크축 풀리와 벨트로 연결되어 회전하는 부분이다. 로터코일에 흐르는 전류를 필드 전류라 하고 이 전류는 브러시→슬립 링→로터 코일→슬립 링→브러시의 경로로 흐른다. 슬립 링에는 모터의 전류전환 기능이 없어서 로터의 자극은 변하지 않는다.

로터의 종류에는 핸들형과 세이런트형이 있으며 자동차용 교류발전기에는 랜들형이 사용된다. 랜들형은 로터코일을 회전방향으로 감을 수가 있어서 원심력에 강하고 구조가 간단하여 고속에도 적합하기 때문이다. 랜들형의 극수는 핑거(finger)의 수와 같으며 극이 많은 것을 쉽게 만들 수 있다. 또 랜들형의 로터는 좌우의 자극철심 내부에 로터코일의 회전방향으로 감겨져 한편의 철심은 같은 쪽에 있는 핑거 전부가 N극으로 다른 한편에 있는 핑거는 전부 S극으로 자화된다.

[1] 로터코일(rotor coil)

로터코일은 도넛모양으로 감겨진 코일로써 코일의 시작점과 끝점은 슬립링에 접속되어 있다. 배터리의 전류가 브러시와 슬립링을 통하여 로터코일에 여자전류로 흐른다. 2개의 브러시는 브라켓에 고정된 브러시 홀더에 끼운 다음 브러시 스프링으로 눌러서 슬립링에 접촉시키고 있다. 한쪽 브러시는 여자 전류가 들어오는 단자에 연결되고 다른 한쪽 브러시는 접지시켜서 계자회로를 구성하고 있다. 브러시는 로터가 회전할 때 슬립링과 미끄럼접촉을 하면서 로터코일에 여자전류를 공급하기 때문에 접촉저항이 적고 내마멸성이 좋은 금속 흑연질의 것이 사용된다.

로터코일에 흐르는 전류는 로터의 기자력에 필요한 전류로써 2~3A 정도이고 슬립링도 직류 발전기의 정류자와 같이 요철이 없이 브러시와 접촉되어도 불꽃이 발생되지 않는다. 따라서 브러시의 수명이 길게 된다. 슬립링은 2개가 있으며 각각 절연되어 로터 축에 압입되어 로터코일과 접속되어 있다.

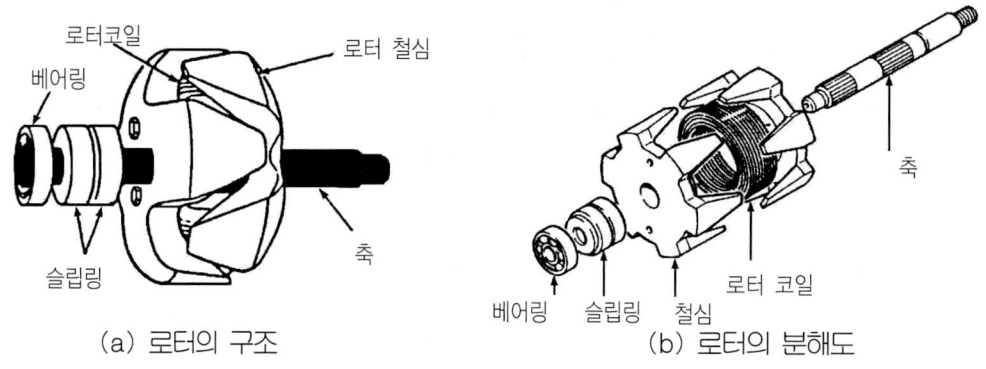

(a) 로터의 구조　　　　　　　　　　(b) 로터의 분해도

[그림 5-24] 로터의 구조와 분해도

[2] 슬립 링(slip ring)

브러시와 접촉하여 로터코일 양끝과 연결되어 있으며 로터축과 절연되며 로터코일에 전류가 일정방향으로 흐르게 공급하는 역할을 한다.

3.3.3. 다이오드(diode)

정류기라고도 부르는 다이오드는 스테이터 코일에서 발생하는 3상 교류를 정류하여 직류로 변환시켜 주는 작용과 DC 레귤레이터의 컷 아웃 릴레이와 같이 역전류 방지작용을 하며, 슬립형 엔드 프레임에는 3상 교류를 정류하기 위한 6개의 실리콘 다이오드가 설치되어 있다. 6개의 다이오드 중에는 3개는 슬립링 엔드 프레임과 절연된 히트싱크(holder)에 설치되어 스테이터 코일에서는 발생한 이 전류는 이 다이오드를 통하여 히트싱크를 거쳐서 교류발전기의 B 단자로 나온다.

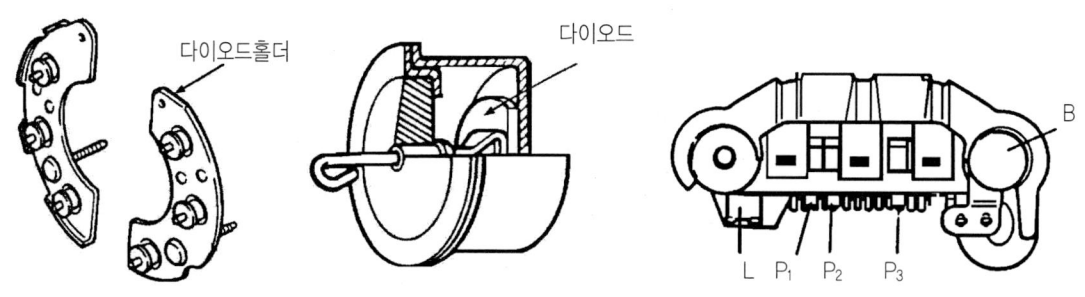

(a) 다이오드의 구조　　　　　　　　(b) 신형 정류기의 구조

[그림 5-25] 다이오드의 구조와 랙티파이어

다른 3개의 다이오드는 슬립링 엔드 프레임에 직접 설치되어 부하 또는 배터리를 통한 전류가 이 다이오드를 통하여 스테이터 코일로 돌아온다. 다이오드의 통전방향은 색을 칠하는 등의 방법으로 구별하고 있다. 일반적으로 빨간색 다이오드는 단자로부터 다이오드 홀더에, 검정색은 다이오드 홀더로부터 단자방향으로 전류가 흐른다는 것을 뜻한다.

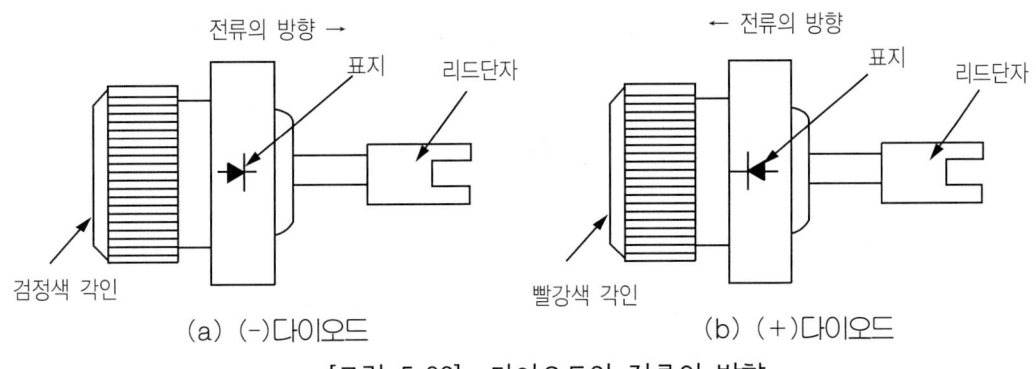

[그림 5-26] 다이오드와 전류의 방향

3.3.4. 브러시(brush)

브러시의 재질은 내마모성이 우수하고 접촉 전압강하가 낮으며 슬립 링은 마모시키지 않는 조건이어야 한다. 일반적으로 슬립 링이 동 제품인 경우에는 전기 흑연 또는 금속 흑연에 스테인레스인 경우에는 금속 흑연이 사용된다. 브러시 홀더는 수지 성형부품이 사용되며 전압조정기를 발전기 내부에 내장하는 경우에는 브러시 홀더와 전압조정기가 일체화되는 경우가 많다.

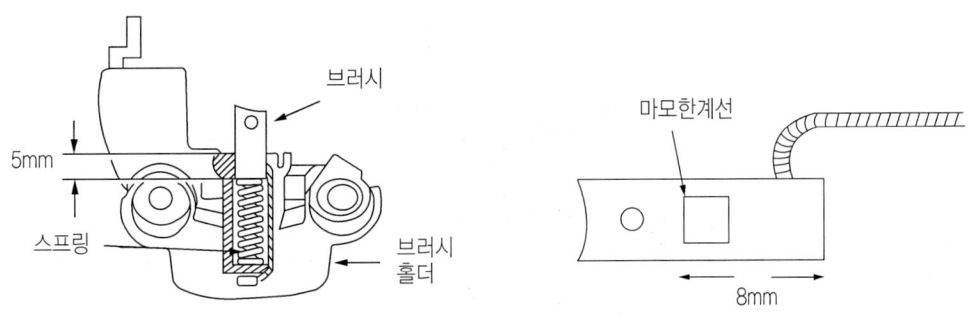

[그림 5-27] 브러시의 구조

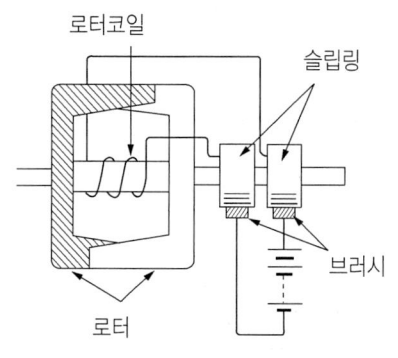

(b) 브러시의 작동

[그림 5-28] 브러시의 구조와 작동

3.3.5. 엔드프레임(end frame)

엔드 프레임은 로터축과 스테이터 철심을 지지하고 발전기 전체를 엔진에 설치할 수 있다. 엔드 프레임을 커버 또는 브래킷이라고도 하고, 풀리가 설치되는 쪽의 엔드 프레임을 구동 엔드 프레임이라고도 한다. 풀리와 반대쪽은 슬립링 엔드 프레임이라 하고 구동 엔드 프레임과 비슷하나 브러시 홀더와 정류용 다이오드를 압입하는 구멍이 있다.

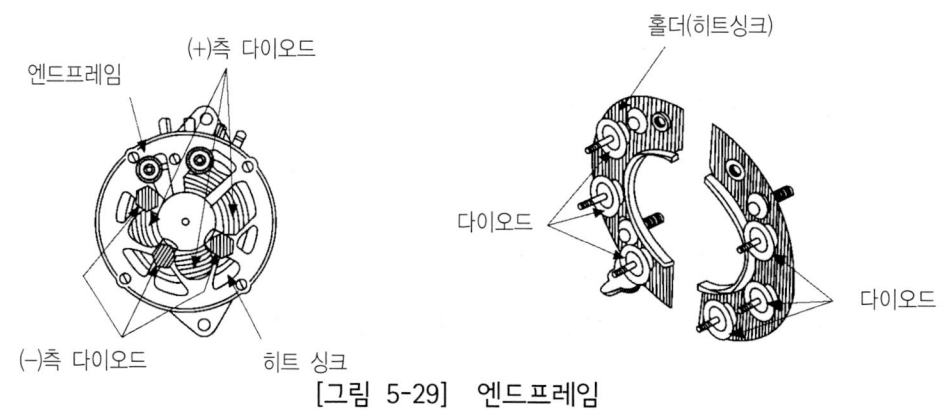

[그림 5-29] 엔드프레임

3.3.6. 냉각팬 풀리

냉각팬은 주로 실리콘 다이오드를 냉각시키기 위해서 장착되며 냉각용 바람은 다이오드가 장착된 브래킷에서 흡입하여 풀리쪽으로 뽑아낸다. 풀리는 발전기의 회전을 위해 벨트로 크랭크축 풀리와 연결되어 있다.

3.4. 교류발전기의 작동

교류발전기의 회로는 그림 5-30과 같다. 먼저 점화스위치를 닫으면 전류는 축전지에서 레귤레이터를 통하여 F단자 → (+)브러시 → 슬립 링 → 로터코일 → 슬립 링 → (-)브러시 → E단자(어스)의 경로로 2~3A의 전류가 흐른다. 이 전류에 의하여 로터 코일은 자화되어 자속이 발생된다.

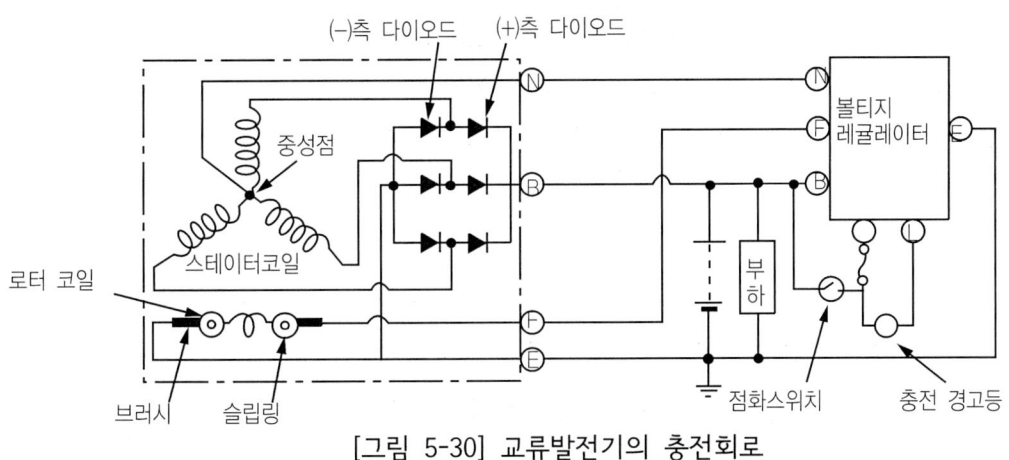

[그림 5-30] 교류발전기의 충전회로

3.4.1. IC 레귤레이터방식의 작동원리

IC 레귤레이터는 기존의 레귤레이터와 비교하여 다음과 같은 특성이 있다.
① 부하 또는 온도에 관계없이 안정된 출력을 얻을 수 있다.
② 접점이 없기 때문에 수명이 길다.
③ 소형이므로 알터네이터에 내장이 용이하다.
현재 대부분의 자동차에 IC 레귤레이터가 적용되고 있다.

[1] 키 스위치 ON시

키 스위치가 ON일 때 Tr_2와 Tr_3은 ON(축전지 → 키 스위치 → R단자 → Tr_2 ON → Tr_3 ON). 필드 전류는 축전지 → 키 스위치 → R단자 → R_6 → L단자 → 필드코일의 F단자 → Tr_3 → 접지로 흐른다. 이 경우 R_6에서 전압강하가 일어나 1~3V가 감소된 전압이 필드코일에 공급된다. 여기서, 체크 릴레이가 작동되어 램프는 점등된다.

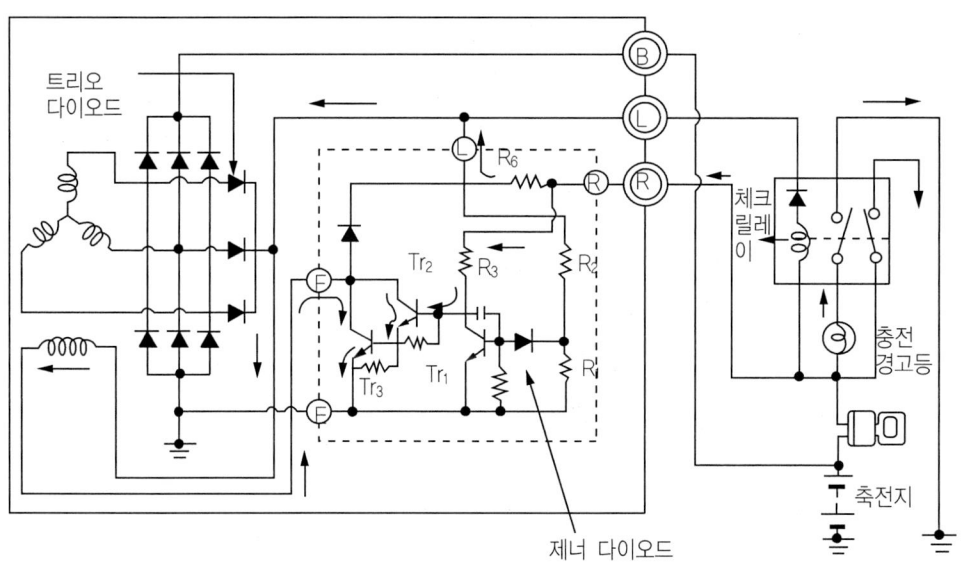

[그림 5-31] 키 스위치 ON시

[2] 엔진 회전속도가 낮을 때

엔진이 시동되면 필드 전류는 알터네이터 자체에서 공급한다. 전류는 트리오 다이오드에서 필드코일을 거쳐 F단자, Tr_3로 해서 접지 된다.

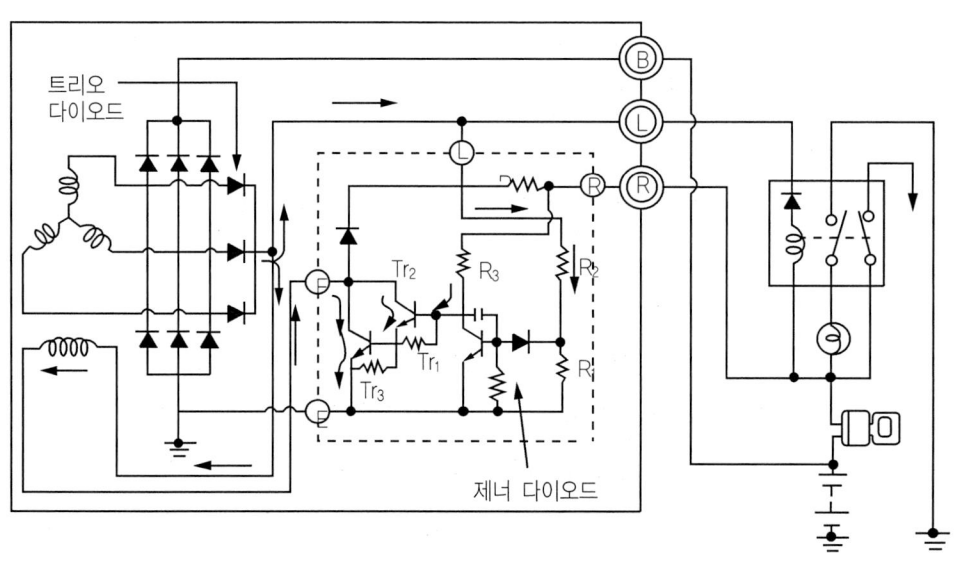

[그림 5-32] 회전속도가 낮을 때 회로작동

전압이 발전되면 초크(choke)와 체크 릴레이 코일은 같은 전위가 되어 램프가 소등된다. 발전 전압이 낮을 때는 전류가 트리오 다이오드 L단자 → R_2 → D_z로 흐르지만 제너다이오드 D_z의 도통 전압보다 낮기 때문에 Tr_1은 OFF 상태가 된다.

[3] 엔진 회전속도가 증가할 때

엔진 회전속도가 증가하면 전압은 D_z를 도통시키는 전압까지 상승하여 전류는 D_z를 통하여 Tr_1이 ON되면 Tr_2와 Tr_3은 OFF되고 필드 전류는 급격히 감소한다. 필드 전류가 감소하면 발전전압도 감소하여 D_z에 걸리는 전압도 감소한다. 그러므로 Tr_1은 OFF되고 Tr_2와 Tr_3은 ON 되어 전압을 다시 상승시킨다. 이러한 작동을 반복하여 발전 전압을 조정한다.

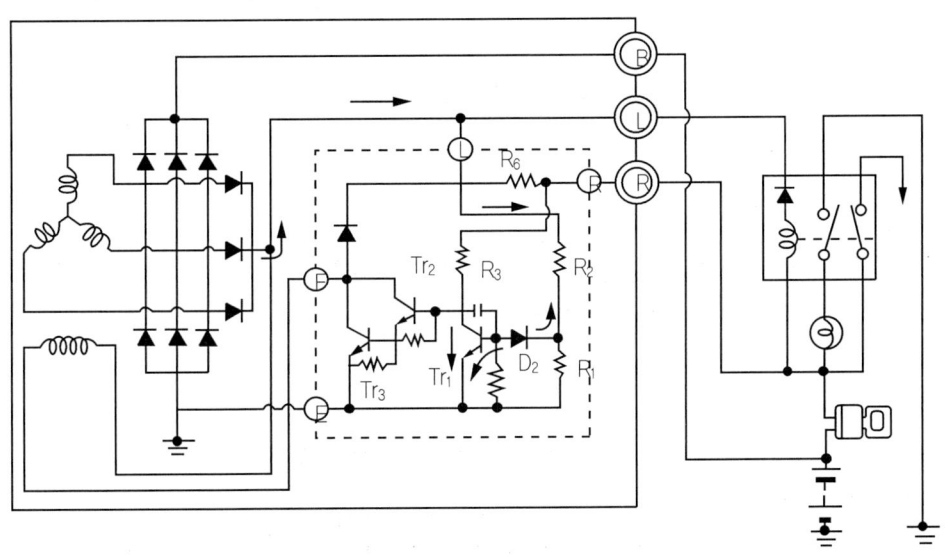

[그림 5-33] 회전속도가 증가할 때 회로작동

4. 교류발전기의 전압조정기

교류발전기에는 정류(실리콘) 다이오드를 사용하기 때문에 배터리로부터 발전기로 전류가 역류될 위험이 없고, 발전기 자체의 인덕턴스에 의해 발생 전류를 제한하기 때문에 출력 전류도 과대하게 흐르지 않는다. 따라서 교류발전기의 조정기는 전압조정기만을 필요로 한다. 전압조정기에는 접접식 전압조정기, 트랜지스터식 전압조정기 그리고 IC식 전압조정기가 있다.

4.1. 접점식 조정기

전압조정기는 그림 5-34와 같이 전압 릴레이(충전경고등 릴레이)로 구성되어 있다. 충전경고등을 릴레이식 외의 방법으로 작동시키는 장치 또는 충전경고등 대신에 전류계를 사용하는 장치에서는 전압조정기만으로 되어 있는 1유닛으로 분류할 수 있다.

전압조정기는 발전기의 발생 전압을 규정전압으로 유지하는 조정기로써 교류발전기의 B단자 전압에 의하여 자력이 발생되는 전압 코일과 2개의 접점이 있는 가동철편으로 구성되어 있다. 또 케이스의 이면에는 로터코일에 흐르는 여자전류를 제어하기 위한 저항이 설치되어 있다. 전압 릴레이는 충전경고등 점등과 동시에 전압조정기의 코일전류를 단속한다. 압력코일에는 교류발전기 N단자의 전압이 가해져서 자력이 발생한다.

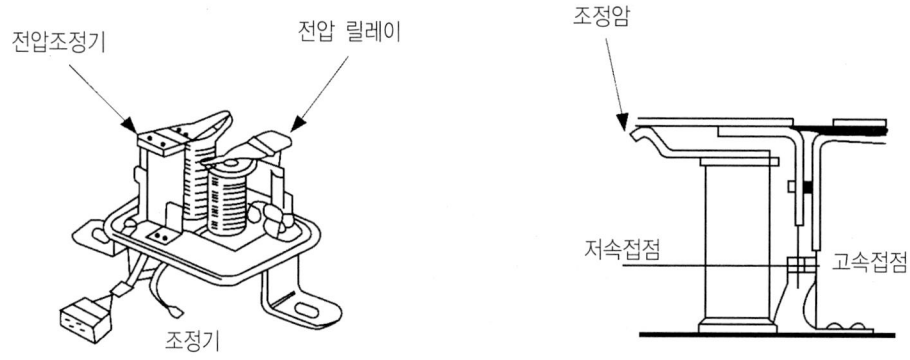

[그림 5-34] 접점식 전압조정기

4.2. 트랜지스터식 전압조정기

트랜지스터식 전압조정기는 접점식 조정기의 접점대신에 트랜지스터의 스위칭작용을 이용하여 계자전류의 평균값을 변화시켜 발생전압을 조정하는 방식이다. 이 형식에는 트랜지스터식의 베이스 전류를 접점으로 제어하는 반 트랜지스터식과 기계적인 작동부분을 모두 없앤 풀 트랜지스터식방식이 있다.

4.2.1. 반 트랜지스터식 전압조정기

반 트랜지스터식 전압조정기는 그림 5-35와 같이 트랜지스터가 교류발전기의 로터코일에 직렬로 접속되어 있고 베이스는 접점을 거쳐 접지되어 있다.

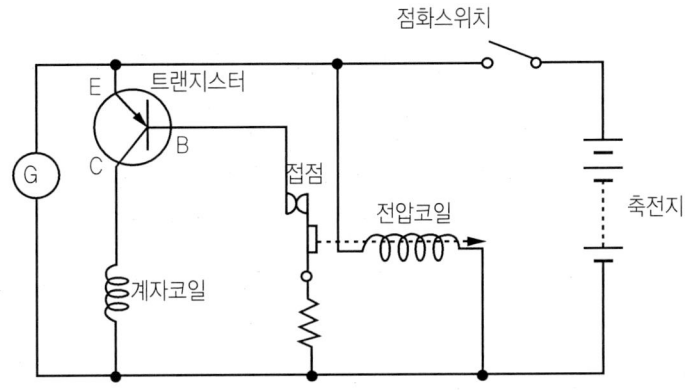

[그림 5-35] 반 트랜지스터식 전압조정기의 기본 회로

점화스위치가 닫혀지고 엔진이 시동되면 배터리에서 전류가 트랜지스터의 이미터(E)에서 베이스(B)접점 저항을 거쳐 베이스 전류가 흐른다. 따라서 트랜지스터의 이미터와 컬렉터(C)사이는 도통상태가 되어 로터 코일에 전류가 흐른다.

교류발전기의 회전속도가 증가되어 발생전압이 규정 이상으로 되면 출력단자에 접속되어 있는 전압코일이 작용하여 접점을 연다. 이에 따라 베이스 전류가 흐르지 않게 되고 동시에 트랜지스터의 이미터, 컬렉터사이가 차단되어 로터 전류가 흐르지 않게 되므로 전압이 낮아진다. 발생전압이 낮아지면 릴레이의 흡인력이 약해져서 다시 접점이 닫히면 베이스 전류가 흐르게 되므로 다시 전압이 상승된다. 반 트랜지스터식 전압조정기는 위의 작용을 반복하여 전압을 일정하게 유지하게 한다. 따라서 이 형식도 엄밀한 의미에서 진동 접점식과 같이 어떤 전압 범위 내에서 진동하여 제어한다.

그러나 진동 접점식과 같이 직접 계자전류를 접점으로 직접 단속하지 않기 때문에 계자 전류를 크게 할 수 있어 발전기가 작게 되고 조정기 접점의 수명도 길어지는 장점이 있다.

4.2.2. 전 트랜지스터식 전압조정기

반 트랜지스터식에서 발전시켜 전압조정기의 접점을 두지 않고 베이스 전류를 단속하는 제너 다이오드를 사용한 것으로 기본회로는 그림 5-36과 같다. 이 형식은 그림과 같이 트랜지스터와 제너 다이오드를 사용하고 있으며 트랜지스터 Tr_1의 베이스 전류의 제어는 Tr_2에 의하고, Tr_2의 베이스 전류의 제어는 제너 다이오드가 하게 되어 있다. 점화스위치를 ON하면 배터리에서 트랜지스터 Tr_1의 이미터, 베이스를 거쳐 베이스 전류가 흐른다.

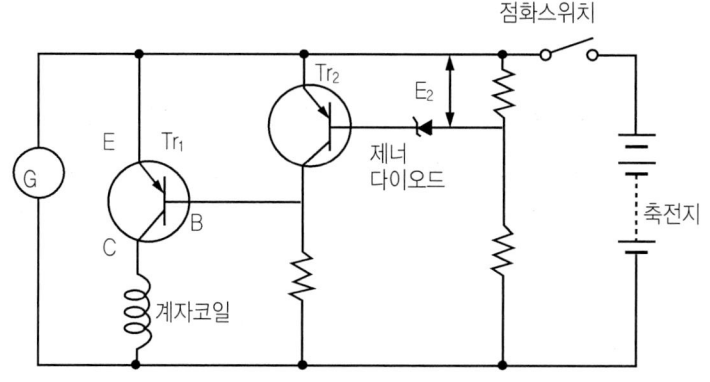

[그림 5-36] 전 트랜지스터식 전압조정기의 기본 회로

따라서 Tr_1의 이미터와 컬렉터사이는 도통상태가 되어 로터코일에 전류가 흐른다. 발전기의 회전속도가 증가되어 발생전압이 증가하게 되면 제너 다이오드에 걸리는 전압도 그 만큼 커지면 나중에는 제너전압에 이르러 도통이 된다. 이에 따라 Tr_2의 베이스 전류가 흘러 Tr_2의 이미터, 컬렉터 사이가 도통된다. Tr_2가 도통되면 Tr_1이 차단되어 로터 코일에 전류가 흐르지 않게 되며 이에 따라 전압이 저하된다. 그림에서 규정 전압 이상이 되었을 때 E_2가 제너 전압이 되게 하면 이 규정 전압을 기준으로 하여 출력 전압이 단속 제어된다.

그림 5-37은 전 트랜지스터식 전압조정기의 실제 회로를 나타낸 것이다. 이 회로에서 점화스위치를 ON하면 트랜지스터 Tr_1에 전기가 통해 전압조정기의 회로가 구성된다. 여기서 Tr_3는 Tr_1의 증폭용 트랜지스터이며 작동원리는 그림 5-37과 같다. 충전 경고등은 교류발전기의 중성점 전압이 규정 전압에 도달하면 Tr_6이 ON되고 Tr_5가 OFF되어 꺼지는 방식을 쓰고 있다.

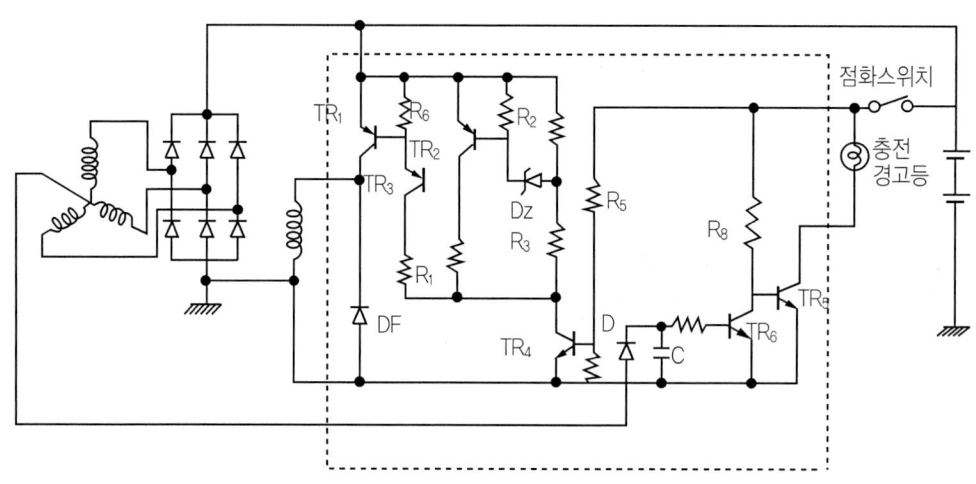

[그림 5-36] 전 트랜지스터식 전압조정기 회로

4.3. IC식 전압조정기

IC식 전압조정기의 기본회로는 전 트랜지스터식과 같으나 계자전류를 단속하는 출력 트랜지스터 Tr_1의 작동을 제어하는 트랜지스터 Tr_2 및 Tr_3과 발전기의 발생 전압을 검출하는 제너 다이오드 Dz로 구성되어 있다.

5. 충전장치의 고장

충전장치의 고장은 충전불량, 과충전, 충전장치의 소음으로 나눌 수 있다.

5.1. 충전불량

① 배터리단자 부식 및 조임불량
② 메인퓨즈 접촉불량 및 퓨즈 단선
③ 차체 접지 체결 조임불량 및 접지단자 부식
④ 발전기 B단자 소손 및 조임불량
⑤ 발전기 커넥터 단선 및 접촉불량
⑥ 엔진 오일 등으로 인한 발전기 내부 오염
⑦ 발전기 벨트장력 불량 및 소손

5.2. 과충전시 불량

① 발전기 전압조정기 불량
② S단자 퓨즈 접촉불량 및 퓨즈단선

5.3. 충전장치 소음

① 발전기 벨트 장력불량 및 소손
② 아이들 베어링 변형 및 노후에 따른 손상

6. 교류발전기의 점검 및 정비

6.1. 교류발전기의 출력 전류측정

6.1.1. 시험전 준비내용

① 자동차 배터리의 상태를 점검 : 전해액의 누수 및 단자의 부식상태와 충전상태를 점검한다(배터리가 방전되었을 경우 완전 충전하여 시험).
② 발전기 벨트의 장력을 점검: 벨트의 미끄러짐이 있을 경우 장력을 조정한다.
③ 전류계와 전압계 상태 점검: 정상적인 작동유무와 0점 교정된 시험기를 사용한다.
④ 전류계를 그림 5-38과 같이 설치한다.

전류계는 방향성이 있으므로 전류 측정기의 측정방향을 반드시 확인할 것. 측정 전류값이 (-)값으로 표시되면 전류계를 반대로 설치한 것이며, 그 값은 (+)로 읽으면 된다.

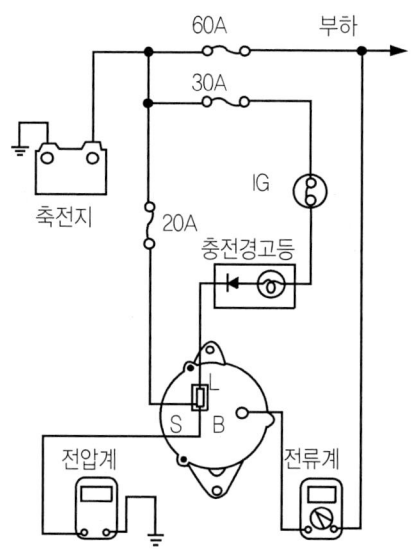

[그림 5-38] 전류계의 연결

6.1.2. 전류측정

① 시동을 걸고 무부하 상태로 아이들 상태를 유지(엔진 정상 작동온도까지)한다.
② 차량의 모든 전기장치를 작동시킨다.
  ㉮ 에어컨 최대(블로워 MAX), 헤드라이트 상향, 안개등, 열선, 오디오 등
  ㉯ 방향지시등, 비상등 제외

③ 엔진 회전수를 2500rpm까지 상승 후 유지시킨다.
④ 전류계가 열을 받기 전 1분 이내 전류값 측정을 마치도록 한다.

6.1.3. 전류 측정시 주의사항
① 측정시 다소의 전류값 변동이 있으나 이것은 정상적인 작동이므로 오판하지 않도록 주의한다.
② 측정기에 사용하는 건전지의 수명이 다하면 측정값이 떨어짐으로 건전지상태는 측정 전에 반드시 확인한다.
③ 전류값을 측정시 차량의 전기부하를 작동하지 않으면 정확한 전류값을 측정할 수 없으므로 반드시 모든 전기부하를 작동시킨 후 전류값 측정한다.
④ 겨울철 등 초기 예열장치의 작동 등으로 전압 및 전류의 변동이 생길 수 있으므로 반드시 5분 정도 엔진 공회전 후 전류값을 측정한다.

6.2. 조정 전압의 점검
발전기의 조정 전압 측정 전류의 측정과 같은 조건에서 B단자와 차체 접지에서 측정한다. 규정 출력 전압은 12~14.5V 구간을 유지해야 한다.

6.2.1. 전압이 낮거나 또는 불안정한 경우
① 조정기의 각 접점이 소손되었거나 고착되었을 경우
② 발전기 배선의 접촉불량

6.2.2. 전압이 높을 경우
① 저속쪽 포인트의 접점압이 너무 강할 경우
② 전압조정기의 접지불량
③ 조정기 코일 및 전압 릴레이 코일 단선
④ 접점의 틈새가 너무 넓을 경우
⑤ 고속쪽 접점의 접촉불량
⑥ 조정기의 N단자 및 B단자의 단선

7. 발전기의 출력전압 파형

교류발전기의 출력 전압은 3상 교류를 전파 정류한 직류이며, 스테이터 코일에 발생하는 교류 전압 6배의 맥동을 포함하고 있다. 그림 5-39는 정상적인 알터네이터의 B단자에 나타나는 출력 전압파형을 오실로스코프로 관측한 것이다. 알터네이터의 내부에 다이오드의 단선 및 단락이나 스테이터 코일의 단선 등 고장이 발생되면 출력은 저하되고 전압파형도 변화된다.

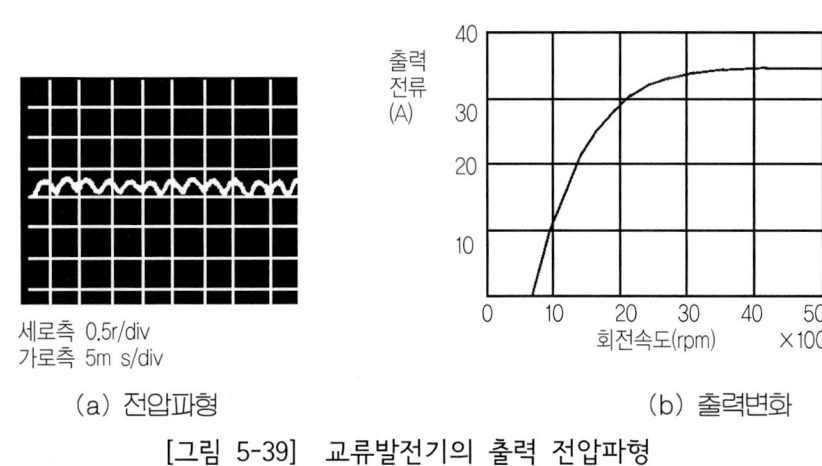

(a) 전압파형   (b) 출력변화

[그림 5-39] 교류발전기의 출력 전압파형

따라서 출력 전압파형을 관측하는 것에 따라 외부로부터 알터네이터의 고장여부를 판단하는 것이 가능하며, 브라운관의 오실로스코프 또는 알터네이터 점검용으로 만들어진 스코프를 사용하여 고장진단을 한다. 그림 5-39~5-42는 알터네이터의 고장파형과 그때의 출력특성을 실제로 측정한 일례이다.

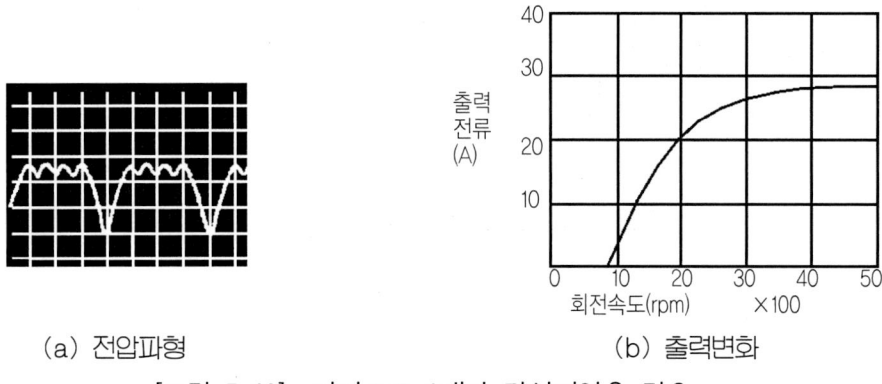

(a) 전압파형   (b) 출력변화

[그림 5-40] 다이오드 1개가 단선되었을 경우

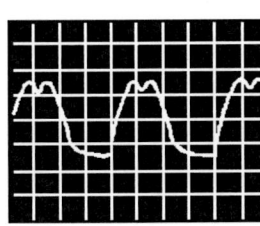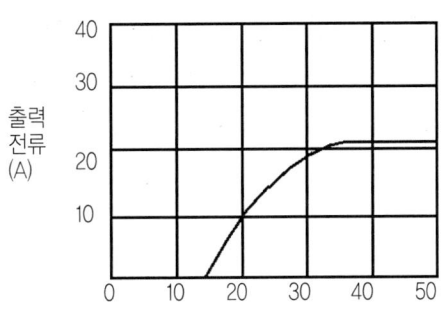

[그림 5-41] 다이오드 2개가 단선되었을 경우

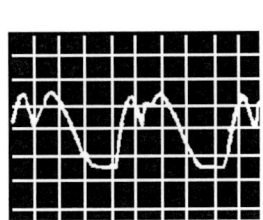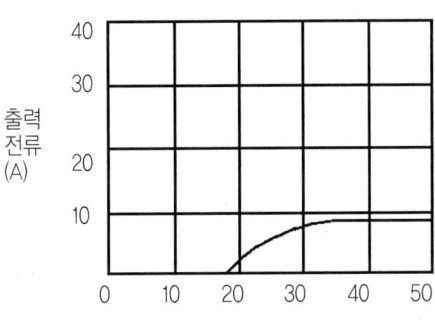

[그림 5-42] 다이오드 1개가 단락되었을 경우

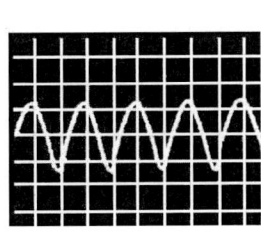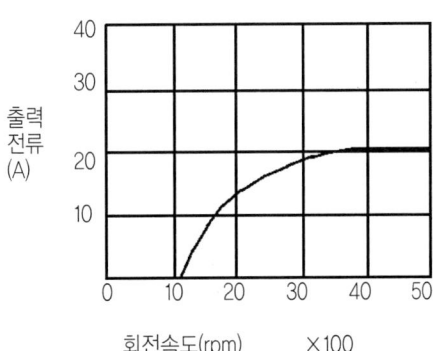

[그림 5-43] 스테이터코일 1상이 단선되었을 경우

Chapter 05 | 연습문제

01. 발전기와 플레밍의 오른손 법칙에 대하여 설명하시오.

02. 발전기의 출력전류 자기 제한 작용이란 무엇인가 ?

03. 발전기와 렌쯔의 법칙에 대하여 설명하시오.

04. 충전장치가 구비해야 할 조건을 쓰시오.

05. 3상 교류발생 원리에 대해 기술하시오.

06. IC 레귤레이터의 작동원리에 대하여 설명하시오.

07. 접점식 레귤레이터로 발생 전압을 조정하는 원리에 대하여 설명하시오.

점화장치

1. 점화장치의 개요

점화장치는 연소실에 설치된 점화플러그를 통하여 전기불꽃을 발생시켜서 혼합기를 적정 시기에 연소시키는 장치이다. 엔진의 고성능화와 배출가스의 규제와 함께 반도체 산업의 급속한 발달로 초기의 기계식 접점식 점화장치에서 최근에는 전자 점화방식이 발전하게 되었다.

기계식 점화장치는 접점 등을 이용하여 1차 코일의 전류를 개폐하여 고압을 발생시키고, 디스트리뷰터 내의 플라이 웨이트로 구성된 원심 진각장치와 흡기다기관 내의 부압을 이용한 진공 진각장치에 의해 점화시기가 제어되는 반면 전자 점화장치는 ECU에 의해 1차 코일 전류의 통전 개시 및 점화시기를 제어하므로 써 최적 제어를 통해 성능과 연비향상 및 배기가스 제어에 훨씬 유리하다. 이와 같은 점화방식의 종류는 표에 나타내었다.

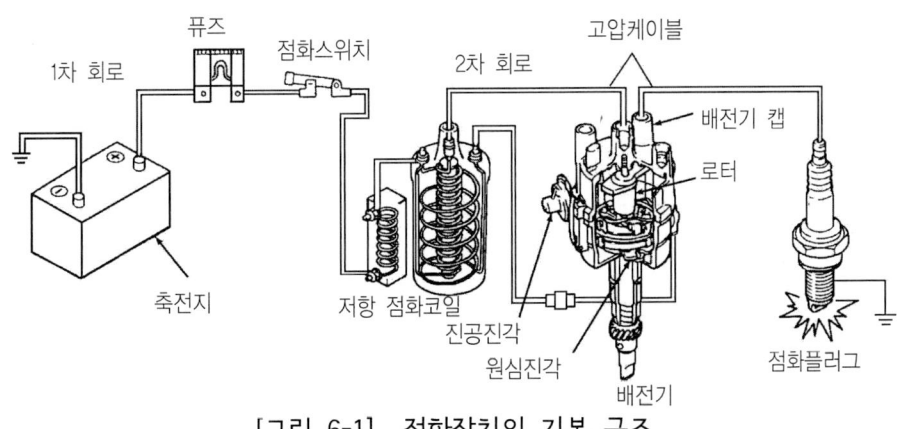

[그림 6-1] 점화장치의 기본 구조

[코일 점화장치의 분류]

구 분	1차 전류 단속 방법	진각방식	고전압 분배 방식
접점식 점화장치 (CI : conventional ignition)	기계식 (접점식)	기계식 (진공식)	기계식
트랜지스터 점화장치 (TI : transistorized ignition)	전자식	기계식 (진공식)	기계식
세미 전자식 점화장치 (SI : semi-conductor ignition)	전자식	전자식	기계식
풀 전자식 점화장치 (DLI : distributor less ignition)	전자식	전자식	전자식

1.1. 점화장치의 요구조건

① 발생 전압이 높고 여유 전압이 클 것.
② 점화시기 제어가 정확할 것.
③ 불꽃 에너지가 높을 것.
④ 잡음 및 전파방해가 적을 것.
⑤ 절연성이 우수할 것.

1.2. 점화장치의 분류

점화장치는 아래 표와 같이 접점식(CI : conventional ignition), 트랜지스터식(TI : transistorized ignition), 세미 전자식(SI : semi-conductor ignition), 풀 전자식(DLI : distributor less ignition)으로 나눈다.

1.3. 연소와 점화시기(Ignition timing)

연소실 내에서 점화플러그에 스파크를 발생시켜 혼합가스가 연소폭발하여 최대 압력이 될 때까지는 그림 6-2와 같이 일정 시간이 걸린다. 기관을 가장 좋은 효율로 작동시키려면 크랭크 각도가 상사점 후 10° 전후에서 최고 폭발압력이 될 수 있도록 혼합가스를 점화시켜야 한다.

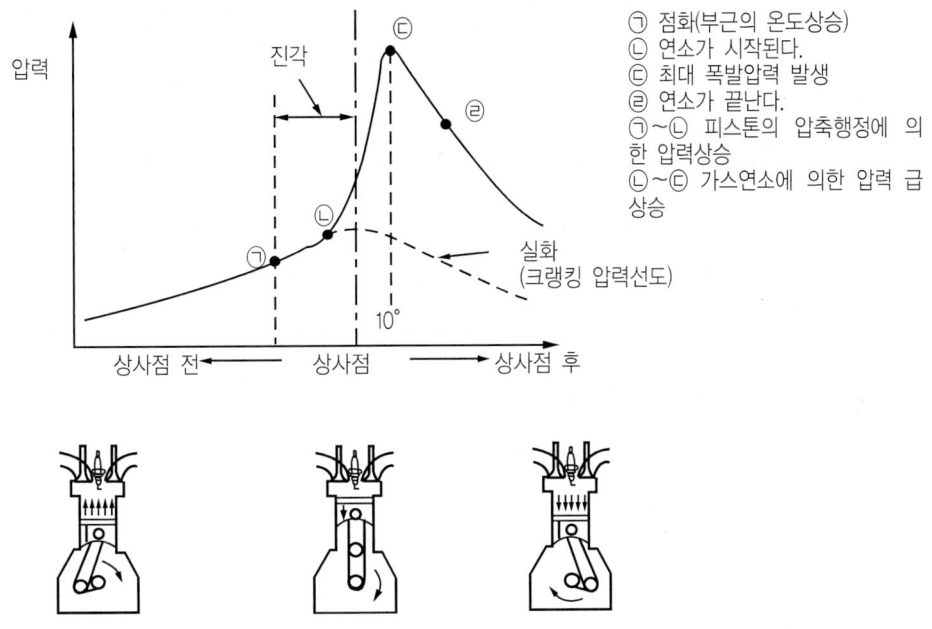

[그림 6-2] 정상 연소과정

일반적으로 기계식 단속방법에서 포인트가 열려 이점에 도달하는데 까지는 시간적 지연이 있는데 이때 최고 압력에 도달할 때까지의 시간을 점화지연(點火遲延 : ignit ion delay)이라고 부르고 보통 포인트가 열리기 시작하여 상사점까지의 크랭크축의 각도로 표시한다.

1.3.1. 점화시기의 필요성

가솔린엔진의 점화시기에서 최고의 폭발압력이 크랭크각 ATDC(상사점 후) 10° 전후에 있을 때 가장 효율이 좋다는 실험적인 실증이 있으며, 이것을 파워 타이밍이라 한다. 점화시기가 파워 타이밍보다 너무 빠르면 노킹현상이 일어나고, 너무 늦으면 최고 폭발 압력이 낮아지는 결과가 되어 두 경우 모두 출력 저하를 가져온다.

그러므로 가솔린엔진에서는 이상연소를 억제하면서 어떠한 운전조건에서도 파워 타이밍을 유지하여 최대의 효율을 얻는 것이 필요하다. 또한 파워 타이밍은 엔진의 회전수 변동과 부하의 변동에 따라 연동되기 때문에 그 변화에 대응한 적절한 장치들이 필요하다.

1.3.2. 연소과정과 적정 점화시기

전자 점화장치에서 트랜지스터의 베이스 전류가 ON되었다가 OFF될 때 점화플러그에서는 고전압에 의한 불꽃이 발생되고 이 불꽃에 의해 실린더 안의 압축된 혼합기가 착화되어 연소하기 시작한다. 이때 실린더 안의 압력이 최대로 될 때까지는 어느 정도의 시간이 필요하며, 이 과정을 세분하면 아래 그림 6-3과 같다.

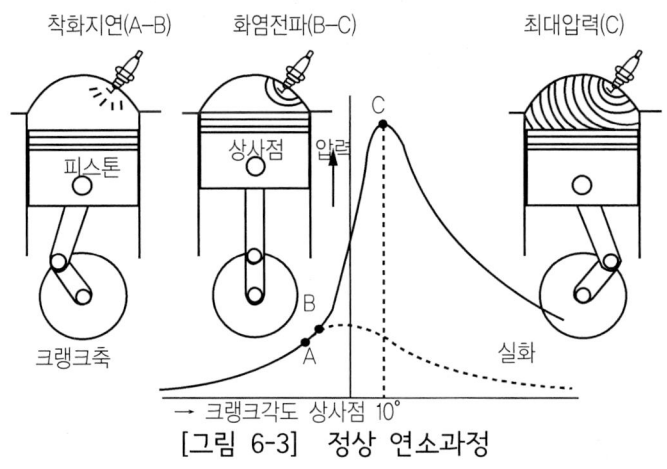

[그림 6-3] 정상 연소과정

[1] 전기적 지연(A이전)

이 과정은 신호 발전기에서 OFF신호로부터 점화플러그의 불꽃발생까지 걸리는 시간으로 그림의 A점 이전의 시간이다. 접점식인 경우에는 접점이 열리기 시작하여 접점 불꽃이 완전히 사라질 만큼의 넓이까지 열려서 1차 전류가 단속될 때까지의 기계적 지연이 포함된다. 전기적 지연이란 2차 코일의 상호유도전압이 상승하여 2차 회로의 총합 저항을 이겨내고 점화플러그에 불꽃이 발생될 때까지의 모두 약 0.05ms 정도의 지연을 말한다. 이것은 엔진 회전수에는 그다지 크게 영향을 미치지 않는 범위이다.

[2] 착화 지연(A-B 사이)

그림 6-3의 A점에서 점화플러그의 불꽃이 발생하면, 발생된 불꽃은 접지전극이 냉각되어 소염작용이라는 방해를 받는다. 이 방해를 극복한 중심 전극과 접지 전극사이의 혼합기가 활성화하여 화염핵(화염전파될 만큼의 에너지를 갖는 불씨)을 형성하는 데는 어느 정도의 시간이 필요하다.

이렇게 연소실 내의 압축된 혼합기에 착화 가능할 정도의 유효한 화염핵이 발생될 때까지의 기간(A-B사이)을 착화지연이라 한다. 물론 이 기간 중에는 아직 화염핵에 의한 혼합기의 연소가 주위에 넓게 퍼진 상태가 아니기 때문에 착화에 의한 실린더 내의 압력 변화는 거의 없다고 볼 수 있다. 이 착화지연기간을 좌우하는 변동요소로는 주로 옥탄가가 있으며, 이 밖에 혼합기의 온도, 혼합비, 압력 등이 다소 영향을 준다.

따라서 착화 지연시간은 연료가 결정되면 항상 일정하며, 이것을 크랭크 각으로 볼 때 착화지연기간에 필요한 크랭크 각은 저속시에는 작고 고속시에는 크게 됨에 따라 회전수에 대한 점화시기 조정이 필요하게 된다.

[3] 화염전파(B-C사이)

그림 6-3의 B점에서 점화플러그의 양전극 사이에서 화염이 혼합기에 착화되어 화염전파가 시작된 후 C점의 최대압력(peak power)에 도달할 때까지 급격히 압력이 상승하는 과정을 화염 전파기간이라고 한다. 이 기간의 변동 요소로는 엔진의 부하상태, 실린더 내에 흡입된 혼합기의 와류에 의한 변화가 있으며, 회전수가 올라가면 올라간 만큼 와류도 심해지고 화염전파 속도로 빨라지게 된다.

저속 고하중(급경사로)에서는 실린더 내에 많은 혼합기가 흡입되어 압축 압력도 높아지고 화염전파 속도도 빨라지며 또한 요구되는 크랭크 각은 작아진다. 그리고 내리막길 등의 경부하시에는 흡입 혼합기도 적고 압축압력도 낮아져서 화염 전파속도도 늦어지며, 필요로 하는 크랭크 각은 커진다. 이렇게 엔진에 걸리는 부하에 따라 최대 압력의 C점이 변하기 때문에 부하에 의한 점화시기의 조정을 필요하게 되는 것이다.

1.3.3. 엔진 회전변동에 따른 진각

[1] 회전변동과 점화시기

엔진의 최대 효율을 얻기 위해서는 점화플러그에서 발생된 불꽃이 화염핵을 만들고, 그 화염핵이 혼합기의 분자를 활성화시켜 화염으로 확대되어 최대 폭발압력에 이르며, 이 최대 폭발압력의 위치가 상사점 지난 후 크랭크각 10° 부근일 때 최대의 효율을 얻을 수 있다고 앞서 언급했다. 따라서 파워 타이밍보다 점화시기가 빠르면 조기점화에 의한 노킹이 일어나 출력이 떨어진다.

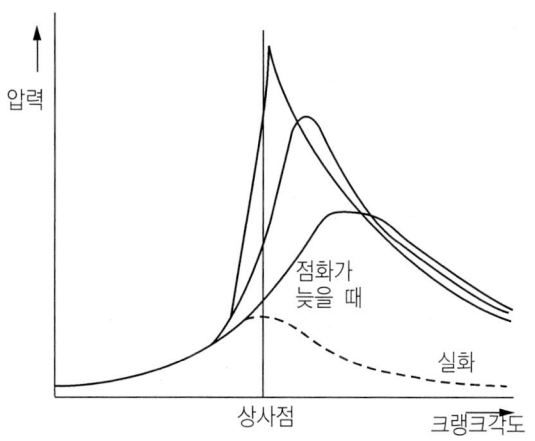

[그림 6-4] 점화 시기와 연소실의 압력

또한 점화시기가 너무 늦어도 최대 폭발압력이 낮아져 엔진출력이 떨어진다. 그렇다면, 회전변동에 따른 적절한 점화시기가 어떻게 변하는지 생각해 보기로 한다. 점화신호로 TR이 OFF되어 연소실 내의 압력이 최대 폭발압력에 도달할 때까지의 시간을 모두 3.0ms(3/1,000초)가 걸린다고 가정할 때 엔진이 750rpm으로 회전할 경우 3ms를 크랭크 회전각으로 바꾸면

$$1초당 회전수 \quad \frac{750[rpm]}{60[초]} = 12.5 \quad \cdots\cdots\cdots\cdots\cdots\cdots\cdots\cdots\cdots\cdots (6-1)$$

$$1회전에는 \quad \frac{1}{12.5} = 0.08 = 80ms$$

$$3ms를 \; 크랭크 \; 각도로 \; 바꾸면 \quad \frac{3[ms]}{80[ms]} \times 360° = 13.5°$$

이다.

따라서 3ms의 경우에 크랭크 각도로 13.5° 움직이는 결과가 되므로 750rpm에서 엔진이 회전하여 상사점 후(ATDC) 10°의 위치에서 최대 폭발 압력을 얻으려면, 그것보다 13.5° 전, 즉 상사점 전(BTDC) 3.5°의 위치에서 TR을 OFF시켜 점화플러그에 불꽃을 일으켜야 한다.

마찬가지의 경우로 엔진 회전수 3,000rpm 경우는

$$1초당 회전수 \quad \frac{3000[rpm]}{60[초]} = 50 \quad \cdots\cdots\cdots\cdots\cdots\cdots\cdots (6-2)$$

$$1회전에는 \quad \frac{1}{50} = 0.02[초] = 20[ms]$$

$$3ms를 크랭크 각도로 바꾸면 \quad \frac{3[ms]}{20[ms]} \times 360° = 54°$$

이다.

즉, 상사점 후 10°의 위치에서 적정 동력이 되기 위해서는 그것보다 54° 전(BTDC 44°) 위치에서 점화신호를 보내야만 한다. TR 점화신호 발신 후 최대 폭발 압력에 이르기까지의 시간이 3ms로 변하지 않는다고 가정할 때 엔진 회전에 비례하여 계산상으로 점화시기를 빠르게 하면

750rpm → BTDC 3.5° 점화신호

3,000rpm → BTDC 44° 점화신호

6,000rpm → BTDC 98° 점화신호

이처럼 점화신호 발생시기를 빨리 해야만 ATDC 10°에서 적정 동력을 얻을 수 있다. 그러나 실제 엔진에 있어서는 회전상승과 더불어 흡입 혼합기의 유속이 빨라지고, 이에 따른 와류도 좋아 착화 후의 화염전파 속도가 빨라진다. 즉 TR의 점화신호에서 최대 폭발 압력에 이르는 시간(앞의 예로 3ms)이 짧게 된다.

이상과 같은 이유로 엔진 회전속도의 상승에 대응하여 점화시기를 빠르게 해줄 장치가 필요하며 기계식은 배전기 내의 거버너가 있고 전자식은 엔진 rpm의 신호를 받아 ECU 내부의 점화시기 제어프로그램이 제어하게 되는 것이다.

2. 불꽃과 고압의 발생원리

공기 중에는 많은 원자(atom)가 있는데 이들은 (+)이온과 (-)이온으로 나누어져 공기 중에 정체되어 있다. 그림 6-5와 같이 스위치(포인트)가 차단될 때 접촉표면은 급격히 감소하고 따라서 저항이 급격히 증가하는 순간 온도가 증가한다. 이때 두 전극에 고전압을 인가하면 이온은 움직이며 상호 결합에 의한 중성상태가 된다.

이온화 현상으로 인하여 이온의 수는 급히 증가하고 전극 사이에 충분한 수의 이온들이 배열되었을 때 전류는 이온들에 의해서 강한 스파크로 변환되어 전류는 흐르게 된다. 공기를 통해 흐르는 전기적 에너지를 전장(electrical field)이라 하며 도체가 날카로울수록 강해진다.

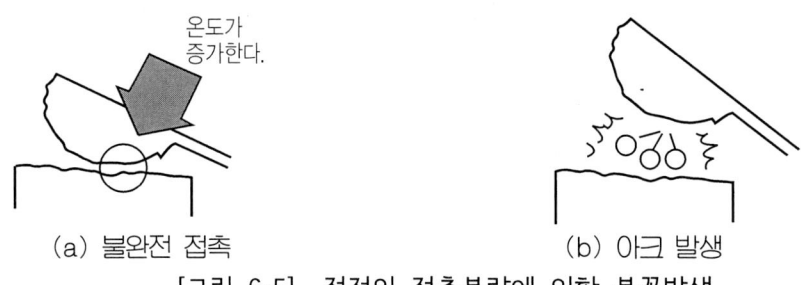

(a) 불완전 접촉   (b) 아크 발생

[그림 6-5] 접점의 접촉불량에 의한 불꽃발생

그림 6-6과 같이 회로에 흐르는 전류를 차단하면 최초는 스파크 방전 발생 후 아크(arc) 방전이 함께 발생한다. 그러므로 실질적인 점화는 스파크와 아크 방전이 함께 발생된다. 도체의 온도가 증가하면 자유전자의 움직임은 더욱 활발해지며 고온에 도달하면 자유전자는 도체를 이탈하기 시작한다. 접점이 떨어지는 순간, 열전자는 도체의 가장자리를 통해 이동된다.

[그림 6-6] 아크방전

그림 6-7과 같이 회로를 단선시켰을 때 전압이 공급된다면 이 회로에는 전류가 흐르지 않게 된다. 회로에서 단선된 부분은 매우 큰 저항으로 생각할 수 있다. 그러나 고전압을 공급할 경우 단선된 공간을 통하여 전류가 흐르게 된다.

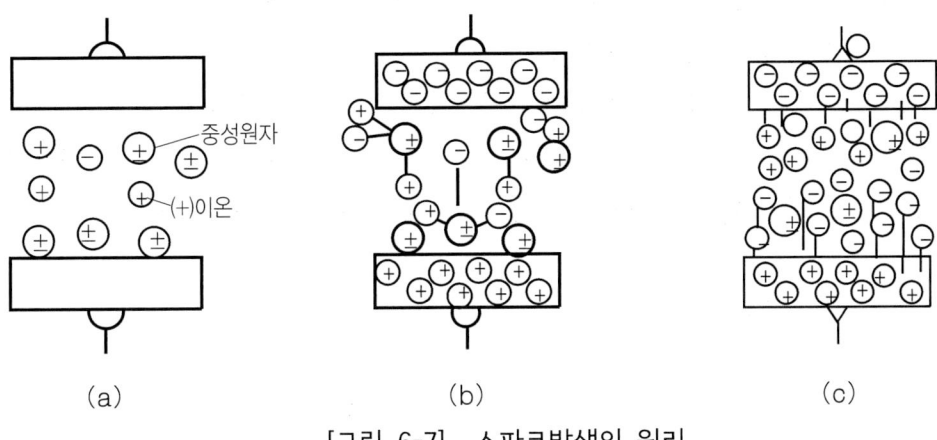

[그림 6-7] 스파크발생의 원리

 스파크 지속시간

① 스파크 지속시간이란 전극사이의 최초 플래시오버 후 잔류 저장에너지가 감소할 때까지 아크 연소가 이루어지는 시간이다.
② 스파크 지속시간 안에 확실한 점화를 위해 점화성 공기/연료 혼합기는 스파크에 의해 반드시 도착해야 한다.
③ 스파크 지속시간은 연료에 균일성이 부족한 것(혼합기 배분의 불일치)에 상관없이 전극과 연소성 혼합기간의 접촉을 보장할 수 있을 정도로 긴 시간 유지되어야 한다.

2.1. 고압의 발생원리

2.1.1. 자기 인덕턴스 효과와 상호 인덕턴스 효과

그림 6-8(a)의 회로에서와 같이 스위치로 1차 코일에 흐르는 전류를 ON, OFF시킨다. 이때 1차 코일 전류의 과도현상은 그림 6-8(b)과 같다. 여기서 스위치가 OFF에서 ON으로 될 때 역기전력(reverse electromotive force)이 전류 I_1과 반대방향으로 발생한다.

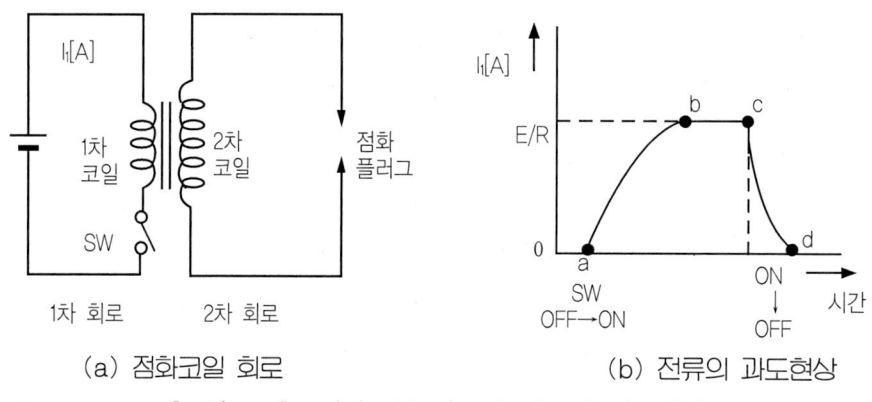

(a) 점화코일 회로   (b) 전류의 과도현상

[그림 6-8] 점화코일 회로와 전류의 과도현상

따라서 그림 6-9의 I_1은 그림 6-8의 a-b 구간과 같이 완만하게 증가하게 된다. 결국, I_1의 양은 코일의 내부저항($I = \frac{E}{R}$)에 의해서 결정되는데 이를 그림 6-8의 b-c 구역에서 보여준다. 다음 스위치가 ON에서 OFF로 될 때는 역기전력이 전류 I_1과 같은 방향으로 발생하게 되는데 이때의 전류 I_1이 즉시 0A에 도달하지는 않는다.

아크 방전은 c-d구간에서 보는 바와 같이 스위치 접점사이에 일어난다. 2차 전압은 전류의 변화량이 클수록, 변화시간이 짧을수록 더 높은 전압을 얻을 수 있다. 즉, 2차 전압은 스위치가 OFF에서 ON로 될 때보다는 ON에서 OFF로 될 때 더 높다.

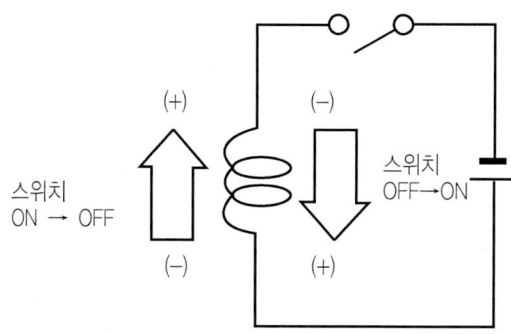

[그림 6-9] 회로에서의 역기전력

2.1.2. 점화 요구전압

점화플러그가 요구하는 점화전압은 스파크방전을 위해 필요한 이론적 최대 고전압이다. 스파크플러그의 점화전압은 스파크가 실제로 전극을 가로질러 도약하는 전압이다. 고전압은 전극사이에 자력을 유도하여, 스파크 갭은 이온화되어 전도성을 갖게 된다. 점화장치에서 발생하는 고전압인 점화 유효전압(available ignition voltage)은 30,000V를 초과할 수 있다.

예비 전압은 점화 유효전압과 점화플러그의 최소 요구전압 사이의 차이다. 스파크 플러그의 노화과정에 따라 전극 갭이 커지므로 시간의 기능으로 최소 점화전압은 증가한다. 실화(ignition miss)는 노화과정이 요구전압이 유효전압을 초과하는 지점보다 앞서는 경우에 발생한다. 따라서 점화 요구전압에 영향을 미치는 요소는 다음과 같다.

[1] 점화플러그와 점화 요구전압

(1) 전극 갭
스파크플러그 갭의 작용으로 최소 점화전압이 증가한다.

(2) 전극 구성
작은 전극 크기가 전기장(electrical field)의 강도(intensity)를 증가시킨다. 이렇게 증가된 자력은 요구전압을 감소시키기 위해 사용될 수 있다. 스파크플러그의 중심전극의 열은 쉽게 전도되지 않으므로 그 부위는 매우 뜨겁다.

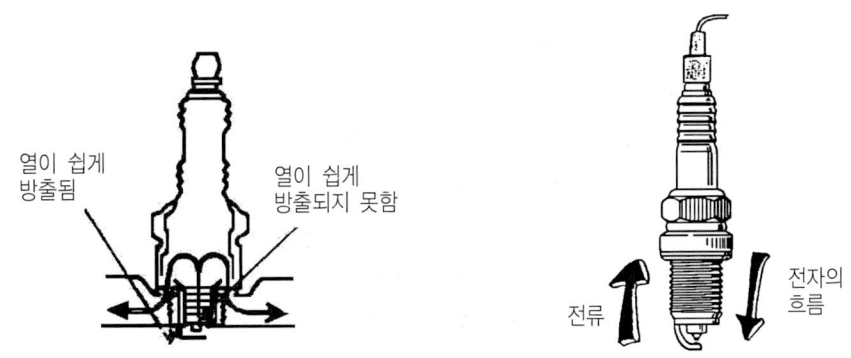

[그림 6-10] 전극의 특성

그림 6-10에서는 보는 바와 같이 접지전극은 열전도가 용이하여 온도가 낮다. 뜨거운 쪽의 전자들은 쉽게 방출, 이동되므로 중심전극은 (-)전극으로 되는 것이다. 실제적으로 스파크플러그의 극성은 점화코일에 의해 결정된다.

(3) 전극 소재

전극의 전자 작동기능(electron work function)은 전도체 소재에 따라 다르므로, 전극 소재는 점화 전압에 영향을 미친다.

(4) 절연 표면

전극사이의 일부, 혹은 전체 전기 이동이 절연체를 따라 발생하면 절연체 표면의 전자는 점화 전압을 감소시킨다.

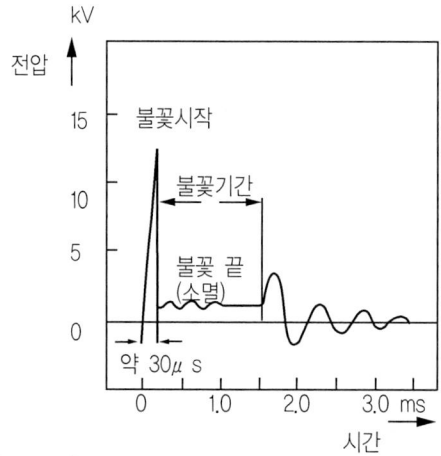

[그림 6-11] 스파크플러그 전극사이 전압

(5) 전극의 상태

스파크 방전은 날카로울수록 쉽게 일어나므로 새 플러그는 점화 요구전압이 낮다. 다른 모든 조건이 일정할 때 간극의 거리는 점화 요구전압에 직접적인 영향을 미친다.

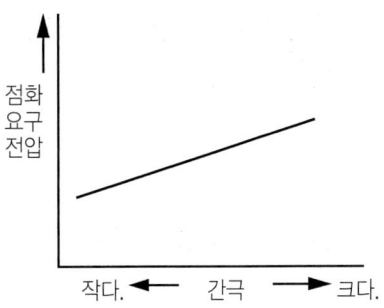

[그림 6-12] 스파크플러그 간극과 점화 요구전압

[2] 압축압력과 점화 요구전압

압축압력을 제외한 모든 조건이 일정한 경우 점화 요구전압도 압력에 대해 일정한 관계를 가진다. 즉, 압축압력이 높아지면 점화 요구 전원도 높아진다. 그 이유는 압력이 증가하면 가스의 밀도가 증가하여 이온들의 움직임이 활발해지지 않기 때문이다. 다시 말하면 스파크 방전의 점화 요구전압은 스파크 간극과 압축 압력에 관계한다.

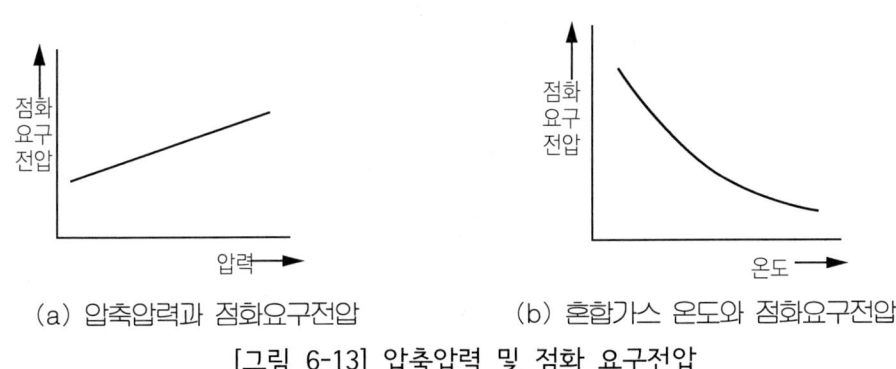

(a) 압축압력과 점화요구전압   (b) 혼합가스 온도와 점화요구전압

[그림 6-13] 압축압력 및 점화 요구전압

[3] 혼합기의 온도와 점화 요구전압

전극 또는 혼합기의 온도가 커지면 점화 요구전압이 낮아진다. 온도가 높아지면 두 전극 사이에서 쉽게 이온화가 일어나기 때문이다. 추운 겨울날 아침 엔진의 시동이 어려운 이유는 온도가 낮아 점화 요구전압이 상승하기 때문이다.

[4] 자동차의 속도 및 부하와 점화 요구전압

(1) 엔진 시동시
엔진 시동시에는 전극과 흡입 혼합기의 온도가 낮기 때문에 특별히 높은 점화 요구전압이 요구된다.

(2) 아이들시
엔진의 온도가 상승하면 전극과 흡입 혼합기의 온도가 증가했기 때문에 점화 요구전압이 낮아진다.

(3) 운전시
속도와 부하가 증가하는 동안 전극과 흡입 혼합기의 온도가 증가하여 점화 요구전압은 낮아지게 된다. 그런데 부하(스로틀 개방)가 크게 증가하면 압축압력 역시 증가하게 되고 점화 요구전압은 다시 증가하게 된다.

(4) 가속시
스로틀밸브를 갑자기 열고 급가속을 할 때 압력 역시 급격히 상승하게 된다. 더불어 점화 요구전압 역시 급격히 높아지게 되는데 급가속시에 나타나는 엔진의 흔들림 현상도 점화장치의 부조에 기인한다.

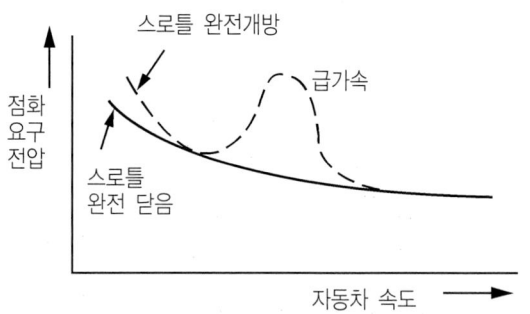

[그림 6-14] 자동차 부하와 점화 요구전압

2.1.3. 점화장치의 회로

그림 6-15는 접점식 점화장치 회로를 예를 들어 나타낸 것이다. 회로에서 스위치가 1차 코일의 전류 I_1을 ON-OFF시키는 점을 브레이커 포인트(breaker point)라고 한다. 이때보다 높은 2차 전압을 얻기 위해서는 축전기를 포인트와 병렬로 연결해야 한다. 앞에서 설명한 바와 같이 음(-)의 높은 전압이 스파크플러그의 중심전극에 공급된다.

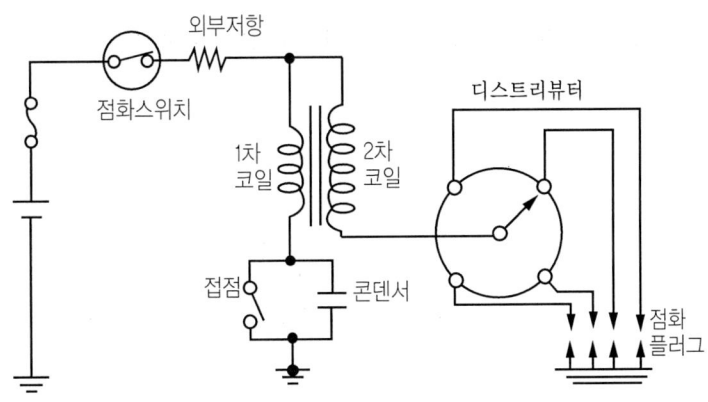

[그림 6-15] 점화장치 회로

다음 그림 6-16의 경우 ⓑ점의 전위가 -10kV라면 ⓐ점은 0V가 된다. 또한 자기유도(self-inductance) 효과로 1차 코일의 ⓓ점은 300~500V이고, ⓒ점은 0V가 된다. 1차 코일의 ⓒ와 2차 코일의 ⓐ는 0V이므로 접지선과 접속할 필요가 없다. 결과적으로 그림에서 보듯이 2차 전압은 축전지를 통하여 흐른다. 만약에 2차 코일의 권선의 방향을 반대로 했을 경우 ⓑ는 +10kV가 되는 것이다.

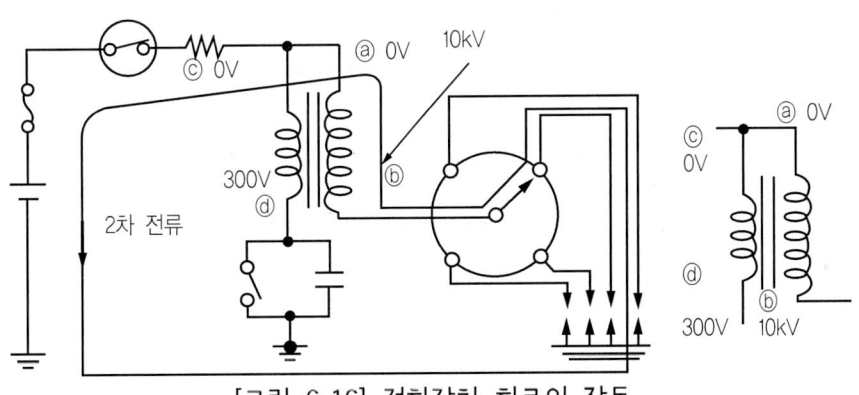

[그림 6-16] 점화장치 회로의 작동

2.1.4. 점화 스코프 파형

파형에는 기계식과 전자식 그리고 1차 파형과 2차 파형이 있으나 여기서는 이해를 돕기 위해 기계식 2차 파형만을 설명하기로 한다. 점화 2차 파형은 그림 6-17과 같다.

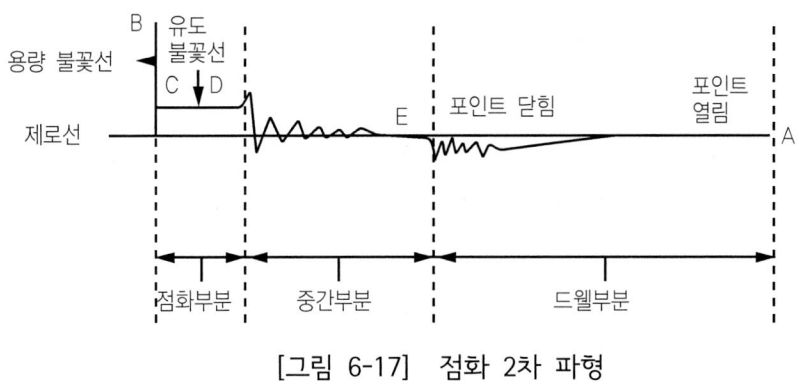

[그림 6-17] 점화 2차 파형

[1] 점화 부분(firing section : A-D지점)

점화플러그에 점화가 되고 있는 기간을 나타내는 부분이다.

(1) 용량 불꽃선(firing line)

점화코일에서 고압이 유도되어 디스트리뷰터의 로터 간극과 점화플러그 간극을 건너 튀는데 필요한 전압을 표시하는 수직선이다.

(2) 유도 불꽃선(spark line)

점화를 유지하기 위하여 필요한 전압을 표시하는 수평선이다.
① A지점 : 디스트리뷰터의 접점이 떨어지는 순간 점화코일에 고압이 형성되는 지점이다.
② B지점 : 점화코일에 고압이 형성되어 점화플러그에서 점화되는 지점이다(이 지점의 높이가 점화 전압이다).
③ C지점 : 점화가 일어나면 고압은 이 지점까지 저하되며 점화가 일어나는 동안 수평을 유지한다.
④ D지점 : 점화플러그에서 스파크가 끝나는 지점이다.

[2] 중간부분(intermediate section : D-E지점)

점화 부분에 연이어 나타나는 부분으로 점화코일 내부에서의 잔류 전압이 점차로 소멸되는 상태이며 잔류 전압은 축전기의 충·방전에 의해 하나의 파장으로 나타나게 된다.

[3] 드웰부분(dwell section : E-A지점)

이 부분은 디스트리뷰터의 접점이 닫혀 있는 동안 캠이 회전한 각도를 나타낸다.
① E지점 : 디스트리뷰터의 접점이 닫히는 지점으로 점화코일에 자장이 형성되기 때문에 파형이 파장으로 나타나게 되며 접점사이의 진동에 의해 파형은 제로선 아래로 나타나게 된다.
② A지점 : 디스트리뷰터의 접점이 떨어지는 지점이다.

2.2. 상호유도 작용(mutual induction action)

코일의 상호유도 작용은 chapter 01에서 설명한 바와 같이 철심에 두 개의 코일을 감고 A코일에 교류의 전기가 흐르면 B코일에는 두 개 코일의 권선비에 비례하는 전압이 유도되는 현상을 말한다.

예컨데 그림 6-18과 같이 1차 코일과 2차 코일의 2개의 코일을 동일 철심 상에 감고 1차 코일에 흐르는 전류를 변화시키면 철심에 의해 공통화된 자력의 영향으로 2차 코일에도 기전력이 발생한다. 여기서 직류일 때는 스위치를 개폐하면 전구에 불이 들어오며 교류는 통전시 곧바로 전구가 켜진다.

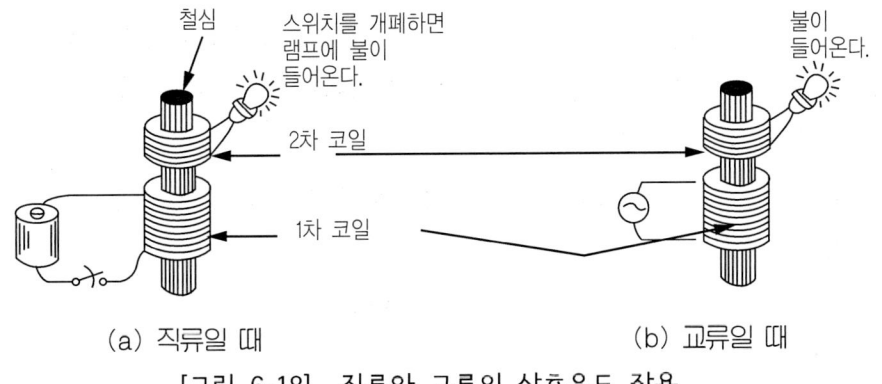

(a) 직류일 때 (b) 교류일 때
[그림 6-18] 직류와 교류의 상호유도 작용

기전력은 그림 6-19와 같이 1차 코일과 2차 코일의 권수비에 의해 2차 코일에 발생하는 기전력이 결정된다. 점화코일의 1차 코일과 2차 코일의 권수비는 1 : 100 정도이므로 자기 유도 전압을 200V로 하면 2차 코일 기전력인 최대출력은 200V×100= 20,000V(20KV)가 되는 것이다. 이에 따라서 2개의 코일 중에서 한 쪽에 흐르는 전류의 크기나 방향을 변화시키면 철심에 형성되는 자력선의 방향도 변화되기 때문에 다른 코일에는 전압이 유기된다.

이와 같이 하나의 전기회로에 자력선이 변화가 생기면 그 변화를 방해하려고 다른 전기 회로에 기전력이 발생되는 현상을 코일의 상호유도 작용(相互誘導作用)이라 한다.

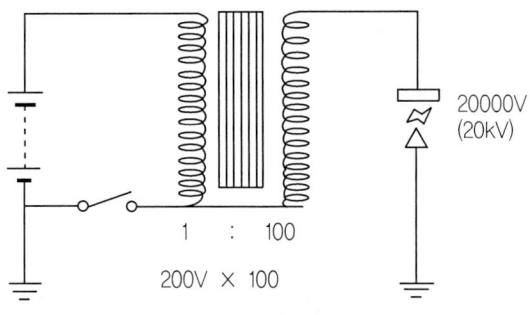

[그림 6-19] 권수비에 의한 기전력

2.3. 코일의 자기유도 작용(self induction action)

코일의 자기유도 작용 그림 6-20(a)에 나타낸 것과 같이 스위치를 닫아 철심에 감은 코일에 전류를 흐르게 하면 철심에 자력선이 형성되는 순간 그림 6-20(b)에 나타낸 것과 같이 코일에는 철심에 자력선이 형성되는 것을 방해하는 방향으로 전류가 흘러 전압이 유기 된다. 즉, 스위치를 닫으면 전류가 흐르는 방향과 반대방향으로 유도 기전력이 유기 된다.

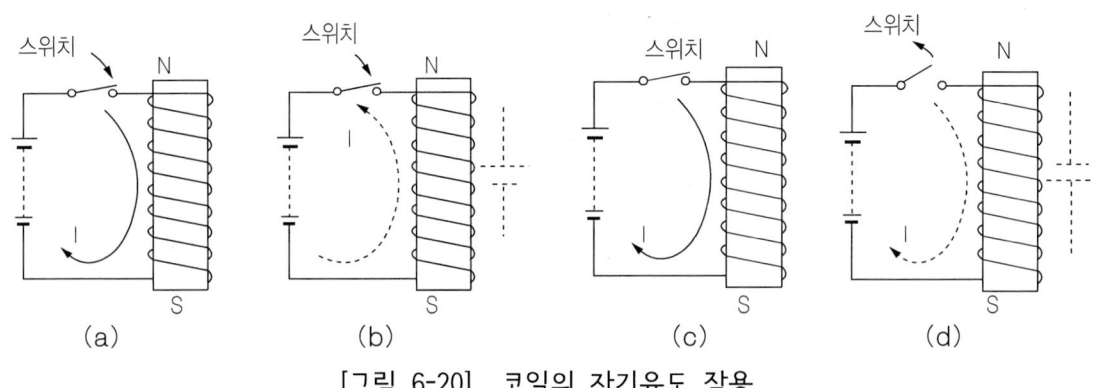

[그림 6-20] 코일의 자기유도 작용

또한 코일의 자기유도 작용은 그림 6-20(c)에 나타낸 것과 같이 전류가 흐르는 상태에서 그림 6-20(d)에 나타낸 것과 같이 스위치를 신속하게 열면 소멸하는 자력선을 지속시키려는 방향으로 전류를 흐르게 하여 전압이 코일에 유기 된다.

이와 같이 코일 자신에 흐르는 전류를 단속하면 코일의 자력선이 증가 또는 감소될 때 그 변화를 방해하는 방향으로 전류를 흐르게 하여 전압이 유기된다. 즉, 코일 자신에 흐르는 전류를 변화시키면 코일과 교차하는 자력선도 변화되기 때문에 코일에는 그 변화를 방해하는 방향으로 기전력이 발생되는 현상을 자기유도 작용(磁氣誘導作用)이라 한다.

2.4. 점화코일 발생전압의 극성

점화코일의 1, 2차 코일은 그림 6-21처럼 같은 방향으로 감겨 있으며, 1차 코일에 전류를 흐르게 한 후 그 전류를 차단할 때 발생하는 역기전력과 같은 방향의 역기전력이 2차 코일에서도 발생한다.

2차 코일의 권선 끝과 1차 코일의 권선 시작을 결선하면, 마치 하나의 코일을 연속하여 한꺼번에 감은 것과 같다. 따라서 2차 코일에 발생하는 역기전력과 1차 코일에 발생하는 역기전력은 각 각 분리되지 않고 합하여진 전압으로 고압단자와 (-)단자(저압)에 나타난다.

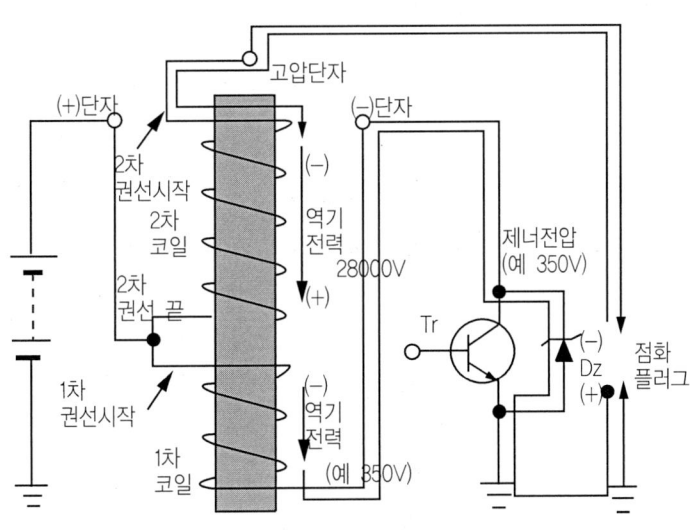

[그림 6-21] 점화코일의 결선

그러나 이때 발생한 1차 코일의 역기전력을 Dz에 의해 소비되므로, 결국 2차 코일의 역기전력이 점화플러그에 가해지게 된다. 점화플러그에 가해지는 전압의 극성은 접지전극이 (+), 중심전극이 (-)에의 전압으로 가해져 일반적인 배터리 전원 회로와는 반대로 된다.

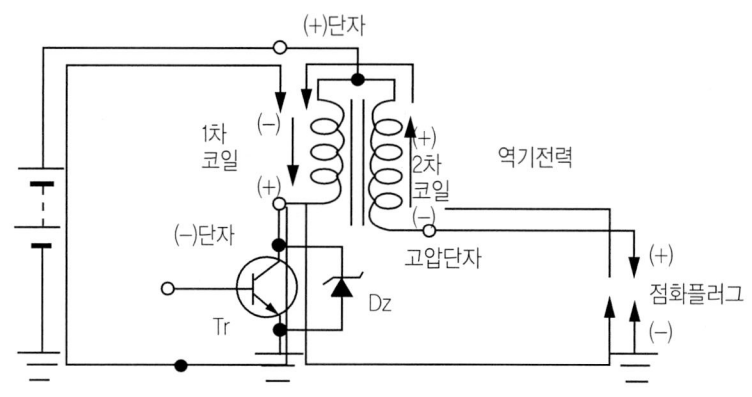

[그림 6-22] 점화코일의 발생전압

참고 점화플러그의 전압극성이 배터리 전원과 반대인 이유

① 전극 형상이 방전시 (-) 전압이 유리하다.

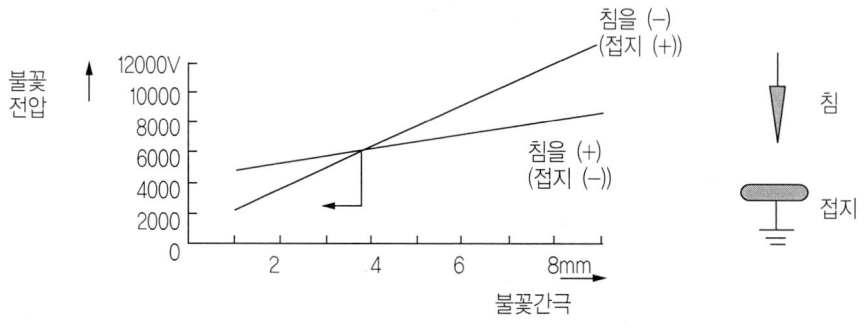

[전압의 극성과 방전전압]

위 그림은 침상 전극과 판상 전극을 조합하여 고전압을 가할 때 전압의 극성과 방전전압의 관계를 나타낸 것이다. 이 점화 간극사이에서 약 4mm 이하의 간극을 두고 방전시키게 되면, 침을 (-)로 하고 접지를 (+)로 할 때가 낮은 전압에서의 방전성이 용이함을 알 수가 있다.

점화플러그의 중심전극과 접지전극과는 위의 예와 같이 극단적이지 않지만, 접지 전극 쪽이 평탄하고 또 점화간극도 약 1mm 부근을 사용하고 있기 때문에 중심전극을 (-)로 하는 것이 유리하다.

② 점화플러그의 중심전극과 접지전극이 받는 온도차이 때문이다.

아래 그림에서와 같이 각각의 전극에서 받은 열의 발산경로를 보면, 접지전극은 중심 전극에 비해 바로 짧은 거리로 실린더헤드에 열 발산이 된다. 따라서 접지전극의 온도는 낮고 중심전극의 온도는 높은 상태가 되며, 이런 경우의 전류는 온도의 낮은 쪽으로부터 높은 쪽으로 흐르기 쉽게 된다. 따라서 점화플러그에 중심전극은 고온이 되므로 중심 전극으로부터 접지전극으로 향한 전자가 이동하기 쉬우며 전자는 (-)의 전기를 향하여 전류가 흐르기(방전) 쉽다.

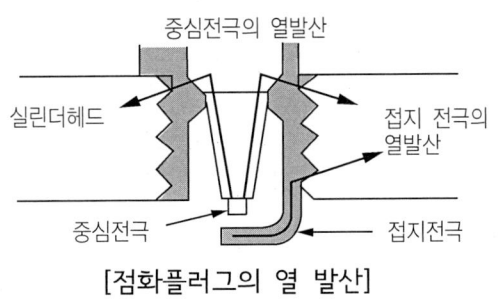

[점화플러그의 열 발산]

3. 점화장치의 구조와 작동

3.1. 점화장치의 구성

점화장치는 형식에 따라 다르지만 기본적으로 점화코일(ignition coil), 배전기(distributor), 점화플러그(spark plug)로 구성되어 있다. 본 chapter에서는 접점식 점화장치를 위주로 설명한다. 점화스위치를 ON하면 축전지의 전류는 점화코일의 1차 코일을 거쳐 단속기 접점으로 흐른다. 접점이 닫혀 있으며 전류는 접점을 통하여 흐르고 1차 코일에 자력선을 발생시킨다.

엔진이 회전하여 배전기축의 로터에 의해 접점이 열리는 순간 1차 코일로 흐르는 전류는 차단되고, 급격한 자력선 감소로 인한 고전압(10,000~30,000V)이 2차 코일에 발생한다. 이 고전압은 고압 케이블(high tension cable)을 통하여 배전기 로터의 회전에 따라 각 점화플러그 양전극 사이에서 불꽃이 발생한다.

여기서, 고전압이 발생되기 전에 축전지 전류가 흐르는 회로는 1차 회로라 하고 상호유도작용에 의해 발생된 고전압이 흐르는 회로를 2차 회로라고 한다.

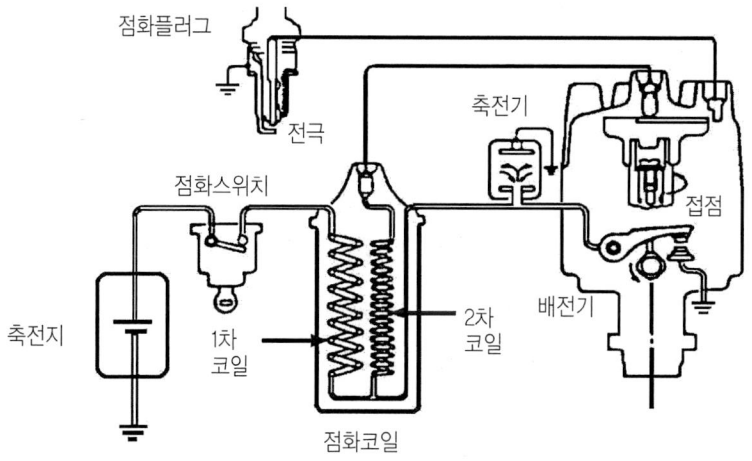

(a) 접점을 이용한 1차 코일 단속

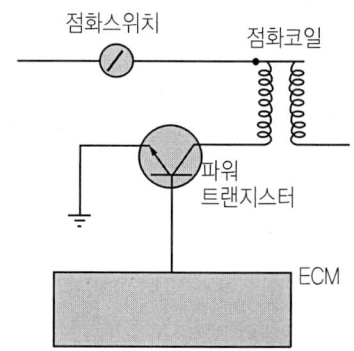

(b) 전자식 1차 코일 단속

[그림 6-23] 점화장치의 구성

3.2. 점화코일(ignition coil)

점화코일은 표류 자계를 감소시키기 위해 2차 코일은 박판 철심에 직접 감겨있고, 철심을 통해 점화코일 캡의 중앙 2차 코일 단자에 접속되어 있다. 철심에는 고전압이 작용하므로 철심은 절연되어야 하며 베이스에는 추가로 절연체가 삽입된다.

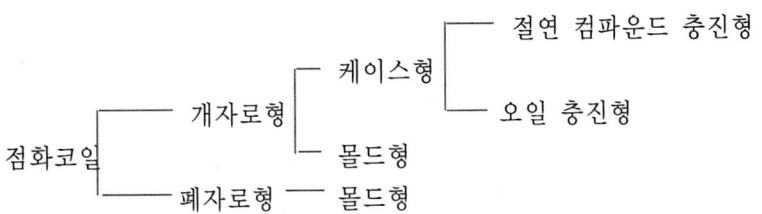

1차 권선은 2차 권선 주변에 있다. 절연된 점화코일 캡은 배터리 전압을 위한 단자가 설치되어 있고 고전압 타워와 대칭적으로 배열되어 단속기에 연결되는 단자가 설치된다. 열은 금속 플레이트 재킷을 통해 케이스로 분산되며 점화코일은 넓은 클램프로 차체에 고정되어 있어 이 금속 밴드를 통해 가능한 많은 열이 분산된다.

점화코일은 아래와 같이 개자로형과 폐자로형으로 나누며 그 장·단점은 아래 표와 같고 개자로형은 다시 케이스형과 몰드형으로 구분한다.

[개자로형과 폐자로형 코일의 장·단점]

항 목	개자로형	폐자로형
내열성	고온에서 컴파운드 샐 경우 있음	충진물 흘러나오지 않음
내진성	내부 부품규격 엄격하게 관리할 필요 있음	내부 코일부품이 일체로 되어 진동에 영향 없음
내부방전	내부 오일 공간이 있는 경우 냉각시 공간이 있음	내부공간이 없어 유리함
1차측 서지전압	자속 유출 큼	자속 유출 작음
2차 전압	20,000~25,000V	30,000V 이상
가격	싸다	비싸다

3.2.1. 개자로형 점화코일

자동차용 점화코일은 개자로형이 주류를 이루어 사용되어 왔다. 구조는 그림 6-24와 같이 원통형의 철이나 알루미늄 등의 금속 안에 컴파운드 또는 오일을 넣어 만들었다. 코일의 중심부 철심은 자력선의 손실과 열발생을 감소시키기 위해 얇은 규소 강판을 겹치거나 말아서 만들었고, 이 철심봉에 2차 코일과 1차 코일이 감겨져 있다.

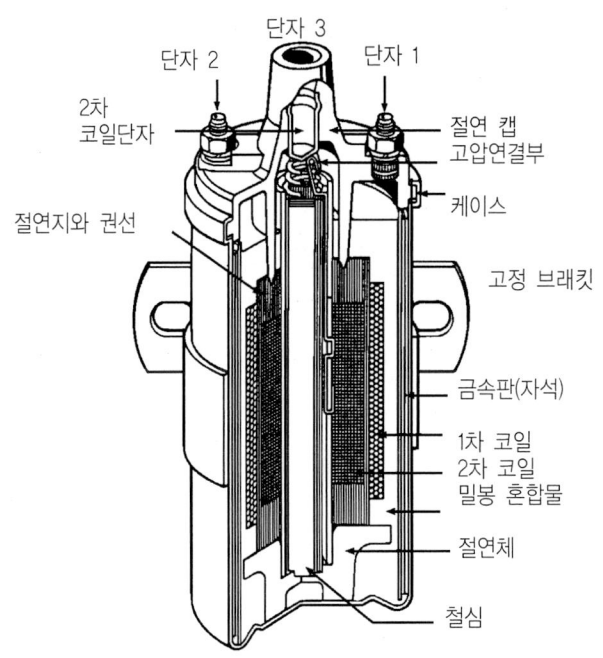

[그림 6-24] 점화코일의 구조

 개자로형 점화코일은 1차 코일의 전류에 의해서 발생하는 자속이 철심의 중심을 통한 후 공기 중으로 통하기 때문에 자속의 손실이 많으므로 2차 전류의 손실이 커진다. 따라서 코일의 자속 경로가 대기 중으로 열렸다고 하여 개자로(開磁路)형이라고 한다.

 개자로형의 1차 코일은 0.5~1mm의 동선이 200~300회 정도 감겨 있고, 2차 코일은 0.05~0.1mm 정도의 동선으로 약 20,000~30,000회 정도 감겨 있다. 또한 1차 코일의 방열을 잘 시키고 발생한 자속을 가능한 많이 2차 코일의 중간을 통과시키기 위해 2차 코일 바깥쪽에 1차 코일을 감아 놓았다. 1차 코일과 2차 코일은 같은 방향으로 감겨 있고, 그림 6-25와 같이 2차코일의 권선 시작은 2차 단자(고압단자)에 접속되고, 2차코일 권선 끝은 1차 코일의 권선 시작(+측 단자)과 연결되어 있다.

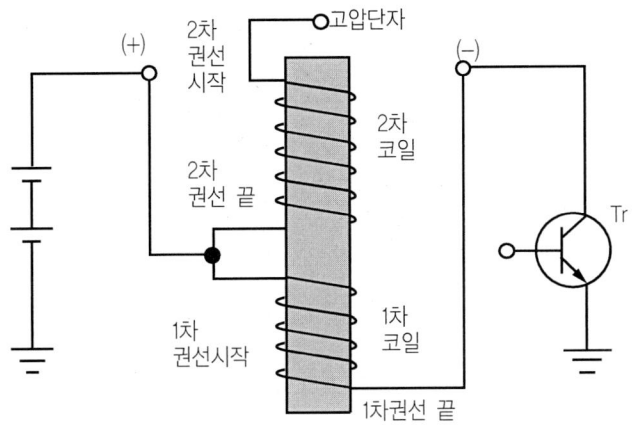

[그림 6-25] 개자로형 코일의 권선 연결도

   점화코일에서는 1차 코일에 장시간에 걸쳐 비교적 큰 전류가 흘러서 코일의 온도가 상승하는 것을 방지하기 위해 그림 6-26과 같이 점화코일 외부에 1차 저항을 부착하기도 한다. 이 1차 저항은 엔진이 작동할 때는 1차 코일의 전압을 전원(12V)보다 낮게 하여 점화코일의 온도 상승을 방지한다. 또한 엔진 시동시에는 1차 저항쪽의 전류를 차단하고 전원 전압을 직접 다이오드를 통해 흐르게 하여 보다 강한 2차 전압을 이용해 엔진 시동을 쉽게 한다. 1차 저항으로 많이 사용되고 있는 밸러스트 저항(ballast resistance)은 온도에 민감한 일종의 가변저항이다.

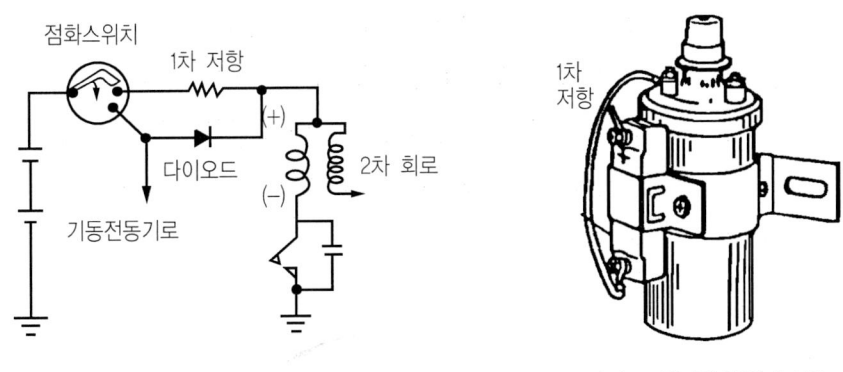

(a) 1차 저항을 사용한 점화회로   (b) 1차 저항의 부착

[그림 6-26] 외부 1차 저항회로 및 부착도

이 저항은 엔진의 속도가 낮을 때에는 비교적 긴 시간 많은 전류가 흐르게 되므로 저항에 열이 발생한다. 따라서 저항이 증대되어 코일에 흐르는 전류의 양이 적게 되며, 엔진 속도가 클 때에는 반대현상으로 비교적 많은 전류가 흐르게 된다. 이상에서 설명한 바와 같이 개자로형 점화코일은 구조가 간단하고 가격면에서도 폐자로형보다 유리하여 예전 차량의 접점식과 트랜지스터 점화장치에 많이 사용해온 방식이다.

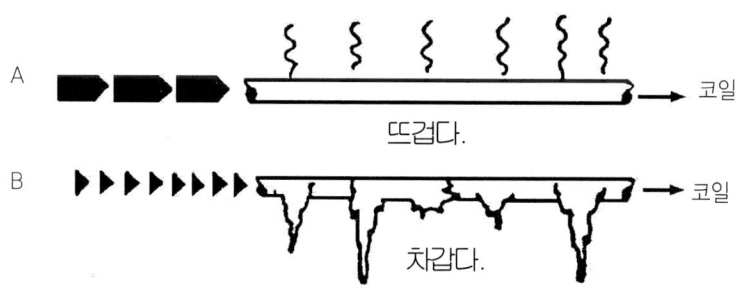

[그림 6-27] 밸러스트 저항특성

3.2.2. 폐자로형 점화코일

개자로형 점화코일보다 더 강력한 2차 전압을 유도하기 위한 것이 폐자로(閉磁路)형 점화코일이다. 이 폐자로형 점화코일을 1974년 GM사로부터 시작하여 우리나라에는 1986년에 도입되었고, 일명 HEI(high energy ignition)이라 하기도 한다. 폐자로형 점화코일은 4각 철심의 안쪽에 1차 코일을 감고 바깥쪽에 2차 코일을 감아 개자로형과는 반대로 되어 있다.

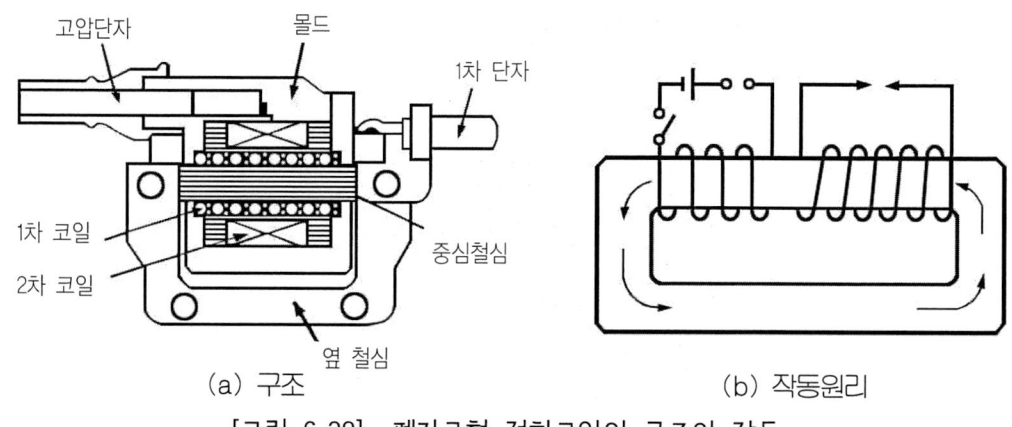

[그림 6-28] 폐자로형 점화코일의 구조와 작동

이것은 자속의 경로가 대기로 개방되어 있는 개자로형과는 달리 4각의 철심으로 자로(磁路)를 만들었기 때문에 철심만을 통해 돌아오도록 소형화된 것이 특징이며, 자속이 공기 중으로 통할 때보다 약 1만배 정도 자속이 잘 통하는 성질이 있어 자속의 손실이 거의 없기 때문에 높은 2차 전압을 발생시킬 수가 있다.

개자로형 점화코일에서는 보통 20,000~25,000V의 고전압을 얻는데 비하여 폐자로형 점화코일에서는 30,000V 이상의 고전압을 얻을 수 있는 장점이 있으나, 구조상으로 권선하기가 어렵고 가격이 비싼 결점도 있다.

3.3. 배전기(distributor)

3.3.1. 배전기의 고전압 분배

4사이클 엔진은 크랭크축이 2회전하면 1회의 폭발이 이루어지므로 배전기는 엔진이 2회전하면 1회전하도록 기어비가 결정되어 있다. 또한 엔진의 각 실린더 폭발행정시에 발생하는 동력에 의한 진동 발생을 최대로 막고 원활한 회전을 위해 기통에 따라 지정된 점화순서를 사용하고 있다. 예컨대, 4기통은 1 - 3 - 4 - 2 또는 1 - 2 - 4 - 3, 6기통은 1 - 5 - 3 - 6 - 2 - 4 또는 1 - 4 - 2 - 6 - 3 - 5, 8기통은 1 - 8 - 4 - 3 - 6 - 5 - 7 - 2 형식의 점화순서에 따라 배전장치를 구성한다.

그림 6-29는 6실린더용 엔진의 5번 실린더 점화플러그에 불꽃을 발생시키는 순간을 나타냈다. 배전기 캡의 접지단자에 로터가 마주 대하는 순간 점화코일에 의해 고전압이 발생되면, 그림과 같은 경로로 전류가 흘러 5번 실린더 점화플러그에 불꽃이 발생하게 된다. 이때의 점화 시기는 엔진의 회전속도와 부하상태에 따라 변한다.

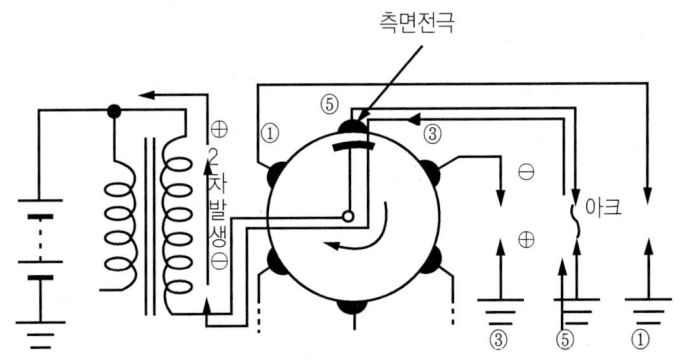

[그림 6-29] 5번 실린더 점화시 로터의 위치와 고전압 분배

예를 들어, 점화 시기가 엔진 크랭크 각도로 60°(배전기는 30°)진각되면, 그림 6-30과 같이 배전기의 5번 접지전극과 1번 접지 전극 중간위치에 로터가 서 있게 된다. 이때 점화 코일에서 고전압이 발생하면, 1번 실린더쪽은 배기행정 말이므로 실린더 내의 기압이 대단히 낮아 1번 실린더 쪽으로 흘러 버리게 된다.

물론 이 예는 극단적인 60°진각을 나타냈지만 이런 이유 때문에 그림 6-31과 같이 30°진각(배전기 15°진각)에서도 초기 설정 위치를 15°늦은 상태로 시작한다. 그 곳으로부터 30°가 진각되면, 중심으로부터 15°밖에 진각되지 않기 때문에 보다 큰 진각범위를 얻게 된다.

이와 같이 진각범위를 크게 하기 위하여 로터의 끝을 부채형으로 넓게 하고 있다. 그리고 실린더 수가 많은 엔진일수록 배전기 캡의 외경을 상당히 크게 해야 한다. 즉 실린더 수가 많으면 옆에 있는 접지전극 단자와 거리가 좁게 되므로 최대 진각시 필요로 하는 간극을 주려면, 그만큼 배전기 캡의 외경이 커야 되는 문제점이 있기 때문이다.

배전기를 소형화하기 위한 방법으로는 점화코일에서 발생한 전압을 (+)극성과 (-)극성을 교대로 발생시키는 점화장치가 있으며, 이 장치는 배전기의 로터 내에 다이오드를 내장시켜 원활하게 고전압을 배전시키는 다이오드 로터 배전장치가 있다.

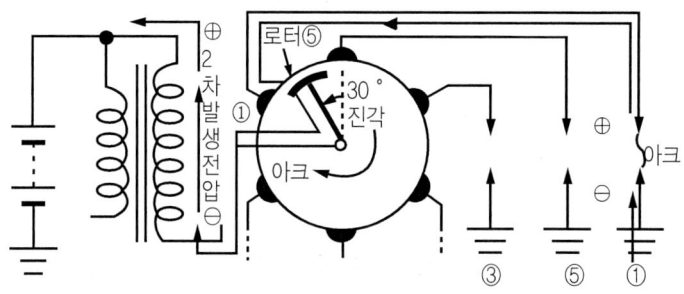

[그림 6-30] 30°진각시의 배전 관계

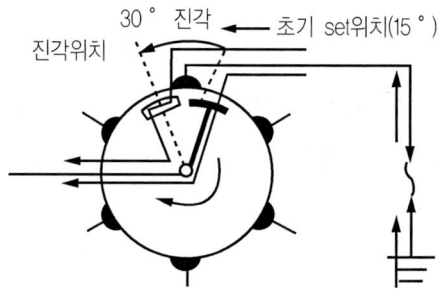

[그림 6-31] 초기 진각이후의 진각

3.3.2. 배전기 분류

배전기는 형식과 구조에 따라 접점식, 이그나이터식, 파워 트랜지스터식 등 다양하지만 본 란에는 접점식 배전기 위주로 소개하고자 한다. 배전기는 다음과 같이 4부분으로 나눌 수 있다.

① 배전기구 : 배전기, 캡과 로터
② 단속기구 : 접점, 콘덴서
③ 진각기구 : 거버너와 다이어프램
④ 구동기구 ; 배전기 축과 기어

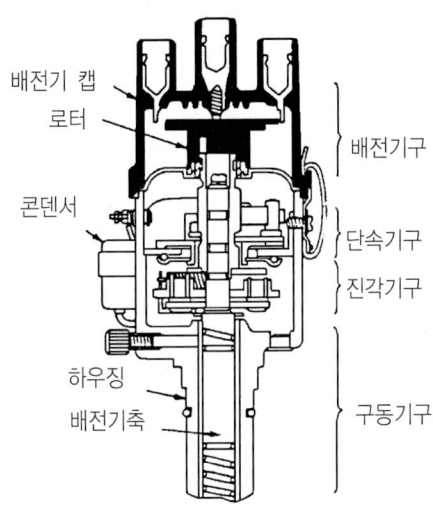

[그림 6-32] 접점식 배전기의 구조

3.3.3. 배전기구 및 단속기구

배전기구는 배전기 캡과 로터로 구성되어 있고, 단속기구에는 접점과 콘덴서가 구성되어 있다. 배전기 내의 배전장치는 점화코일에서 발생된 고전압을 각 실린더의 점화플러그로 분전하는 장치이다. 점화코일에서 발생한 고전압은 배전기 중앙 단자를 통해 로터의 선단을 거쳐 캡 안의 전극(segment)으로 흐른다.

[1] 회전식 배전기(rotating distributor)

재래식 점화장치에서는 코일에서 발생한 고전압은 기계식 배전기에 의해 해당 실린더로 전송된다. 전자식 배전장치는 배전기의 보조기능인 원심 및 진공 진각기구가 없어지고 각종 센서를 이용하므로 배전기의 구조는 간단해진다.

회전식 배전기는 그림 6-33과 같이 배전기 캡, 로터로 크게 나누며 로터는 캠축 위에 직접 장착된다. 고압의 분배는 실린더 수에 비례하여 배전기 캡에 접지전극이 장착되어 있는데 점화코일에서 발생한 고압은 고압케이블을 통해 배전기 캡의 중심전극으로 이동하고 다시 로터를 통해 사이드 전극과 고압케이블을 통해 점화플러그로 보내어진다.

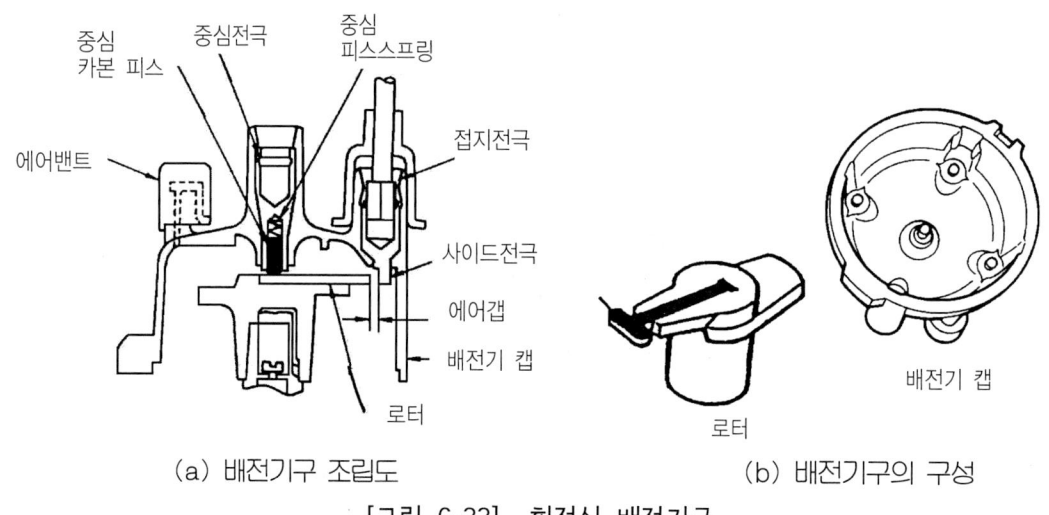

(a) 배전기구 조립도   (b) 배전기구의 구성

[그림 6-33] 회전식 배전기구

(1) 배전기 캡

배전기 캡에 점화코일과 접속되는 중심단자가 있고 그 주위에 기관 실린더의 수와 같은 수의 점화플러그 단자가 같은 간격을 두고 배열되어 있다. 또한 중심단자의 내측에 로터 헤드에 접촉하는 센터 카본이 있다. 또한 접점이 개폐될 때 불꽃방전으로 오존(O_3)이 발생되며, 오존은 발생기 산소로써 산화작용이 대단히 활발하므로 배전기 하우징에 적당한 에어 밴트(vent : 환기구멍)를 두고 있다. 배전기 캡은 보통 합성수지(plastic)로 만들며 내전압이 25kV 이상이고, 내열, 내자성이 크고 기계적 강도도 높다.

(2) 로터

로터는 배전기축의 맨 위에 설치되어 있으며, 배전기 캡의 중심단자로부터 받은 고압 전류를 각 점화플러그 단자에 전달하는 역할을 한다. 로터의 앞 끝과 캡 안의 플러그단자는 보통 0.35~0.4mm 정도 간극을 두고 있다.

(3) 단속기접점 및 배전기 캠

단속기접점은 점화코일에 흐르는 1차 전류를 단속하는 부분으로 접지접점(grounded contact point)과 단속기 암 접점(contack breaker arm point)으로 되어 있으며 접지접점은 단속기판에 직접 설치되어 접점 간극(0.5mm)을 조정할 때 이외는 움직이지 않게 되어 있다.

단속기암 접점은 단속 암의 한 끝에 붙어 있고 암의 한 끝은 파이버 부싱을 사이에 두고 피벗 포스트에 피벗되어 있다. 접점은 소손을 방지하기 위하여 용융점이 높은 백금이나 텅스텐 강으로 되어 있으며, 접점 간극이 너무 작으면 점화시기가 늦어지고 간극이 크면 점화시기가 빨라진다. 단속기 암 스프링의 장력은 4~5N이며, 장력이 세면 러빙블록이나 캠의 마멸이 빨라지고 스프링장력이 약하면 고속운전에서 접촉이 나빠 실화의 원인이 된다. 배전기 캠은 원심 진각장치가 연결되는 타이밍 레버, 단속기 암 휠을 밀어주는 캠, 배전기 로터를 끼우는 머리부분으로 되어 있고 캠은 기관의 실린더수와 같은 수로 되어 있다.

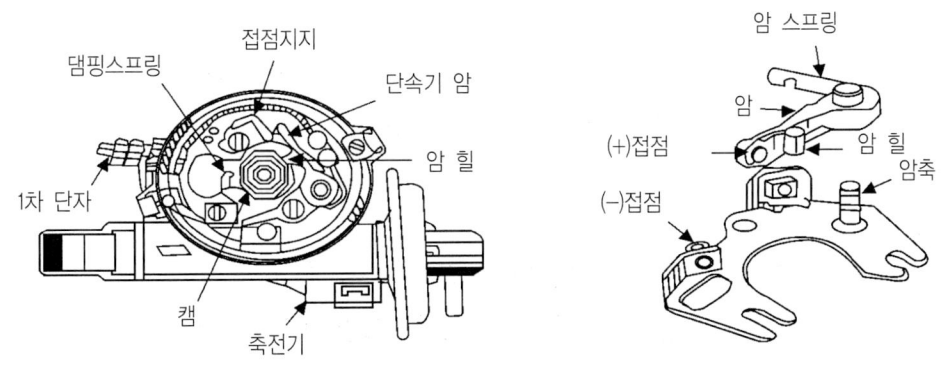

[그림 6-34] 단속기 접점

(4) 축전기(condenser)

축전기는 그림 6-35와 같이 절연지(콘덴서 페이더)로 절연된 두 장의 은박지를 감아서 케이스에 넣은 것으로서 은박지 한 장은 케이스에 접지하고 다른 한 장은 외부로 나와 있는 리드선에 접속되어 있다.

축전기는 1차 전류가 차단되면 1차 코일에는 유도된 전류 때문에 불꽃방전(arc)이 발생하는데 접점이 열렸을 때(점화 1차 전압발생시) 접점사이의 아크를 흡수하여 접점 소손을 방지하고, 1차 전류의 차단을 신속하게 하여 전압을 높이고 접점이 닫혔을 때(점화 2차 전압발생시) 충전되어 있던 전하를 방출하여 1차 전류의 회복을 빠르게 한다. 축전기는 단속기 접점과 병렬 연결되어 있으며 축전기 용량은 0.2~0.3μF을 사용한다.

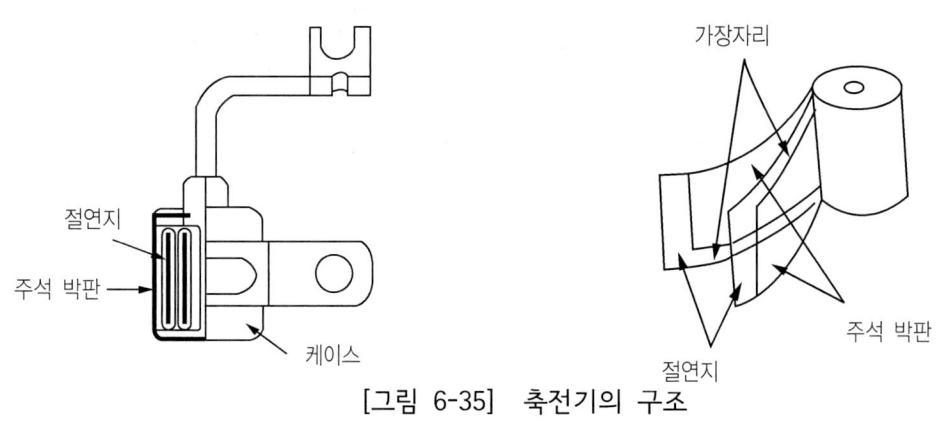

[그림 6-35] 축전기의 구조

[2] 정지식 배전기(stationary distributor)

무배전기식 또는 전자식 배전기는 별도의 배전기가 없고 점화코일을 통해 고압이 직접 분배되는 방식이다.

(1) 싱글 스파크 점화코일방식(single spark plug ignition coil type)

싱글 스파크 점화방식은 전자장치가 각종 센서의 입력신호에 따라 점화시기가 결정되어 코일의 고압은 직접 점화플러그로 분배된다. 이 방식은 배전기 손실이 발생하지 않으므로 코일은 작게 만들 수 있고 설치 위치도 스파크플러그 위에 설치할 수 있어 간편하다. 이 장치는 캠축센서에 의해 제어된다.

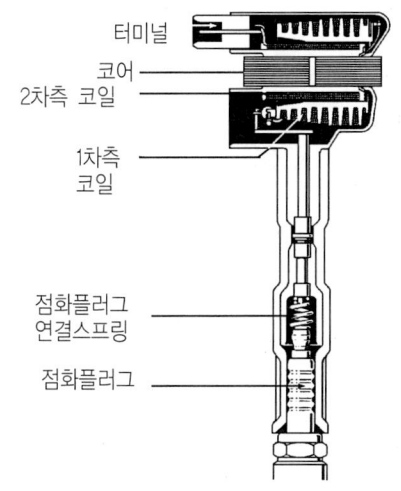 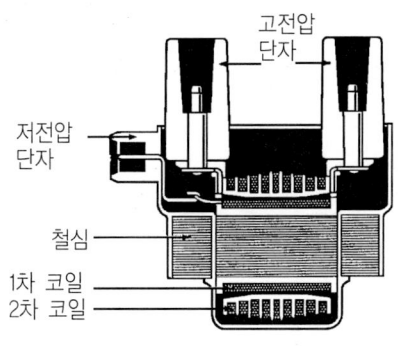

(a) 싱글 스파크 점화코일   (b) 듀얼 스파크 점화코일

[그림 6-36] 정지식 배전기

(2) 듀얼 스파크 점화코일방식(dual spark plug ignition coil type)

 이 방식은 하나의 코일 점화 출력이 두 개의 점화플러그로 배분된다. 실린더의 압축행정시 한 개의 점화시기가 일치하고 배기행정에 다른 한 개의 점화시기가 일치하여 점화가 발생하면 두 스파크플러그에서 스파크가 발생한다. 배기행정 중에 해당되는 실린더에 발생한 스파크는 실화(missfire)가 되는 것이다.

[3] 다이오드 로터식 배전기(DRD ; diode rotor type distributor)

 다이오드 로터식 배전기는 파워 트랜지스터 2개를 사용하여 점화코일의 발생 전압을 (+)전압과 (-)전압을 상호 반대 전압으로 발생하도록 한 다음, 그 발생전압을 배전기에서 각 점화플러그에 배전시키는 방식이다. 배전기는 로터 내에 다이오드를 내장시켜 다이오드에 의해 (+), (-)의 고전압을 상호 분배하도록 되어 있으며, 배전기의 소형화와 점화 진각폭을 크게 할 수 있는 특징이 있다.

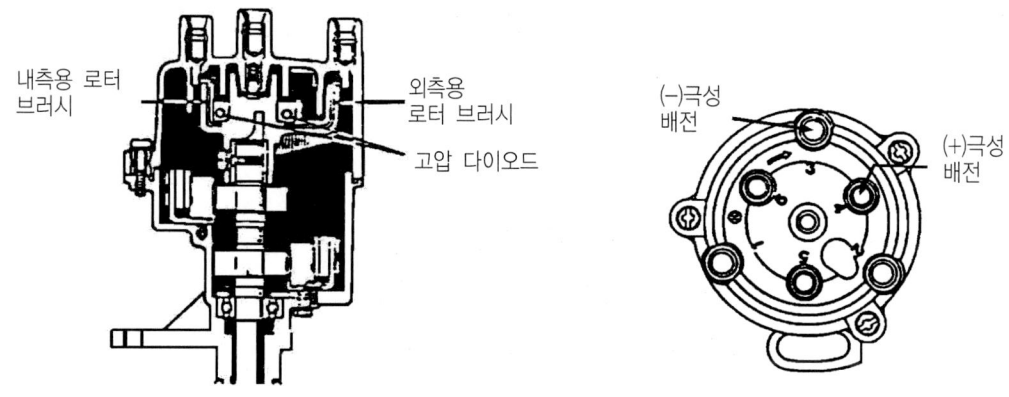

[그림 6-37] 다이오드 로터식 배전기의 구조

(1) (+)전압과 (-)전압을 발생하는 점화코일

점화코일의 (+) 또는 (-)전압이라고 하는 것은 차체 접지방식에서 점화플러그에 가해지는 고압이 (+)전압인가 (-)전압인가를 나타내는 것이다.

그림 6-38(a)과 같이 배터리 (-)측을 접지 시킨 경우에는 가장 낮은 전위의 (-)단자를 기준(0V)으로 보며, 배터리의 비 접지측 단자는 (+) 12V이다. 그림 6-38(b)과 같이 배터리의 (+)단자를 접지시킨 경우에는 배터리의 가장 높은 전위 (+)단자를 기준으로 보며, 비접지측(-단자)은 모두 (-)전압이 된다. 두 가지 경우의 전위차는 12V로서 전력으로는 전혀 변화가 없지만 기준점이 틀려지게 된다.

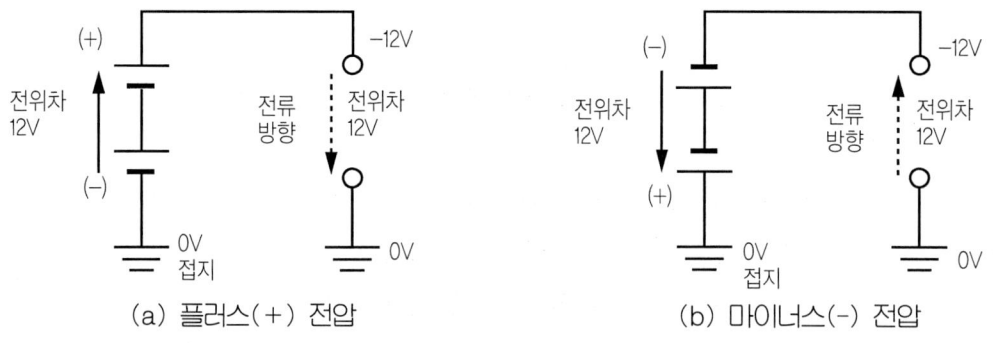

[그림 6-38] 점화플러그의 극성 비교

(2) TR ON, OFF시의 역기전력

그림 6-39에서 신호 발전기에 의해 베이스신호 전류가 흘러 TR이 ON되면, 1차 코일에 배터리 전원 전압의 전류가 흘러 자속이 발생되고, 그 자속의 변화를 받아 1차 코일은 기전력을 발생한다. 이 기전력(12V)은 점화코일과 2차 코일에서도 1차 코일과의 권선비의 배로 전압이 발생한다.

예를 들어, 1차 코일과 2차 코일 권선비가 70배이면 12V×70배= 840V가 발생하게 되는 것이다. TR이 ON될 때 생기는 전압은 1,000V 이하의 전압으로 되어 점화플러그 쪽으로 흐르나, 일반적인 TR 점화장치(접점식도 동일)에서의 (-)고전압과는 반대의 (+)전압으로 발생되어 점화플러그에 전달된다.

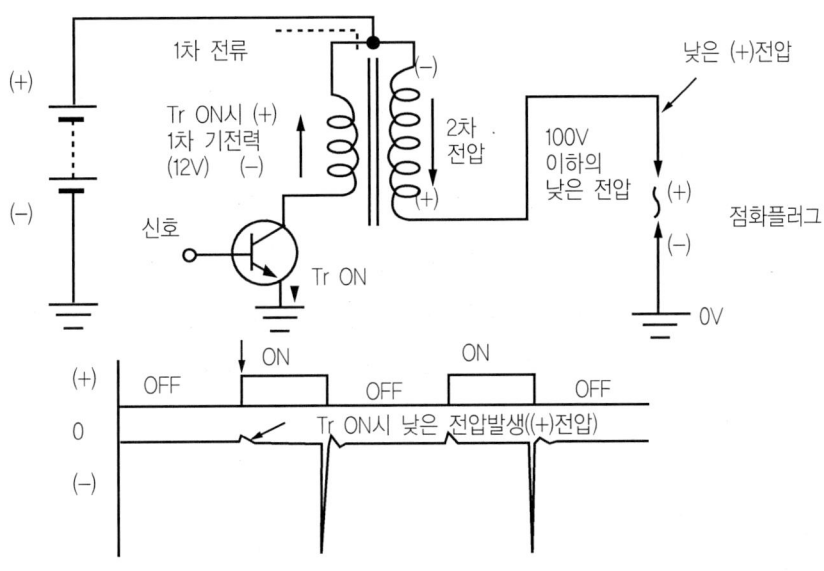

[그림 6-39] TR ON시 낮은 역기전력 발생(+전압)

다음에는 TR이 ON되어 1차 코일에 전류가 흐르고 있는 상태에서 TR이 OFF되면 점화코일 내의 자속이 급속으로 0이 됨에 따라 상당히 큰 역기전력이 발생되며, 이 전압의 발생 방향은 TR이 ON으로 될 때와는 반대로 그림 6-40과 같이 된다. 이때의 1차측 코일에도 약 350V 정도의 크기로 역기전력이 흐르며, 이 (-)전압에 의해 점화플러그의 접지 전극으로부터 중심 전극 측으로 향한 전류가 흐르고, 전자는 반대로 중심 전극으로부터 접지 전극으로 흐르게 된다.

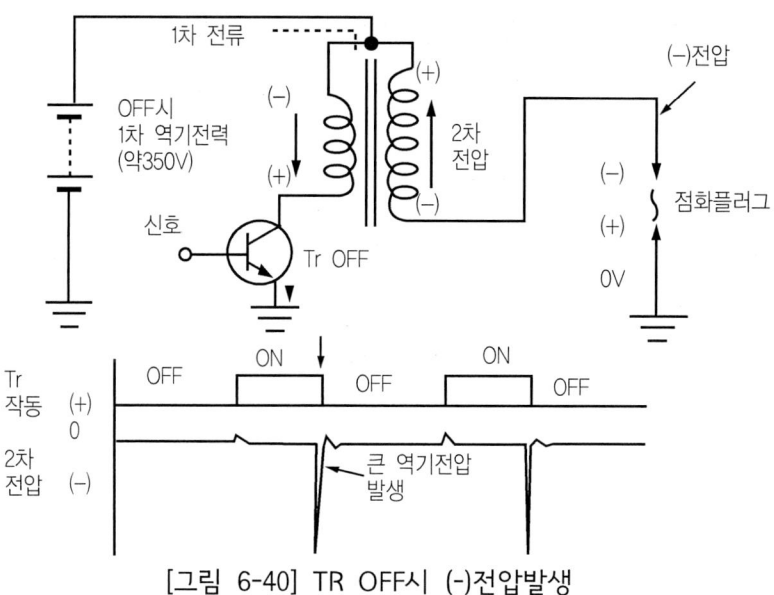

[그림 6-40] TR OFF시 (-)전압발생

다음 그림 6-41에서는 점화코일의 1차 코일 결선을 일반 점화코일과는 반대로 했을 때의 경우이며, 이때는 1차 전류의 방향이 일반 점화코일과 반대로 되기 때문에 TR ON시에 발생하는 작은 역기전력은 (-)로 발생하고, TR OFF시에는 상당히 큰 역기전력이 (+)로 발생되어 앞에서 설명한 것과는 반대 극성의 전압이 발생한다.

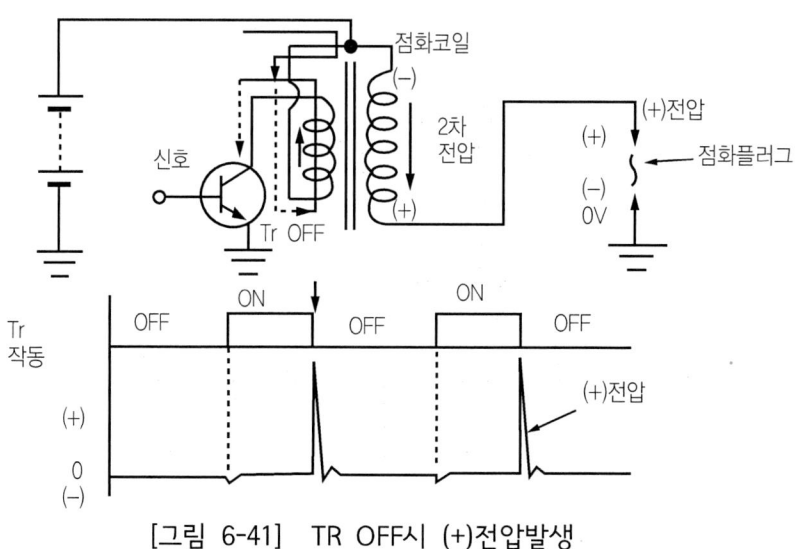

[그림 6-41] TR OFF시 (+)전압발생

TR이 ON될 때 발생하는 전압은 고전압보다 작은 전압으로 발생되어 점화 목적과는 아무런 관계가 없으며 TR이 OFF될 때 발생하는 큰 역기전력을 중심으로 하여 앞의 두 가지 방법을 하나로 묶을 때, 즉 파워 TR을 두 개로 하면 다음 그림 6-42와 같다.

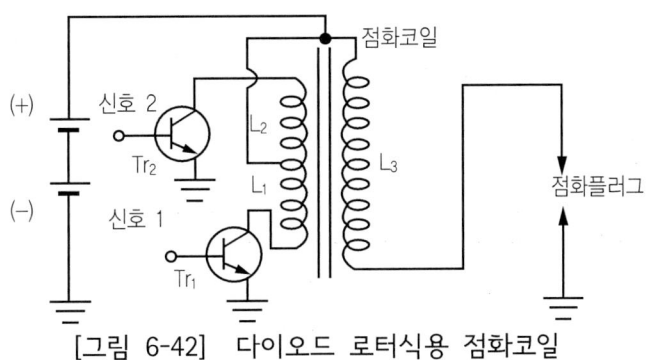

[그림 6-42] 다이오드 로터식용 점화코일

(3) 다이오드 로터식용 점화코일의 작동

점화코일의 1차측을 양쪽으로 분리하여 L_1과 L_2로 분리한다. 즉, 일반적인 점화코일의 1차 코일 권수가 약 220회라고 가정하면, 이곳에서 440회를 감아 놓고 그 중심에서 하나의 리드선을 뽑아낸다. 이렇게 중심선 단자를 2차측 권선이 끝나는 단자와 연결하여 전원 전압과 연결되도록 접속한 후, Tr_1과 Tr_2가 교대로 ON, OFF하게 될 때 2차측에는 (-)전압과 (+)전압이 교대로 발생하는 점화코일이 된다.

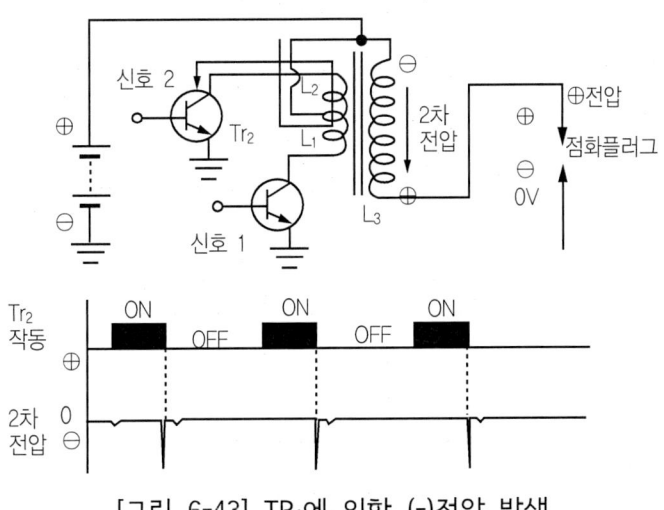

[그림 6-43] TR_1에 의한 (-)전압 발생

그림 6-43은 다이오드 로터식을 사용하고 있는 점화코일로 Tr_1에 의한 (-)전압의 발생원리를 나타낸 것이다. 이 그림은 점화코일의 1차권선 내부의 L_1만이 작용하고 있으며, L_1과 L_3과의 관계는 종래의 점화코일 권선과 거의 동일한 양상이다. 즉, Tr_1이 OFF로 될 때 큰 역기전력이 발생하여 점화플러그에 (-)전압으로 가하게 된다.

그림 6-44는 Tr_2가 작동되어 점화코일의 1차 권선 L_2의 전류를 단속시켜 L_2와 L_3의 관계에 의해 역기전력을 발생시키는 원리를 나타내고 있다. L_2의 권선은 L_1과 동일한 방향의 권선으로 되어 있지만 중심선 단자에 배터리 전압이 걸려 있어 코일 L_2에는 그림의 아래부터 위쪽으로 전류가 흘러 L_1의 경우와는 반대방향으로 전류가 흐르게 된다. 또한 이때 발생하는 역기전력도 모두 반대로 된다. 따라서 Tr_2가 OFF로 될 경우의 2차측의 역기전력은 (+)전압으로 점화플러그에 공급된다.

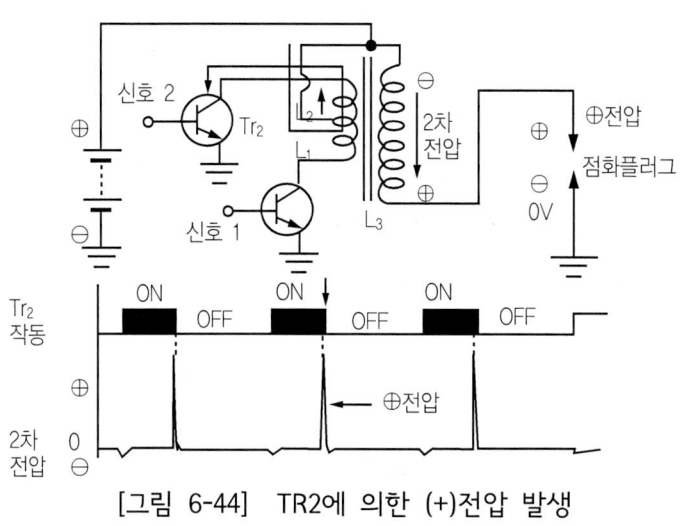

[그림 6-44] TR2에 의한 (+)전압 발생

이상과 같이 Tr_1과 Tr_2가 OFF될 때는 반대의 1차 전압이 발생하게 되며, 그림 6-45와 같이 Tr_1과 Tr_2를 교대로 ON-OFF가 이루어지도록 하면, 점화코일의 2차측 발생 전압도 (-)전압과 (+)전압이 교대로 발생된다. 이 회로의 Tr_1과 Tr_2를 교대로 동작시키려면, 배전기 로터 아래부분에 180° 간격으로 장착된 2개의 픽업코일을 이용하여 Tr_1용과 Tr_2용 별도의 신호를 만들어 각 TR을 작동시킨다. 이렇게 점화코일에서 발생된 (+)전압과 (-)전압을 다이오드 로터에 의해 각 점화플러그에 분배하게 된다.

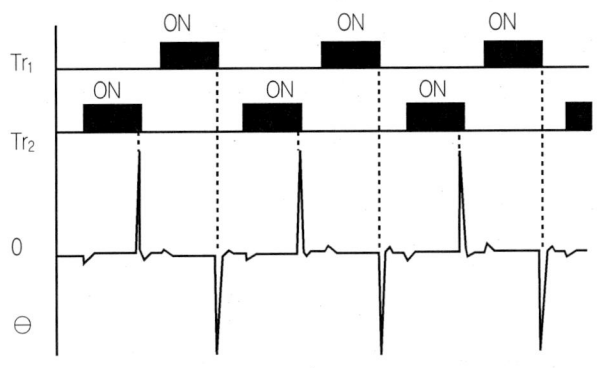

[그림 6-45] TR₁과 TR₂의 상호작동

(4) 다이오드 로터에 의한 고전압 분배

다이오드 로터는 배전기의 로터 내부에 다이오드를 내장하였으며, 로터 어스는 120° 간격으로 2개가 돌출 되어 각기 로터 어스 사이에 다이오드가 그림 6-46과 같이 접속되어 있다. 이 다이오드는 로터 내부에 수지로 감겨있기 때문에 외부에서는 볼 수가 없다. 다이오드 로터의 갭측은 2개의 원통 모양이며, 큰 쪽에는 1, 2, 3실린더용 고압단자가 있고, 작은 쪽에는 4, 5, 6실린더용 고압단자가 각기 120° 간격으로 배열되어 있다.

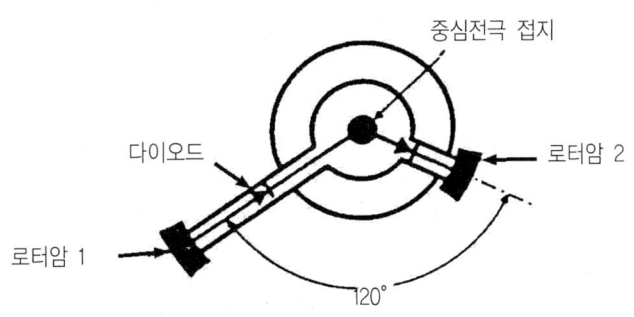

[그림 6-46] 다이오드 로터 내부

또한 고압단자와 다이오드 로터(2개의 로터암)는 약 0.8mm의 에어 갭을 두고 회전한다. 고전압의 분배는 그림 6-47처럼 로터 암(긴 쪽)이 1번 실린더를 향할 때 점화코일로부터 (-)고전압이 발생되고, 1번 실린더의 점화플러그에는 이 (-)고전압이 전달되어 혼합기에 착화된다.

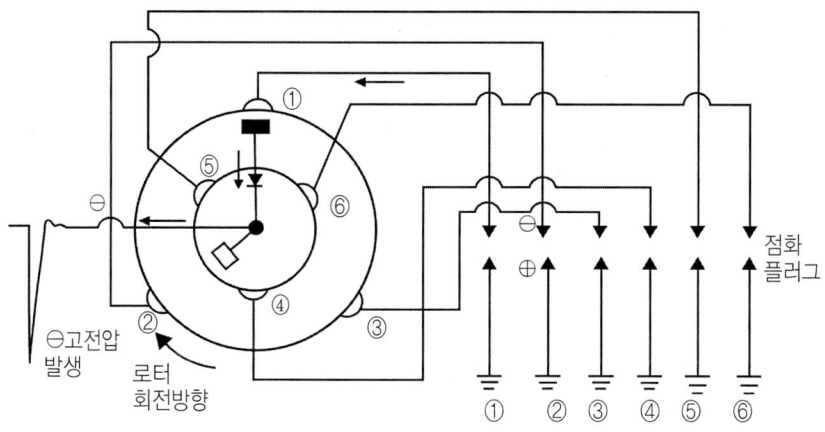

[그림 6-47] (-)전압의 발생

다음에 엔진이 회전하여 배전기가 60°(엔진은 120°)을 회전하면 그림 6-48처럼 짧은 로터 암이 5번 실린더 고전압 단자와 마주 보게 되고, 이때 점화코일로부터는 (+)고전압이 발생되어 5번 실린더의 점화플러그에 (+)고전압이 전달된다. 이상과 같이 (-)고전압은 1, 2, 3실린더 위치에서 발생되고 (+)고전압은 4, 5, 6실린더 위치에서 발생되어 점화순서 1 - 5 - 3 - 6 - 2 - 4순으로 각 실린더에 고전압을 분배한다. 이 배전기 각 단자는 120°의 간격으로 되어 있어, 종래의 배전기(60°)에 비해 단자간의 거리가 멀어 점화 진각시 유리한 조건이 되는 점과 배전기의 소형화가 가능하다는 점이 가장 큰 특징이라고 할 수 있다.

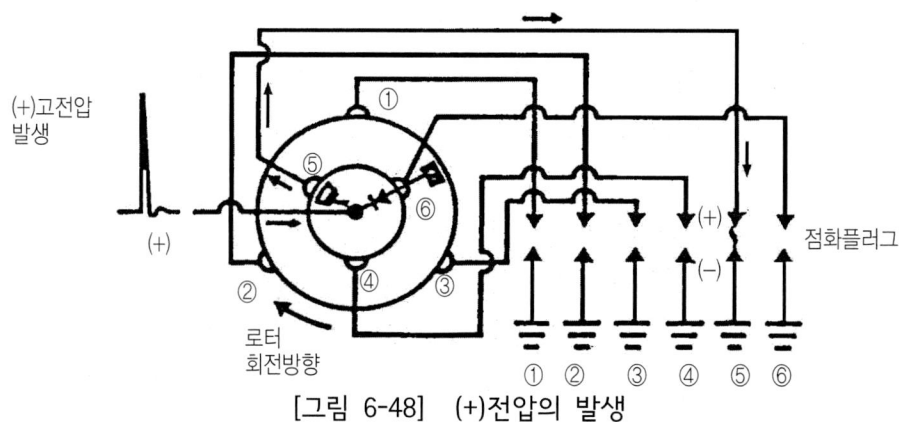

[그림 6-48] (+)전압의 발생

또한 일반적인 점화장치에서는 (-)고전압을 이용하고 점화시 불꽃전압은 (-)측이 유리한 반면에, 다이오드 로터 분배방식에서는 (+)전압도 사용할 수 있도록 했다는 점이 특이하다. 이 방식에서 점화코일의 발생전압이 엔진측의 요구전압에 대하여 충분한 여유 전압을 가진다면, (-)전압과 (+)전압이 불꽃발생을 일으키는 데에는 전혀 문제가 없다.

3.3.4. 진각기구

[1] 부하변동에 따른 진각특성

실린더 내의 압축 혼합기에 점화플러그로 불꽃을 일으킨 후 착화하여 팽창할 때의 최고 압력에 도달할 때까지는 엔진의 회전수, 엔진에 걸린 부하 및 사용 연료의 옥탄가(octane 價)의 영향을 받는다. 따라서 이러한 조건에 따라 다음과 같은 진각기구를 이용해서 적절하게 점화시기를 조절할 수 있도록 하고 있다.

① 원심 진각기구 : 엔진 회전수에 따른 점화시기 조정
② 진공 진각기구 : 엔진에 걸린 부하에 따른 점화시기 조정
③ 옥탄가 선정기구 : 사용 연료의 옥탄가에 따른 점화시기 조정

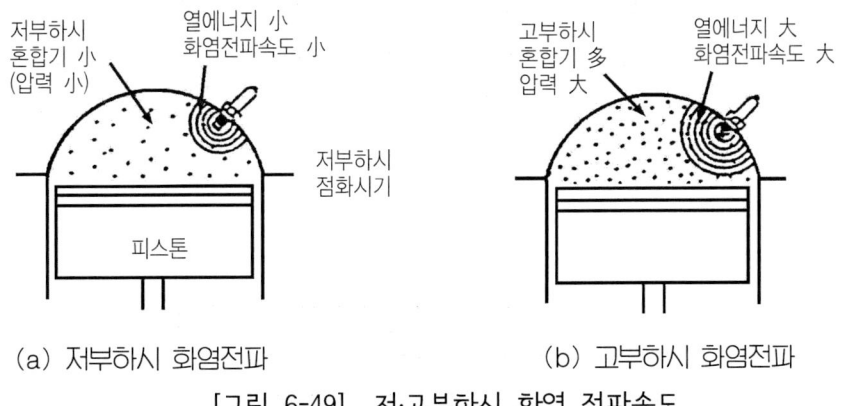

(a) 저부하시 화염전파 (b) 고부하시 화염전파
[그림 6-49] 저·고부하시 화염 전파속도

먼저 엔진에 걸리는 부하에 대한 개념과 이 부하의 변동에 따라 엔진에 미치는 영향과 점화진각의 필요성을 알아본다. 차량이 오르막길에서는 엔진 회전수와 차속이 떨어진다. 따라서 엔진에 걸리는 부하는 크게 되고, 운전자는 차량의 속력을 높이기 위해 액셀러레이터(accelator)를 더 밟아 스로틀밸브를 더 열게 된다. 이때는 실린더의 1회마다 흡입되는 혼합기량은 많아지고 실린더 내의 압축 압력도 높아지게 된다.

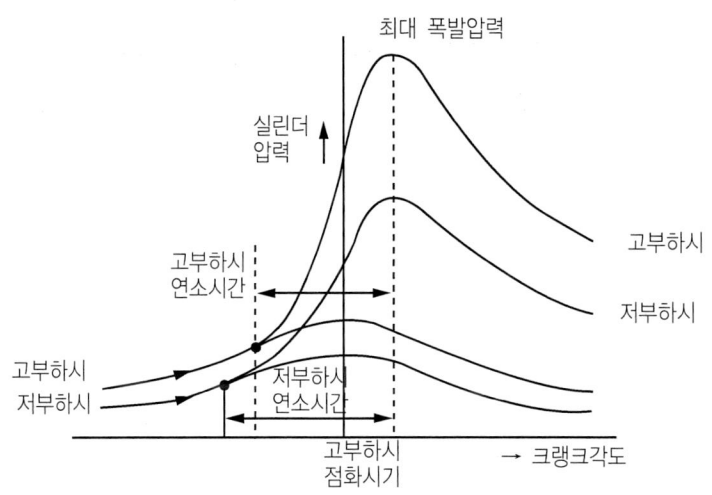

[그림 6-50] 저·고부하시의 점화시기

압축 압력이 높아지면, 단위 체적당($1cm^3$)마다의 연소된 열 에너지가 크기 때문에 화염 전파속도가 빨라지게 되어 착화지연 시간도 짧아진다. 내리막길에서는 차량의 속도는 빨라지고 엔진에 걸리는 부하도 저하되며, 운전자는 액셀러레이터를 늦추어서 흡입 혼합기를 감소하게 하여 엔진출력을 낮춘다. 이때는 스로틀밸브가 닫힌 상태에서 차량이 운행되므로 흡입되는 혼합기량은 적어지고 압축 압력도 낮아진다. 따라서 화염전파 속도가 늦어져 착화지연 시간도 길어진다.

이와 같이 엔진에 걸리는 부하에 따라 착화지연 시간이 너무 길거나 짧아지게 되면, 연소할 때의 최대 폭발 압력이 상사점 후 10° 목표에 유지되지 않아 엔진 효율이 떨어진다. 파워 타이밍이 너무 늦으면 출력이 저하되고, 너무 빠르면 노킹이 일어난다. 따라서 엔진에 걸리는 크고 작은 부하에 따라 적절한 파워 타이밍을 유지하여 부하 변동에 의한 점화시기 조정이 필요하며 배전기 방식은 진공 진각장치가 설치되어 있다.

[2] 원심 진각장치(cenreifugal entrifugal advancer)

혼합기의 공연비를 일정하게 하면 점화로부터 최대 압력에 이르는 시간은 거의 일정하다. 따라서 점화시기가 일정할 때에는 엔진 회전수가 높아지면 파워 타이밍이 지연된다. 여기서 파워 타이밍을 일정하게 하기 위해서 회전수의 상승에 맞추어 점화시기를 빠르게 할 필요가 생긴다. 이 회전수에 따른 점화시기의 제어장치가 원심식 자동 진각 장치이다.

원심 진각기구는 그림 6-51과 같이 원심추(cntrifugal weight), 원심추 스프링 및 캠으로 구성되어 있으며, 구동축의 회전이 어느 속도에 도달하면, 원심추는 스프링의 장력에 대항하여 바깥쪽으로 벌어지면서 타이밍 레버를 구동축의 회전방향으로 일정량만큼 이동시켜 점화시기를 빠르게 한다.

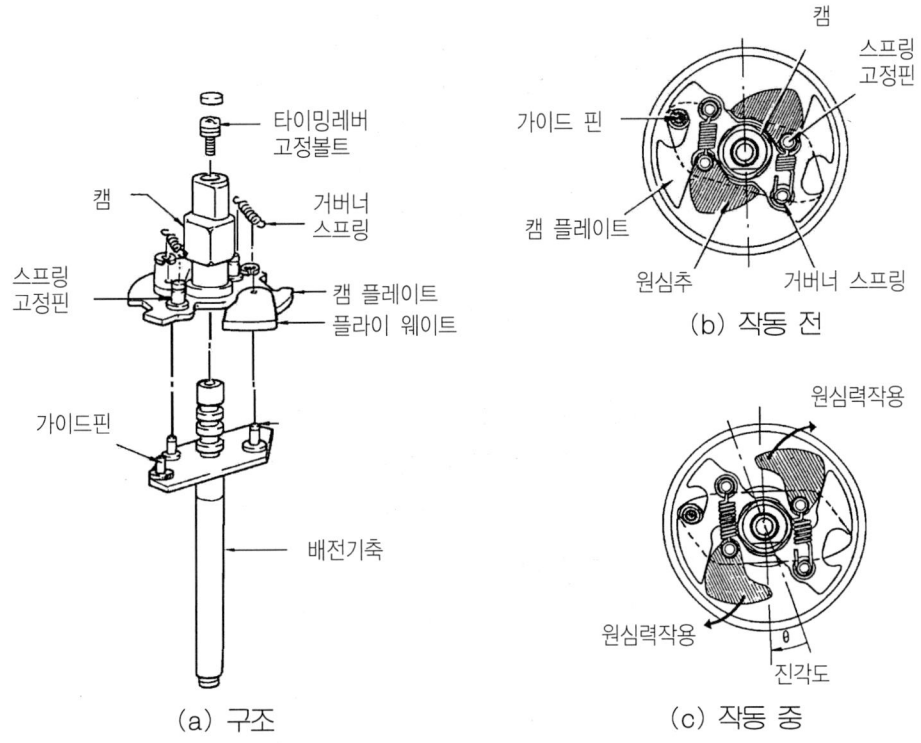

[그림 6-51] 원심 진각장치와 작동

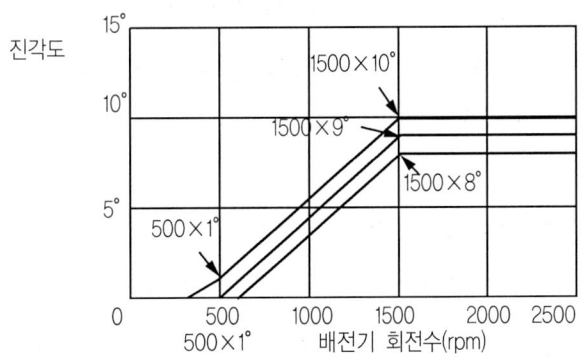

[그림 6-52] 원심진각의 특성

[3] 점화시기 보정

(1) 점화시기 보정요소

엔진의 점화시기에 가장 큰 변화요인은 엔진 회전수의 변화와 부하의 변화이며, 그 외에 엔진의 난기상태, 대기압상태 및 연료 등에 의해 약간의 영향을 준다. 종래의 점화시기 조정장치에서는 엔진 회전수에 따른 점화시기 조정은 원심 진각장치가 부하에 대한 조정은 진공 진각장치가 이용되었고, 냉각 수온 및 대기압 상태에 대한 진각 보정은 엔진 부압에 의한 보조 진공 진각을 이용하였다.

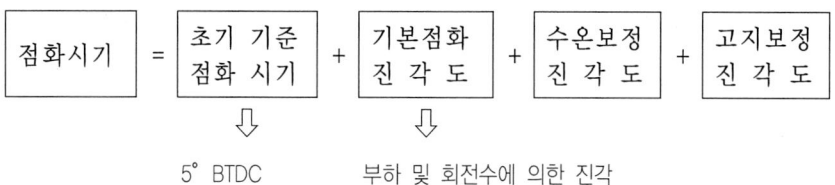

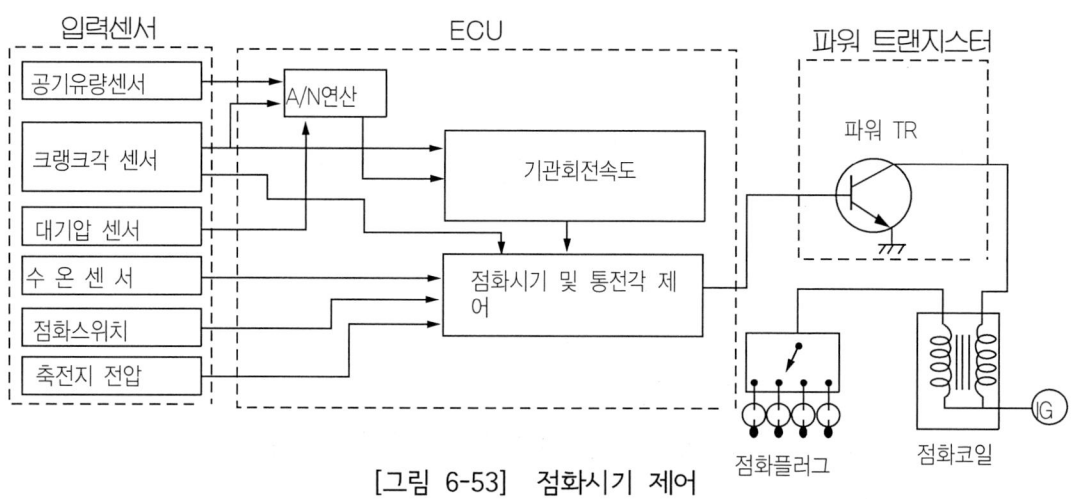

[그림 6-53] 점화시기 제어

그러나 전자식 점화시기 제어장치에서는 CAS(crank angle sensor)에 의해 엔진 회전수를 측정하고, AFS(air flow sensor)를 이용하여 흡입 공기량을 측정한 후 기본 점화시기를 결정한 다음 엔진의 각종 상태를 보정하여 가장 적절한 점화시기를 결정한다. 점화시기 결정에 있어서 엔진의 각 운전모드에서의 점화시기 제어는 다음과 같으며, 운전 상태에 대한 기본 점화진각은 그림 6-54(a)처럼 ECU 내에 기억된다. 시동시에는 CAS 신호에 의해 BTDC 5°에 고정한다.

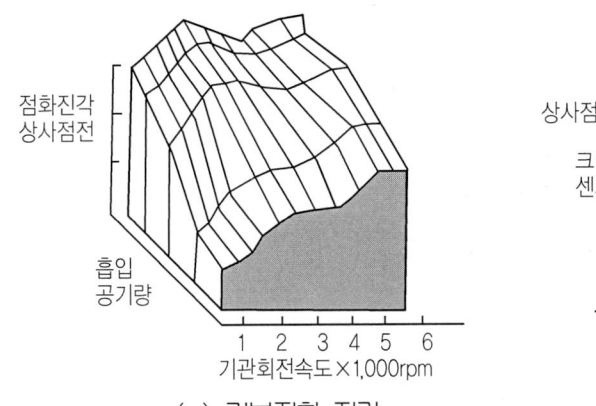
(a) 기본점화 진각

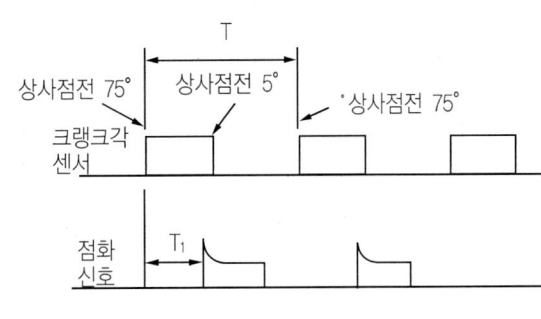
(b) 점화시기 특성도

[그림 6-54] 기본 점화진각와 점화시기 특성

또한 통상 운전시에는 크랭크 앵글센서(CAS) 신호(T)를 계측한 후 크랭크 각 1°의 시간(t)을 구한다.

예컨데,

$$t = T/180 (180° : 크랭크 2회전 720° \div 4기통) \quad \cdots \cdots (6-3)$$

가 된다.

이때 그림 6-54(b)처럼 BTDC 75°를 기준으로 점화시기(T_1)를 계산하여 냉각수온에 대한 보정을 한다. 예컨대, 20° BTDC에서 점화하는 경우에는 $T_1 = t \times (75 - x) = t \times (75° - 20°) = 55t(초)$가 되므로 초기 기준 점화신호는 점화시기 조정 커넥터단자를 접지할 때 BTDC 5°로 점화시기가 고정되는데, 이것은 전자 진각을 해제한 상태로 공전상태에서 점화시기를 확인할 때에 사용한다.

(2) 점화시기 제어기구

점화시기를 제어하기 위해서는 그림 6-55에서 나타낸 구성도와 같이 크게 센서부분, 컴퓨터 부분, 액추에이터 부분의 3부분으로 대 분류할 수 있으며, 최종적으로 액추에이터 부분인 파워 트랜지스터를 제어하여 이 파워 TR이 ON-OFF함에 따라 1차 전류를 ON-OFF 제어한다.

검지부(센서) → 컴퓨터 → 작동부

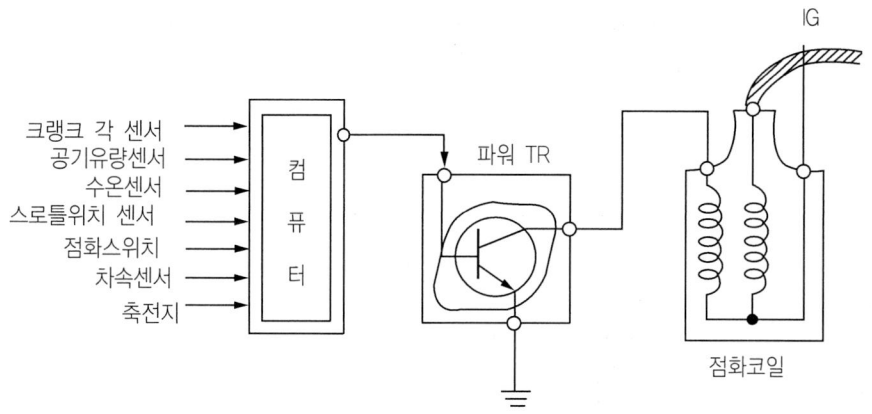

[그림 6-55] 점화시기 제어의 구성

결국 파워 TR을 제어하기 위해서는 엔진의 각종 상황을 감지하는 센서, 즉 CAS, AFS, WTS, 차속센서 등으로 검지한 후 마이크로컴퓨터(micro computer)에 입력하여 차량 운전조건에 가장 적절한 점화시기 값을 연산하여 파워 TR을 제어한다.

여기서 점화시기 제어에 가장 기초가 되는 것은 흡입 공기량의 측정(AFS)과 CAS에서 입력되는 120° 및 1° 신호에 의해, 엔진 회전수 및 피스톤 위치 판독으로 이루어진다. 엔진이 회전할 때 BTDC 40°에서 점화하는 경우의 예를 들면, CAS에서 120° 신호와 1° 신호가 제어유닛에 입력된다. 120° 신호는 피스톤이 압축 상사점 70° 위치에서 발생하기 때문에 피스톤 위치판별이 된다. 이 70°를 중심으로 4° 늦은(70° - 4° = 66°) 신호가 점화시기제어 기준신호가 되며, 66° 신호를 기준으로 하여 점화시기를 조정한 것을 그림 6-56에 나타냈다.

그리고 120° 신호 판독과 함께 점화시기 제어 기준 신호(66° 신호)를 기준으로 하여 1° 신호를 26회(ROM 내의 최적 점화시기가 26°일 경우)판독 후 최종 파워 TR을 OFF하여 1차 전류를 차단시킨다.

다시 설명하면, 제어 유닛에 70° 기준 신호가 입력되어 ROM 메모리 내에 기억되어 있는 점화 시기표(MAP) 중 엔진 회전수와 기본 분사량에 대한 최적의 점화시기 값을 선택한 후 점화시기 제어 기준신호(66°)에서 값을 빼어 Z를 계산한다. 즉, [Z = 66° - 최적 점화시기 값]을 계산한다. 또 한편 1° 신호를 세기 시작하여 그 수가 Z가 되면 점화 코일의 1차 전류를 차단하기 위하여 파워 TR을 구동시킨다.

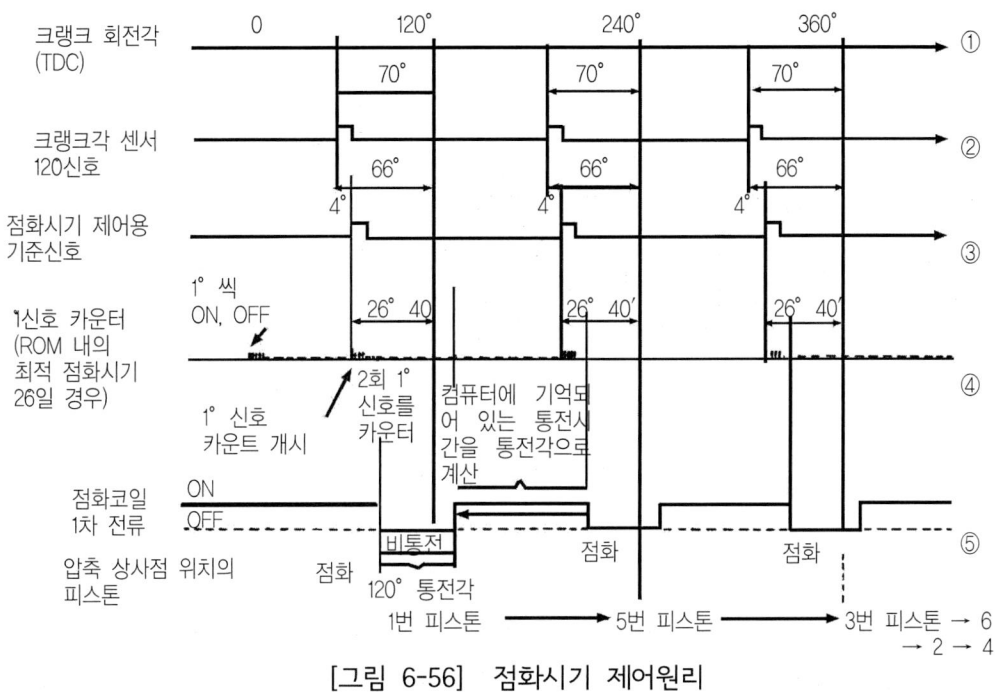

[그림 6-56] 점화시기 제어원리

(3) 통전시간 제어기구

점화코일의 1차 코일측에 흐르게 하는 통전시간(드웰 시간)은 배터리의 전압에 따라 결정된다. 이 통전시간은 점화코일의 자장에 자계를 형성하여 점화 에너지를 축적하는 시간이기 때문에 배터리 전압이 낮으면 통전시간을 길게 하여야 한다. 점화코일에 축적된 전자 에너지 $E= 1/2\ LI^2$ (L : 1차 코일의 인덕턴스, I= 1차 전류)로 표시되므로 1차 전류의 크기가 큰 요인이 된다.

이와 같은 통전개시에서의 1차 전류는 아래 그림과 같이 변화되며, 필요한 전류를 확보하기 위해서는 배터리 전압이 낮을수록 긴 통전시간을 필요로 한다. 배터리 전압에 따라 통전시간을 조절하려면 배터리 전압에 영향 없이 항상 이상적인 1차 전류를 확보해야 하며 이것을 실행하는 것이 통전시간 제어이다.

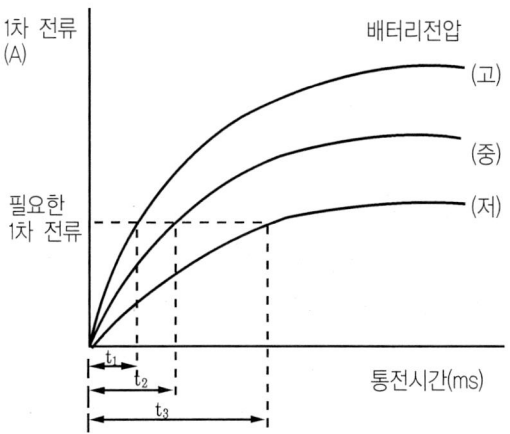

[그림 6-57] 배터리 전압과 1차 전류의 관계

제어유닛의 ROM 메모리에는 통전시간(1차 코일 ON시간)의 크기를 배터리 전압에 따라 변화시켜 주기 위해 아래 그림 6-58과 같은 정보가 기억되어 있다. 제어유닛은 이 통전시간을 이용하여 통전각인 1차 코일에 전류가 흐르는 동안의 크랭크각(드웰각)을 산출한 후 1차 전류 차단각을 계산 [1차 전류 차단각(비통전각)= 120° - 통전각(6기통의 경우)]하여 이 각도만큼만 점화코일의 1차 회로를 차단한다.

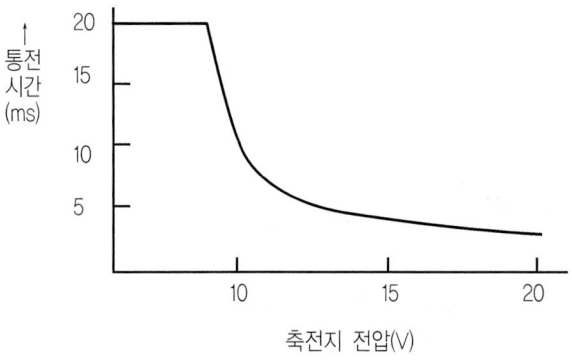

[그림 6-58] 배터리 전압에 따른 통전시각

예를 들면 배터리 전압이 14V 정도이면 통전시간은 그림 6-58에서 5ms로 된다. 이 경우에 엔진 회전이 2,000rpm이라 할 때 통전시간과 크랭크 각의 관계는

$$\frac{360° \times N}{60} = \frac{t_D}{1,000} \quad \cdots\cdots\cdots\cdots\cdots\cdots\cdots (6-4)$$

N : 엔진 회전수(rpm)
t_D : 통전시간(ms)

이 되므로 통전시간 5ms에 상당하는 크랭크 각도는 60°가 된다. 즉, 파워 TR의 ON, OFF까지의 크랭크각도를 60° 확보하면 된다. 6기통 엔진의 경우에 한 점화에서 다음 점화까지, 즉, 파워 TR이 OFF에서 다음의 OFF까지는 120°이므로 드웰각을 60° 확보하기 위해서는 OFF에서 120° 드웰각(60°) 만큼 계산하여 그 다음의 1° 신호에서 파워 TR을 ON하면 다음 OFF까지의 60°를 확보할 수 있다. 이상의 작동을 다음 그림 6-59와 같이 나타낼 수 있다.

컴퓨터에 기억되는 점화시기의 데이터는 엔진 운전조건에서 따라서 시동시, 통상 주행시, 공전 및 감속시의 3모드로 제어한다.

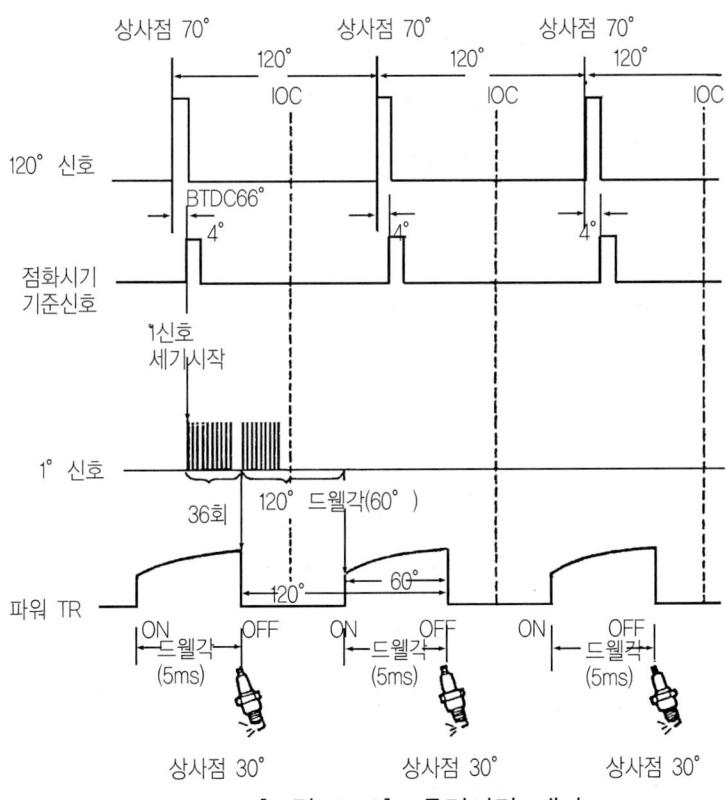

[그림 6-59] 통전시간 제어

[4] 진공식 진각장치(vacuum advancer)

엔진의 부하가 클 때는 스로틀밸브의 개도가 커져서 흡입효율이 올라가 압축압력은 높아진다. 또 혼합비가 진해졌기 때문에 점화로부터 최대 압력에 이를 때까지의 시간이 짧아진다. 반대로 부하가 작을 때는 압축압력이 낮고 혼합기가 엷어졌기 때문에 점화로부터 최대 압력이 될 때까지의 시간이 길어진다.

따라서 부하가 작을 때는 점화시기를 빠르게 하여 부하가 클 때는 점화시기를 지연시키는 장치가 필요하게 된다. 이 부하변동에 따라 진각장치를 진공식 진각장치라고 한다. 그리고 부하의 크기는 스로틀 진공으로 보고 있다.

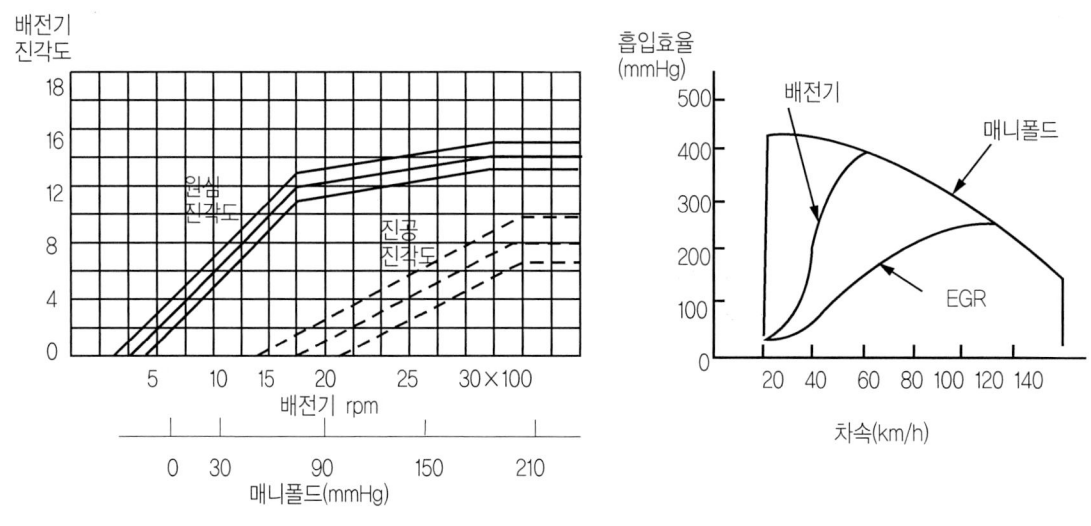

[그림 6-60] 진공진각의 특성   [그림 6-61] 흡기다기관의 부압특성

진공 진각기구는 기화기의 스로틀밸브가 닫힐 때에 생기는 부압이 엔진에 걸린 부하와 함께 변화하는 원리를 이용하여 작동시킨다. 대기압에 가까울 정도(약 −50mmHg)로 약하며, 이 부압의 힘을 이용하여 점화시기를 당기거나 늦추게 된다.

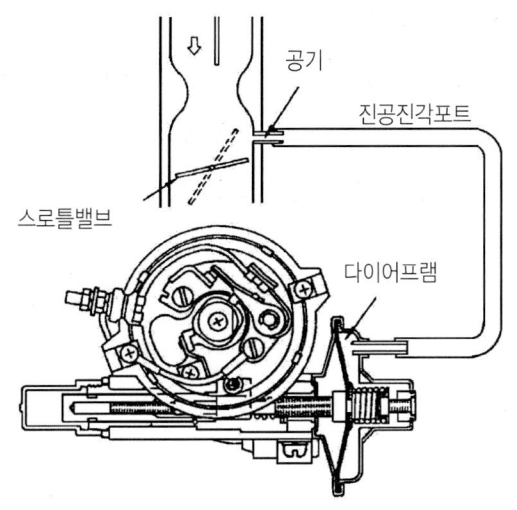

[그림 6-62] 진공 진각장치

다음 그림 6-63은 흡기 부압에 대한 점화시기 진각 특성의 예를 나타낸 것이다. 부압이 높으면 높을수록 부하가 적어 화염전파 속도가 늦어지기 때문에 점화시기를 일정량 빠르게 하고 있다. 즉, 이것은 부하가 적은 상태에서 일정량 진각시키고 있다가 부하가 커짐에 따라 진각량을 늦추어 실질적인 진각지연(지각)의 효과를 보며, 반대로 부하가 클 때보다 부하가 적은 쪽으로 가면서 진각량을 크게 하고 있다.

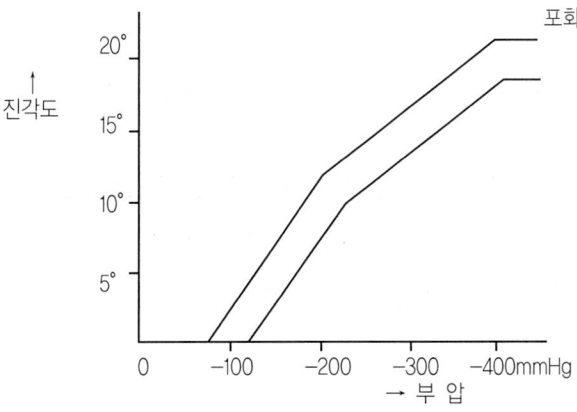

[그림 6-63] 진공진각 특성도

MAP센서 방식은 센서에서 직접 검출하고 흡입 공기량 검출방식은 TPS센서와 엔진 회전수 그리고 흡입 공기량을 계측하여 간접제어한다. 엔진이 공회전 상태에서는 진공포트가 스로틀밸브 바로 위에 있는 관계로 진공포트에 부압이 형성되지 않아 진각이 이루어지지 않는다.

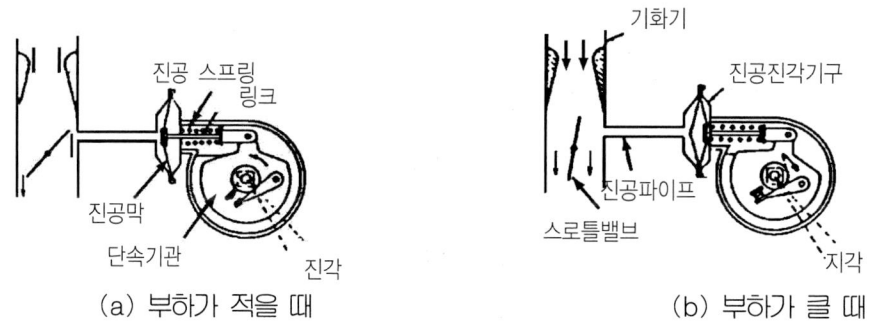

(a) 부하가 적을 때   (b) 부하가 클 때

[그림 6-64] 부하에 따른 진공진각

스로틀밸브를 어느 정도 열어 경부하가 되면, 아래 그림 6-64(a)처럼 스로틀밸브 주위에 유속이 빨라지고 진공 포트에는 대단한 부압(진공에 가까운)이 형성되어 이 부압에 의해 다이어프램이 왼쪽으로 당겨져 일정량 진각을 하게 된다.

경부하 상태(진각상태)에서 중부하 상태(차량 속도는 느리고 스로틀밸브를 많이 열은 상태)로 되면, 스로틀밸브 부근은 경부하시보다 유속이 느려져 진공포트에 발생한 부압도 적어진다. 따라서 부압이 적은 만큼의 진각량도 적어져 경부하를 기준으로 했을 때보다는 점화시기가 늦어지는 결과가 된다.

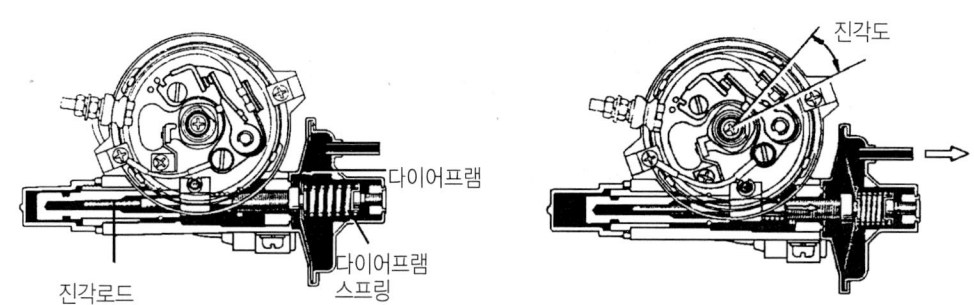

[그림 6-65] 진공 진각도

[5] 옥탄 셀렉터(octane selector)

기관의 출력 증가나 연료에 경제성을 도모하려면 안티노크(antiknock)성 풍부한 고옥탄가의 연료를 사용하여야 한다. 그림 6-66과 같이 옥탄가가 높은 연료는 연소 속도가 늦으므로 점화시기를 진각시키고 저 옥탄가의 연료일 때는 점화시기를 늦출 필요가 있다. 이와 같은 작용을 하는 것이 옥탄 셀렉터이며 최근에는 거의 사용하지 않는다. 배전기 설치 위치를 움직이든가 또는 단속기관을 움직이는데 따라 조정된다.

옥탄 셀렉터의 조정은 다음 순서대로 조정한다.
① 조정 너트를 푼다.
② 저옥탄가 연료는 눈금판이 지각인 R(retard)의 쪽으로 움직인다.
③ 고옥탄가 연료는 눈금판이 진각인 A(advance)의 쪽으로 움직인다.

움직이는 쪽은 1눈금 움직이면 점화시기가 크랭크 각도 약 2~3° 진각되거나 늦추어지게 되어 있다.

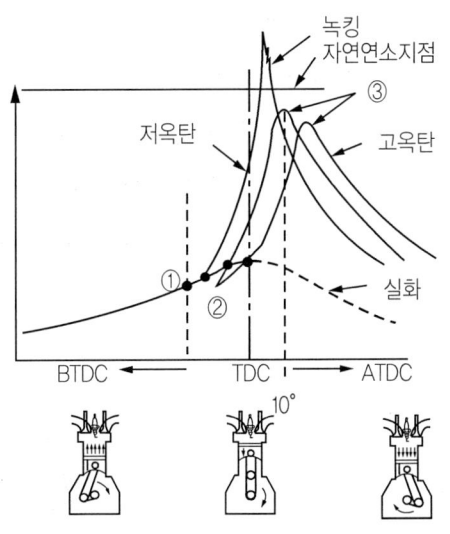

[그림 6-66] 연소와 옥탄비

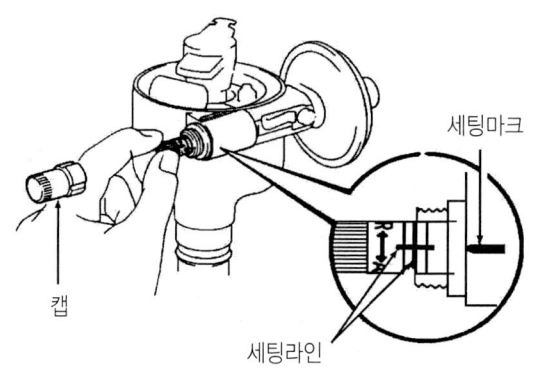

[그림 6-67] 옥탄셀렉터

[6] 전기 진각장치(electric advancer)

이 진각장치는 기계적인 장치를 사용하지 않고 전기적으로 진각되게 하는 것으로, CDI (capacitor discharge ignition system)식 점화 장치에서 이용되고 있다.

(1) CDI 마그네트 점화방식

회전 자석에 의해 발전 코일에서 발생한 기전력은 다이오드 D를 통해 먼저 콘덴서에 약 400V의 높은 전압으로 충전된 후, 픽업 코일에 의해서 사이리스터(thyristor : SCR)의 게이트(G)→캐소드(K)사이에 신호 전류가 흘러, 사이리스터의 애노드(A)→캐소드(K) 사이가 도통하게 된다. 이렇게 되면, 기계식 스위치를 닫은 상태와 동일하게 되고, 콘덴서 전압(약 400V)이 사이리스터를 통해 점화코일의 1차측에 방전(discharge) 한다. 이 콘덴서의 방전이 이루어질 때에, 코일의 성질로부터 콘덴서와 동일한 역기전압(약 400V)이 발생하여 전류가 흐르려는 것을 반항하는 방향으로 전압이 1차 코일에 유기 된다. 이 1차측의 발생 전압(약 400V)에 따른 2차측은, 1차 코일 권수에 비례한 곱이 되기 때문에 권수비가 70배라 하면, 약 28,000V의 전압이 2차 코일로부터 유도되게 된다.

일반적인 점화장치에는 1차 코일에 필요한 전류를 흘린 후 그 전류를 차단할 때의 역기전압 (약 350V)을 1차 코일에 발생하게 한 다음 2차측에 더욱 큰 전압을 유도하는 반면에, CDI에서는 약 400V의 높은 전압을 미리 만들어 놓고, 그 전압을 가했을 때 발생하는 역기전압을 이용하는 점이 다르다. CDI의 점화시기는 사이리스터가 ON되었을 때이고, 사이리스터가 ON 되는 것은 픽업코일에 기전력(전압)이 발생할 때와 같다.

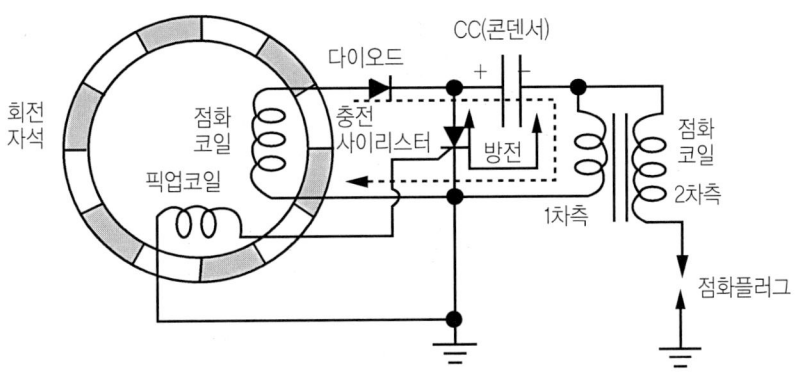

[그림 6-68] CDI식 마그네틱 점화

다음 그림 6-69는 코일에 발생하는 기전력의 원리를 나타낸 것이며, 픽업코일 속을 통과하는 자속 변화량은 저속에서도 고속에서도 변하지 않으나, 코일에 발생하는 기전력 E[V]는 동일한 자속량(B)의 경우에 회전속도(U)에 비례해서 크게 된다.

$$E = B\ell\, U\, [\text{V}] \quad\quad\quad\quad\quad\quad\quad\quad\quad\quad\quad\quad\quad\quad\quad\quad (6-5)$$

B : 자속밀도(코일 내의 자속량)
ℓ : 도체의 길이(권수)
U : 회전 자석의 속도(엔진의 회전)

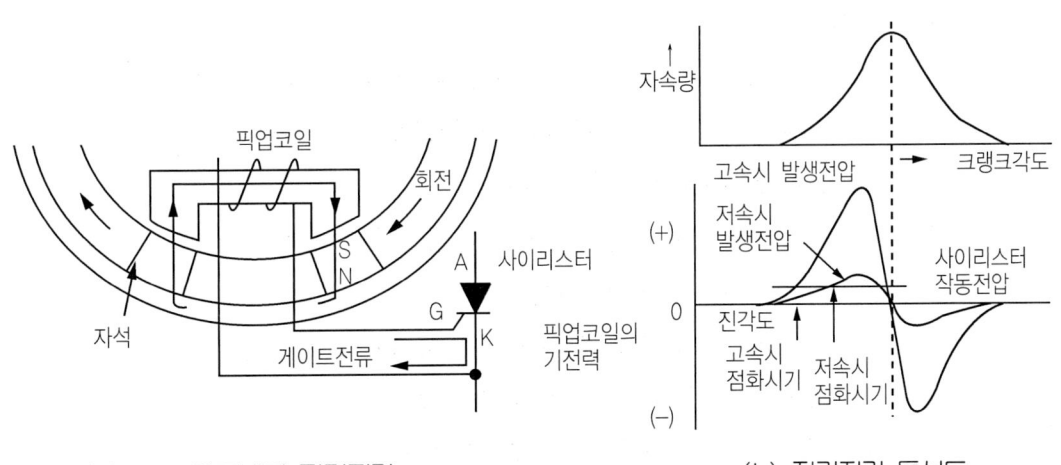

(a) CDI 마그네틱 전기진각   (b) 전기진각 특성도

[그림 6-69] CDI 마그네틱 전기식 진각원리

따라서 크랭크각도(회전 자석의 위치)에 대해서 픽업코일에 발생하는 전압의 크기는 그림 6-69(b)와 같이 회전속도가 클수록 높은 전압으로 되어 간다. 앞 그림에서 완만한 경사의 적은 자속부분에서, 회전속도(U)가 크게 될 때에는 E= BℓU에서 알 수 있듯이 BU의 크기가 크게 되어 높은 전압으로 나타난다.

이 경우 몇 V로 되면 사이리스터가 ON될 것을 감안하여 동작전압을 1V라 가정할 때 저속시에 1V 발생의 크랭크각도(회전 자석위치)와 고속시 1V 발생의 크랭크각도 위치를 서로 비교해 보면, 고속측 발생전압이 전체적으로 크게 되어 있는 부분만 1V의 전압으로 나타난다. 이 크게된 각도만큼 사이리스터는 빠르게 ON되고, 점화시기 또한 그 부분만큼 빨라지게 된다(실제의 사이리스터는 전압으로 움직이지 않고 전류로만 움직이며, 설명상 전압으로 했다).

그러나 회전이 빠르면 빠를수록 점화시기는 어느 정도의 회전까지 빨라지다가 오히려 늦어진다. 어떤 경우는 회전이 빠를수록 픽업코일에 발생하는 교류의 주파수도 높게 되거나, 픽업코일의 인덕턴스에 의해 높은 전압이 발생해도 전류가 흐르기 어렵게 될 수도 있다. 그 원인은 코일에 전류변화를 주면, 그 전류를 방해하려는 기전력(전압)이 코일 자체에서 발생하여 전류변화를 방해하는 성질이 있기 때문에 그 방해하는 성질을 리액턴스(XL ; reactance)이라 한다.

$$XL= 2\pi fL[\Omega] \quad \cdots\cdots\cdots\cdots\cdots\cdots\cdots\cdots\cdots\cdots\cdots\cdots\cdots\cdots\cdots\cdots\cdots\cdots\cdots\cdots\cdots (6-6)$$

π : 원주율 3.1416
f : 교류 주파수[Hz]
L : 코일의 인덕턴스[henry]

사이리스터는 전압으로 작동하지 않고 전류가 흘러 ON되기 때문에 전압이 발생하여도 전류가 흐르지 않으면 ON되지 않는다. 특히 고속에서의 코일은 전류의 흐름을 방해하는 능력이 커서(유속 리액턴스) 전압발생에 비해 전류의 흐름이 늦어진다. 따라서 엔진이 회전 상승함에 따라서 처음 얼마 동안은 그림 6-70과 같이 진각도는 조금씩 증가하다가 어느 정도 지나서 증가율은 둔해지고, 결국에는 더 이상 진각되지 않으며, 더욱 회전이 상승되면 유도 리액턴스 쪽이 강하여 전압발생에 대한 전류의 늦음이 크게 되어 진각도는 반대로 내려와 지각하게 된다.

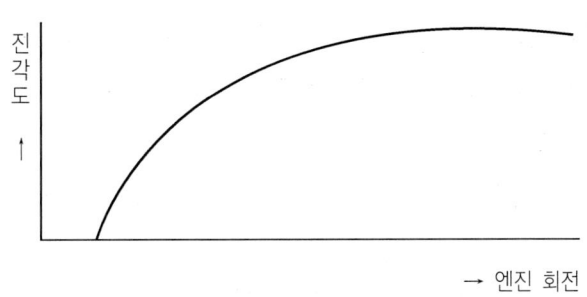

[그림 6-70] 전기식 진각특성

이 특성은 코일의 권수량, 자속밀도 등에 의해 변하기 때문에 권선 사양 등에 변화시켜 여러 가지 특성을 갖도록 하는 것이 가능하다. 어떤 픽업 코일은 권수가 많은 것과 적은 것 2종류를 감아두는 예도 있다.

(2) CDI 배터리 점화방식

다음 그림 6-71은 배터리 점화식 CDI의 기본회로의 예이며, 이 경우도 전기 진각을 사용하고 있고, 원리 또한 앞에서 설명한 CDI 마그네트와 거의 동일하다. 배터리 점화방식은 전원으로 12V 직류가 있어 이 전원을 발전기에 의해 교류 또는 변화가 많은 직류로 변환시킨 후, 트랜스에 의해 승압하여 약 400V의 교류로 변화시킨 다음 이 교류를 다이오드에 의해 정류하여 약 400V의 직류를 얻고 있다.

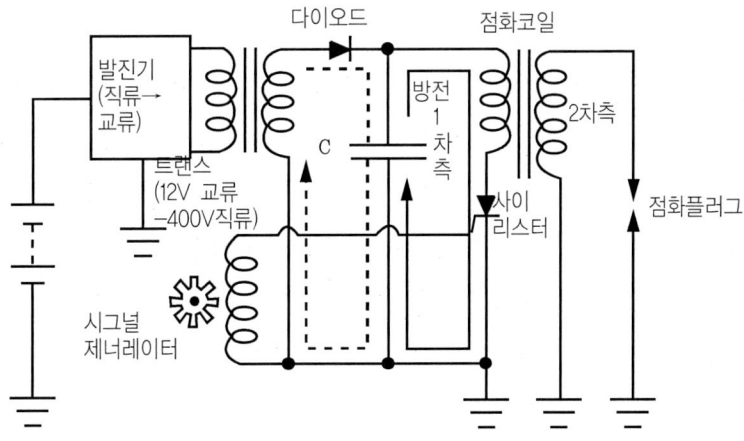

[그림 6-71] 배터리 점화 CDI 방식의 기본회로

이렇게 발생한 약 400V의 직류를 콘덴서에 충전하였다가 점화시 신호 발전기에 의해 사이리스터의 게이트가 신호를 받으면, ON되어 충전된 콘덴서가 방전(discharge)하게 된다. 앞에서 설명한 CDI 마그네트 회로와 CDI 배터리에 있는 사이리스터 위치가 서로 다르게 되어 있으나 충전된 콘덴서를 점화코일의 1차측에 방전하게 하는 기능은 동일하며, 특별한 의미는 없다.

3.4. 점화플러그(spark plug)

3.4.1. 점화플러그 개요

점화플러그(spark plug)는 그림 6-72와 같이 실린더헤드에 장착되어 실린더 내에서 압축된 혼합기에 고압 전기로 불꽃을 일으키는 역할을 한다. 이때 불꽃에너지(고전압)는 점화코일에서 발생하여 고압 케이블(high tension cable)을 통해 배전기에 의해 각 실린더의 점화플러그에 공급된다. 점화플러그는 구조가 간단하지만 가혹한 조건에서 사용되기 때문에 엔진성능에 직접 영향을 준다. 점화플러그는 크게 나누어 하우징(housing), 절연체(insulator), 전극(electrode)의 3가지 주요부로 구성되어 있다.

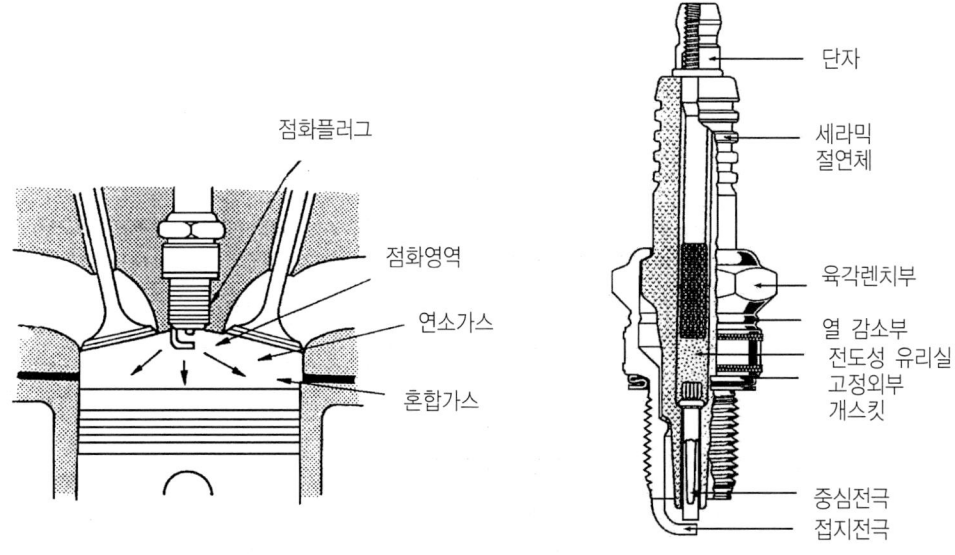

[그림 6-72] 점화플러그의 구조

[1] 하우징(housing)

점화플러그의 외곽을 구성하며, 절연체의 지지 및 실린더헤드에 장착되는 구성을 하우징이라 한다. 상단은 점화플러그 렌치(wrench)를 사용할 수 있도록 나사산이 있으며, 맨 끝부분에는 접지전극이 용접되어 있다. 나사부와 6각부의 치수는 아래 표와 같이 규정되어 있다. 점화플러그가 고온에 의한 접지전극의 산화가 쉬우며 이를 견딜 수 있도록 니켈 크롬 합금이 주로 사용되고 있다.

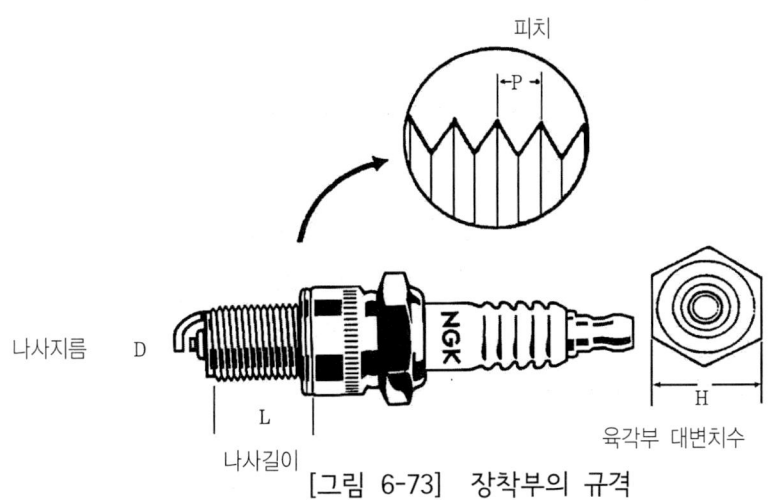

[그림 6-73] 장착부의 규격

[점화플러그의 KS규격]

(단위 mm)

나사부 치수			육각부 치수 (H)
외경(D)	피치(P)	길이(L)	
18	1.5	12.0	25.4
			20.6
14	1.25	9.5	20.6
		12.7	
		19.0	16.0
12	1.25	12.7	18.0
		19.0	16.0
10	1.0	8.5	16.0
		12.7	

[2] 절연체(rorcelain insulator)

절연체는 고온에서도 높은 절연저항을 유지해야 하고 열전도성, 기계적 강도 등이 커야 한다. 따라서 현재는 고순도는 알루미나 자기(磁器, ceramic)가 주로 쓰여지고 있으며 절연체의 위쪽 부분에는 고압 전류에 의한 선락(flash over)을 방지하기 위한 리브(rib)가 있다.

[3] 전극(electrode)

전극은 중심전극과 접지전극으로 되어 있으며, 이 두 전극사이에 축전지 점화식은 0.7~1.0mm, 마그네트 점화식은 0.5~0.7mm의 간극을 두고 불꽃을 일으킨다. 이 전극은 고온의 연소가스에 노출되기 때문에 내열성, 내식성이 우수한 니켈합금, 크롬합금이나 니켈·망간합금 등이 사용되기도 한다.

중심전극은 접지전극보다 고온이므로 그림 6-74와 같이 직경이 약 2.5mm인 중심 전극 내에 열전도성이 좋은 동을 넣은 것이 있다.

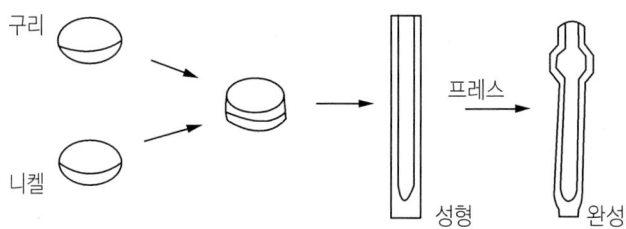

[그림 6-74] 동 프레스 전극의 제조공정

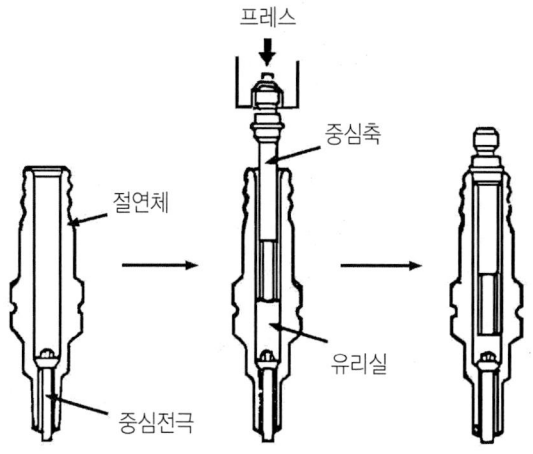

[그림 6-75] 중심전극의 제조공정

중심전극은 그림 6-75와 같이 특수한 유리 분말에 구리 분말을 혼합한 후 고온에서 용융시켜 만들거나 중심전극과 중심축을 일체로 만들어 중심축의 주위에 특수한 분말(cement)을 충진하여 만드는 방법이 있다.

[4] 개스킷

개스킷은 실린더헤드와 점화플러그와의 접속부로부터 가스누설을 방지하는 것으로 금속판 속에 석면을 감은 것과 금속판을 구부려 압축성을 갖게 한 것, 금속판을 그대로 쓰는 것 등의 3종류가 있다. 데이터 시트로 된 점화플러그에는 개스킷을 끼우지 않는다.

3.4.2. 점화플러그 열가에 따른 분류

점화플러그는 열가에 따라 열형, 표준형, 냉형 플러그로 구분한다.

[1] 열형 플러그(hot type plug)

절연체 노즈 면적이 넓어 더 많은 열을 흡수하고 열 분산이 낮다.

[2] 표준형 플러그(standard type plug)

중간인 절연체 노즈 면적이 열형보다 작다. 열 흡수가 더 낮아지고, 열 분산은 더 높다.

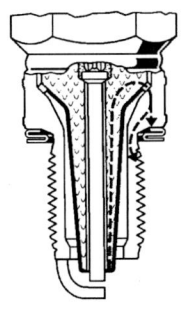
(a) 열형 플러그

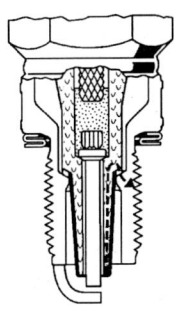
(b) 표준형 플러그

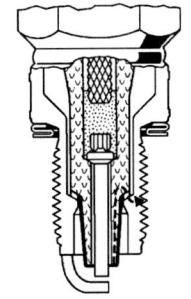
(c) 냉형 플러그

[그림 6-76] 점화플러그의 종류

[3] 냉형 플러그(cold type plug)

절연체 노즈 면적이 작아서 열을 거의 흡수하지 못한다. 짧은 열전도 통로를 통한 열 분산성이 우수하다.

3.4.3. 점화플러그의 요구 특성

[1] 전기 절연성이 좋을 것

점화코일에서 발생하는 전압은 20,000V 이상의 높은 전압이고 이 전압이 플러그에 가해질 때 전극 간극(Gap) 이외는 누전이 되지 않는 높은 절연성을 갖도록 고 순도의 알루미나질의 애자가 주로 사용되고 있다.

[2] 내열성이 클 것

점화플러그는 2,000℃ 이상의 높은 연소 온도에 충분한 내열성을 갖어야 한다. 또한 흡입행정에서는 대기 온도에 가깝게 냉각을 하므로 급열과 급냉을 반복해서 열응력에 잘 견디는 내열성이 요구된다.

[3] 열 전도율이 클 것

플러그는 고온가스에 노출되므로 고열을 실린더헤드를 통해 식히지 않으면 전극의 산화가 급격히 진전되어 쉽게 마모된다. 따라서 고온가스에 노출되어도 플러그 끝단의 온도는 850℃ 이상 올라가지 않도록 자체적인 열분산(열전도율)이 좋아야 하고 850℃ 이상이 되면 자기착화의 원인이 된다.

[4] 기계적인 강도가 클 것

엔진의 폭발행정에서는 실린더 내의 압력이 $45kgf/cm^2$ 이상이 되고, 흡입행정에서는 부압이되므로 매번 큰 압력변화를 받는다. 이러한 큰 압력 변화와 진동에 대해 충분히 견딜 수 있는 구조로 되어야 한다.

[5] 기밀 유지가 잘 될 것

압축행정과 폭발행정 시에 고압력에 의한 가스의 누설이 없도록 기밀성이 요구된다.

[6] 내구성이 좋을 것

고온 상태에서는 금속이 급속히 산화가 증대되어 전극이 쉽게 마모되므로, 장시간에 걸쳐 내부식성이 강한 Ni-Cr합금이 일반적으로 사용되고 있다.

[7] 내 오손성이 클 것

점화플러그를 오손시키는 물질로는 카본(carbon)과 안티녹(anti-knock)제의 납이 있지만, 근래는 무연 가솔린의 등장으로 주로 카본이 주로 문제가 된다. 카본은 통전성이 좋은 물질이기 때문에 점화플러그 애자부에 퇴적되면 전류가 누전되어 플러그 양전극 사이의 불꽃 방전이 약해져 실화가 일어나게 된다. 그러나 카본은 약 500℃ 이상의 온도에서 연소되어 재가되어 떨어지는 이른바 자기 청정 작용(自己淸淨作用)을 한다.

 자기청정온도

자기 청정작용은 점화플러그 전극부분 자체의 온도에 의해서 카본 등에 의한 오손을 청소하는 작용을 자기 청정작용이라 한다. 또한 자기 청정작용이 완전히 이루어지는 온도를 자기 청정온도라 하며, 400~850℃의 범위가 자기 청정온도에 해당한다.

[8] 불꽃 방전성이 좋을 것

가는 전극을 사용할 경우에는 전극의 산화 소모를 작게 하고, 내구성을 좋게 해야 하기 때문에 특수한 금속, 즉 백금 등을 사용하여 전극을 가늘게 하면 불꽃 방전성이 좋게 되고, 또한 착화성을 좋게 하는 효과가 있다.

[9] 착화성이 좋을 것

극을 가늘게 하여 전극의 온도를 올리는 한편, 화염핵이 닿을 때 전극에 의해 열을 빼앗기지 않는 형상 즉, 날카로운 곳이나 모서리 어느 부분을 사용하여 그곳으로부터 불꽃 방전이 이루어지도록 해야 하며, 희박한 혼합기도 착화성이 좋아야 한다.

3.4.4. 점화플러그의 불꽃 요구전압

점화플러그의 양전극 사이에서 불꽃이 일어나게 하려면, 어느 정도의 높은 전압을 가해야 되며, 이때 필요한 전압을 불꽃 전압(방전전압) 또는 요구전압이라고 한다. 이러한 요구전압은 여러 가지 조건에 따라서 변화되며 그 주요한 내용은 다음과 같다.

[1] 플러그 간극 및 형상에 따른 불꽃 요구전압

불꽃 방전에 필요한 요구전압은 그림 6-77과 같이 점화플러그의 전극 간극이 클수록 비례하여 높게 된다. 또한 전극의 형상에 따라 불꽃 전압은 그림 6-78처럼 큰 차이가 있다. 전극 끝의 형태가 뾰쪽하거나 모서리가 있을 경우에는, 낮은 전압으로도 불꽃이 튀지만, 전극 끝이 둥글수록 불꽃전압이 높게 요구된다. 일반적인 점화플러그를 장기간 사용하면, 고온에 의한 산화로 전극 끝이 소모되어 둥그스름하게 되기 때문에 높은 불꽃 전압이 요구되고, 때로는 엔진의 부조(miss fire) 현상의 원인이 되는 수가 있다.

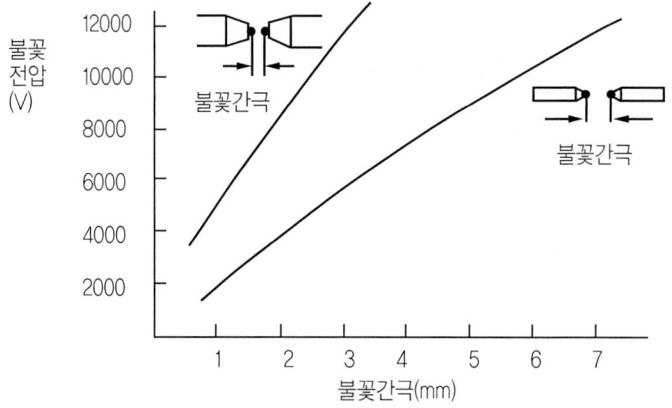

[그림 6-77] 전극의 간극에 따른 불꽃 요구전압

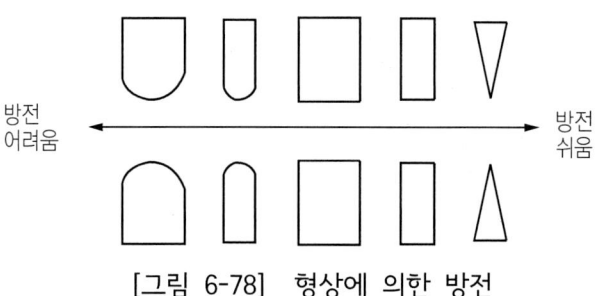

[그림 6-78] 형상에 의한 방전

이럴 때 새로운 점화플러그로 교환하면 엔진 상태가 좋아지는 것은 전극의 모서리부분에 의해서 불꽃 전압이 내려가서 방전이 쉽게 일어나기 때문이다. 다음 그림 6-79는 주행거리와 최저 불꽃방전 전압의 관계를 나타낸 것으로, 전극 간극의 소모에 따라 요구 전압이 높아지는 것을 알 수 있다.

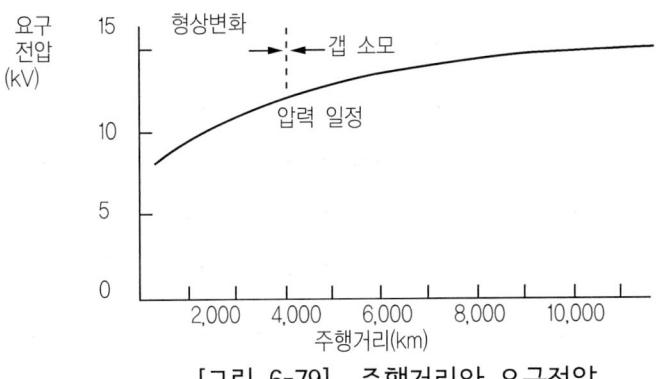

[그림 6-79] 주행거리와 요구전압

[2] 압축압력과 불꽃 요구전압

실린더 내의 압축압력이 증가할수록 불꽃의 요구전압은 높아지며, 이것은 전극 간극이 넓은 경우와 같은 양상이 된다. 그 이유는 양전극 사이의 기체분자를 이온화하는 압력이 높고 분자의 밀도가 크며, 이온화하기 위한 분자의 수가 많기 때문이다. 일정한 전압상태에서 불꽃이 일어나지 않는 최저압력(실화압력) P와 전극 간극 d와는, 반비례 관계가 있어서 두 곱은 일정하게 도며, 이것을 Pd적(積)이라 한다. Pd적에 대한 방전전압은 점화플러그의 전극형상에 의해서 결정되는 일정 전압으로 한다.

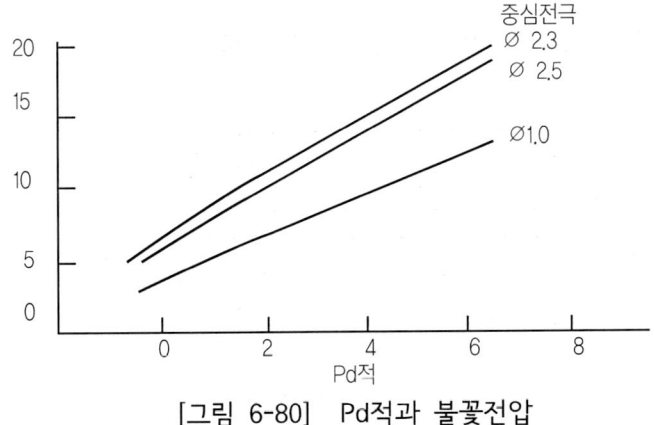

[그림 6-80] Pd적과 불꽃전압

실제의 엔진에서는 스로틀밸브를 열면 실린더 내의 압력(P)이 증가하는 반면, 플러그의 전극간극 d가 일정하여 결국 Pd적이 증가하여 방전에 필요한 요구전압이 증가하게 된다.

[3] 혼합기 온도와 불꽃 요구전압

혼합가스의 온도가 올라가면 불꽃전압이 저하하여 방전이 쉽게 된다. 일반적으로 절연물질과 공기는 온도를 높게 할수록 절연파괴가 쉽게 일어나는 성질이 있다. 그 이유는 온도 에너지에 의한 분자운동이 활발하여 전압 에너지를 가할 때 구속전자가 자유전자로 되어 활동하기 쉬워서 이온화가 잘 이루어지기 때문이다. 공기분자의 전자가 자유전자가 되어 이온화하면, 전류를 운반하는 물질이 생기게 되므로 방전현상이 일어나는 것이다.

예를 들어 고부하 운전할 경우를 생각하면, 실린더 내의 압력과 온도도 공히 상승하지만, 압력상승에 의한 불꽃전압의 상승효과쪽이 가스 온도상승에 의한 불꽃전압의 저하보다 크다. 따라서 스로틀밸브를 열고 고속주행을 하면 요구전압이 높게 되어 점화플러그의 전극 온도상승의 영향으로 고속주행시 엔진의 요구전압은 전체적으로 저하하는 것이 일반적인 현상이다.

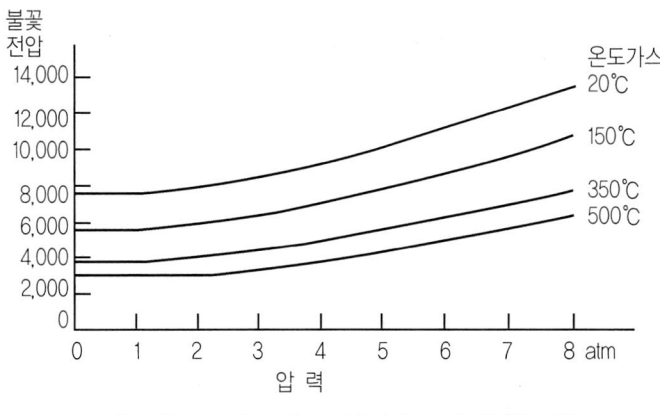

[그림 6-81] 가스 압력온도와 불꽃 전압

[4] 전극 온도와 불꽃 요구전압

점화플러그의 전극온도가 높게 되면, 그림 6-82처럼 불꽃전압은 급격히 저하한다. 전극이 뜨거워지면, 그 전극의 물질을 구성하고 있는 분자의 진동이 활발해져 표면으로부터 자유전자의 이동이 쉽고 낮은 전압으로도 전자가 튀어나오기 때문이다. 실제의 엔진에서 시동시보다 운전 중에 전극 온도가 높아지므로 불꽃 요구전압이 낮아지고, 또한 고속주행시 일정시간에 고부하운전시에는 전극 온도가 높아져 요구전압도 더욱 저하하게 된다.

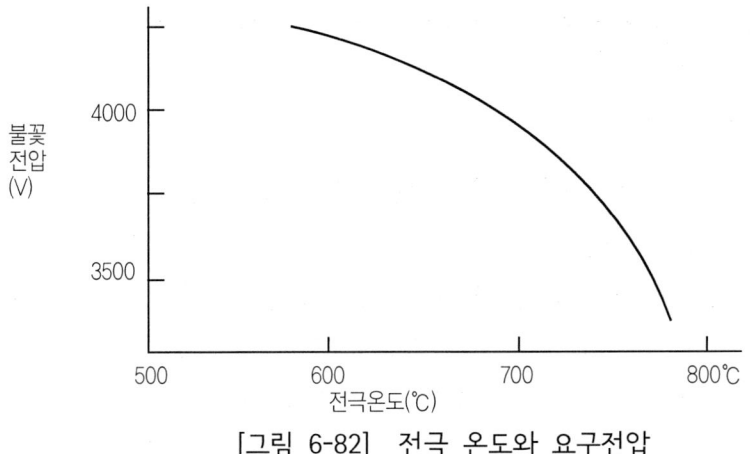

[그림 6-82] 전극 온도와 요구전압

[5] 공연비와 불꽃 요구전압

가솔린과 공기의 혼합기에서의 불꽃전압은 공기 중에서 보다 약간 낮다. 실제의 실린더 내에서는 공연비에 의해 점화플러그의 전극 온도가 변화하기 때문에 그림 6-83처럼 9:1 공연비 부근에서 불꽃 전압이 가장 낮고, 공연비가 희박해질수록 높은 불꽃 전압으로 된다.

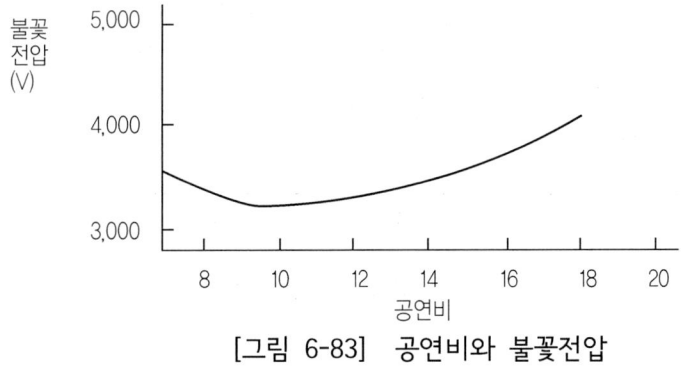

[그림 6-83] 공연비와 불꽃전압

[6] 습도와 불꽃 요구전압

공기 중의 습도가 증가하면, 비열의 증가와 산소 농도의 감소에 의해서 연소 온도는 낮아진다. 따라서 점화플러그의 전극 온도가 낮아지므로 불꽃 요구전압은 약간 상승하게 된다.

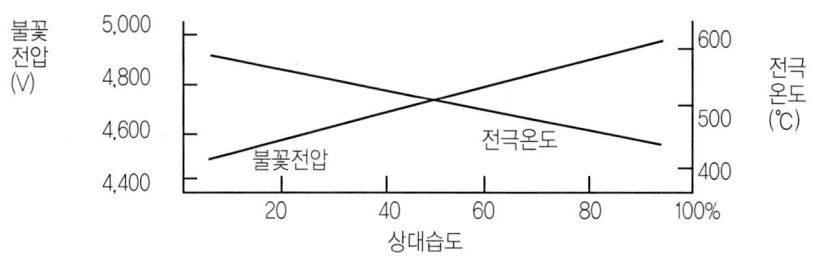

[그림 6-84] 습도와 불꽃전압

[7] 극성과 불꽃 요구전압

점화플러그 양전극의 형상이 같은 경우에는, 어느 쪽을 (+)로 하든 불꽃 전압에는 거의 차이가 없으나 양전극의 형상이 다르게 되면 불꽃전압의 차가 크게 된다.

그림 6-85는 침상 전극과 평판 전극을 만들어 침을 (+)로, 판을 (-)로 할 경우와 반대로 한 경우 불꽃 전압의 변화를 나타낸 것이다. 약 3.5mm 이하의 불꽃 간극일 경우, 침을 (-)로 할 때는 불꽃방전이 쉽게 일어날 수 있고 실제 점화플러그에서도 중심 전극에 (-)전압을 가할 수 있도록 점화코일의 권선방향을 결정하고 있다.

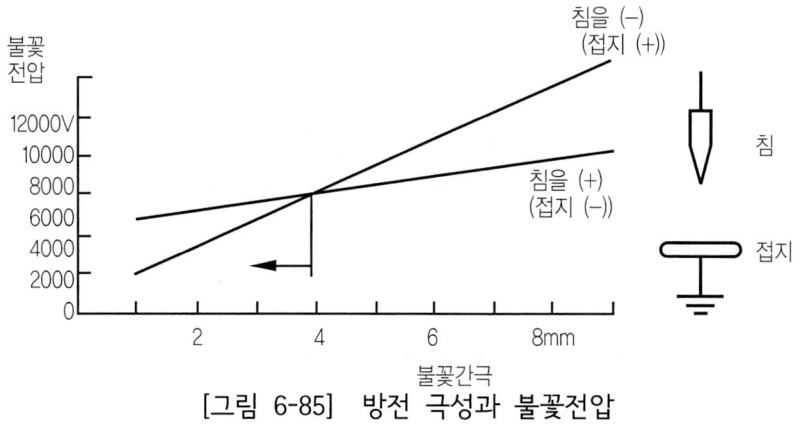

[그림 6-85] 방전 극성과 불꽃전압

[8] 급가속과 엔진의 요구전압

스로틀밸브를 열면 흡입 혼합기가 증가하고, 압축 압력도 증가하므로 혼합기를 절연파괴하기 위한 불꽃 요구전압은 상승하게 된다. 특히 스로틀밸브를 완전히 열 때는 최대의 불꽃전압을 필요로 하게 된다.

실제에서는 동일한 스로틀밸브라 할지라도, 연속된 전개보다 저부하 상태(1/2 스로틀 이하)에서 급격한 전개 상태로 되는 급가속시에 더 큰 불꽃 요구전압을 필요로 하게 된다. 스로틀밸브를 연속해서 전개하는 경우에는 실린더도 과열되고 흡입 혼합기도 열을 받아 높아지며 또한 점화플러그의 전극 온도가 높아지게 됨에 따라 이러한 열이 불꽃 요구전압에 영향을 미쳐 낮은 전압에서도 불꽃이 일어날 수 있는 것이다.

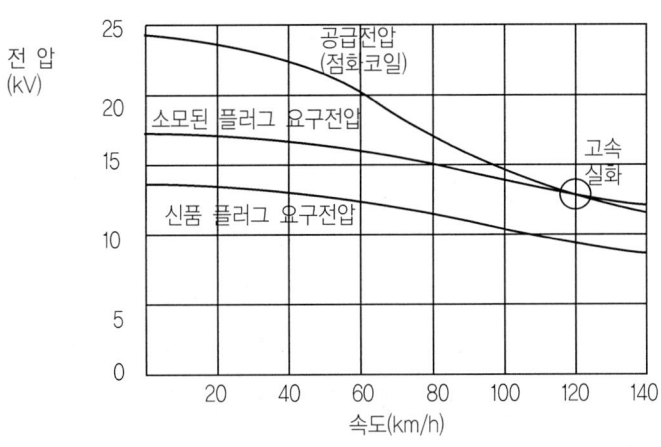

[그림 6-86] 스로틀개도와 요구전압

3.4.5. 점화플러그의 열가와 온도

열가(熱價)는 점화플러그가 연소실에서 받은 열의 발산 정도를 말하며, 점화플러그의 열적인 특성을 표시한다. 연소실에서 받은 열량에 대하여 발산되는 열량의 정도가 큰 것을 냉형 점화플러그라고 하고, 반대로 받은 열량에 대해 발산되는 열량의 정도가 적은 것을 열형 점화플러그라고 한다.

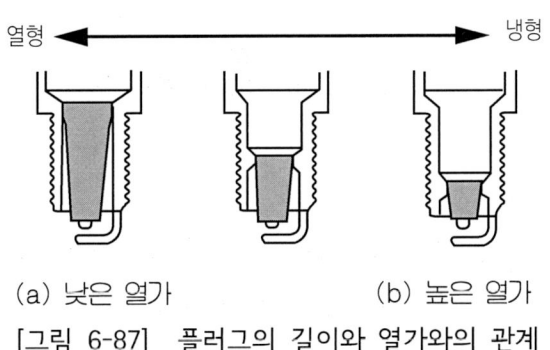

(a) 낮은 열가   (b) 높은 열가
[그림 6-87] 플러그의 길이와 열가와의 관계

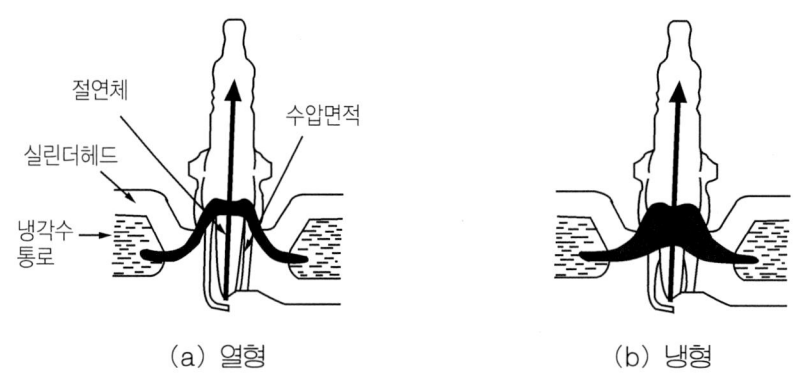

[그림 6-88] 방열 경로와 열가

열가의 표시는 점화플러그 형식명의 중간에 숫자로 표시하며, 그 숫자는 각 제조회사마다 다르다.

[1] 열가를 좌우하는 요인

점화플러그의 열이 발산되는 경로는 그림 6-89와 같고, 점화플러그 전극부분의 온도를 좌우하는 것은, 플러그가 연소가스로부터 받은 열량과 발산한 열량의 차이로 결정되며, 열가를 좌우하는 요인으로는 다음과 같다.

① 화염이 접촉되는 부분의 표면적
② 절연체 및 전극의 열전도율
③ 바깥쪽으로 노출되는 부분의 표면적
④ 연소실의 형상과 용적

열가를 좌우하는 최대의 요소는 열을 받는 면의 길이이다.

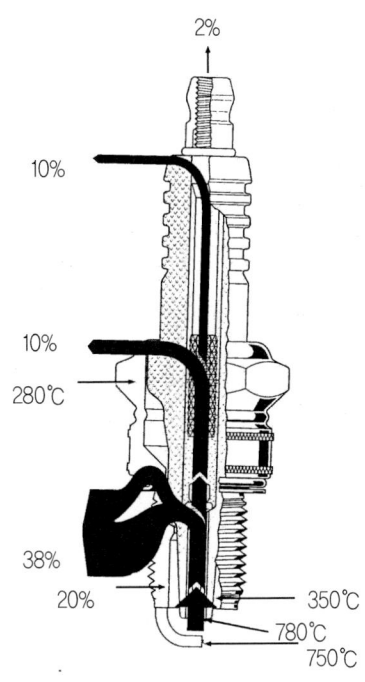

[그림 6-89] 점화플러그의 열전도 및 방열

그림 6-90(a)은 열을 받는 면적(T)가 짧고, 받는 열량도 그만큼 작아 하우징 쪽의 방열 경로 또한 짧기 때문에 방열량이 크게 된다. 이것을 냉형 플러그라고 하고 고열용에 사용된다. 저열가용 열형 점화플러그는 열을 받는 면적이 많아(화염을 받는 표면적이 넓을 때)열을 많이 받고, 또한 방열 경로가 길어 냉형에 비해 열을 많이 갖고 있다.

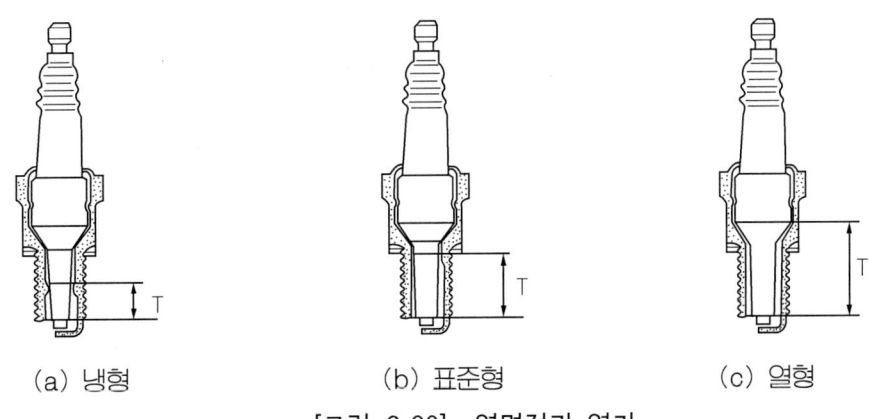

(a) 냉형   (b) 표준형   (c) 열형

[그림 6-90] 열면적과 열가

[2] 점화플러그의 온도

점화플러그는 엔진의 회전상태에 따라 온도 변화가 있고, 온도에 최대로 영향을 주는 인자는 매초당 엔진 연소실에서 연소하는 혼합기량으로 볼 수 있다. 차량속도가 빨라지면, 단위 시간당에 연소하는 혼합기량이 증가하므로 점화플러그가 받는 열량이 증대하여 그림 6-91과 같이 높아진다.

그러나 같은 차량의 동일한 속도에서도 점화플러그의 열가에 따라 크게 다르다. 열가가 높은 점화플러그일수록 열 발산정도가 크다. 따라서 고열가의 점화플러그는 저열가의 점화플러그에 비해 같은 차속인 경우에도 온도가 낮게 된다.

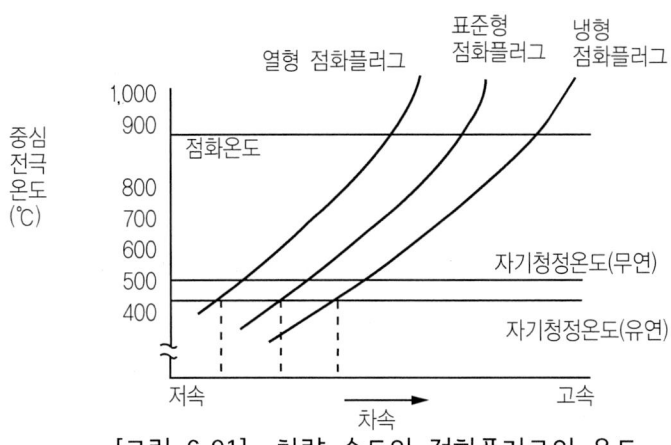

[그림 6-91] 차량 속도와 점화플러그의 온도

[3] 자기 청정온도

엔진이 냉각된 상태에서 공회전을 하거나 저속주행을 하게 되면, 점화플러그의 전극 부분에 카본(carbon)이 퇴적한다. 엔진이 냉각된 상태에서 저 회전을 하면, 냉각된 점화플러그와 농후한 혼합기에 의해 연소과정에서 카본 발생량이 많아져 점화플러그에도 카본이 퇴적하게 된다. 카본은 전기를 잘 통하게 하는 양도체이기 때문에 점화플러그에 카본이 퇴적하면 고압 전류가 누전되어 실화를 일으킨다.

특히 절연저항이 10MΩ 이하로 떨어지면 더욱 실화가 일어날 가능성이 많아지는 것이다. 이러한 카본은 보통 450℃ 이상이 되면 타서 없어지는 성질이 있다. 따라서 엔진 운전 중에는 가능한 한 빨리 점화플러그 전극 부분의 온도를 450℃ 이상 올려 줄 필요가 있다.

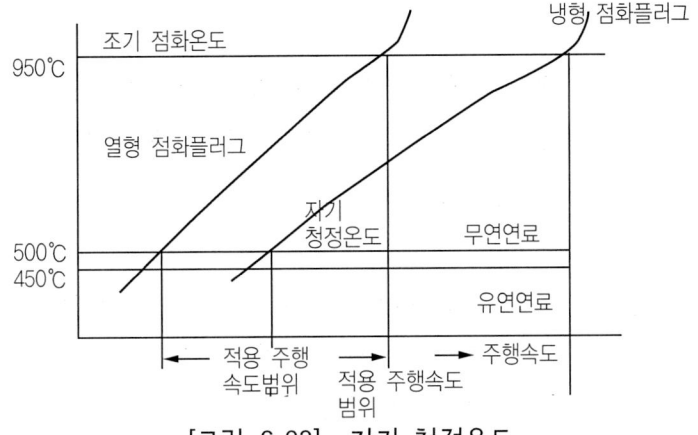

[그림 6-92] 자기 청정온도

그러나 전극 부분의 온도가 너무 상승하여 950℃ 이상 넘게 되면, 조기점화 현상을 일으키기 때문에 950℃ 이상 되지 않도록 해야 한다. 만일 점화플러그 전극 부분의 온도가 너무 높게 되면, 압축과정 중에 혼합기를 자연 착화시켜 노킹을 동반한 엔진의 출력저하를 초래하는 것을 조기점화(preignition)라고 한다. 점화플러그는 950℃ 이상이 되면 조기점화가 일어날 가능성이 많고, 특히 이런 현상은 고속주행시 일어나기 쉽다. 이렇게 점화플러그의 전극 부분 자체의 온도에 의해 카본 등에 의한 오손을 청소하는 작용을 자기청정작용(自己淸淨作用)이라 하고, 그 청정작용이 완전히 이루어지는 온도를 자기청정온도라 한다. 자기청정온도(自己淸淨溫度)는 유연 가솔린이 450℃부터 무연 가솔린은 500℃부터 시작하여 950℃ 이하의 범위가 이 자기 청정온도에 해당한다.

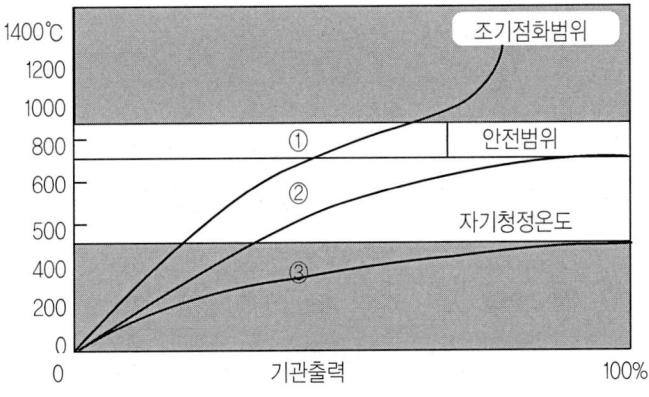

[그림 6-93] 엔진출력과 플러그의 온도곡선

근래의 점화플러그는 전극과 절연체가 셀의 끝부분보다 더 노출되어 저속과 고속시 항상 알맞는 온도를 유지할 수 있는 자기 돌출형 플러그를 많이 사용하기도 한다.

[4] 점화시기와 플러그 온도

점화시기는 점화플러그의 온도에 크게 영향을 미친다. 점화시기가 빠르게 되면, 실린더 내의 연소 압력이 높아짐과 동시에 고온으로 된다. 또한 연소시간도 길어지므로 점화시기를 빠르게 할수록 점화플러그의 온도도 높아진다.

일반적인 4사이클 엔진의 최고 출력에서는 점화시기 1° 진각할 때마다 약 10℃씩 점화플러그의 온도가 상승한다. 따라서 점화시기를 10°를 더 진각할 때 플러그는 100℃가 더 상승하게 되며, 이 상태로 고속주행을 하면 조기점화(preignition)의 가능성이 높아지는 것이다.

3.4.6. 점화플러그의 착화성

[1] 착화와 소염작용

가솔린과 공기의 혼합기속에 전극을 놓고 전기불꽃을 일으키면, 전기에너지(전압×전류×초수(秒數)[J])가 열에너지로 변화한다. 이 열은 아주 작은 가솔린 분자를 활성화(산소와 화합)시켜 화염핵을 형성한다. 화염핵의 열이 그 주위의 가솔린 분자를 활성화시키면, 화염핵으로부터 점점 확대 성장하여 화염전파를 하게 된다. 이런 과정은 아주 짧은 시간에 진행되므로 폭발적으로 연소하게 된다. 따라서 전기 불꽃이 일어난 후 혼합기에의 착화 가능여부는 화염핵의 형성과 화염핵의 성장여부에 따라 결정된다.

화염핵은 전기불꽃 에너지가 충분히 있어야한다. 즉, 점화 열량이 충분해야 하고 가솔린 혼합기의 공연비가 적정한 범위에 있어야 하며, 가솔린이 기화하여 공기와 잘 혼합되어 있지 않으면 안 된다. 이런 조건에서 전기불꽃이 일어나면 화염핵의 형성은 가능하다.

그러나 그 화염핵이 성장하기 위해서는 어느 정도의 불꽃간극을 필요로 하게 된다. 예를 들어 그림 6-94와 같이 평평한 2개의 전극을 어느 정도의 간격을 두고 그 사이에 고전압을 가해 전기 불꽃을 일으킬 때 만일 혼합비가 적절하다면, 착화되어 급격한 화염성장으로 연소하게 되나 전극의 간격을 아주 작게 하면 불꽃에너지를 더 크게 해도 혼합기는 착화하지 않는다. 이러한 간격을 소염(消炎) 거리라고 한다.

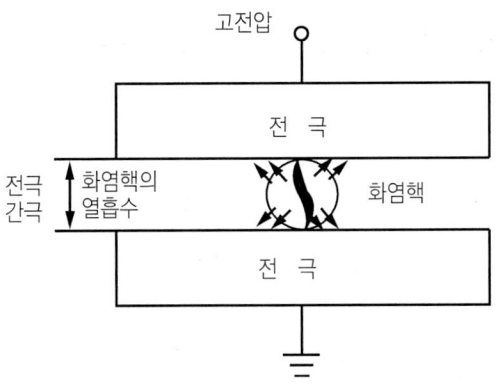

[그림 6-94] 화염핵 발생과 소염작용

다시 말해서, 소염거리보다 작은 간격에서는 착화가 일어나지 않는다. 좁은 전극간극에서 화염핵이 형성되어도 그 화염핵은 상당히 작고, 열량 또한 작아서 화염핵 주위의 냉각된 전극에 의해 열을 빼앗기 때문에 가솔린분자를 활성화시킬 힘(열량)에 못 미치게 된다. 따라서 냉각된 전극의 냉각작용에 의해 화염핵이 성장하지 못하여 소염작용이 된다. 이 소염작용은 점화플러그에 의한 착화성의 양부(良否)를 결정지어 주는 중요한 요소가 된다.

[2] 불꽃간극과 전극의 굵기

점화플러그의 전극 간극은 가장 짧은 거리는 소염거리로 결정되고, 가장 긴 거리는 전원의 불꽃 한계로 결정되며, 착화성능은 이 불꽃간극에 의해 변화된다. 점화코일에서 발생하는 2차 전압의 불꽃에너지가 충분한 여유가 있을 경우에는 불꽃간극을 크게 할수록 착화성능이 향상된다. 다시 말해서 그림 6-95처럼 양전극 가까운 부분은 소염작용에 의해서 화염핵이 성장하지 못하게 되지만, 이 지역을 벗어난 구역부터는 유효한 불꽃영역으로 된다.

따라서 착화 유효한 불꽃의 길이를 길게 할수록 착화성이 향상되며, 희박한 혼합기도 착화가능하게 된다. 즉, 불꽃간극을 크게 하면 상대적으로 소염작용이 적어져 가솔린 분자와 불꽃이 접촉되는 부분이 증대되므로 희박한 혼합기도 착화가 가능하게 된다. 그러나 불꽃간극을 한없이 크게 할 수는 없다. 왜냐하면 점화코일에서 발생하는 2차 전압에도 한계가 있을 뿐만 아니라 불꽃 에너지도 어느 정도의 한계가 있기 때문이다. 불꽃 에너지를 크게 하려면 방전 전압을 높여야 하고 이 방전 전압에 따른 표류용량 또한 커지게 된다.

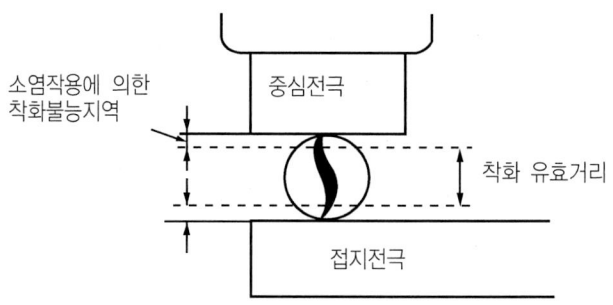

[그림 6-95] 불꽃간극의 착화 유효거리

표류용량이 커지면 방전할 때 불꽃 시간이 짧아지는 문제가 따르기 때문에 무제한으로 불꽃에너지를 향상시킬 수 없게 된다. 다음 그림 6-96은 불꽃간극과 착화성의 관계를 나타낸 것으로 불꽃간격을 넓히면 착화성이 향상되나, 간극이 1.0mm 이상에서는 포화상태로 된다. 이 그림에서 착화한계 공연비는 실화하지 않는 상태에서 희박한 공연비의 한계를 나타낸 것이다.

엔진 공회전시(idling)와 중속 부하시를 비교할 때, 공회전상태에서는 혼합기의 절대량이 적기 때문에 공전시 공연비가 농후하여 불꽃이 튈 때 가솔린 분자와 접촉하는 기회가 적어 착화하기 어려워진다.

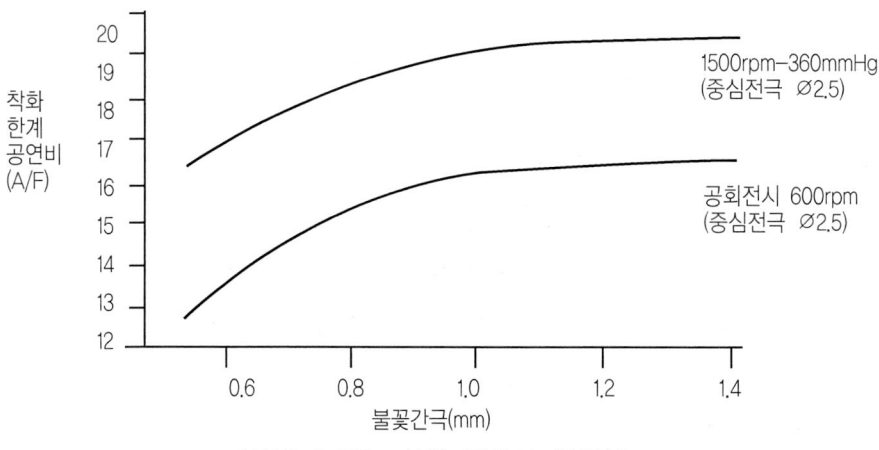

[그림 6-96] 불꽃 간극과 착화성

[3] 중심 전극경과 착화성

점화플러그의 중심 전극경을 가늘게 하면 불꽃도 잘 일어나고 착화성도 향상된다. 중심 전극경이 뾰족해질수록 전하가 집중되기 쉽기 때문에 전계 밀도(電界密度)가 많아 공기의 절연을 파괴하는 능력이 향상된다.

또한 중심전극이 가늘어짐에 따라 소염작용이 적어 착화성이 향상된다. 다음 그림 6-97은 점화플러그의 중심 전극경이 2.5mm인 경우와 1.0mm 경우의 착화성을 비교한 것이다. 불꽃 간극이 넓을 때는 ∅2.5와 ∅1.0의 차이가 별로 없으나, 간극을 좁게 하면 ∅1.0쪽의 착화성이 더 좋아진다.

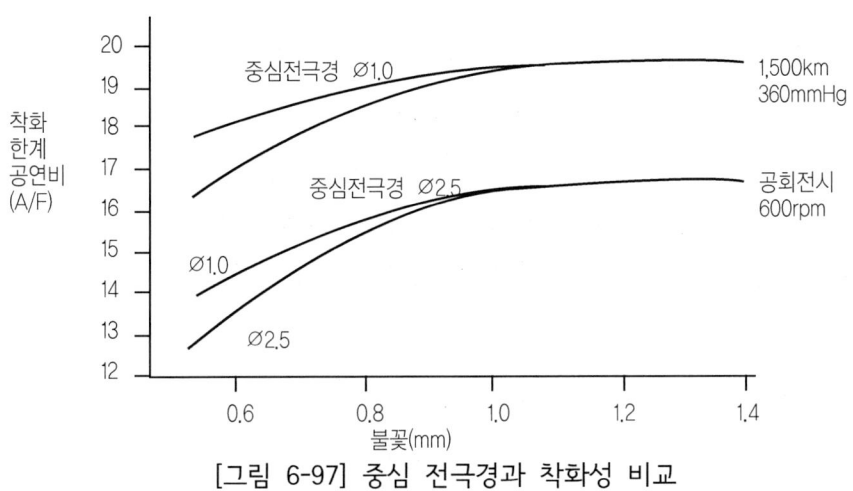

[그림 6-97] 중심 전극경과 착화성 비교

그러나 중심전극을 가늘게 하면 전극이 받는 열의 발산이 어려워져 온도가 상승되고, 이로 인하여 산화가 심해 전극이 쉽게 소모되는 문제점이 따른다. 전극의 재질은 예전에는 내식성이 뛰어난 Ni·Cd합금을 사용했으나 수명이 짧아 내식성이 우수한 금이나 백금을 사용하여 전극을 가늘게 한 점화플러그가 사용되고 있다. 백금 플러그는 내식성이 우수하고 백금 팁을 불꽃이 튀는 부분에 용접하여 사용하여 소염작용을 적게 하여 착화성을 향상시켰다.

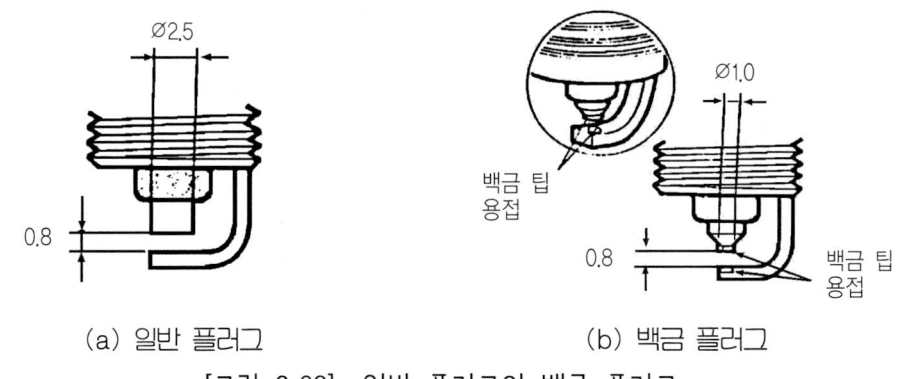

[그림 6-98] 일반 플러그와 백금 플러그

[4] 중심전극의 돌출량과 착화성

중심전극의 돌출량을 많게 하면, 혼합기의 유속이 빠른 연소실 중심부에 가깝기 때문에 희박한 혼합기의 착화능력도 커지고, 전체적인 착화성이 향상된다. 그림 6-99는 중심전극의 돌출량과 착화한계 공연비와의 관계를 나타낸 것으로, 중심전극의 돌출량이 많을수록 착화성이 향상된다.

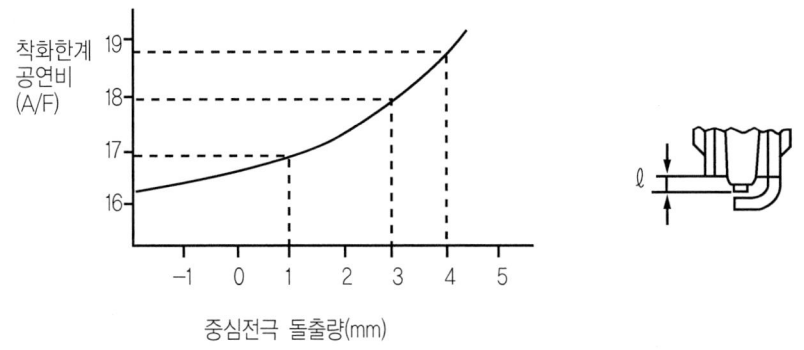

[그림 6-99] 중심전극 돌출량과 착화성

최근의 점화플러그는 전극과 절연체가 셸의 끝부분보다 더 돌출되어 저속과 고속시 항상 알맞은 온도를 유지할 수 있는 자기돌출형 플러그(projected core nose plug)를 대부분 사용하고 있다.

(a) 자기 돌출형　　　　　　　　(b) 표준형

[그림 6-100] 자기 돌출형 플러그

[5] 전극의 형상과 착화성

 전극의 형상을 변화시키면, 냉각된 전극에 의한 소염작용의 변화에 따라 착화성도 변화된다. 소염작용을 적게 하여 착화성을 향상시킬 수 있는 방법으로는 전극의 형상에 따라 분류해보면 다음과 같다.

(1) U자형 접지전극

 그림 6-101과 같이 접지전극에 U자형의 골을 만들면 착화성이 향상된다. 그림 6-102(a)와 같이 U자형 접지전극은 불꽃에 의한 화염핵이 크고, 전극의 냉각작용을 덜 받아 화염핵의 성장이 쉽기 때문이다.

 따라서 접지전극에 골을 만들어 화염핵을 크게 하면, 양전극 사이에서 열량을 보유할 수 있어 화염전파가 강하게 이루어질 수 있다. 이때의 불꽃 간극은 넓히지 않은 상태이기 때문에 방전성은 변화되지 않는다.

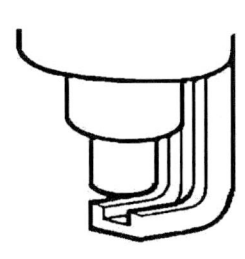 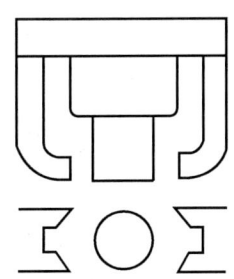

(a) 일반 U자형　　　　　　　　(b) 2극 대항 U자형

[그림 6-101] U자형 접지전극 형상

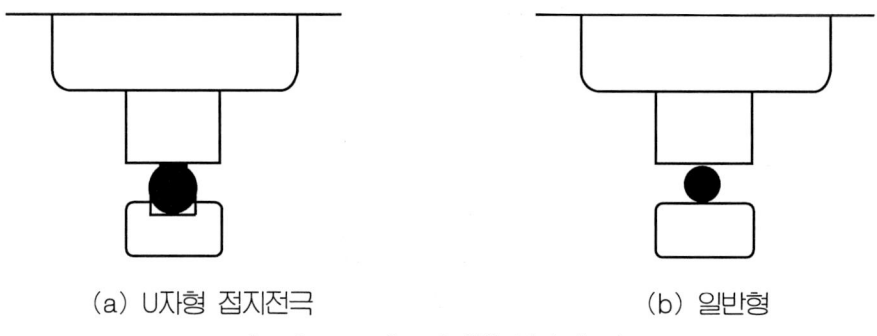

(a) U자형 접지전극   (b) 일반형

[그림 6-102] 화염핵 성장의 비교

그러므로 이 플러그는 불꽃간극을 넓혀 착화성을 향상시킨 만큼의 효과를 얻을 수 있다. 특히 접지전극은 중심전극보다 온도가 낮으므로 화염핵의 열을 뺏기기 쉬우나, 접지전극에 골을 만들게 되면 소염작용을 적게 하는 결과가 되어 아래 그림 6-103과 같이 전체적으로 착화성을 향상시키는 특징을 갖게 된다.

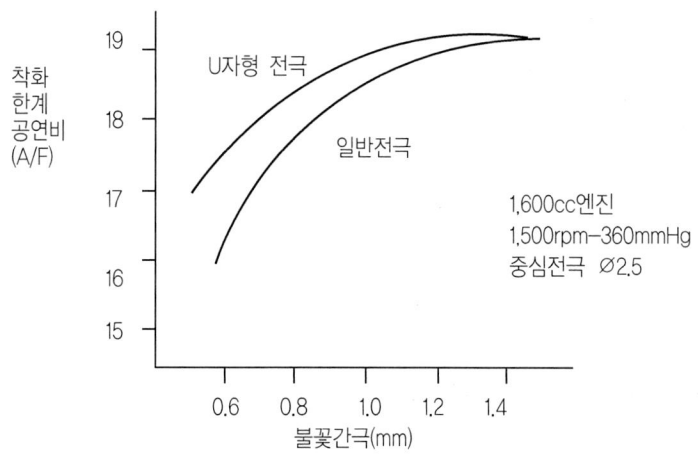

[그림 6-103] U자형 접지전극의 착화성

(2) (+)형 중심전극

그림 6-104와 같이 중심전극에 (+)자형의 골을 만들면, 중심전극을 가늘게 하는 효과가 있어 착화성능과 불꽃성능을 향상시킬 수 있다. 이 형식은 중심전극 끝부분의 온도가 상승되기 때문에 화염핵의 열에 대한 소염작용이 감소하여 착화성이 향상된다. 또한 골의 모서리 부분으로 전자가 모이기 쉽기 때문에 낮은 전압에서도 불꽃 발생이 가능하다. 그러나 고온 산화에 의해 전극의 소모가 큰 결점을 피하지는 못한다.

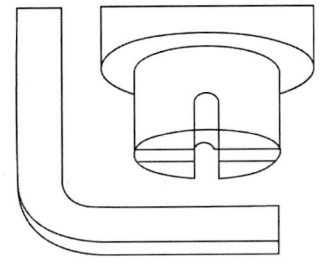

[그림 6-104] (+)중심전극의 형상

(3) V형 중심전극

V형은 (+)형과의 거의 양상이 비슷하며, 전극 끝부분이 퍼져 있는 관계로 (+)형보다 열 발산이 쉬워 착화성은 약간 떨어지지만 (+)형보다 전극이 적게 소모되는 장점이 있다.

[그림 6-105] V형 중심전극의 형상

(4) 절단형 접지전극

이 절단형은 그림 6-106처럼 중심전극에 대하여 접지전극을 약간 짧게 한 것이다. 이 형식은 화염핵이 발생할 때 열이 접지전극에 의해 빼앗기지 않도록 하여 소염작용을 적게 하므로 착화성이 향상된다.

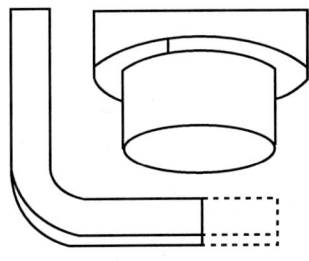

[그림 6-106] 절단형 접지전극의 형상

3.4.7. 저항 삽입형 플러그

가솔린엔진의 점화장치에서는 고압전기에 의한 불꽃발생으로 대단히 많은 전파잡음을 발생한다. 일반적인 전장품에서는 특별히 문제될 만한 전류 변화도 없고 잡음 전파도 발생하지 않으나, 고압전기에 의한 불꽃은 단위시간당 전류 변화량이 대단히 크고 전파의 발생량 또한 비례하여 많아진다.

불꽃의 전자가 공기중의 기체 분자와 충돌하여 공기를 이온화(원자중의 전자를 궤도로부터 분리하여 전기를 띠게 되는 것)할 때 전자가 가속해 가는 과정중의 충돌 등에 따라 전자 방전의 불규칙한 이동으로 잡음 전파를 다량 발생하는 것이다. 이러한 전기 불꽃에 의한 잡음전파는 다양한 주파수를 포함하고 있어서 각종 차량의 AM·FM 라디오, TV, 무전기, 카 네비게이션 시스템 등에 좋지 않은 영향을 준다.

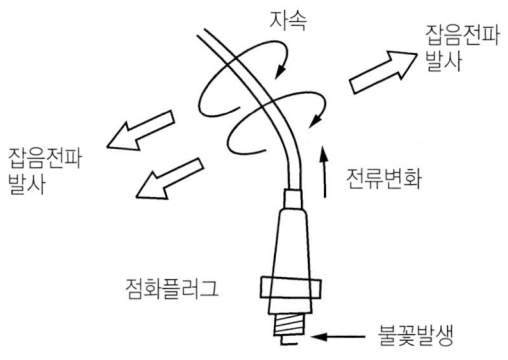

[그림 6-107] 점화 케이블의 잡음 전파 발사

점화플러그에서 일어나는 불꽃은 실린더헤드와 블록으로 밀폐되어 있으나, 점화케이블을 통한 전류 변화가 이루어져 점화케이블이 안테나가 되어 공기 중으로 잡음 전파를 발신하게 된다. 이러한 잡음 전파를 방지하기 위한 방법으로, 고압 케이블의 재료를 실리콘으로 사용하거나 저항을 넣은 저항 케이블을 사용하고, 잡음 전파방지(noise sublessor) 등의 방지기가 사용되기도 하며 점화플러그의 내부에 저항을 넣은 저항 플러그(resister plug)를 사용하기도 한다.

저항 플러그는 그 구조에 따라 권선형, 솔리드형(solid type) 및 모노리스형(monolithic type)의 3종류가 있다. 권선형과 솔리드형은 스프링을 사용하여 저항체(약 5KΩ)를 고정하는 형식이며, 이 형식은 접촉불량 등으로 인한 내구성의 문제점이 있다.

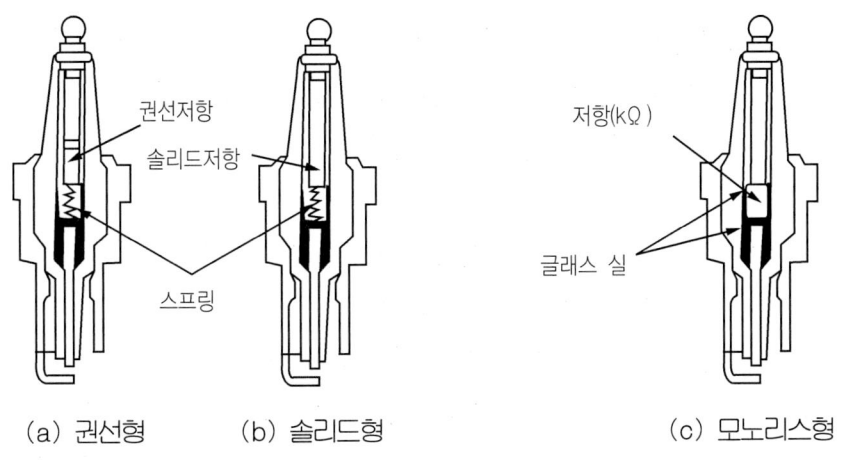

[그림 6-108] 저항 플러그의 종류별 구조

　반면에 모노리스형은 고온으로 구워 일체식으로 고정되어 있어 성능적으로 안정된다. 여기에서 약 5KΩ 저항을 넣게 되면 착화성의 저하가 우려되겠으나, 착화에 필요한 에너지에 대해 점화코일에서 발생하는 에너지가 충분한 여유가 있기 때문에 다음 그림 6-109처럼 저항을 넣어도 아무런 영향이 없다.

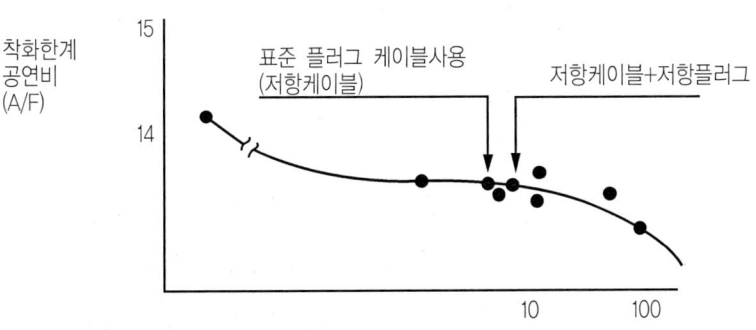

[그림 6-109] 저항 플러그 착화성의 영향

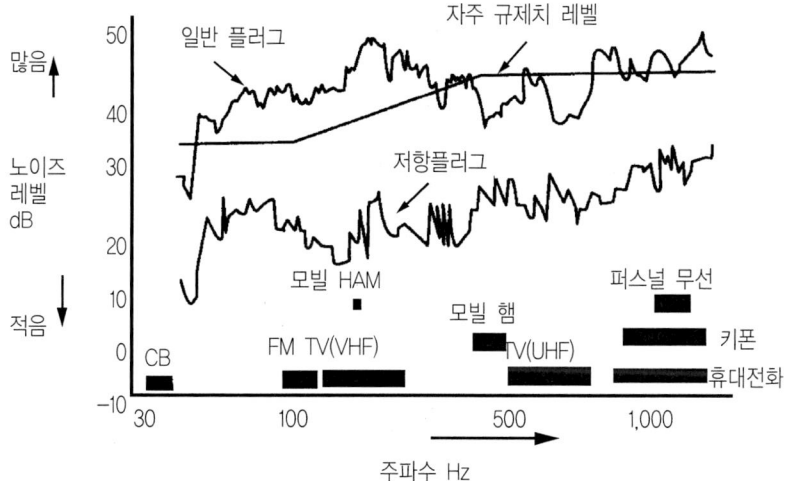

[그림 6-110] 저항 플러그의 잡음방지 효과

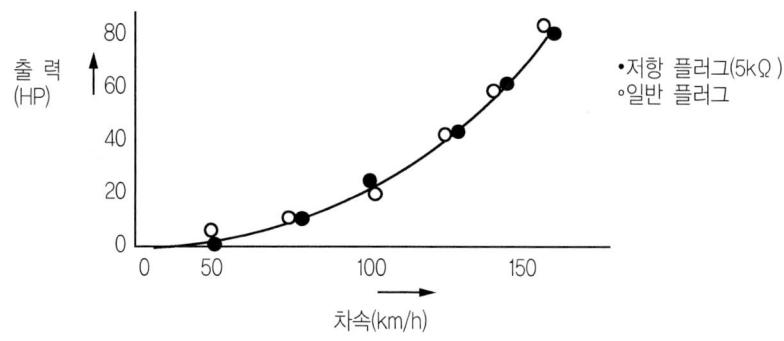

[그림 6-111] 저항치와 출력의 관계

3.4.8. 점화플러그의 형식

점화플러그의 형식은 BP5ES—11, PFR5A—11, BRE527Y—11 등으로 표시하며 형식에 따른 세부 내용은 다음 표와 같다.

[그림 6-112] 점화플러그의 형식

[점화플러그 형식]

B P 5 E S -11

〈나사지름〉	〈구조/특징〉	〈열 가〉	〈나사길이〉	〈구조/특징〉	〈플러그 간극〉
A ······18mm	P 절연체 (돌출타입)	2 열형	E 19.0mm	S 표준타입	9 ······0.9mm
B ······14mm		4		Y V-파워플러그	10 ··· 1.0mm
C ······12mm	R 저항타입	5 ↑	H 12.7mm	V V 플러그	11 ··· 1.1mm
D ······10mm	U Semi—연면 (연면 방전타입)	6		VX VX 플러그	13 ··· 1.3mm
E ······18mm		7		K 외측 2극전극	
BC ······14mm		8 ↓		M 2극 로타리용 전극	-L ···중간열가
		9		Q 4극 로타리용 전극	-N···외측전극
		10		B CVCC 엔진용	
		11		J 2극 사방전극	
		12		C 사방전극	
		13 냉형			

P	F	R	5	A	-11
〈플러그 종류〉	〈나사지름〉	〈저항형식〉	〈열가〉	〈추가기호〉	〈플러그간극〉
P : 백금 플러그	육각대변치수	R : 저항타입	5 열형	A, B, C…	-11: 1.1mm
Z : 돌출형 플러그	F : Ø14×19mm 　　육각대변 16.0mm G : Ø14×19mm 　　육각대변 20.6mm J : Ø12×19mm 　　육각대변 18.0mm F : Ø10×12.7mm 　　육각대변 16.0mm		6 ↕ 7 냉형		

B	R	E	5	2	7	Y	-11
〈나사지름〉	〈저항형식〉	〈나사 길이〉	〈열가〉	〈절연체 돌출지수〉	〈발화위치〉	〈중심전극〉	〈플러그간극〉
				(2 : 2.5M)	(7 : 7.0mm) (9 : 9.5mm)	(선단 V홈)	(11: 1.1mm)

4. 트랜지스터식 점화장치

4.1. 트랜지스터식 점화장치의 특성

최근의 차량에서는 엔진의 성능 향상과 배기가스 정화의 두 가지 관점에서 볼 때 종래의 포인트 방식에서 탈피하여 반도체를 응용한 점화방식이 급속도로 발전하게 되었다. 특히 배출가스 저감과 성능 향상 그리고 신뢰성의 향상뿐 아니라 다음과 같은 장점을 가지고 있다.

4.1.1. 트랜지스터식 점화장치의 장점

[1] 높고 안정된 1차 전압과 강한 불꽃

차량이 주행 중 감속을 할 경우 스로틀밸브가 닫히지만, 엔진은 차량의 관성 속도에 의해 고회전으로 회전하게 되고 실린더 내로 가솔린과 공기의 혼합기는 들어가지 않아 큰 진공상태가 된다.

[그림 4-113] 고압력 상태에서 불꽃길이

따라서 공급되는 혼합기가 부족하고 점화플러그에서 불꽃을 일으킨다 해도 착화하기가 상당히 어려운 상황이 된다. 이런 경우에도 풀 트랜지스터 점화에서 저속 회전시의 접점 불꽃에 의한 2차 전압의 저하가 없고, 폐각도(閉角度) 제어와 정전류(定電流) 제어 등의 부가 기능을 추가하여 높고 안정된 2차 전압을 얻을 수가 있다. 불꽃의 지속시간 문제는 불꽃의 거리와 더불어 희박한 혼합기에 대한 착화 능력의 향상에 많은 영향이 있지만, 불꽃 지속시간의 문제는 주로 점화코일의 인덕턴스로 결정된다.

트랜지스터식 점화의 경우에는 용량 방전식 점화장치(CDI)와는 달리 종래의 접점식 점화코일과 같은 인덕턴스의 코일을 사용할 수 있다는 장점이 있고, 불꽃 지속시간도 접점식과 사실상 같은 시간이 얻어지므로 이 점에서 대단히 우수하다.

[2] 안정된 점화시기의 확보

안정된 점화시기 문제는 배출가스 정화면에서도 필요하지만, 연비 향상에서도 큰 영향을 준다. 풀 트랜지스터식의 신호 발전식 같은 경우에는 자속의 변화를 주어 발전시키기 때문에 기계적인 접촉부분이 없으며, 로터 축에는 사실상 힘이 가해지지 않아 회전 중에도 점화시기의 산포가 없이 안정된 점화시기를 얻을 수 있다.

[3] 부가 기능의 용이

트랜지스터 점화장치에는 TR회로를 이용하므로 부가 기능의 무한한 가능성을 지니고 있다. 예를 들면, 엔진 저속시에는 폐각도(접점식인 경우에는 접점이 닫혀 있는 로터축의 회전각도)를 작게 해서 1차 전류를 작게 한다.

고속시에는 감소하는 1차 전류를 조금이라도 많게 하기 위해 폐각도를 자동적으로 증대하는 폐각도 제어기능, 엔진 정지시에는 1차 전류를 흐르지 않게 하는 록 방지 기능, 엔진의 노킹이 일어나기 직전에서 최대 효율의 점화시기를 항상 유지시켜 연비향상을 기할 수 있는 노크 조절기능 등 여러 가지 기능을 부가할 수가 있다.

[4] 무보수 기능

접점식의 단속기 접점 같은 기계적인 기구는 주기적인 점검과 포인트 정비가 필요하지만, 트랜지스터 방식은 기계적인 접촉부분이 없기 때문에 무정비가 가능하다고 할 수 있다.

4.1.2. 트랜지스터의 동작

트랜지스터(transistor)는 반도체의 대표적인 것으로 전자회로에서 매우 중요한 역할을 한다. 구조는 P형과 N형 각각의 반도체를 PNP 또는 NPN의 순으로 접합하며 가운데 것은 대단히 얇다. 여기에 3개의 리드(wire)를 특수 용접한 것을 이미터(E), 베이스(B), 컬렉터(C)라 부르고 그 표시 및 기호는 그림 6-114와 같다.

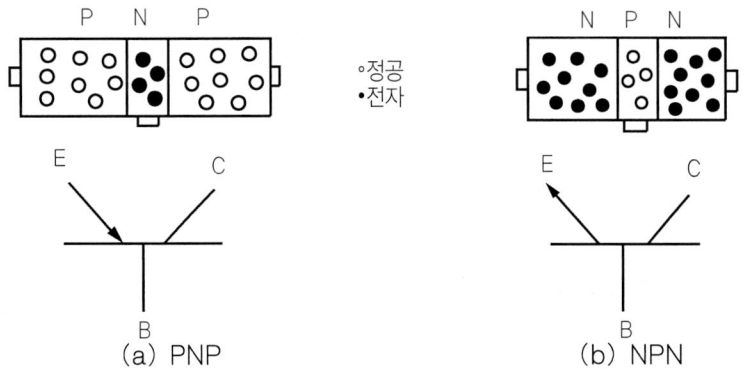

[그림 6-114] TR의 표시 및 기호

[1] TR의 순방향과 역방향 동작

그림 6-115(a)와 같이 B와 C사이에 역방향의 전압을 걸면, 다이오드의 PN 접합처럼 전류가 흐르지 않는다. 전자의 (-)쪽으로 P형 반도체의 홀이 이끌리고, (+)쪽으로 N형 반도체의 전자가 각각 몰려 반도체의 전자가 각각 몰려 그 가운데가 비게 되기 때문이다.

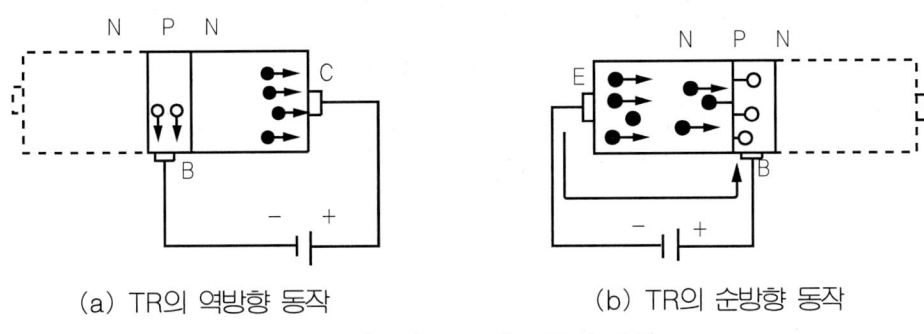

(a) TR의 역방향 동작   (b) TR의 순방향 동작

[그림 6-115] TR의 동작

그림 6-115(b)와 같이 E와 B사이에 순방향의 전압을 걸면 홀과 전자가 모두 한 방향으로 모이므로 정상적으로 전기가 원활하게 흐르는 것을 순방향 동작이라 한다. 여기서 P는 홀 (+)성질이고, N은 전자 (-)성질이라 할 수 있다.

그림 6-116과 같이 B와 C사이에 역방향 전압을 걸고 좌측 E와 B사이로 순방향 전압을 걸면 C에서 E로 컬렉터 전류가 흐르게 되며, B와 E사이의 전압 크기에 따라 컬렉터 전류가 증감하는 증폭 효과가 있다.

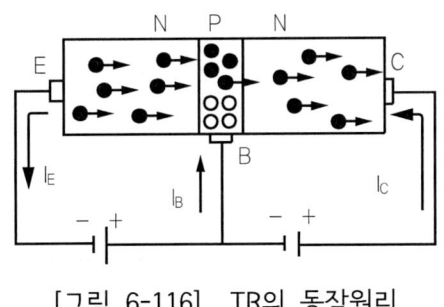

[그림 6-116] TR의 동작원리

[2] TR의 증폭작용

위에서 설명한 바와 같이 작은 베이스 전류(입력신호)를 넣어 컬렉터로 출력신호를 얻는 경우 이를 증폭작용이라 한다. 예를 들어 입력에 마이크를 연결하면 음성 크기에 따라 교류전류가 흐르고 출력 쪽으로는 몇 배가되는 큰 출력이 나오는 앰프와 같은 역할을 한다.

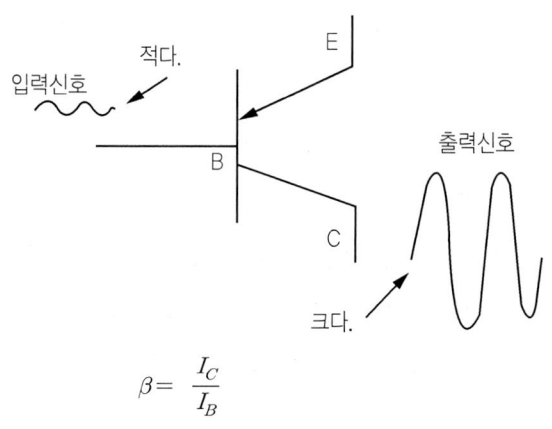

[그림 6-117] TR의 증폭작용

[3] TR의 스위칭 작용

베이스 전류가 안 흐르면 컬렉터 출력이 나오지 않고, 일정량의 베이스 전류가 흐르면 컬렉터 전류가 흐르게 된다. 따라서 베이스 전류를 ON-OFF시키면, 이미터와 컬렉터에 흐르는 큰 전류를 ON-OFF할 수 있다. 일반적인 배전기의 접점인 포인트와 이그나이터는 다음 사항이 다르다.

① TR은 동작이 빠르면, 약 1,000Hz 정도의 속도에서 작동가능(특수한 것은 10,000MHz까지 가능)하다.
② 전자식 릴레이는 100~200Hz가 한도로 TR에 비해 훨씬 동작이 늦다.
③ TR은 ON시에 전압이 강하된다. 이미터와 컬렉터사이의 전압강하는 0.2~1.0V이다.

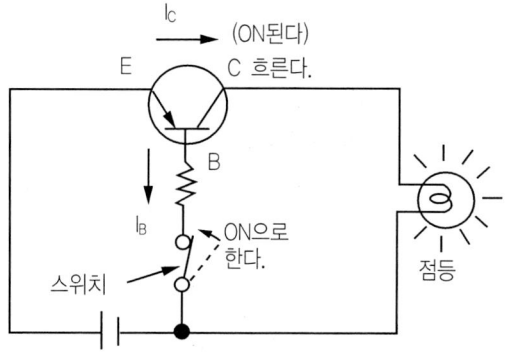

[그림 6-118] TR의 스위칭작용

위의 차이점으로 고속 운전시 포인트 형식보다 TR형식의 성능이 우수한 점이 있으며, TR형식이 약간의 전압을 빼앗기는 차이는 있지만 내구성 문제에선 비교가 되지 않는다.

4.2. 점화신호 발전기구(pulse generator)

접점식 단속부는 접점에서 캠에 의해 1차 전류를 단속(ON-OFF)하는 반면에, Full-TR 점화장치에서는 신호 발신에 의해 ON-OFF신호를 보내고, 이 신호를 증폭한 후 최종 파워 TR을 동작시켜 1차 전류를 단속한다. 파워 TR 점화장치는 픽업의 점화신호 발생방식에 따라 다음과 같이 전자파 차단식, 신호 발전식, 광선 차단식으로 분류된다.

4.2.1. 전자파 차단식

이 방식은 발진 코일에서 수백 KHz 고주파의 전자파를 발생시키고, 실린더 수와 같은 돌기가 있는 로터(트리거 휠)가 회전하면 로터의 돌기부(차단판)가 검출코어에 가까워진 후 멀어짐에 따라 발진상태에서 발진이 정지하게 된다. 이때 픽업코일에서는 발진여부를 검출하여 증폭한 다음, 그 신호에 의해 최종 파워 TR을 동작시킨다.

4.2.2. 신호 발전식

신호 발전식은 그림 6-119와 같이 실린더 수와 같은 돌기가 돌면서 픽업 코일에 신호 전압을 발생시킨 다음 이 신호를 증폭시켜 최종으로 파워 TR을 작동시키게 된다.

[그림 6-119] 점화신호 발생기구(신호발전식)

4.2.3. 광선 차단식

광선 차단식은 배전기 내의 발광다이오드와 포토다이오드사이에 디스크(차광판)가 있고, 이 디스크의 슬릿(slit)사이를 통과하는 빛을 포토다이오드에서 수신하여 이 신호와 흡입공기량을 측정한 신호를 기초로 하여 최종적으로 파워 TR을 작동시킨다.

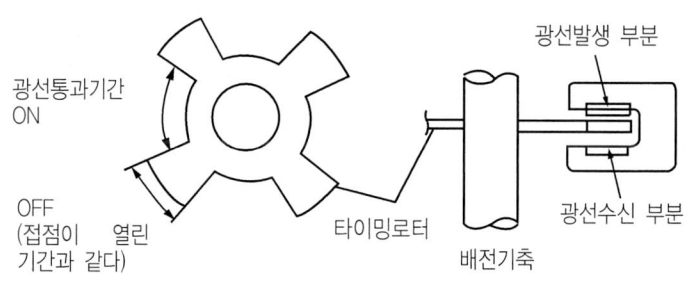

[그림 6-120] 광선 차단식

4.3. 신호발전기(pulse generator)

4.3.1. 신호발전기의 작동원리

신호발전기에는 자석이 있고, 그림 6-121과 같이 픽업코일과 로터를 통해 순환되는 자로가 형성되어 있다. 로터는 실린더 수와 같은 돌기가 있고 그 위치에 따라 픽업코일의 속을 통하는 자속량이 변화하게 되며, 그 변화에 의해서 픽업코일에 기전력이 발생한다. 철은 공기보다도 10,000배 이상 자속이 통과하기 쉽기 때문에 아주 적은 자속이라 할지라도 철 속을 쉽게 통하고, 공기 중을 통하는 거리가 조금만 변해도 자속량은 크게 변하게 된다.

그림 6-121(a)의 위치에서는, 픽업코일의 철심에 대해서 로터의 두 개 돌기의 위치가 중심으로 되어 자속은 가장 통과하기가 어렵고, 자속량은 최저로 되어 변환율 또한 0이 된다. 그림 6-121(b)의 위치는 철심의 각도와 로터의 각도가 같은 위치가 되어 에어 갭은 작아지면서 자속량은 급격히 증가하고 그 변화율이 최대가 된다.

그림 6-121(c)의 위치는 철심의 중심과 로터의 돌기 중심이 일치된 위치로 에어 갭은 최소로 되고 자속량은 최대로 되지만, 자속의 변화율은 (a)위치에서와 같이 0이 된다. 따라서 이 c점을 지나면 자속량은 반대로 감소하기 시작한다. (d)는 (b)와는 반대로 자속이 급격히 감소하여 자속 변화율도 (-)방향으로 최대가 된다. (d)의 위치를 지나면 자속은 또 다시 감소해서 처음 (a)의 위치에 도달하여 자속변화가 지속적으로 일어난다.

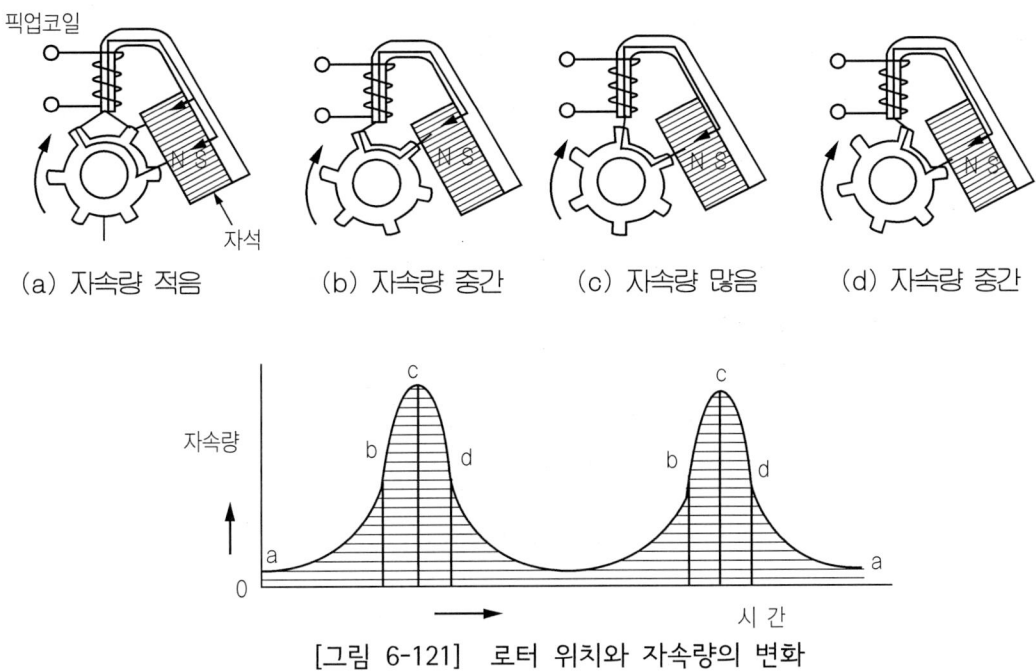

[그림 6-121] 로터 위치와 자속량의 변화

위에서 설명한 바와 같이 자속변화에 대해서 픽업 코일에 발생하는 기전력과의 상호 관계는 다음 그림 6-122와 같다. 자속의 변화가 없는 위치, 다시 말해서 그래프 파형의 최고점과 최저점에서는 자속은 증가도 감소도 하지 않는 위치이기 때문에 기전력은 0이 되며, 기전력 발생식으로 부터 다음 식을 얻는다.

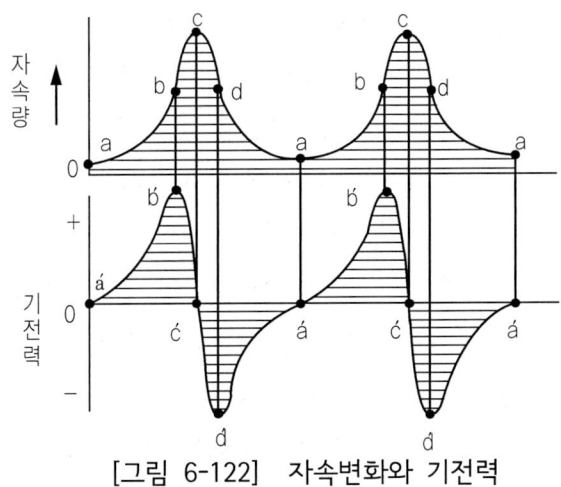

[그림 6-122] 자속변화와 기전력

자속의 변화가 dØ/dt가 0이 되기 때문에 a와 c의 위치에서도 a′, c′ 와 같이 기전력은 0이 된다. b, d 위치에서는 자속 변화가 가장 크기 때문에 기전력도 최대치가 된다. 다만, 발생하는 전압의 방향은 b의 자속이 증가하는 방향에 반해서 d는 감소하는 방향이기 때문에 기전력의 방향도 반대로 된다.

$$e = -N\frac{dØ}{dt} \quad \cdots\cdots\cdots\cdots\cdots\cdots\cdots\cdots\cdots\cdots\cdots\cdots\cdots (6-7)$$

   e : 발생하는 기전력
   N : 코일 권수
   dØ : 자속 변화량
   dt : 시간 변화량

이와 같이 자속의 변화에 의한 교류 기전력은 가정용 100V교류와는 파형이 다른 교류를 발생하며, 이 파형은 점화시기와의 관계, 폐각도 제어 등에 용이하다.

저속시와 고속시에서 파형의 변화는 그림 6-123과 같다. 여기서 자속량의 변화는 고속으로 되면, 단지 시간적으로 폭이 좁아질 뿐 산의 높이는 거의 변화하지 않으나, 기전력에서는 시간적으로도 폭이 좁아지고, 기전력의 크기도 고속으로 됨에 따라 크게 된다. 그 이유는 같은 자속의 변화량(dØ)에 대해서 거기에 걸리는 시간(dt)이 고속으로 되면 짧게 되기 때문에 dØ/dt는 고속으로 될수록 자속 변화량의 그래프 어느 위치에 있어서도 크게 된다.

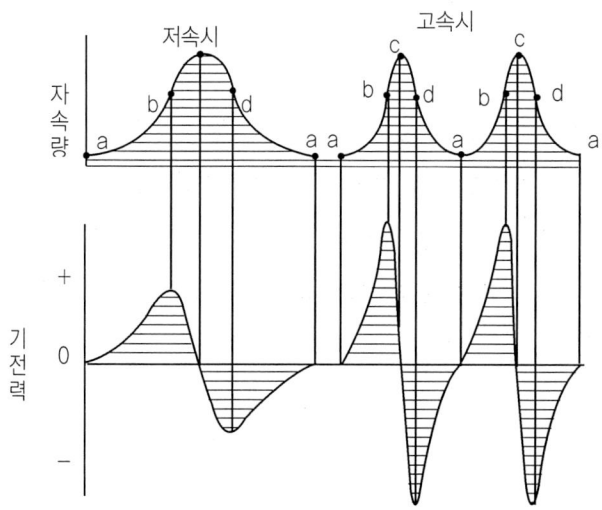

[그림 6-123] 저·고속시의 파형변화

4.3.2. 신호발전기에 의한 파워 TR의 작동원리

신호발전기의 픽업코일에 발생하는 교류 기전력은 이그나이터와 흡사하여 TR회로에 들어가 ON-OFF 신호로 변환된 후 증폭되어 최종 파워 TR에 들어간다.

파워 TR은 이 신호에 의해 점화코일의 1차 전류를 ON-OFF시키게 되며, OFF될 때 점화코일로부터 고전압이 발생된다. TR회로는 실제에 있어서 복잡하지만, 그 원리만을 생각하면 그림 6-124처럼 단순한 회로로 되어 있다. TR회로를 작동시키기 위한 조건을 엔진 상태에 따라 엔진 정지상태, 픽업코일이 (+)전압 발생 순간 및 (-)전압 발생 순간 별로 상세히 살펴보도록 한다.

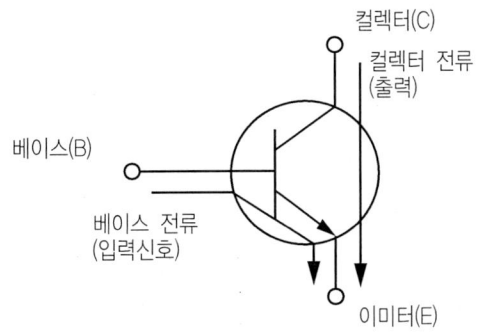

[그림 6-124] 트랜지스터의 구조

4.3.3. 신호 발생상태에 따른 고압의 발생원리

[1] 엔진이 정지상태인 경우

엔진이 정지상태에서 점화스위치를 ON하면 저항 R_1을 통한 ①의 전류가 TR의 베이스(B)에서 이미터(E)로 흘러서 증폭된 커다란 컬렉터(C) 전류가 되어 결국 점화코일의 1차 코일에 전류가 흐르게 된다. ②의 전류는 다이오드(D)를 통해서 신호 발전기의 픽업 코일에 흐르지만 작동과는 관계가 없다. 엔진 정지시에 크랭크가 돌기 전까지는 1차 전류를 흐르지 않게 하는 록 전류 방지회로가 작동되기 때문이다.

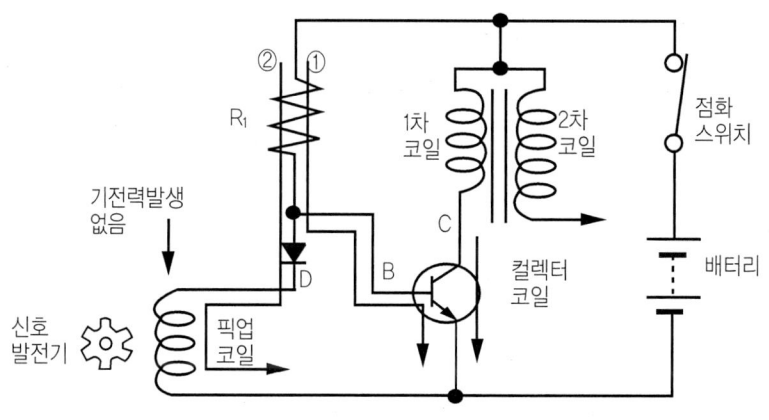

[그림 6-125] 엔진 정지상태의 TR동작

[2] 픽업코일이 (+)전압을 발생한 순간

신호 발전기의 픽업코일이 (+)전압을 발생시킬 경우에는 접지를 기준으로 위쪽이 (+), 아래쪽이 (-)가 되며, 이 픽업코일이 전원(1개의 전지)으로 되어 외부에 전류 ③을 흐르게 하지만, 다이오드 D가 역방향이므로 ③의 전류는 전혀 흐르지 않는다. 그렇지만, 한쪽의 배터리를 전원으로 하는 ①의 전류는 저항 R을 통해 베이스 전류로 흘러 TR은 ON되어 점화코일의 1차 전류가 흐른다.

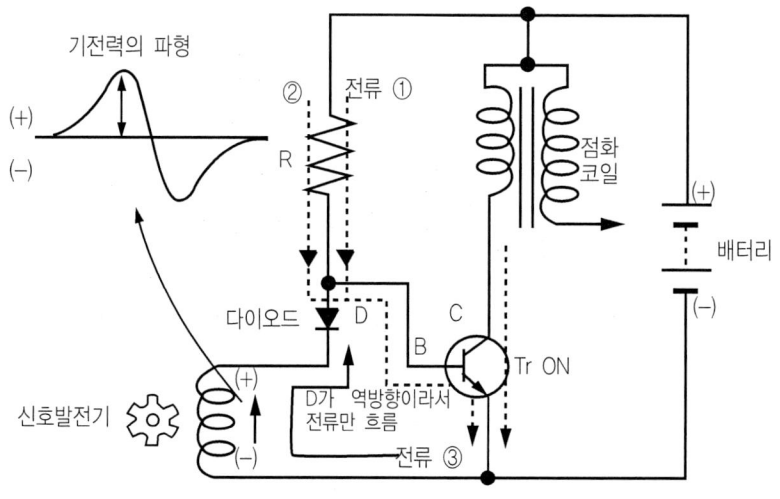

[그림 6-126] 픽업코일이 (+)전압 발생 순간

그러나 엔진 정지 중에 저항 R을 통해 다이오드 D로부터 픽업코일에 흘렀던 전류 ②는 엔진 크랭킹시 픽업코일에 (+)전압이 발생됨에 따라 픽업코일에 흐르지 않게 된다. 이와 같이 ②의 전류도 ①의 전류와 같이 TR의 베이스 전류로 흘러서 TR을 ON시키기 위한 신호가 된다. 이와 같이 픽업코일에 (+)전압이 발생할 때에는 엔진 정지시와 마찬가지로 TR은 ON되고, 점화코일의 1차 전류는 계속 흐르게 된다.

[3] 픽업코일이 (-)전압을 발생한 순간

신호 발전기의 픽업코일이 (-)전압을 발생하는 순간에는 그림 6-127과 같이 TR은 OFF로 되고, 점화코일의 1차 전류는 차단되어 고전압이 발생된다. 픽업코일의 (-)전압이라는 것은 앞의 그림과 같이 위쪽이 (-) 아래쪽이 (+)로 픽업되도록 할 때를 말한다.

점화코일의 1차 전류가 차단되면, 코일의 철심에 발생한 자계가 0으로 되고 점화코일의 권선에는 상당히 큰 자계의 변화가 주어지게 된다. 이 자계의 변화에 따라 지금까지 전류를 계속 흐르게 하는 방향으로 대단히 큰 역기전력을 발생하게 되고, 이 역기전력은 점화코일의 1차 코일 권수에 따라 조금의 차이는 있으나 약 400V의 역기전력이 발생한다. 2차측에서는 1차 코일과 2차 코일의 권수비례의 배만큼 2차 전압이 발생한다.

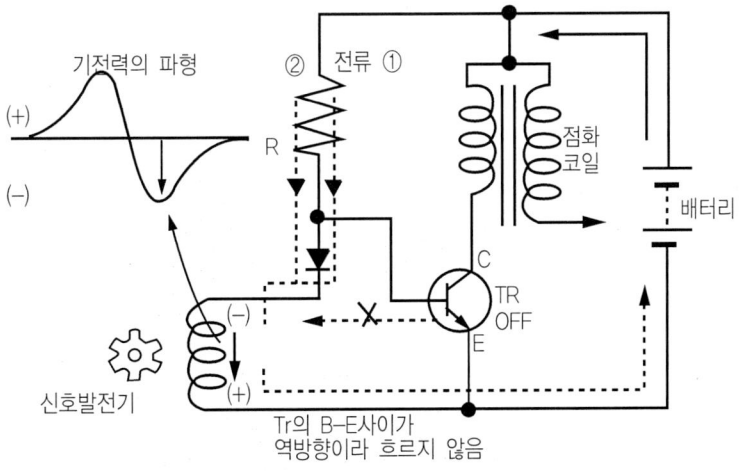

[그림 6-127] 픽업코일이 (-)전압 발생 순간

예를 들면, 1차 코일의 70배를 2차 코일에 감았다면 400V×70배= 28,000V 정도의 2차 전압이 발생하는 셈이다. 이상과 같이 신호 발전기의 픽업코일에 발생하는 교류 전압파형과 TR의 ON-OFF 작동의 관계를 그래프에 나타내면 그림 6-128과 같다.

여기서 TR의 ON과 OFF를 합한 것이 1주기가 되며, 이것을 배전기의 로터 각도로 표시하면 4실린더의 경우는 90°이고, 6실린더 경우는 60°가 된다. 이 1주기의 각도에 대한 ON상태의 각도를 폐각도라 하고 퍼센트로 나타낼 때는 폐로율이라 하고, 접점식의 경우에 캠각은 4실린더에서 약 52°(52°/90° ≒ 58%) 6실린더에서 약 41°(41°/60° ≒ 68%)로 일정하다.

하지만 트랜지스터식 점화장치에서 저속시에는 작게하여 전류 낭비를 줄이고 고속시에는 크게 하여 고전압을 얻게 하는 것을 캠각 제어 또는 폐각도 제어라고 한다.

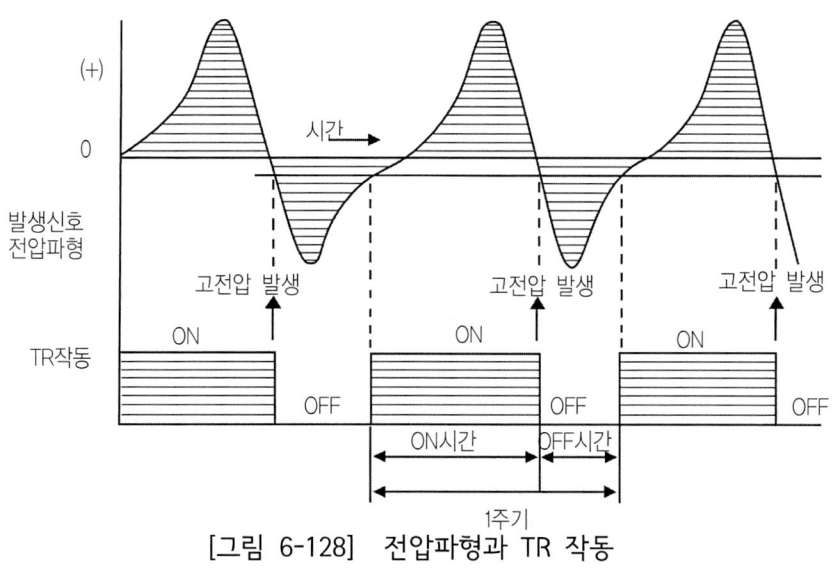

[그림 6-128] 전압파형과 TR 작동

[4] 캠각(폐각도) 제어

픽업코일 자신의 발생 전압이 회전상승과 함께 증대하는 것을 이용하여 발생 전압의 변동에 따라 TR의 동작점을 조절하는 것을 캠각(폐각도) 제어라 한다. 이러한 캠각 제어방법은, 고속시 2차 전압의 저하를 방지하여 보다 높은 2차 전압을 얻을 수 있다.

캠각 제어의 점검방법으로는 그림 6-129와 같이 점화코일(외부 1차 저항 포함) 양단 전압을 측정하면 알 수 있다. 이 점화코일의 양단 전압은 TR이 ON될 때는 배터리 전압(12V~13.7V)이 그대로 나타나고 TR이 OFF될 때는 0V가 되어 그림 6-130과 같은 모양으로 된다.

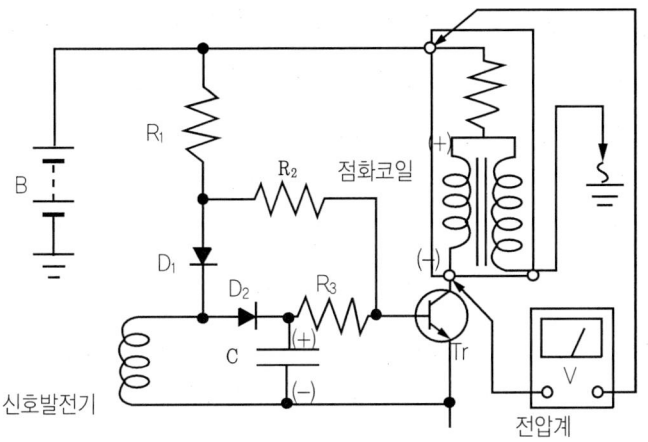

[그림 6-129] 폐각도 제어의 점검

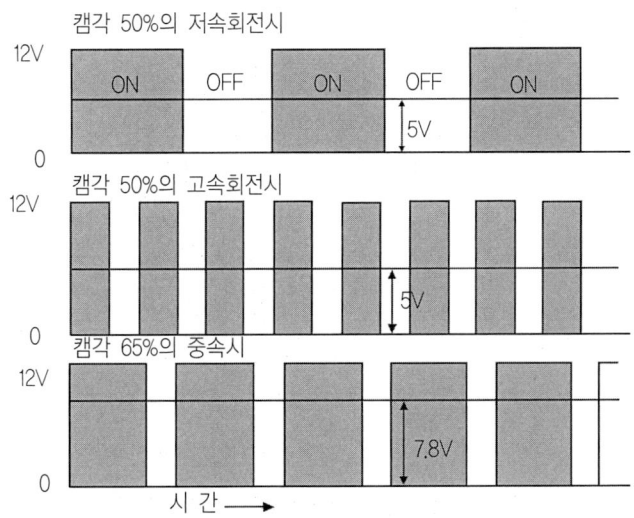

[그림 6-130] 평균 전압의 변화

  그러나 그 변화는 전압계 바늘의 운동보다 빠르므로 전압계의 바늘은 0과 12V사이 평균치의 한 점을 지시하게 된다. 예컨대 캠각이 50%로 일정하다면, 저속시에도 고속시에도 전압계의 지시는 전원 전압의 1/2인 평균 전압으로 되어 6V를 지시하고, 엔진 회전수를 올려도 변화가 없이 캠각은 제어되지 않아 일정하게 된다.

  그러나 캠각은 고속에서 증대하는 변화가 있으면, 그 평균전압이 회전상승과 함께 상승하므로 전압계의 지시도 6V에서 7.8V로 상승되는 것을 알 수가 있어 캠각 제어 실행 여부를 확인할 수 있다.

4.4. 트랜지스터식의 제어회로

4.4.1. 록 전류 방지회로

접점식에서는 엔진을 정지시키면 압축 행정에서 주로 멈추기 때문에 접점이 닫혀진 상태로 되어 있는 경우가 많다. 이 상태에서 점화스위치를 ON하면 점화코일의 1차 전류가 흐르고 이 상태에서 방치할 경우 배터리의 과다방전 및 점화코일의 과열이 일어난다. 이렇게 흐르는 전류를 록 전류(lock current)라고 한다. 트랜지스터 점화장치에서도 엔진 정지 중에 점화스위치를 ON할 경우, 접점식 점화 장치와 마찬가지로 1차 전류가 흐르지만 록 전류 방지회로를 사용하여 차단한다.

그림 6-131(a)과 같이 회로를 약간 변경하여 ②의 전류 회로에 다이오드 대신 저항 R_2를 넣으면 저항 R_2은 아주 작기 때문에 Ⓐ점의 전압은 0.3V 이하로 된다. 따라서 전류 ②의 회로에는 전류가 흐르나, ①의 전류 회로에는 다이오드 순방향 전압(약 0.6V)에 못 미치므로 전류가 흐르지 않게 된다. 이것이 록 전류 방지회로를 부착한 트랜지스터식 점화장치이다. 록 전류 방지회로에서는 그림과 같이 픽업코일에 의해 TR의 베이스에 (+)가 걸리도록 (+)전압이 발생했을 때만, TR 베이스에 전류가 흘러 TR은 ON 상태가 된다.

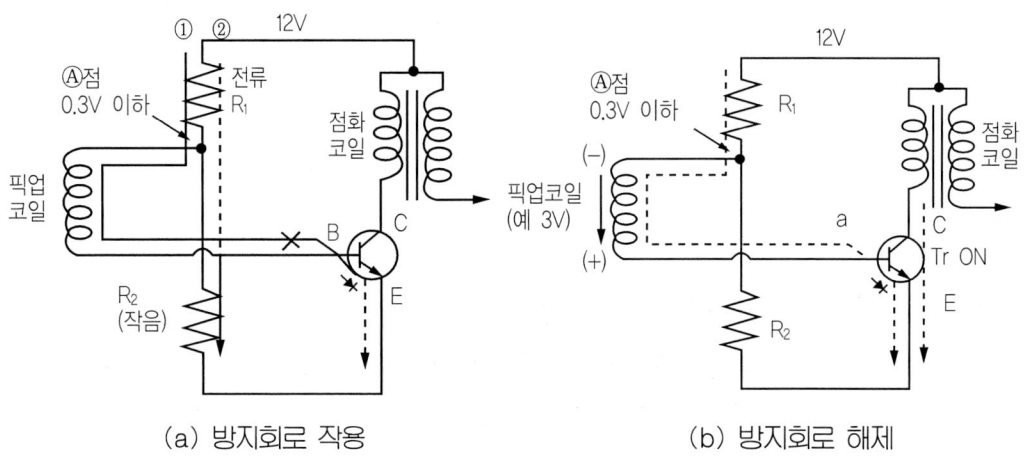

(a) 방지회로 작용   (b) 방지회로 해제

[그림 6-131] 록 전류방지 회로

이 경우를 예를 들어 생각하면 Ⓐ점의 전압을 0.3V, 픽업코일에 3V의 전압이 발생했다할 경우, 그림 6-132와 같이 TR의 베이스에는 +0.3V+3V= 3.3V의 전압이 걸리기 때문에 TR의 에미터와 베이스사이에 있는 다이오드 성분의 전압강하 0.6V를 훨씬 넘는 전압이 되어 TR의 베이스 전류가 흐르게 된다. 그것은 Ⓐ점의 전위가 최초 +0.3V로 해당하는 것이 2.4V로 되고, 저항 R_1의 양단에 14.4V 걸리므로 배터리와 직렬로 전압이 걸리기 때문이다.

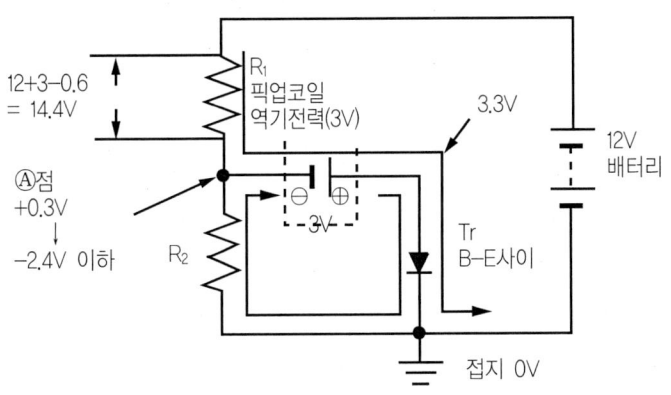

[그림 6-132] 록 전류 방지회로 작동

실제의 픽업코일에 (+)전압이 발생해도 3.3V가 걸린다는 의미는 아니고 다이오드(TR 의 B-E사이) 순방향 특성에서 +0.6V 밖에 걸리지 않고 그 만큼의 전류가 증대하는 것 을 의미한다.

4.4.2. 트랜지스터식의 스위칭 증폭회로

트랜지스터식 점화장치의 증폭회로는 신호 발전기에 의해 발전된 아주 작은 점화신호 전류를 TR에 의해 증폭하여 강력한 전류로 바꾸어 최종 단계의 파워 TR을 작동시키기 위한 회로이다. 지금까지 설명한 트랜지스터식 점화장치의 원리는 1개의 단순한 기본 회로로 예를 들었지만, 실제 회로에서는 4개 이상의 TR을 사용하여 작동시킨다.

그림 6-133은 TR로 증폭하는 경우 기본 회로를 예로 들면 TR은 베이스 전류로써 20KΩ 의 저항을 통한 전류가 흐르고 신호 발전기의 최대 1mA의 추가 입력 신호의 베이스 전류가 가해지면, 컬렉터에서 그 100배 정도의 증폭된 전류가 흐르게 된다. 이때의 출력파형을 입력 파형의 반대모양이 되지만, 같은 형태의 큰 변화로 되어 출력된다.

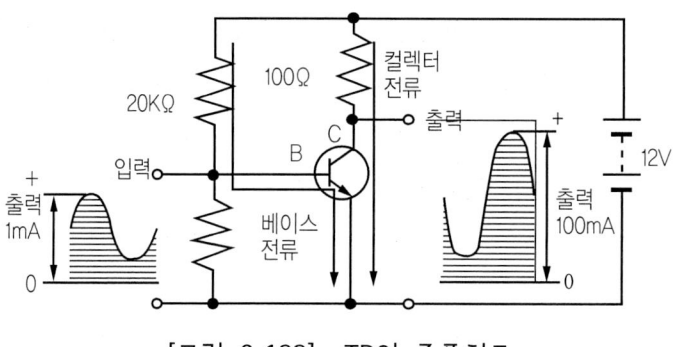

[그림 6-133] TR의 증폭회로

이러한 TR을 3~4개 사용하면 상당히 큰 증폭률을 얻을 수 있으며 5,000~10,000배 정도로 증폭할 수가 있다. 다음 그림 6-134는 TR 증폭작용을 지렛대 원리로 예를 들어 설명한 것이다. 중심 지점을 기준으로 지렛대가 움직일 때 좌측의 입력 부분을 약간 변위시킬 경우, 지렛대 우측방향으로 갈수록 그 변화량은 크게 증폭되어 움직인다.

이러한 원리로 입력신호를 증폭시킬 경우, 입력신호에 전압 변화로 0.01V, 전류 변화로 1mA의 변화를 주어 10,000배 증폭을 한다면, 전압은 100V로 변화되고 전류는 10A로 변화되어 증폭될 수 있다. 그렇지만 전원은 12V밖에 없고, 부하가 10Ω으로 전원 전압 12V가 부압에 모두 걸린다해도 1.2A밖에 흐르지 않아 결국 100V, 10A까지 증폭할 수 있는 능력은 있지만 실제로는 증폭되지 않는다.

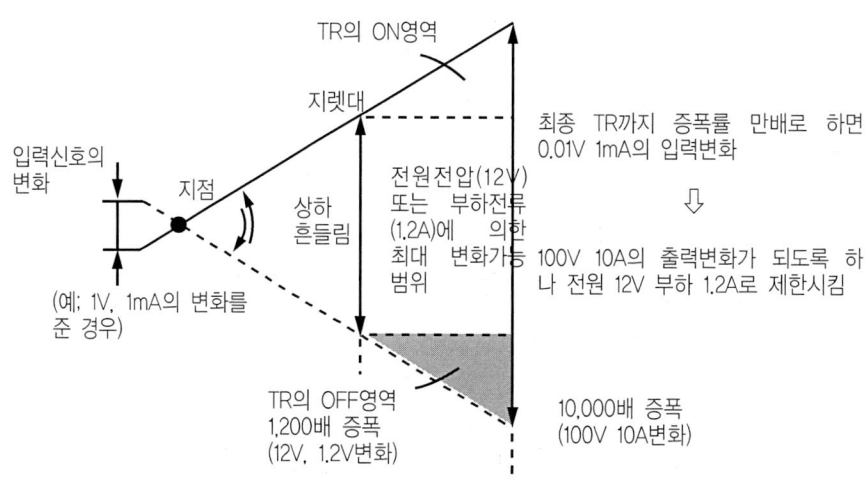

[그림 6-134] 지렛대와 증폭작용의 비교

이 경우 TR은 전압과 전류의 변화에 대하여 조절 기능을 잃어 컬렉터와 이미터사이에 단락된 상태로 되며 이때의 TR은 부하에 전압을 가하여 최대 전류를 흘리는 상태를 만들어 TR의 포화상태가 되어 증폭되지 않게 된다. 예를 들면, 그림 6-135에서 입력신호를 Tr_1의 베이스에 1mA의 전류를 통하게 하여 TR의 전류 증폭율를 100배로 한다고 하자, 이 때 Tr_1의 컬렉터 전류를 100mA까지 얻을 수 있는 능력은 있지만 실은 12mA밖에 흐르지 않는다. 왜냐하면, Tr_1의 저항이 있어 이 저항에 100mA의 전류가 흐른다는 것은 다음 식과 같다.

$$V = IR = 0.1A \times 1,000\Omega = 100V \quad \cdots\cdots\cdots (6-8)$$

즉, 100V의 전압이 가해져야 비로소 100mA가 흐른다. 따라서 전원 전압이 12V밖에 되지 않으므로 입력 1mA가 흘러 Tr_1이 ON상태가 되면, 전류 I는 다음과 같다.

$$I = \frac{V}{R} = \frac{12[V]}{1,000[\Omega]} = 0.012[A] = 12[mA] \quad \cdots\cdots\cdots (6-9)$$

다음은 Tr_1이 ON으로 될 때, Tr_2의 동작을 살펴보면, 1KΩ의 저항을 통해 들어온 전류 (12mA)는 모두 Tr_1의 컬렉터에 흘러 들어간다. 즉 100mA 흐름 능력이 Tr_1에서는 12mA밖에 흐르지 않기 때문에 Tr_2의 베이스 전류는 Tr_1의 컬렉터에 흡수되어 Tr_2의 베이스에는 흐르지 않아 OFF상태로 된다.

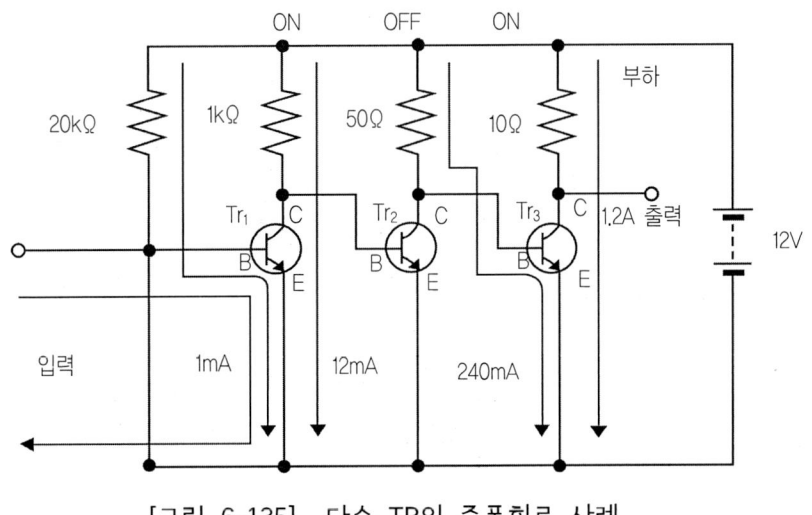

[그림 6-135] 다수 TR의 증폭회로 사례

Tr₂가 OFF 상태로 되면, Tr₂의 컬렉터 저항 50Ω을 통한 전류는 Tr₁의 컬렉터로 전혀 흐르지 않고, 100% Tr₃의 베이스 전류로 흐르고 그 전류는 다음과 같은 240mA의 베이스 전류가 Tr₃에 흐르는 것이다.

$$I = \frac{V}{R} = \frac{12[V]}{50[\Omega]} = 0.24[A] = 240[mA] \quad \cdots\cdots(6-10)$$

이 때 Tr₃의 전류 증폭률을 100배로 한다면, Tr₃ 컬렉터에는 24A의 전류가 흐를 수 있겠으나 부하 저항 10Ω 이므로, Tr₃ 컬렉터 전류는 1.2A밖에 흐르지 않는다.

$$I = \frac{V}{R} = \frac{12[V]}{10[\Omega]} = 1.2[A] \quad \cdots\cdots (6-11)$$

결국 Tr₃는 24A의 전류를 흐르게 할 수 있는 능력은 있으나, 부하 저항에 의해 1.2A밖에 흐르지 않고 완전한 ON상태(C-E short 상태)로 된다. 이상과 같이 트랜지스터는 기계적인 스위치와 같이 ON-OFF 2개의 모드로 증폭하는 회로를 스위칭 증폭회로라 하고, 일반적인 음성의 증폭회로(저주파 증폭회로)와는 다른 직류 증폭 회로의 일종이다.

5. 전자 배전식 점화장치(DLI)

5.1. DLI(distributor less ignition)의 개요

종래의 점화장치에서는 접점식이 보편적으로 사용되어 왔었다. 이러한 접점식은 배전기 내의 1차측의 접점을 단속하여 점화코일의 2차측에 고전압을 발생시켜서 배전기에 의해 각 실린더에 분배하는 과정 중, 불꽃에 의한 접점의 소손과 고속회전에서의 2차 전압 저하 등의 어려움이 많았다. 그 후에 접점의 내구성을 올리도록 1차측의 전류를 작게 한 세미 트랜지스터 방식의 엔진이 출현하게 되었으며, 연비절감 및 배기가스 규제 강화에 대응하여 강력한 점화 불꽃과 높은 신뢰성이 확보된 풀 트랜지스터식 점화장치가 등장하여 현재까지 이르고 있다.

그러나 지금까지의 점화방법에서는 하나의 점화코일로 고전압을 발생시켜서 배전기로부터 점화 케이블을 거쳐 각 실린더의 점화플러그에 점화순서에 따라 전압을 분배시켰지만, 결국 기계적인 가동부분이 포함되어 있다. 더욱이 점화코일로부터 배전기까지와 배전기로부터 점화플러그까지는 케이블을 사용하기 때문에 전압강하와 누전을 피할 수가 없다.

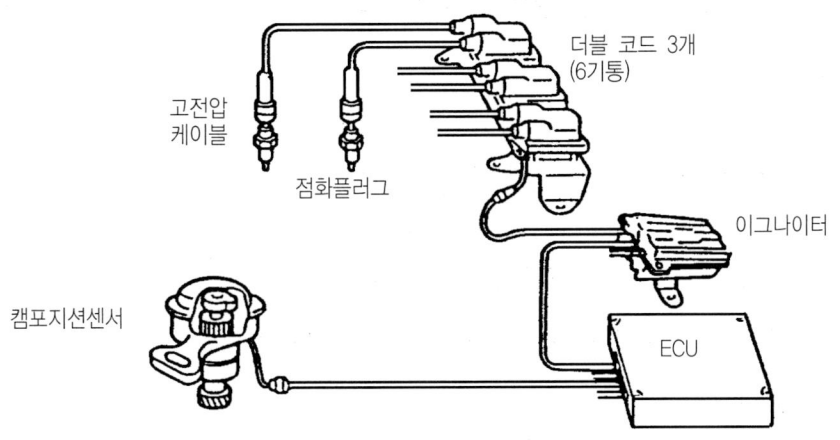

[그림 6-136] DLI 점화장치의 구성부품

또한 배전기 내의 로터에서 캡의 고압단자(segment)까지의 에어갭(air gap)을 뛰어 넘는 불꽃은, 라디오나 무선기기의 전파잡음의 원인이 되기도 했다. 따라서 이러한 단점을 줄이기 위해 풀 트랜지스터보다 한층 발달하여 등장한 것이 전자 배전 점화장치인 DLI(distributor less ignition)장치이며 무배전기식 점화장치라고도 부른다. 전자 배전식 점화장치에 대해 자동차 제조회사마다 DLI 또는 DIS(direct ignition system)이라 부르는 경우도 있으나 본 서에서는 DLI로 통칭하여 부르기로 한다.

5.2. 전자 배전식 점화장치의 종류

전자 배전식 점화장치는 자동차 제작회사마다 다르다 할 수 있지만 기본 형식에 따라 다음과 같이 나눌 수 있다. 코일 분배식은 고압을 점화코일에서 점화플러그로 직접 배전하는 방식으로서 1개의 점화 코일이 두 개의 실린더(점화플러그)에 동시에 점화를 시키는 동시 점화방식과 1개의 코일이 1개의 실린더에 점화시키는 독립 점화방식이 있다.

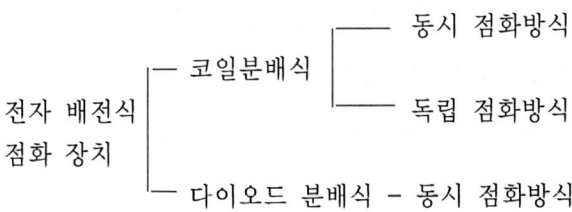

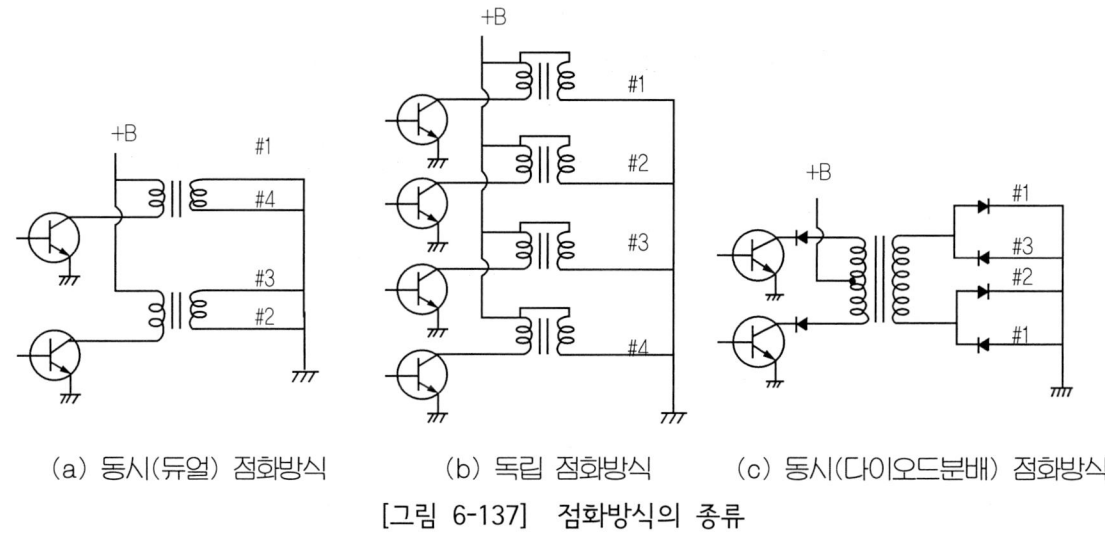

(a) 동시(듀얼) 점화방식   (b) 독립 점화방식   (c) 동시(다이오드분배) 점화방식

[그림 6-137] 점화방식의 종류

그리고 로터리기관(반켈기관)인 경우는 T(trailing)측 점화코일이 독립 점화방식이고, L(leading)측 점화코일은 동시 점화로 조합되어 있는 경우도 있다. 다이오드 분배식인 경우는 고압 전류의 방향을 다이오드에 의해 제어하는 방식을 말한다.

5.2.1. 동시 점화방식

이 방식은 듀얼 점화방식(dual ignition type) 이라고도 하며 2개의 실린더에 1개의 점화코일로 압축 상사점과 배기 상사점에 있는 각각의 점화플러그에 동시에 점화시키는 장치이다.

예컨대, 4번 실린더는 배기 상사점에 1번 실린더는 압축 상사점에 점화시켰지만 4번은 압축압력이 낮기 때문에 방전 에너지도 작게 되어서 점화플러그의 불꽃은 약하고 공회전과 저속운전시의 토크 변동이 억제되는 등의 운전성이 향상된다.

이러한 동시 점화방식의 특징은 다음과 같다.

① 배전기로 고전압을 배전하지 않기 때문에 누전이 발생하지 않는다.
② 배전기 캡이 없어 로터와 시그먼트(고압 단자)간의 전압 에너지 손실이 적다.
③ 배전기 캡 내로부터 발생하는 전파 잡음이 없다.
④ 종래형은 배전기 캡의 시그먼트와 로터의 위치 관계로부터 진각폭에 제한을 받지만 동시 점화방식은 제한을 받지 않는다.

5.2.2. 독립 점화방식

이 방식은 각 실린더마다 1(코일)+1(스파크플러그) 방식에 의해 직접 점화하는 장치이며, 이 점화 방식도 동시점화의 특징과 같고 다음 사항이 추가된다.

① 고압 케이블인 센터 코드와 각 점화플러그로 고압의 전기를 공급하는 플러그 코드가 없기 때문에 에너지의 손실이 거의 없다.

② 각 실린더 별로 점화시기의 제어가 가능하기 때문에 반전 연소제어가 쉽다.

5.3. 전자 배전식 동시 점화장치

대부분 DLI장치의 점화코일은 폐자로(閉磁路)형으로 소형 경량화 하였고, 1개의 점화코일로 2개의 실린더에 동시에 점화하는 동시 점화방식을 쓰고 있다. 즉, 점화코일의 1차 전류가 이그나이터에 의해 차단될 때, 2차측에는 (+)와 (-) 양극성의 고전압이 동시에 발생한다. 따라서 (+)출력측에 다이오드가 조립되어 있다. 3개의 점화코일은 그림 6-138과 같이 조합되어 있다.

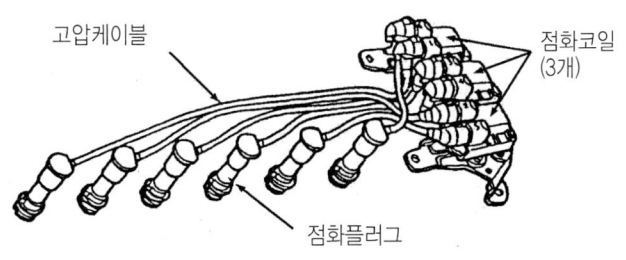

[그림 6-138] 전자 배전식 점화코일

5.3.1. 압축압력과 점화코일 전압

실린더 내의 압축압력이 높을 때는 고전압의 방전이 어렵게 된다. 압축압력이 높을수록 공기분자의 밀도가 크고 점화플러그의 전극 간극사이에 있는 기체 분자의 수가 많기 때문이다. 기체 분자의 밀도가 높은 전극사이를 고전압에 의한 전자의 가속으로 각각의 공기 분자와 충돌하여 공기 분자만의 전자를 튕겨내야(이온화) 하나, 그 다음의 공기분자와 충돌하기까지의 분자의 밀도가 높기 때문에 가속하는 거리가 짧아서 충분한 전자의 가속이 안되므로 전자의 속도가 약해진다.

따라서 압축압력이 높을수록 점화플러그에 더 높은 전압을 가하여 가속하는 힘을 강하게 해야 한다. 그리고 배기 행정에 있는 실린더에서의 방전은 대기에 화염을 전파하는 결과와 같다. 즉, 대기 중에서는 1mm의 점화플러그 간극일 경우에 약 1,000V 정도의 낮은 전압으로도 화염전파 방전이 가능하며, 압축행정이 점화플러그와 비교할 때 방전에 대해서는 거의 무저항이라고 볼 수 있다.

이런 과정으로부터 압축행정에 있는 점화플러그를 직렬로 하여 다음 그림과 같이 고전압을 가해도 배기행정의 점화플러그는 거의 저항을 받지 않기 때문에 대부분의 전압이 압축행정에 있는 점화플러그에 고전압을 가하게 된다.

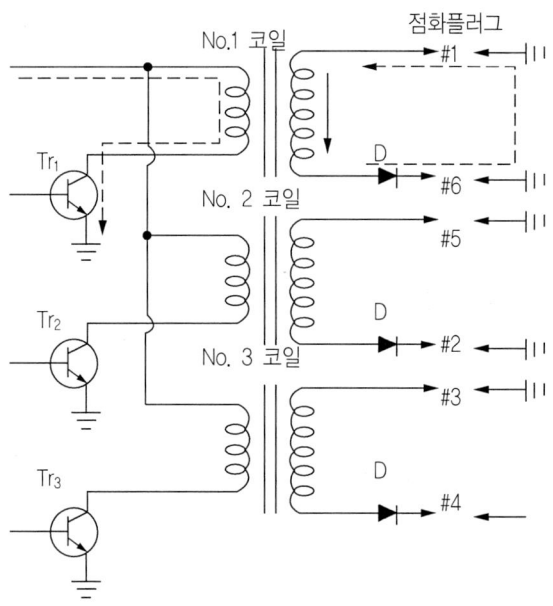

[그림 6-139] 동시 점화장치의 고전압 발생

따라서 이 고전압은 종래의 일반적인 점화계에서 하나의 점화플러그에 화염을 전파시키는 경우와 비교해도 그 방전 전압에는 거의 변화가 없다.

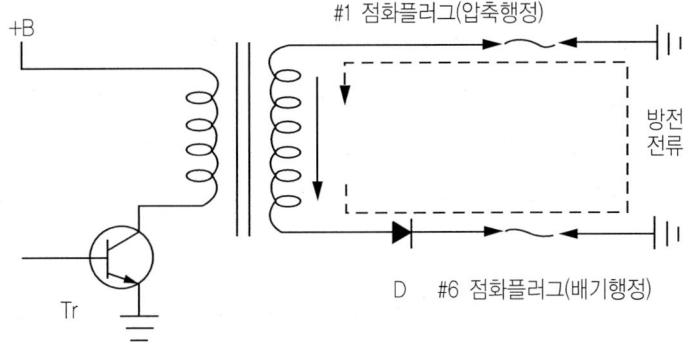

[그림 6-140] 2기통 동시 점화방식

5.3.2. 크랭크 포지션 센서(CPS ; crank position sensor)

그림 6-141과 같이 CPS축의 상단에는 각 실린더 판별과 크랭크각도 기준 위치용의 G_1, G_2 신호 검출부를 두었고, 하단에는 엔진 회전수와 크랭크각도를 표시하기 위한 Ne신호 검출부를 갖추고 있다.

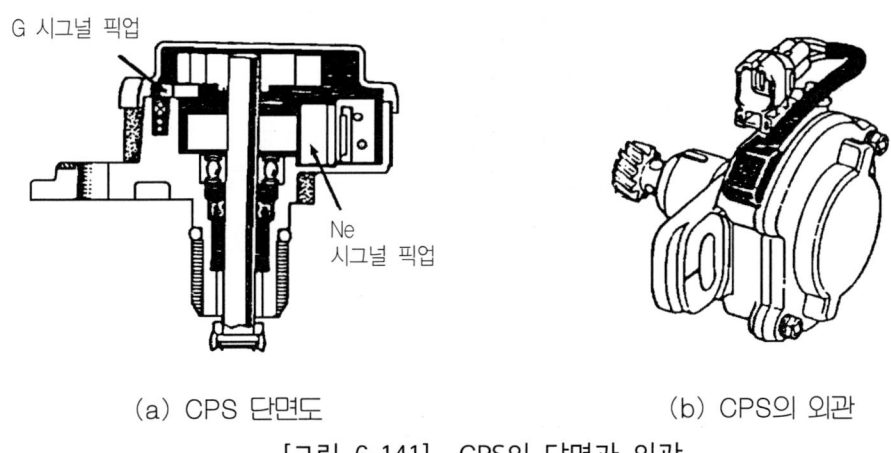

(a) CPS 단면도 (b) CPS의 외관

[그림 6-141] CPS의 단면과 외관

[1] G_1신호(G_1 signal)

G_1신호는 6기통의 경우 6번 실린더 판별과 점화리셋(reset)신호이다. 상단에는 1개의 돌기를 가진 타이밍로터와 G_1, G_2픽업이 서로 대칭하여 장착되어 있고 타이밍 로터가 회전하면(엔진 회전의 1/2) 로터의 돌기부와 G_1, G_2픽업의 에어캡의 변화에 의한 자속량의 변화로 픽업코일에 기전력이 발생하여 이 신호를 검출하여 ECU로 보낸다.

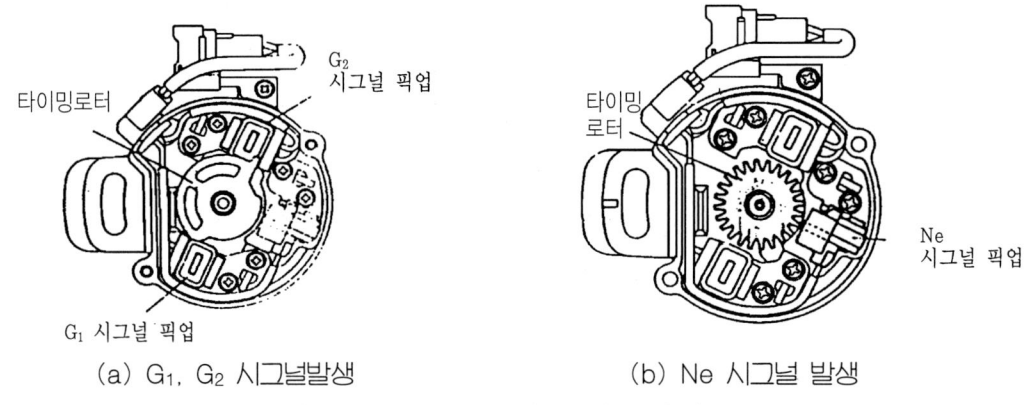

(a) G$_1$, G$_2$ 시그널발생   (b) Ne 시그널 발생

[그림 6-142] G$_1$, G$_2$ 및 Ne신호 발생부

G$_1$신호에 의해 검출된 신호는 6번 실린더를 점화시킬 준비가 완료되었음을 알려주고, 그 직후 발생하는 Ne신호에 의해 6번 실린더 점화시기가 결정되게 한다. G$_1$신호 발생원리는 풀 TR 점화장치의 시그널 제너레이터와 유사하다.

(1) 신호발생

그림 6-143과 같이 영구자석 2장의 철판을 샌드위치식으로 하여 서로 마주보게 맞대게 하고, 그 하나의 철심에 픽업코일을 감아두면, 영구자석으로부터 나온 자속은 거의가 이 픽업코일을 통과하게 된다. 또 한편 G$_1$과 G$_2$의 타이밍 로터가 픽업코일의 철심과의 사이에서 자로를 형성하고, 타이밍 로터의 돌기부가 접근하고 멀어짐에 따라서 철심과의 에어 갭이 변화한다.

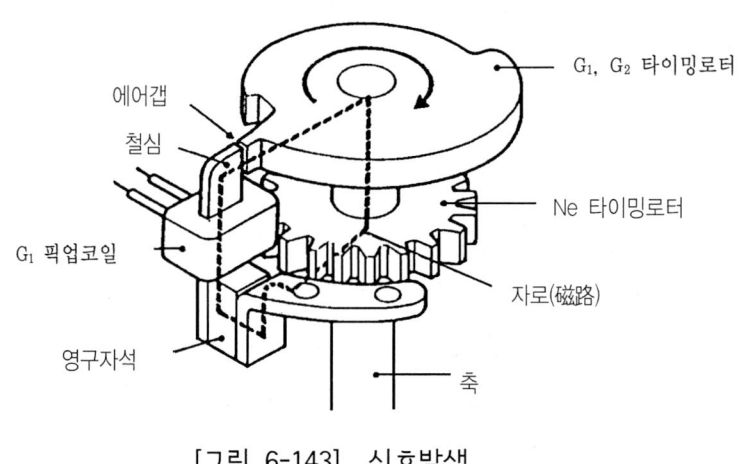

[그림 6-143] 신호발생

(2) 신호파형

자속은 공기 중에서 보다 철심 내부를 통과하는 쪽이 약 10,000배 정도로 통과하기 쉬우며, 공기 중에서는 커다란 자기 저항이 걸려서 자기가 통과하기 어렵게 된다. 영구자석의 기자력은 일정하고, 자기저항이 변화하면 자속량이 변화하게 되며, 이 자속은 픽업코일의 안을 통과하기 때문에 픽업코일은 기전력을 발생한다. 이 기전력(발생전압)의 파형은 그림 6-144와 같이 일반 풀 TR 점화파형과 대체로 비슷하다.

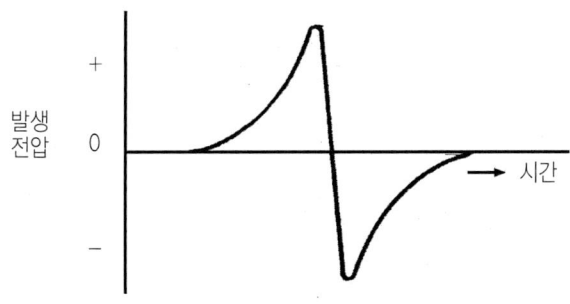

[그림 6-144] 픽업코일 기전력 파형

[2] G_2신호(G_2 signal)

G_2신호는 1번 실린더 판별 및 점화 리셋신호이다. 이 신호에 의해 1번 실린더가 압축행정의 상사점에 근접하고 있는 것을 검출한다. G_1신호와는 CPS의 로터 각도로 180° 반대 위치에 있고, G_1신호와 똑같은 파형의 기전력 신호를 발생한다. 이 신호가 발생하면 1번 실린더 점화 준비가 완료되고, 그 직후에 발생되는 Ne신호에 의해 1번 실린더 점화시기 초기 설정위치를 결정한다.

[3] Ne신호(Ne signal)

Ne신호는 크랭크각 신호 초기 점화시기를 결정한다. Ne 타이밍로터는 24개의 이(齒)을 가지고 있고 1개의 픽업이 세팅되어 있다. 타이밍로터가 1회전하면(엔진회전 1/2), 픽업에는 24개의 펄스가 발생한다. 이 기전력은 G_1, G_2신호가 같은 파형을 발생하여 크랭크 각도 30°(로터 각도 15°)와 엔진 회전수를 검출한다. 또한 이 신호는 점화시기의 기준 신호 이외에도 전자 연료분사의 기초 신호로도 이용되고 있다.

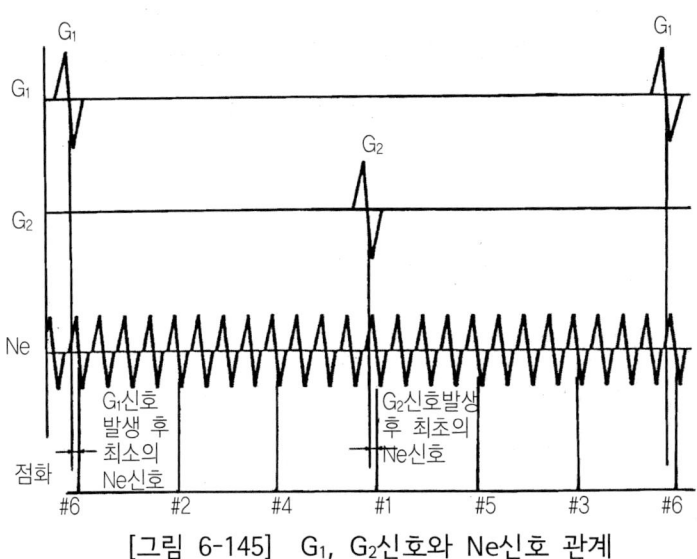

[그림 6-145] G₁, G₂신호와 Ne신호 관계

그림 6-145는 G₁, G₂신호에서 발생한 기전력과 Ne신호에서 발생하는 전압 파형의 관계를 표시한 것이다.

5.3.3. 크랭크각 센서(CAS ; crank angle sensor)

1번 실린더 TDC 및 크랭크각 센서의 톤휠(ton wheel)이 크랭크축 풀리 뒤에 설치되어 있으며 크랭크축이 회전하면 엔진의 회전속도 및 1번 실린더 TDC의 위치를 감지한다.

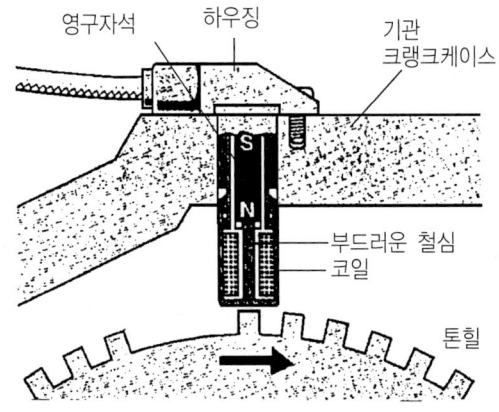

[그림 6-146] 1번 실린더 TDC 및 크랭크각 센서

따라서 컴퓨터에 입력시키면 컴퓨터는 1번 실린더에 대한 기초 신호를 판별하여 분사순서를 결정한다. 1번 실린더 TDC 및 크랭크각 센서는 영구자석 주위에 코일을 감아 톤휠이 회전하면 에어 갭의 변화에 따라 유도된 펄스전압을 컴퓨터로 입력시켜서 제1번 실린더와 엔진의 회전속도를 감지한다.

5.3.4. 점화시기 제어(ignition timing control)

[1] 초기 점화시기 설정

엔진 초기 설정의 점화시기 즉, 위밍업 후 공회전시의 점화시기는 다음과 같이 결정된다. G_1 또는 G_2신호가 발생되면, 6번 실린더인지 아니면 1번 실린더인지를 판별할 수 있기 때문에 이 G신호에 의해 1번 또는 6번 실린더의 점화플러그에 점화시킬 것인가를 결정하여 점화 준비를 완료한다.

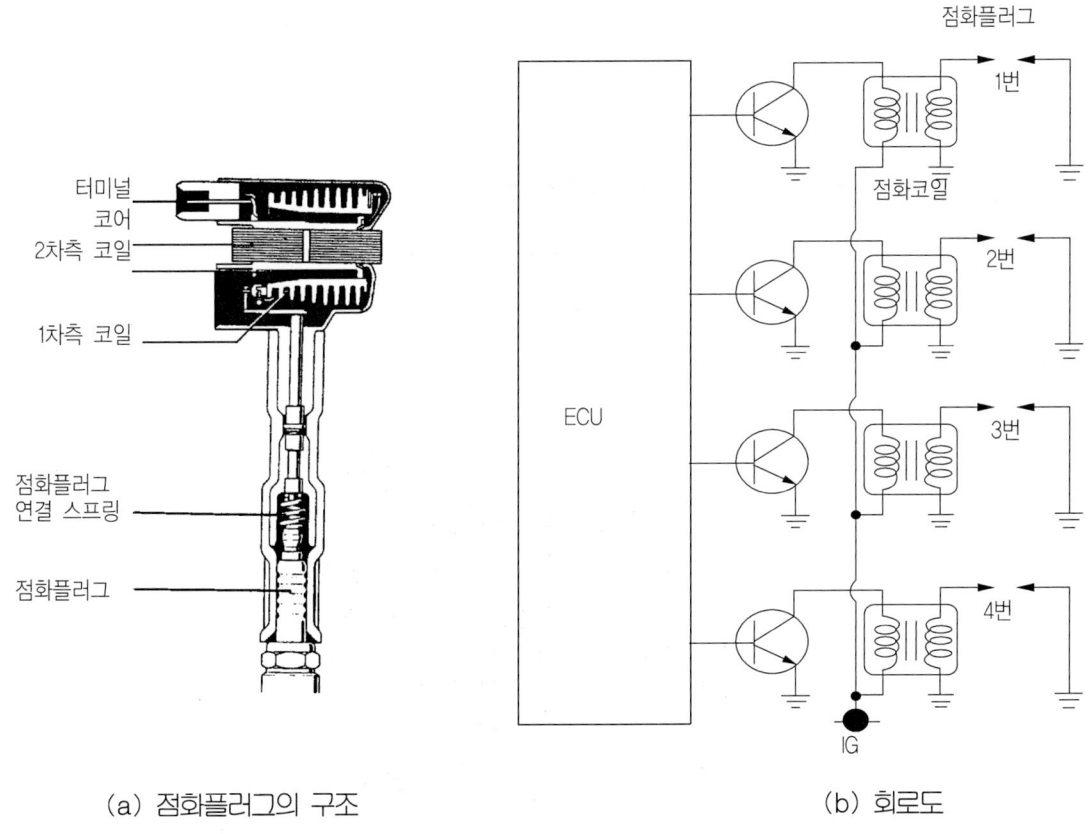

(a) 점화플러그의 구조   (b) 회로도

[그림 6-147] 전자 배전식 독립 점화장치

그리고 G신호 직후에 발생한 첫 번째의 Ne신호가 1번 또는 6번 실린더의 점화시기 신호가 된다. 여기서 엔진 시동을 위해 크랭킹을 할 경우에, G_1신호 발생시기를 지난 상태에서 크랭킹을 하게 되면, 다음의 G_2신호가 올 때까지는 어떤 실린더에 점화신호를 보내야 될지 모르기 때문에 점화가 이루어지지 않는다. 따라서 그 다음의 G_1신호가 발생되어야만 기통 판별이 되어 비로소 실제의 초기설정 점화신호가 결정된다.

그림 6-147에서는 G_1 또는 G_2신호가 발생하면, 그 신호를 기준으로 다음 G신호까지 3실린더 부분의 점화신호가 발생하고, Ne신호 4번에 1번씩의 점화신호가 만들어지는데, 이것을 초기 설정(Initial set) 점화시기라고 한다.

5.4. 전자 배전식 독립 점화장치

6실린더 엔진의 경우 독립 점화방식에는 각 실린더의 점화플러그마다 각각의 점화코일이 있고, 1차 전류를 단속하는 6개의 파워 TR이 별도로 작동한다. 파워 TR은 컴퓨터로부터 점화신호를 받아 OFF할 때 점화코일 2차측에 고압을 발생시켜 점화 플러그에 방전된다. 독립 점화방식은 동시 점화방식과 같이 1개의 2차 코일 양단에 점화플러그를 사용하지 않기 때문에 1번~6번 점화플러그에 방전이 된다.

6. 고압케이블(high tension cable)

점화플러그에서 발생한 고전압을 코일의 2차 단자와 배전기 캡의 중심단자를 배전기의 플러그 단자와 점화플러그 단자를 연결하는 고압의 절연선이다.

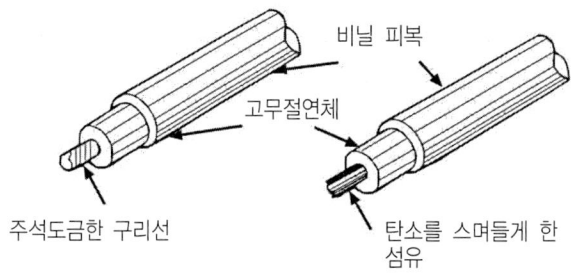

[그림 6-148] 고압케이블의 구조

6.1. 보통 고압케이블

10~20개의 주석도금의 전선을 철심(core)으로 하고, 그 주위에 두터운 고무를 입힌 다음 방습처리를 한 것이며 20000V 정도의 고압전류에 대해 절연을 유지하도록 되어 있다. 케이블의 한쪽 끝은 황동제의 태그를 통하여 점화플러그에 끼워지고 다른 한쪽은 배전기 캡의 플러그 단자에 끼워진 다음 수분이 들어가지 못하도록 고무제의 캡이 끼워져 있다.

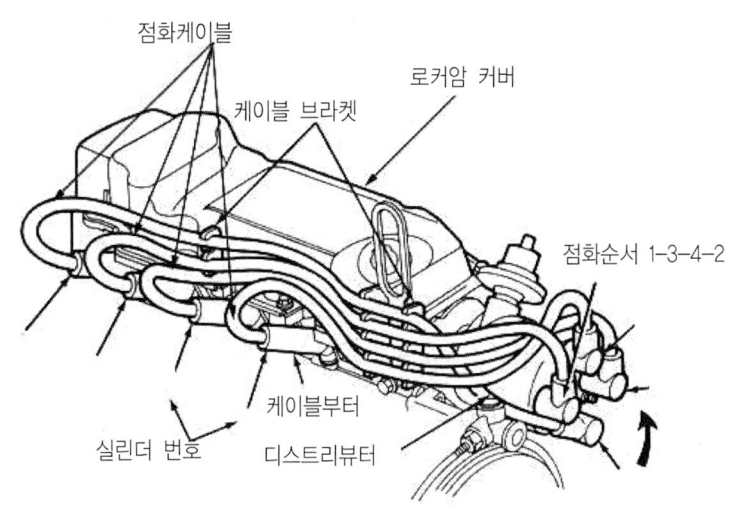

[그림 6-149] 보통 고압케이블

6.2. TVRS 케이블(television radio surpression cable)

고압케이블에서는 운전 중 고주파가 발생되어 고압케이블에서 대기 중으로 방출된다. 이 고주파 전류를 라디오나 무선통신기의 고주파 잡음의 원인이 된다. 이 고주파 발생을 막기 위해 고압케이블의 전체에 걸쳐 저항을 둔 것을 TVRS케이블이라 하고 이 저항은 보통 10kΩ 정도이며, 이 저항을 점화플러그에 둔 것도 있다.

Chapter 06 | 연습문제

01. 점화장치의 요구조건에 대하여 설명하시오.

02. 점화 발생원리에 대하여 기술하시오.

03. 점화플러그의 형상과 열가와의 관계에 대하여 기술하시오.

04. 점화플러그의 구비조건에 대하여 기술하시오.

05. 트랜지스터식 점화장치의 특징을 쓰시오.

06. 캠각이란 무엇이고 그 특성을 기술하시오.

07. 축전기 방전식 점화장치의 작동원리를 설명하시오.

08. 점화코일의 시정수에 대하여 설명하시오.

09. 용량방전과 유도방전에 대하여 설명하시오.

10. 무배전기식 점화장치에 대하여 설명하시오.

11. 불꽃전압에 영향을 주는 요소에 대하여 쓰시오.

12. 점화 스코프 파형을 그리고 설명하시오.

13. 고압의 발생원리를 인덕턴스 효과에 의해 설명하시오.

14. 엔진 회전수가 증가하면 점화장치의 2차 전압이 저하되는 이유를 설명하시오.

CHAPTER 07 자동차 차체 전기장치

1. 자동차용 전선

자동차에 사용되는 전선은 시동장치, 충전장치, 조명장치 등에 사용되는 저압 전선과 점화장치에 사용되는 고압 전선 그리고, 제어회로에 사용되는 제어용 전선 등이 있으며 피복재료에 따라 PVC, 합성고무 전선으로 구분되며, 자동차 부품의 다양화로 인한 하네스 증가로 전선의 유연성과 내마모성 및 차량 경량화를 요구하므로 세선화, 초 극박육형된 전선의 사용이 요구되고, 엔진의 고 출력 및 엔진 부위의 온도, 배기가스 규제로 인한 내열전선의 사용이 요구된다.

1.1. 전선의 종류(온도에 따른 분류)

① AV(automotive vinylon) : 80℃(자동차용 저압 배선)
② AVX(automotive vinyl extra) : 90℃(내열 자동차 비닐)
③ AEX(automotive polyethylene extra) : 110℃(고압선)

1.2. 전선 호칭치수에 따른 규격과 허용전류

호칭 단면적 (mm²)	소선수	소선경	외경 (피복포함)	도체저항 ohm/m	허용전류(A) 30℃기준	허용전류(A) 40℃기준	허용전류(A) 50℃기준
0.5	7	0.32	2.2(mm)	0.0325	13	9	8
0.85	11	0.32	2.4(mm)	0.0205	17	12	10
1.25	16	0.32	2.7(mm)	0.0141	22	15	13
2.0	26	0.32	3.1(mm)	0.0087	30	20	17
3.0	41	0.32	3.8(mm)	0.0055	40	27	23
5.0	65	0.32	4.6(mm)	0.0035	50	37	32
8.0	50	0.45	5.5(mm)	0.0023		47	
15.0	84	0.45	7.0(mm)	0.0014		59	

1.3. 전선 피복의 색 분류

전선을 구분하기 위한 전선의 색은 전선 피복의 주색과 보조 띠 색의 순서로 표시한다.

AVX-0.5GR(Y)

AVX : 내열 자동차용 배선. 0.5 : 전선 내심 단면적(0.5mm²). G : 주색(바탕색-녹색)
R : 보조색(줄색-빨간색).   Y : 튜브색 (노란색)

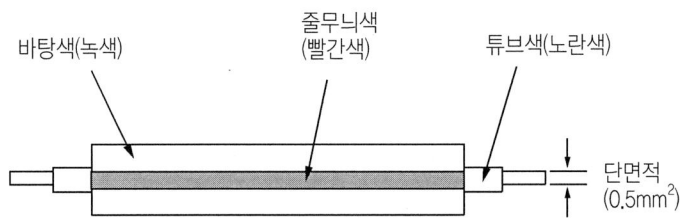

기호	영문	색	기호	영문	색
B	BLACK	검정색	O	ORANGE	오렌지색
Be	BEIGE	베이지색	P	PINK	분홍색
Br	BROWN	갈색	Pp	RURPLE	자주색
G	GREEN	녹색	R	RED	빨간색
Gr	GRAY	회색	T	TAWNINESS	황갈색
L	BLAY	청색	W	WHITE	흰색
Lg	LIGHT GREEN	연두색	Y	YELLOW	노란색
Ll	LIGHT BLUE	연청색			

[그림 7-1] 전선의 피복색 표시

1.4. 자동차 배선

1.4.1. 배선 및 배선구분

자동차의 배선시 한선씩 처리하는 경우도 있지만 대부분 같은 방향으로 설치될 전선을 다발로 묶어 처리하는 경우가 많다. 이런 전선 묶음을 배선 하네스(wiring harness) 또는 간단히 하네스라 한다. 하네스로 배선을 하면 배선이 간단해지고 작업이 용의하게 된다. 자동차용 하네스는 한조 이상으로 구성되며, 일반적으로 하네스를 구분하는 기호는 다음과 같다.

[하네스 구분 기호]

구분기호	하네스명	장착위치
E	엔진배선 하네스	엔진 룸
M1..	메인배선 하네스	실내 및 대시패널
C	컨트롤 배선 하네스	엔진룸, 실내
I	인스트르멘트 하네스	계기판, 대시패널
R	리어/트렁크 하네스	트렁크
M7..	루프배선 하네스	루프
D	도어배선 하네스	도어
T	TCU배선 하네스	변속기 제어 구성품
J	정선박스 하네스	엔진룸, 실내

1.4.2. 하네스 커넥터 구별

하네스에 붙어있는 커넥터의 구별은 하네스 구분기호와 커넥터번호의 조합으로 나타낸다.

[1] 일반 커넥터

전장품에 연결할 커넥터를 말한다.

E30-1

E : 배선 하네스 기호
30 : 커넥터 일련번호
-1 : 보조 커넥터 일련번호

[2] 연결 커넥터

커넥터와 커넥터가 연결되는 것을 말한다.

EC30-1

E : 메인(전) 배선 하네스 기호, C : 연결(후) 배선 하네스 기호
30 : 커넥터 일련번호,   -1 : 보조 커넥터 일련번호

1.4.3. 배선의 방식

[1] 단선식

부하의 한 끝을 자동차 차체나 프레임에 접지하는 방식이다. 배선은 전원쪽의 한 선만으로 충분하나, 접지쪽에 접촉이 불량한 곳이 있든가 큰 전류가 흐를 때에는 크게 전압이 강하된다. 그래서 주로 작은 전류가 흐르는 회로에 사용된다.

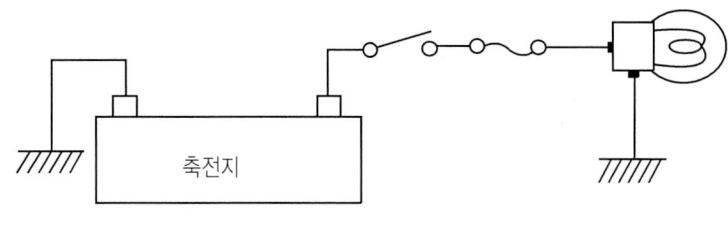

[그림 7-2] 단선식 배선

[2] 복선식

접지 쪽에도 전선을 사용하는 방식으로 접지불량 등에 의한 전압강하가 생기지 않는다. 비교적 큰 전류가 흐르는 회로에 사용되나 배선이 많아지는 단점이 있다.

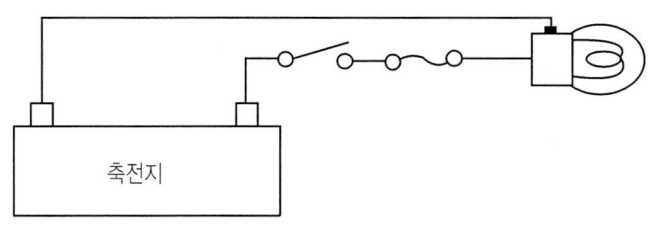

[그림 7-3] 복선식 배선

1.5. 조명 용어

1.5.1. 광속

광원에서는 빛의 다발이 사방으로 방사되며 사람의 눈은 그 방사된 빛의 다발의 일부를 빛으로 느낀다. 이 빛의 다발을 광속이라 하며 광속이 많이 나오는 광원은 밝다고 할 수 있다. 광속의 단위는 루멘(lumen, Lm)이다.

1.5.2. 광도

어떤 방향의 빛의 세기로 단위는 캔들(candle, cd)이며, 1캔들은 광원에서 1m 떨어진 $1m^2$의 면에 1Lm의 광속이 통과하였을 때의 빛의 세기이다.

1.5.3. 조도

피조면의 밝기를 표시하는데 사용하며, 조도의 단위는 룩스(lux, Lx)이다. 피조면의 조도는 광원에 비례하고 광원에서의 거리의 2승에 반비례한다. 즉 광원에서 r(m)떨어진 빛의 방향에 수직한 피조면의 조도를 E(Lx), 그 방향의 광원의 광도를 I(cd)라 하면

$$E = \frac{I}{r^2} \ (Lx)$$

로 표시된다.

2. 등화장치

등화장치(lighting system)는 조명, 지시, 신호, 경고 및 각종 전기적 회로로 되어 있으며, 등화장치를 회로별로 분류하면 다음과 같다.

구 분	종 류	용 도
조명등	전조등 안개등 후진등 실내등 계기등	야간 운행을 위한 조명 안개 속에서 안전운전을 위한 조명 후진 방향을 조명 실내조명 계기판의 각종 계기를 조명
표시등	차고등 차폭등 주차등 번호판등 후미등	차의 높이를 표시 차의 폭을 표시 주차 표시 번호판을 표시 차의 후미를 표시
신호등	방향지시등 브레이크등	차의 선회 방향을 신호 풋 브레이크 작동을 신호
경고등	유압 경고등 충전 경고등 연료 경고등 엔진점검 경고등 시트벨트 경고등 AIR BAG 경고등 트렁크 열림 경고등 ABS 경고등 ECS 경고등	유압이 규정 이하 시 경고 충전되지 않을 때 경고 연료 규정 이하 시 경고 엔진 시스템 고장 시 경고 안전벨트 미착용 시 경고 에어백 시스템 고장 시 경고 트렁크 열림 경고 ABS 고장 시 경고 ECS 고장 시 경고

2.1. 램프용 전구의 종류

전구는 전압을 공급하자마자 정격 전력(W)에 도달 하도록 설계되어 있으나 스위치를 ON한 순간은 정격 전류의 10배 이상의 전류가 흐르므로 일반적으로 전구 부하에 사용하는 접점, 릴레이 용량은 전구의 정격 전류보다 높게 설정한다. 자동차에 사용하는 전구는 여러 가지가 있으며 종류는 다음과 같다.

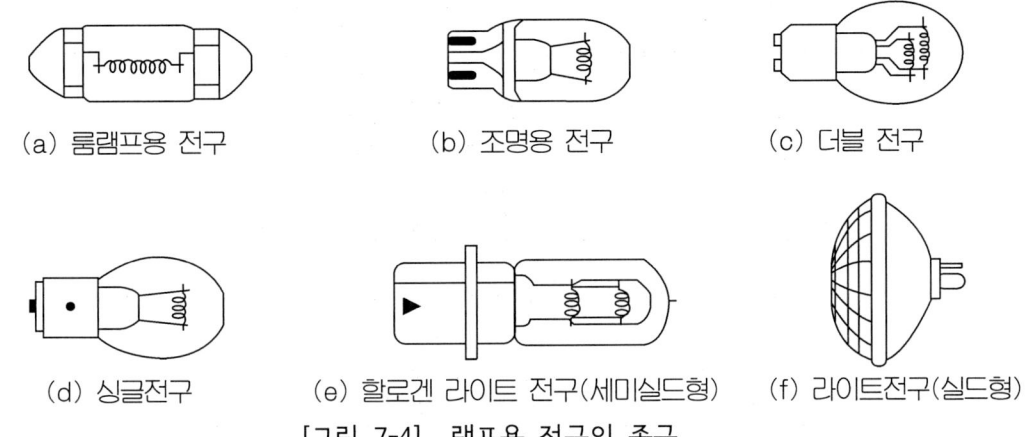

[그림 7-4] 램프용 전구의 종구

2.2. 전조등(head light)

2.2.1. 전조등의 구성

전조등은 기본적으로 렌즈, 반사경, 필라멘트의 3부분으로 구성되어 있다. 필라멘트에서 발생한 빛은 반사경에서 반사되어 원통형의 빛의 다발로 렌즈로 통과한다. 렌즈는 원통모양의 빛의 다발을 입술 모양으로 좌우로 넓게 하여 운전자의 시야를 넓게 해준다. 전조등에는 실드빔형과 세미 실드빔형이 있다. 전조등은 좌우 색깔이 동일한 백색 이어야 한다.

[1] 실드빔형

렌즈, 반사경, 필라멘트가 일체로 되어있으며, 그 내부에 진공을 한 다음 불활성 가스(Ar, N, gas)를 넣어 그 자체가 하나의 전구가 되게 한 것이며, 밀봉되어 있기 때문에 물이나 먼지가 들어가지 않아 반사경이 흐려지지 않고 또한 광도의 변화가 적지만 필라멘트가 끊어지면 렌즈나 반사경에 이상이 없어도 전부 교환을 해야 한다.

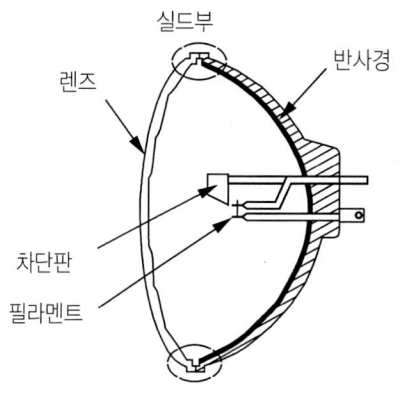

[그림 7-5] 실드빔형 전조등

[2] 세미 실드빔형

렌즈와 반사경은 녹여 붙였으나 전구는 별개로 설치하게 되어 있다. 따라서 전구의 필라멘트가 끊어지면 전구만 갈아 끼우면 된다. 그러나 전구의 설치부에 약간의 공기의 유통이 있기 때문에 반사경이 흐려지기 쉽다.

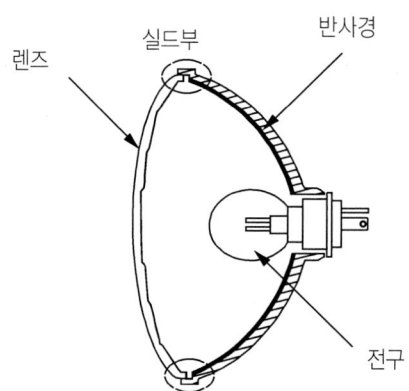

[그림 7-6] 세미 실드형 전조등

2.2.2. 전조등의 회로

전조등은 야간에 시야를 확보하고 비상시에는 보행자 또는 다른 운전자에게 경고를 주기 위해 로우 빔(low beam), 하이 빔(high beam)으로 구성된다. 로우 빔은 짧은 거리를 조사하면서 상대방 운전자의 시각장애를 유발하지 않기 위해 광도를 약간 낮추었으며, 하이 빔은 주행 빔으로 원거리를 조사하면서 광도가 크다.

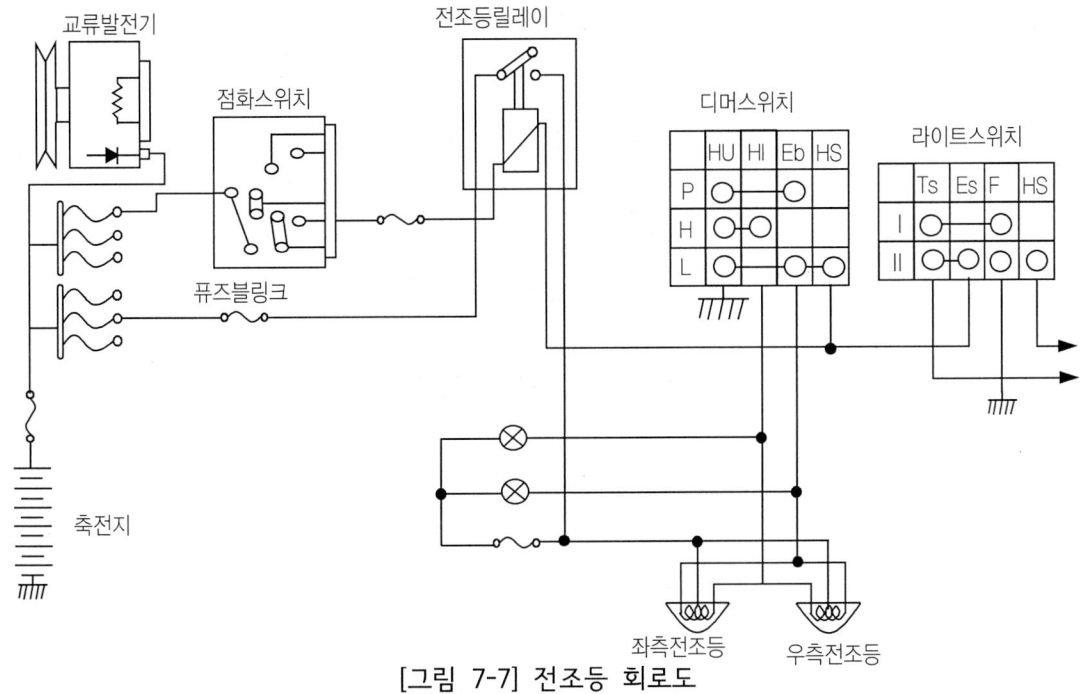

[그림 7-7] 전조등 회로도

한편, 패싱 빔(passing beam)은 하이 빔인데 점화스위치가 OFF상태에 있더라도 디머 스위치를 패싱위치로 하면 하이 빔이 켜진다. 전조등회로는 배터리, 전조등 릴레이, 디머스위치, 라이트 스위치, 전조등으로 구성되며 운전자가 라이트 스위치를 Ⅱ단으로 하면 전조등 릴레이가 작동한다. 이 상태에서 디머 스위치를 로우 빔, 하이 빔, 패싱 빔으로 하면 배터리 → 전조등 릴레이 → 전조등 필라멘트 → 디머스위치 → 접지의 순으로 전류가 흐르면서 점등된다.

2.2.3. 전조등시험

전조등 시험은 전조등(하이 빔)의 광도와 전조등의 주광 축 조사방향을 검사하는 것으로 전조등 시험기는 집광식, 투영식, 스크린식 등 3종류가 있다. 시험거리는 시험기와 전조등 렌즈까지의 거리로서 집광식은 1m거리에서 시험하고, 투영식과 스크린식은 3m거리에서 실시한다. 그러나 시험기에 실제로 표시되는 전조등의 광도와 주광축의 조사 방향은 전조등 전방 10m거리에서 측정한 값으로 표시된다.

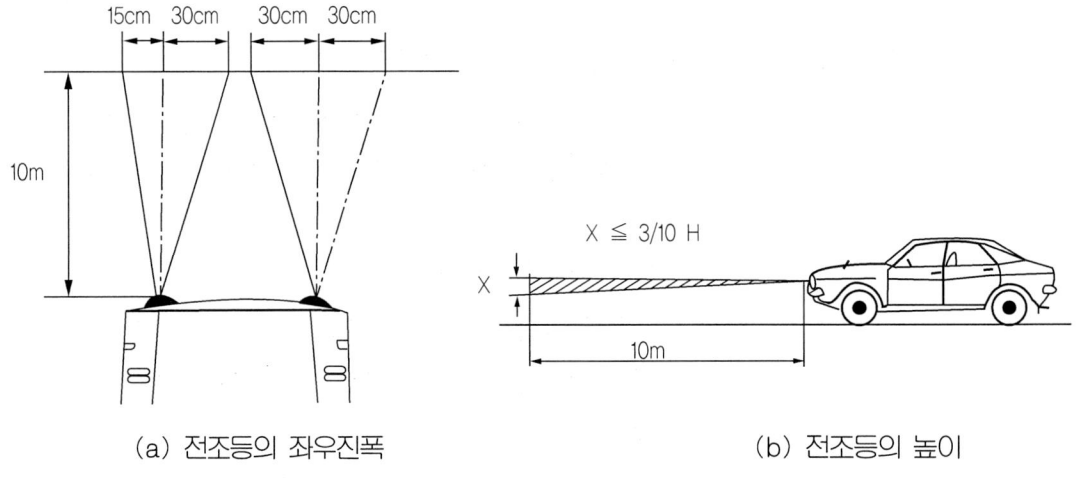

(a) 전조등의 좌우진폭   (b) 전조등의 높이

[그림 7-8] 전조등시험

　전조등의 광도는 2등식의 경우는 기관 회전수 2,000rpm에서 하이 빔을 켰을 때 1등 당 광도는 15,000~112,500cd 범위에 들어야 한다. 4등식의 경우는 전조등이 양쪽에 2개씩 총 4개가 장착되는 경우인데, 바깥쪽 전조등은 로우 빔과 하이 빔의 겸용으로 되어 있고 안쪽은 하이 빔 전용으로 되어 있다. 이 경우 1등당(하이 빔) 광도는 12,000~112,500cd이다.

　한편, 주광축의 조사방향은 상하 방향 진폭과 좌우 방향 진폭으로 나누어 구분한다. 상향방향은 전방 10m거리에서 상부로 10cm까지 허용되고 아래쪽으로는 30cm까지 허용된다. 단, 출고 시에는 전조등 장착높이(H)의 3/10 이내이다. 전조등의 주광 축 조사방향을 측정하고 맞지 않을 때는 조사방향을 먼저 조정하고, 그 다음에 전조등의 광도를 측정한다.

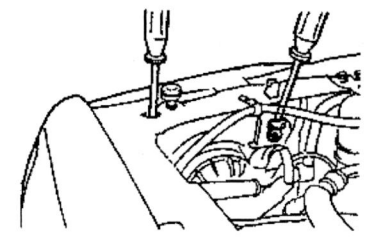

[그림 7-9] 전조등의 수직 수평 조정

2.2.4. 할로겐램프

필라멘트에 전류가 흐르면 열이 발생되는데 그 열이 빛으로 변한다. 이 때 필라멘트는 고온으로 증발되어 전구 내면에 침착되어서 검은색을 띠어 광도를 저하시킨다. 이러한 현상을 방지하고 필라멘트의 수명을 증대시키기 위해 전구 내부를 진공으로 하여 할로겐 가스를 주입한다.

할로겐은 비활성 기체로서 다른 물질과 반응을 잘하지 않는다. 텅스텐 필라멘트가 증발하면 텅스텐 증기는 할로겐과 결합하여 열운동에 의해 전구 내를 떠돌아다니다가 다시 필라멘트에서 할로겐과 텅스텐이 분리되어 텅스텐에 달라붙는다. 즉, 텅스텐에는 복원기능이 있다. 이러한 이유로 할로겐램프는 다른 전구에 비해 수명이 길다.

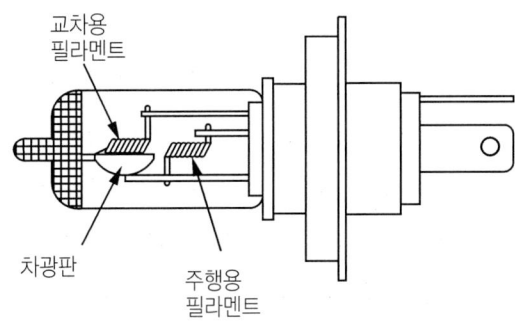

[그림 7-10] 할로겐램프

2.2.5. 방전헤드 램프(HID : hight intensity discharge)

근래에 와서 전조등으로 많이 사용되는데 구조는 필라멘트 대신 텅스텐 전극이 설치되어 있으며, 전구(발광관) 내에 크세논(Xe)가스, 금속 할로겐화물(metal halide)이 봉입되어 있다. 전조등제어 컴퓨터는 배터리로부터 12V를 받아 증압시켜 텅스텐 전극사이에 순간적으로 약 20,000V 이상의 펄스를 발생시키면 우선 크세논가스가 활성화되면서 청백색의 빛을 발생시킨다.

이 상태에서 전구내의 온도가 더욱더 상승하면 수은이 증발하여 아크방전이 일어나고, 더욱 온도가 상승하면 금속할로겐화물이 증발되면서 유리 전자가 발생되는데, 이 유리 전자가 금속 원자와 충돌하면서 고 휘도의 빛을 발생시킨다. 이러한 이유로 고휘도 방전 전조등(HID : hight intensity discharge)이라고도 한다.

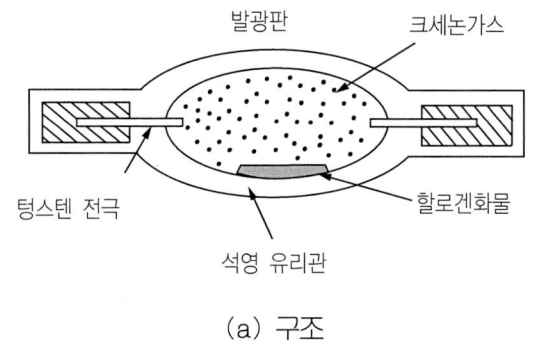

(a) 구조

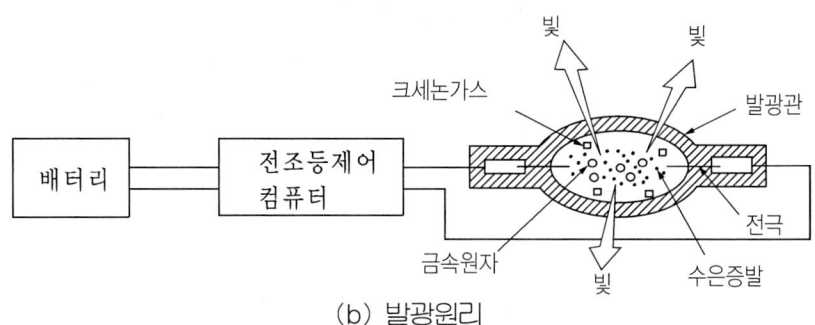

(b) 발광원리

[그림 7-11] 방전헤드램프의 발광원리

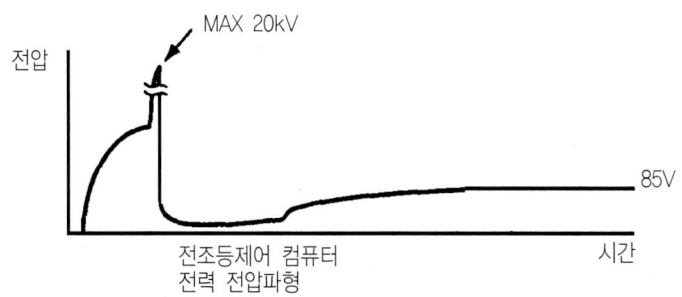

[그림 7-12] 전조등제어 컴퓨터의 전압파형

할로겐램프에 비해 약 2배 정도 밝으며 태양광선에 가까운 백색의 자연광선을 얻을 수 있을 뿐만 아니라 소비전력은 이전의 약 1/2 정도이며 수명은 필라멘트에 비해 2배 정도이나 텅스텐 전극에 고전압을 안정적으로 공급하기 위해 전자제어유닛이 필요하다.

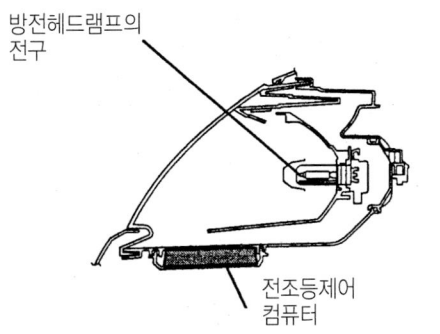

[그림 7-13] 방전 헤드램프의 구조

2.3. 방향지시등

방향지시등은 보행자 또는 다른 운전자에게 진행방향을 미리 알려줌으로써 사고를 미연에 방지하고 교통의 흐름을 원활하게 한다. 과거에는 콘덴서의 충전과 방전을 이용하여 방향지시등을 점멸하였다. 즉, 콘덴서가 충전될 때는 소등되고 콘덴서가 방전될 때 점등된다.

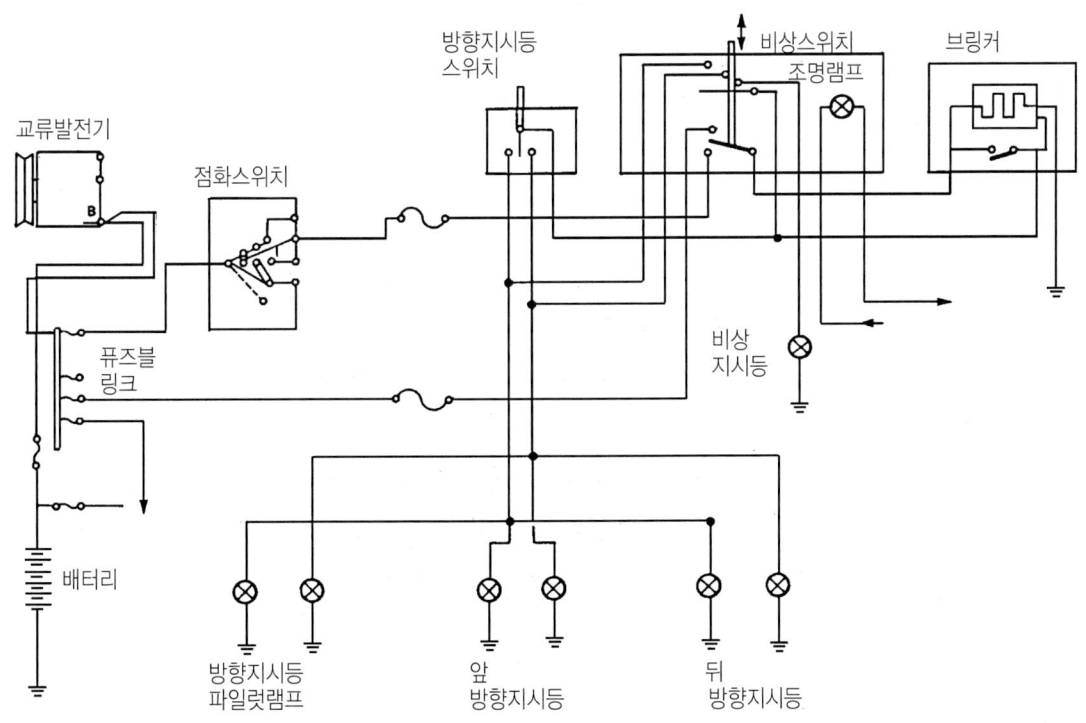

[그림 7-14] 방향지시등 및 비상등의 회로

안전기준에 의하면 등광색은 황색 또는 호박색으로 1등당 광도는 50~1,050cd의 범위에 있어야 한다. 한편, 방향지시등의 점멸주기는 매분 60~120회의 일정한 주기를 가져야 한다.

2.4. 안개등(fog lamp)

전조등은 빛이 안개 속을 통과하면 산란되어 원거리 까지 도달하지 못하지만, 안개 등은 빛의 파장이 긴 황색 빛을 사용하기 때문에 일반 빛에 비하여 산란이 덜되어 같은 조건에서 빛이 멀리까지 비춰지기 때문에, 악천후 속에서 자신의 위치를 알리기 위한 것이다.

따라서 반대편에서 오는 차량에게도 자신의 차량 위치가 파악되지 않아 서로 추돌 할 가능성이 커지는데, 안개 때문에 아무것도 보이지 않아도, 멀리서 다가오는 상대 운전자에게는 안개 등의 불빛이 보여 서로 안전하게 운행할 수 있게 한다.

2.5. 미등(tail light)

미등은 야간에 주행하거나 정지하고 있을 때 자동차가 있는 것을 뒤차에 알리는 표시등이다. 미등은 미등으로만 사용하는 단독식과 제동등과 겸용으로 사용하는 겸용식이 있으며, 겸용식의 전구는 전구 속에 2개의 필라멘트가 있고 제동 등을 작동시킬 때는 그 광도가 3배 이상 증가되어야 한다.

2.6. 번호판등(license plate lamp)

번호판등은 자동차의 뒷면에 설치된 번호판을 조명하는 등으로 전조등 스위치의 조작으로 점등되어야 하며 광원이 눈에 직접적으로 보여서는 안 되며 등록번호 숫자 위의 어느 부분에서도 8룩스 이상이어야 한다.

2.7. 제동등(stop lamp)

제동등은 브레이크 페달을 밟았을 때 뒤차에 제동함을 알리는 등으로 제동장치의 작동에 따라 점등되며 미등처럼 단독식과 겸용식이 있다. 제동등 스위치는 브레이크페달을 밟으면 스위치의 접점이 접속되어 점등되는 기계식과 마스터 실린더안의 유압이 높아지면 유압에 의하여 막판(diaphragm)이 밀려서 접점이 접속되는 유압식이 있다.

3. 안전장치

3.1. 윈드실드 와이퍼(windshield wiper)

비 또는 눈이 내리는 날, 차량을 운행할 경우 와이퍼가 작동하지 않거나 작동하더라도 전면 유리를 깨끗이 닦아주지 못하면 운전자의 전방시계가 방해되어 사고의 위험이 있으므로, 와이퍼가 제 성능을 발휘하기 위해서는 전면 유리와 접촉되어 움직이는 와이퍼 블레이드 상태나, 와이퍼 암 및 와이퍼 모터 등을 항상 최적의 상태로 유지해야 한다.

윈드실드 와이퍼 계통 구성품은 와이퍼스위치, 와이퍼 모터, 와이퍼 암, 와이퍼 블레이드 등으로 구성되어 있으며, 윈드실드 와이퍼 모터는 영구자석(페라이트자석)을 사용하는 제3브러시 방식이다.

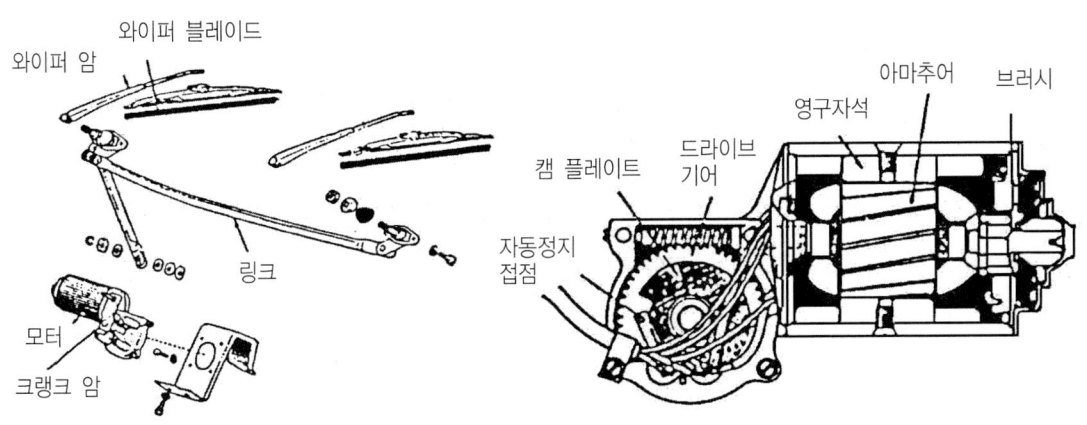

[그림 7-15] 와이퍼 모터의 구조

3.1.1. 링크기구

링크기구는 좌우의 와이퍼 블레이드를 연동시키는 것이며, 전동기 회전축이 회전되고 있는 것에서는 전자식 왕복운동으로 변환시키는 일도 한다. 운동방법에는 좌우의 와이퍼 암을 평행하게 이동시키는 평행 연동형, 서로 마주하여 작동하는 대향 연동형 및 한쪽의 작동시점을 늦게 하여 서로 교차 작동하게 하는 교차 연동형이 있다.

3.1.2. 와이퍼 암 및 블레이드

와이퍼 암은 그 한 끝에 지지된 와이퍼 블레이드를 윈드실드(유리)면에 접촉시키고, 프로텍션 복스(protection box)를 통하여 링크 또는 전동기 구동축과 결합하는 역할을 한다. 블레이드는 고무제품으로써 평면 유리용과 곡면 유리용이 있다.

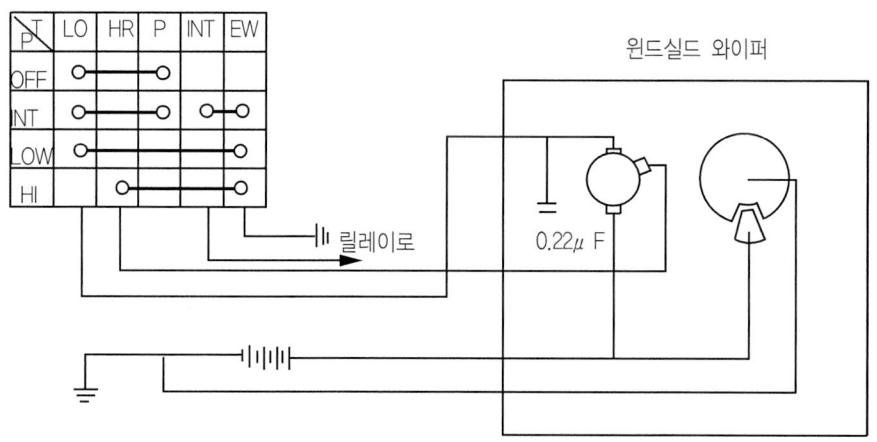

[그림 7-16] 와이퍼모터의 회로도

[1] 작동

배터리(+)에서 전원 브러시로 전기가 공급된다. 운전자가 와이퍼 스위치를 저속(low)위치에 두면 전류가 전원 브러시에서 저속 브러시를 통해 와이퍼 스위치를 통하여 접지로 흐르면서 저속으로 작동한다. 고속일 때는 전원 브러시로 들어간 전류가 고속 브러시를 거쳐 와이퍼 스위치를 통해 접지로 흐르면 고속이 된다.

한편, 저속중 또는 고속중에 와이퍼 스위치를 OFF로 하면 와이퍼 모터가 바로 정지하는 것이 아니고, 반드시 블레이드가 앞 유리 제일 하단에 위치해야만 자동 정위치 접점이 닫히면서 전기브레이크를 걸어 정지시킨다. 여기서 속도가 변하는 원리는 저속일 때는 전류가 흐르는 경로가 길고, 고속일 때는 전류가 흐르는 경로가 짧아지므로 속도가 높아진다.

3. 2. 경음기(horn)

경음기는 전기식과 공기식 등으로 구분되며 공기식은 공기 압축기를 설치하고 있는 대형 차량에 사용된다.

현재 일반 차량용으로는 전기식이 가장 많이 사용되고 있으며, 전기식에는 맴돌이형, 나팔형, 마이크로포운형(microphone type)으로 구분되어 있다. 진동판의 진동수에 따라 고음·중음·저음경음기로 분류할 수 있으며 또한 이들 경음기를 세트로 사용하면 음량·음질 등에 있어 우수한 합성음을 얻을 수 있다. 최근에는 자동차의 고속 주행화(高速走行化)에 따라 지향성(指向性)이 강하고 멀리까지 소리가 퍼지며 소형·경량으로 만들기 쉬운 평형경음기가 비교적 많이 사용되고 있다

경음기의 음이 너무 크면 소음이 되므로 자동차용 경음기는 자동차 전방 2m에서 소음을 측정하였을 때 음압은 90~115dB 범위에 음색은 기본 주파수 250~580사이클/초에 들어가야 한다. 음이 발생하는 시간당의 에너지를 음의 세기(decibell, db)라 하고 이 음이 사람의 귀에 주는 느낌을 음의 크기(phon, ph)라 한다. 같은 세기(db, 데시벨)의 음이라도 주파수에 따라 사람이 느끼는 크기(ph, 폰)가 달라진다.

3.2.1 공기식 경음기

압축 공기를 쉽게 이용할 수 있는 대형 자동차에 많이 사용되며, 베이스 위에 인청동으로 만든 진동판을 놓고 그 위에 프레임을 설치하고 음도를 고정시킨 다음 경음기의 입 끝이 진동판에 접하도록 조정하여 고정시킨 구조로 되어 있다.

3.2.2. 전기식 경음기

전자석에 의하여 진동판을 진동시키는 방식이며, 음량 조정스크루로 조정

[1] 맴돌이형 전기식 경음기

나선형의 음도를 가지므로 소형으로 제작할 수 있다. 따라서 설치 위치에 제약을 받지 않는 장점을 가지고 있다.

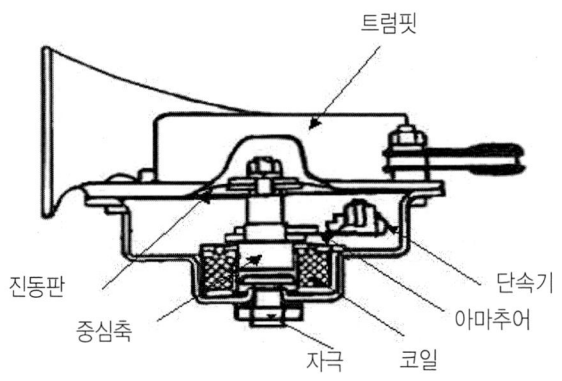

[그림 7-17] 맴돌이형 경음기

[2] 평형 전기식 경음기

평형으로 되어있고, 진동판에 진동자를 붙여서 가동판과 철심의 충격에 의하여 진동에 변화를 주므로, 예리한 음색과 지향성이 양호한 특징을 가지고 있기 때문에 근래에 많이 쓰이고 있다.

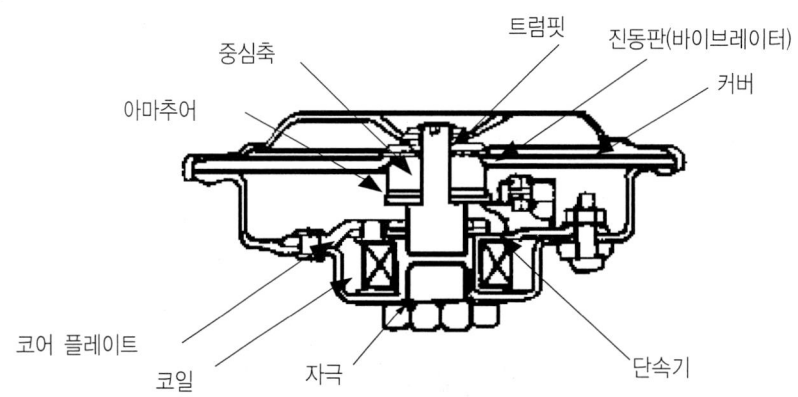

[그림 7-18] 평형 경음기

4. 계기류

4.1. 스피드 미터(speed meter)

스피드 미터에는 자동차의 시간당 주행속도(km/h)를 나타내는 속도 지시계와 총 주행거리를 나타내는 적산거리계(total counter)와 일정한 주행거리를 측정할 수 있는 구간거리계(trip counter)등이 같이 조립되어 있으며, 그 종류에는 자기식 속도계, 전기식 속도계, 전자식 속도계가 있다.

타이어의 구름 유효 반지름은 타이어에 걸리는 하중의 크기나 차량의 속도에 따라 다소 변화하므로 실제 주행속도와 스피드미터의 지시속도와는 약간의 오차가 생긴다. 스피드 표시의 오차는 평탄한 수평 노면에서의 속도가 매시 40km(최고속도가 매시 40km 미만인 자동차에 있어서는 그 최고속도)인 경우 그 지시 오차가 정 25%, 부 10% 이하이어야 한다.

4.1.1. 자기식 스피드미터

타이어의 회전에 비례하는 회전을 변속기구 후단부 등으로부터 출력된 플렉시블 샤프트에 의해서 계기판에 부착된 스피드미터를 구동 시킨다. 스피드미터는 와전류로 인한 전자력과 헤어 스프링(hair spring)에 의해서 플렉시블 케이블의 회전수가 4륜 자동차는 637rpm일 때 60km/h를 지시하게 되어 있고 2륜차는 1400rpm일 때 60km/h를 지시하게 된다. 또 카운터(counter)는 매 637회전마다 1km씩 적산되도록 구조되어 있다.

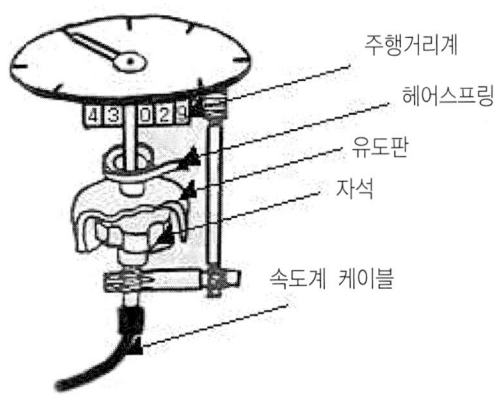

[그림 7-19] 스피드미터

4.1.2. 전기식 스피드미터

차속신호 발신부와 표시부로 되며 플렉시블 샤프트를 사용하지 않고 속도지시 기구는 기관 회전계에 사용되는 가동 코일형 전류계를 사용한다. 가동 코일형 전류계는 영구자석과 가동 코일의 전자력에 의한 회전력을 이용하여 리드스위치, 홀 집적회로, 자기 저항소자 등을 작동시켜 전기적 펄스(pulse)로 검출한다. 이렇게 검출한 펄스를 전자회로를 이용하여 펄스 수에 비례하는 전류의 크기에 따라 회전계에 회전수를 나타내게 한다.

4.1.3. 전자식 스피드미터

표시부와 차속 신호 발신부로 구성되어 있으며, 표시부는 그 속도 표시기구가 전자회로와 형광 표시판, 발광 다이오드, 액정 등의 표시기로 구성되어 있다. 속도 표시기구는 시간 기준 발신기를 가지며 차속 신호 발신부에서 보낸 신호를 일정 기간 계수하고, 계수 완료후의 값을 기억하여 일정 시간마다 차속을 표시한다.

4.1.4. 적산거리계(total counter)

적산거리계는 구동축의 회전을 받아 웜과 웜기어에 의하여 적산회전계에 전달된다. 적산 링의 회전 순서는 가장 낮은 자리(1눈금 100m)의 링이 1회전하면 다음 숫자 링의 1눈금인 1km를 적산하며 보통 6개의 숫자 링으로 주행거리를 적산하도록 되어 있다. 적산거리계에 나타난 주행 총거리는 자동차의 수명, 신차 구입 시 예측판단, 주행거리에 의한 점검 및 부품 교환 시기를 파악하는데 적산거리계의 수치가 이용된다.

(a) 적산 거리계

(b) 구간 거리계

[그림 7-20] 적산거리계의 종류

4.1.5. 구간 거리계(trip counter)

구간 거리계는 숫자 링이 4자리로서 구조는 적산 거리계와 같고 구동방식도 적산거리계와 같이 웜 기구로 구동된다. 구간 거리계는 어느 구간 또는 어느 기간에 주행한 거리를 알고 싶을 때 사용한다. 출발 또는 시작 시점에 임의의 손잡이를 돌리든지 캠을 누르면 적산계는 0으로 돌아와 다시 새로운 거리를 적산하도록 되어 있다.

4.2. 냉각수온 미터

4.2.1. 바이메탈(bimetal)식

냉각수온 미터(meter)는 게이지 유닛과 미터로 구성되어 있다. 미터의 지침은 바이메탈에 의해서 움직인다. 바이메탈은 니크롬(nichrome)선을 흐르는 전류량의 대소에 따라 휘게 되고 이로부터 지침의 지시위치가 변하게 된다. 냉각수온 게이지는 냉각수온이 높을 때 서미스터(termistor)저항치는 낮고 전류가 많이 흐르게 되어 바이메탈은 많이 휘게 되고 미터지침은 H점(hot)을 지시하게 된다. 게이지 유닛은 온도에 따라 변화되는 저항치를 이용하는 가변 저항식이 사용된다.

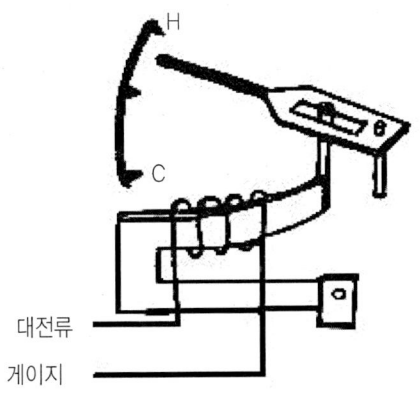

[그림 7-21] 바이메탈식 게이지

4.2.2. 코일(coil)식

코일식은 수신부는 2개의 코일과 가동철편 및 지침으로 되어 있고 송신부는 서미스터를 사용하고 있다.

코일식은 L_1, L_2두 코일에서 각각 발생하는 자기력의 균형점에 가동철편이 위치하게 되어 냉각수온이 높을 때 서모유닛의 r_3 저항값은 낮아지고 전류 I_1은 커지며(L_1의 자기력증가) I_2는 감소(L_2의 자기력 감소)하게 된다. 따라서 가동철편은 L_1쪽으로 끌리게 되고 지침은 H점을 가리키게 된다. 반대로 냉각수온이 낮을 때 서모유닛의 r_3 저항값은 높아지고 전류 I_1은 감소하며(L_1의 자기력 감소) 전류 I_2는 증가(L_2의 자기력 증가)한다. 따라서 가동철편은 L_2쪽으로 끌리며 이로 인하여 지침은 C점을 지시하게 된다.

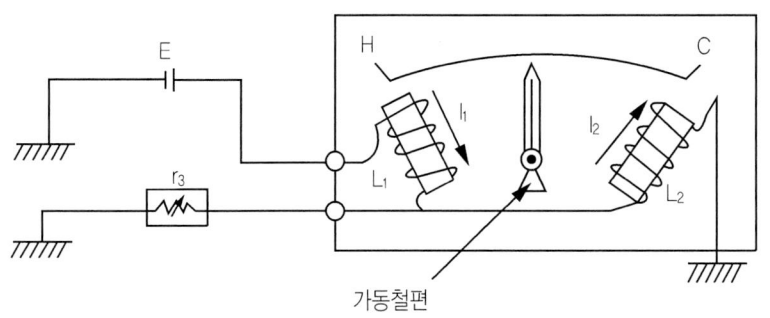

[그림 7-22] 코일식 온도미터의 회로

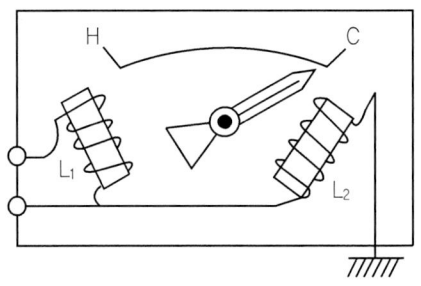

[그림 7-23] L_2자력이 강하다
(냉각수온도가 낮을 때)

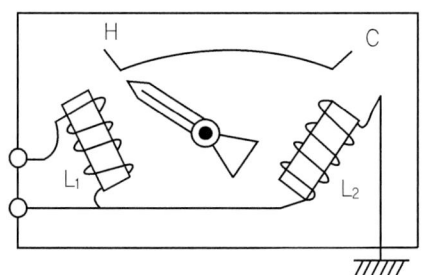

[그림 7-24] L_1자력이 강하다
(냉각수온 높을 때)

4.2.3. 경고등식

경고등식은 송신부에 바이메탈을 설치한 것과 서모 페라이트식(thermo ferite type) 온도센서를 사용하는 것이 있다.

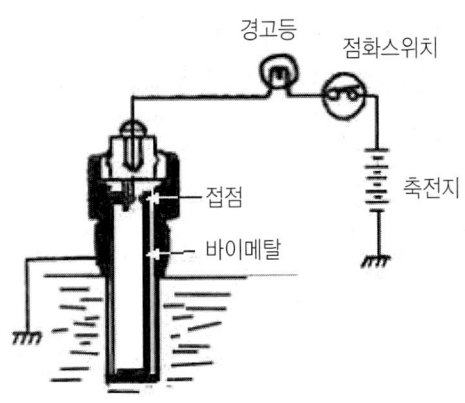

[그림 7-25] 바이메탈 경고등

바이메탈식은 냉각수의 온도가 규정의 속도 이상이 되면 바이메탈이 작용하여 접점을 닫아 운전석의 경고등이 점등되고, 서모 페리이트식의 온도센서는 어떤 온도에 달하면 자력선을 통과 시키지 못하는 합금금속(Mn-Zn계)을 자석 사이에 넣고 리드 스위치를 장치한 것으로 접점이 항상 열려 있는 상시 개로형과 항상 닫혀 있는 상시 폐로형이 있다.

상시 개로형은 서모페리이트 2개 사이에 비자성체인 스페이서를 넣은 것으로 리드 스위치는 항상 열린 상태로 되어 있으며 일정온도 이상이 되면 서모페라이트는 상자성체가 되어 자속은 통과하여 스위치를 닫아 경고등을 점등한다.

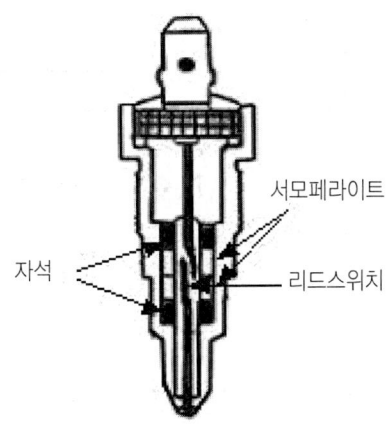

[그림 7-26] 서모 페라이트 상시 개로형의 구조

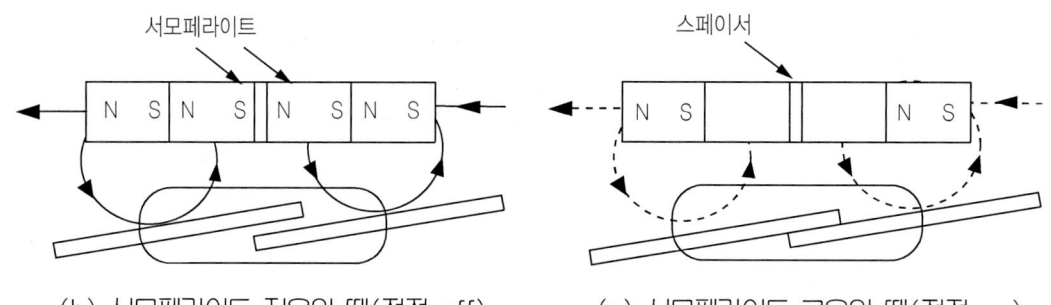

(b) 서모페라이트 저온일 때(접점 off)   (c) 서모페라이트 고온일 때(접점 on)

[그림 7-27] 서모페라이트 상시개로형의 원리

4.3. 연료미터

4.3.1. 바이메탈(bimetal)식

연료 미터(meter)는 게이지 유닛과 미터로 구성되어 있다. 미터의 지침은 바이메탈에 의해서 움직인다. 바이메탈은 니크롬(nichrome)선을 흐르는 전류량의 대소에 따라 휘게 되고 이로부터 지침의 지시위치가 변하게 된다. 연료게이지는 연료가 많을 때 서미스터(termistor)저항치는 낮고 전류가 많이 흐르게 되어 바이메탈은 많이 휘게 되고 미터지침은 F점(full)을 지시하게 된다. 게이지 유닛은 연료의 잔량에 따라 변화되는 저항치를 이용하는 가변 저항식이 사용된다.

4.3.2. 코일(coil)식

코일식은 L_1, L_2 두 코일에서 각각 발생하는 자기력의 균형점에 가동철편이 위치하게 되어 연료의 양이 많을 때 플로트는 뜨고 r_3 저항값은 낮아지고 전류 I_1은 커지며(L_1의 자기력증가) I_2는 감소(L_2의 자기력 감소)하게 된다. 따라서 가동철편은 L_1쪽으로 끌리게 되고 지침은 F점을 가리키게 된다.

반대로 연료의 양이 적을 때 플로트의 뜨임이 적어 r_3 저항값은 높아지고 전류 I_1은 감소하며(L_1의 자기력 감소) 전류 I_2는 증가(L_2의 자기력 증가)한다. 따라서 가동철편은 L_2쪽으로 끌리며 이로 인하여 지침은 E점을 지시하게 된다.

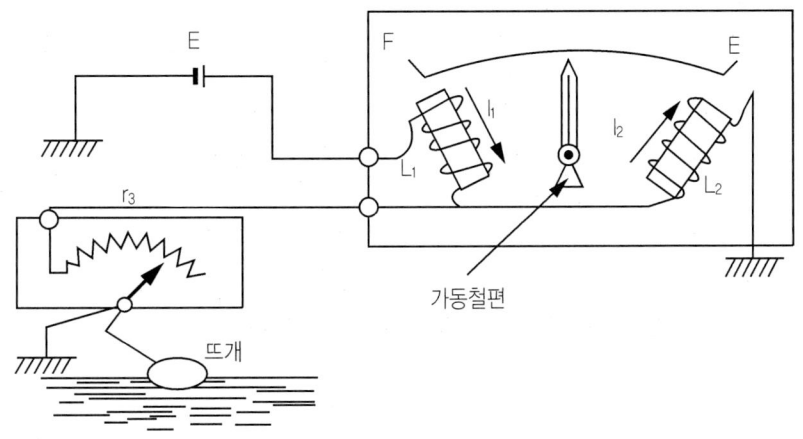

[그림 7-28] 코일 서미스터식 연료계

4.3.3. 서미스터식 경고등

서미스터식 경고등은 연료계와 병렬로 회로가 형성되어있으며, 연료가 규정량 이하가 되면 서미스터가 작동하여 경고등이 점등된다. 서미스터가 연료속에 잠겨 있을 때에는 저항이 커서 점등되지 않으며 연료가 부족하여 서미스터가 노출이 되면 기화열에 의하여 저항값이 작아져서 경고등이 점등된다.

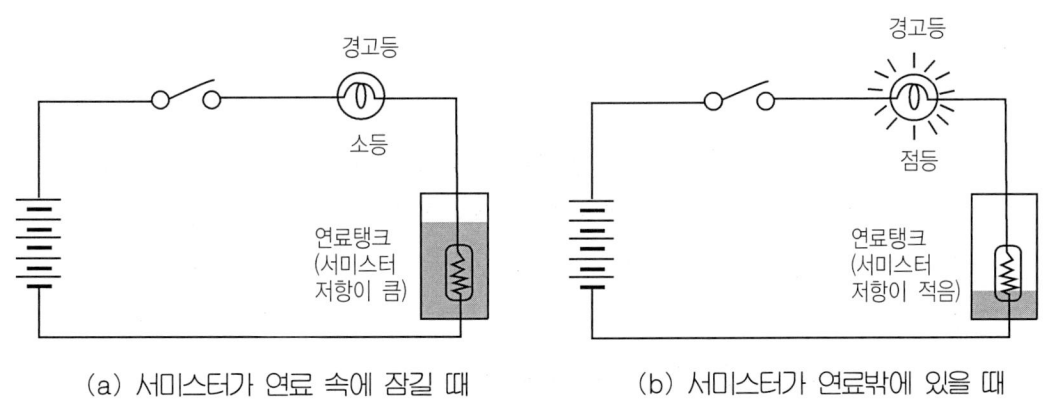

(a) 서미스터가 연료 속에 잠길 때   (b) 서미스터가 연료밖에 있을 때

[그림 7-29] 서미스터식 경고등

4.4. 유압 경고등

4.4.1. 바이메탈식

유압을 지시하는 수신부(receiver unit)와 유압을 검출하는 송신부(sensor unit)로 구성되어 있으며, 유압이 낮을 경우에는 기관이 시동이 되어도 다이어프램에 가해지는 유압이 낮을 때에는 접점 암에 의하여 접점은 가볍게 접촉되어 수신부와 송신부의 열선에 전류가 흐른다.

그러나 접점의 접촉압력이 작아진 상태에서 열선에 열이 발생하므로 바이메탈이 굽어 접점이 열린다. 송신부의 접점이 극히 짧은 시간동안 닫혀 있기 때문에 수신부와 열선이 적게 가열되어 바이메탈이 굽은 양도 적으므로 지침의 움직임도 작게 된다. 유압이 높아지면 다이어프램이 접점 암을 강하게 밀어 붙여 접점의 접점도 강해지므로 바이메탈은 그 압력에 대응할 만큼 휘게 된다. 따라서 수신부의 열선에 전류흐름 시간도 길어지고 바이메탈도 많이 휘어져 지침의 움직임도 크게 된다.

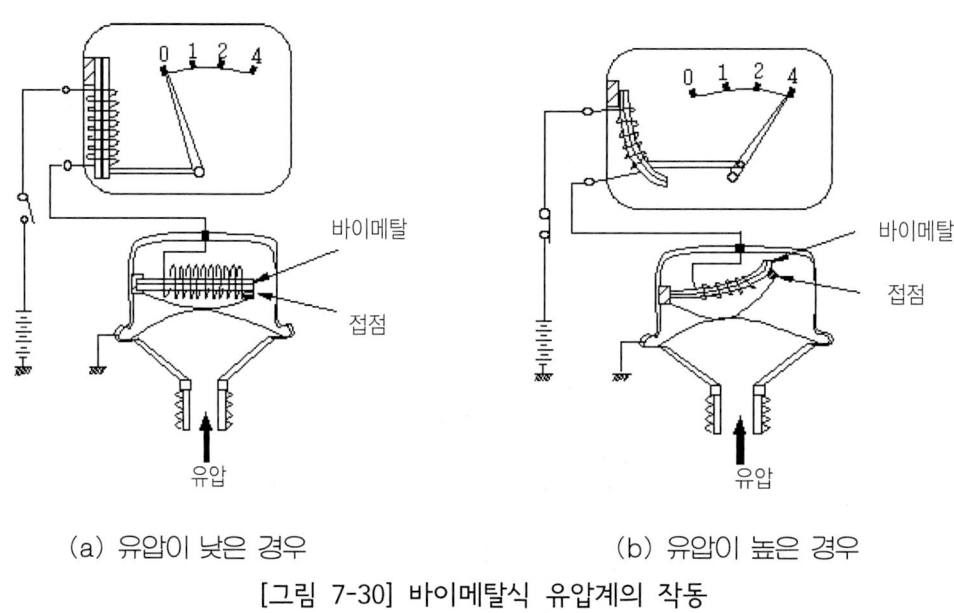

(a) 유압이 낮은 경우   (b) 유압이 높은 경우

[그림 7-30] 바이메탈식 유압계의 작동

4.4.2. 밸런싱 코일식

밸런싱 코일식은 일명 가변 저항식이라 하며 송신부는 유압에 의한 다이어프램의 위치에 따라 저항이 변화하는 가변저항기 부분이고 수신부는 가동 철편에 지침이 고정되며 2개의 전자석 코일로 구성되어 두 코일에 흐르는 전류값에 의하여 지침이 움직이면서 유압을 지시한다.

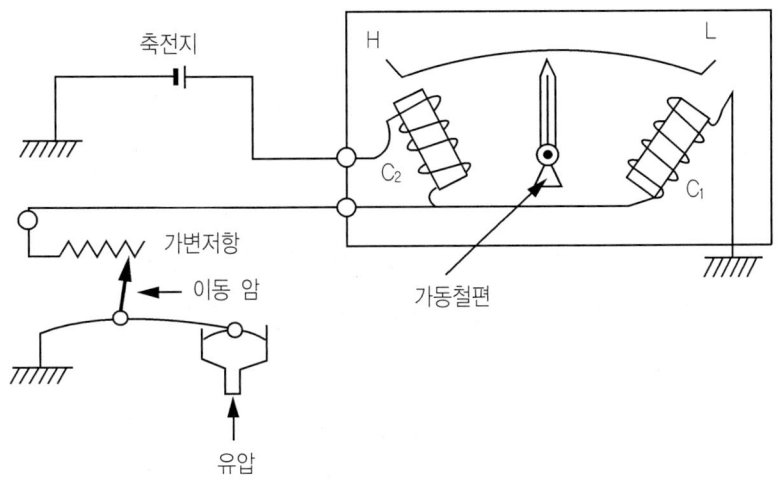

[그림 7-31] 밸런싱 코일식 유압계

4.4.3. 유압 경고등

 유압 경고등은 압력스위치 내에는 유압으로 작동되는 다이어프램과 접점이 있다. 유압이 높아 규정압력이 되면 다이어프램은 스프링을 밀어 올려 접점을 열고 경고등이 꺼지고 유압이 낮으면 스프링의 장력이 다이어프램이 밀어 올리는 힘을 이기게 되므로 접점이 닫혀 운전석의 경고등이 점등된다. 구조가 간단하고 현재에 많이 사용된다.

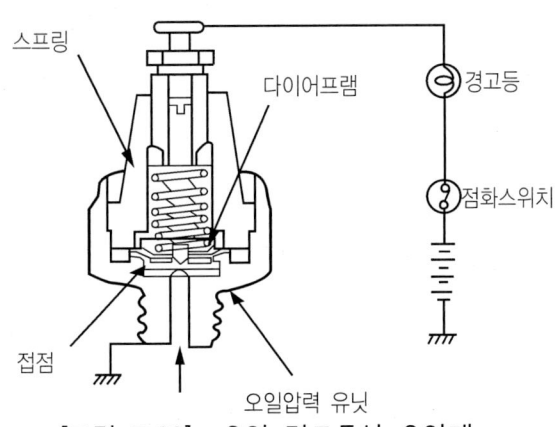

[그림 7-32] 유압 경고등식 유압계

4.5. 브레이크액 부족 경고등

브레이크액 탱크(Tank) 내에 있는 리드 스위치와 뜨개에 의해서 경고등이 작동한다. 이 등은 파킹 브레이크 지시등과 공용으로 되어 있다. 물론 이 경고등은 파킹 브레이크를 당겼을 때 점검할 수 있고 그때 등에는 불이 들어온다.

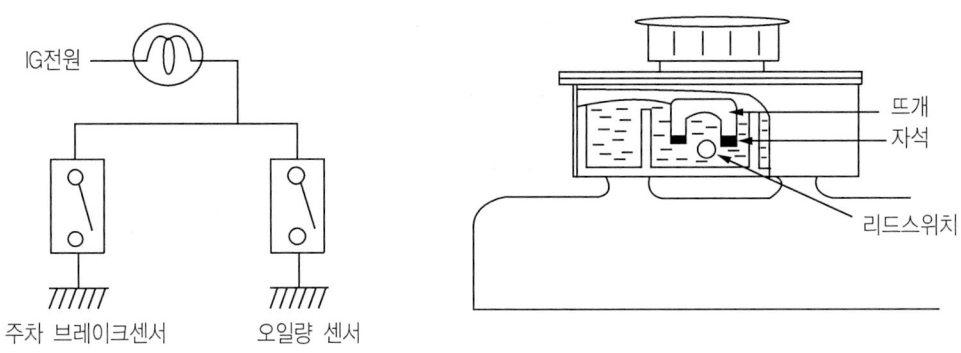

[그림 7-33] 브레이크액 경고등

4.6. 윈드실드 와셔액 부족 경고등

브레이크 액 부족 경고등 장치와 같은 방법을 사용한다. 뜨개와 리드 스위치가 쓰인다.

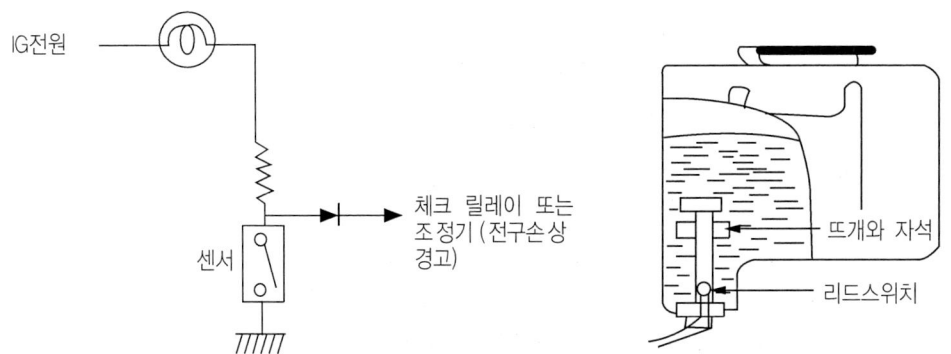

[그림 7-34] 윈드실드 와셔액 부족 경고등

4.7. 정지등(stop lamp) 및 후미등(tail lamp)의 단선 경고등

정지등이나 후미등의 전구가 소손될 경우 전류는 감소한다. 이 감소량은 리드 스위치의 체크 릴레이에서 탐지된다.

4.7.1. 정상 작동상태

정상의 경우 정상적으로 전류가 흐르고 리드 스위치(ON)상태에 있게 되며 트랜지스터의 베이스에 인가된 전압도 0(V)로 유지된다.

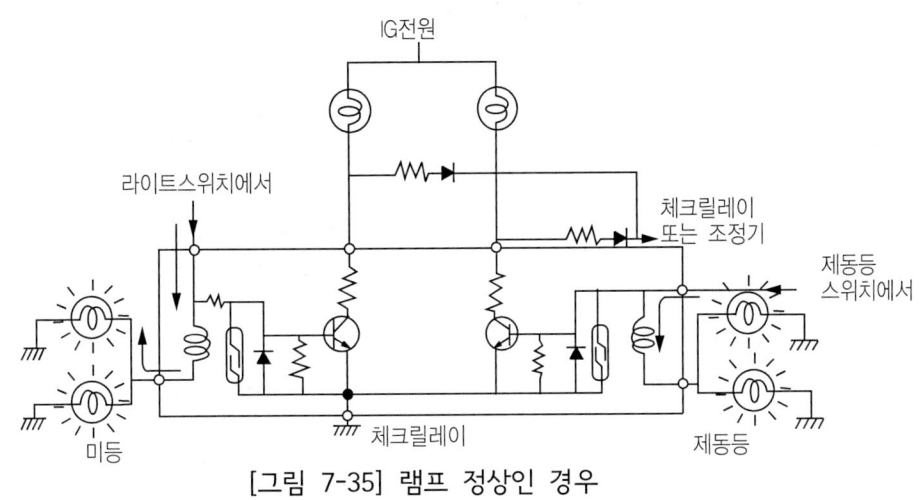

[그림 7-35] 램프 정상인 경우

4.7.2. 전구의 소손이 발생한 경우

정지등 또는 후미등의 전구가 소손되면 전류는 감소하고 그 결과로 리드 스위치가 (OFF)상태로 되며 트랜지스터에 베이스 전류가 흐르므로 경고등이 점등된다.

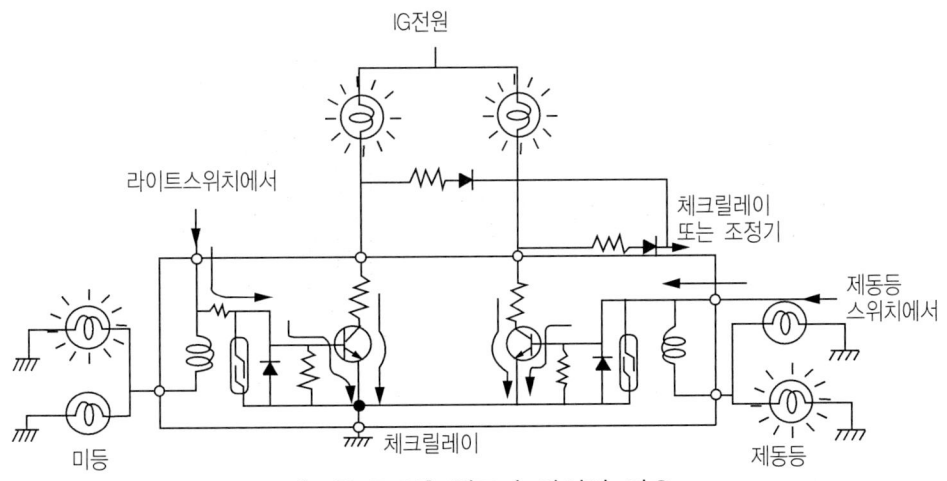

[그림 7-36] 램프가 단선인 경우

4.8. 디스크 패드(disc pad)마모 경고등

탐지기용 리드선은 디스크 패드에 들어가 있다. 패드가 약 2.5mm 정도 안으로 들어가 있을 때 리드선은 디스크판과 접촉하게 된다. 이때 회로는 차단되고 트랜지스터가 작동하여 램프에 불이 들어온다. 이 경고등은 감지기(sensor)가 OFF되었을 때 점등된다.

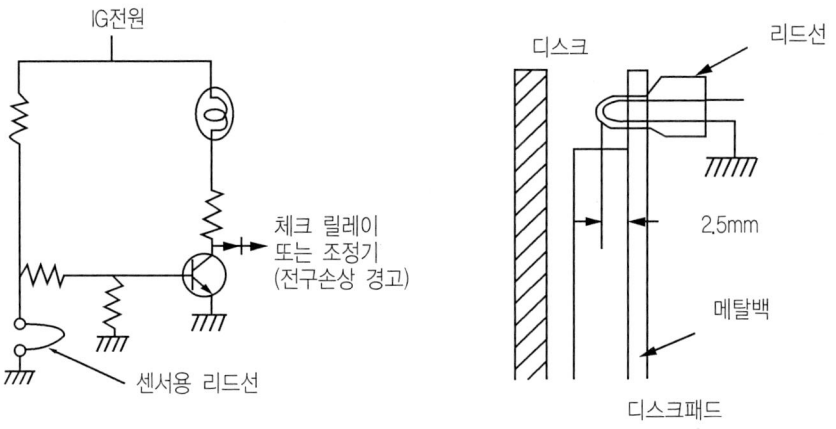

[그림 7-37] 디스크 패드 마모 경고등

Chapter 07 | 연습문제

01. 전선의 표기법에 대하여 기술하시오.

02. 조도에 관하여 설명하시오.

03. 전조등의 역할에 대하여 기술하시오.

04. 실드빔과 세미 실드빔형의 차이점을 기술하시오.

05. 냉각 수온 게이지의 코일식 방식에 대하여 기술하시오.

06. 연료 서미스터식 경고등에서 서미스터의 역할에 대하여 기술하시오.

07. 정지등 및 후미등 단선시 경고등 작동에 대하여 설명하시오.

부 록
(공학문제 계산공식)

1. 수학공식

다음 수학공식과 그림은 공학문제를 계산하는데 관한 것을 간단히 요약한 것이며, 장차 공부하는데 참고가 되도록 실었다.

1.1. 기하학

다음 공식에서 r는 반지름(半徑), h는 높이, l는 사변(斜邊; 경사길이), b는 밑변, B는 저면적(밑넓이), θ는 호도(弧度)로써 나타낸 중심각을 표시한 것이다.

① 삼각형 면적 ; $B = \dfrac{1}{2}bh$

② 사각형 면적 ; $B = bh$, 대각선; $l = \sqrt{b^2 + h^2}$

③ 사다리꼴 면적 ; $B = \dfrac{1}{2}h(b_1 + b_2)$

④ 원호(圓弧) ; $l = r\theta$

  원주; $l = 2\pi r$, 원의 면적 ; $B = \pi r^2$

⑤ 선형(扇形; 부체꼴) 면적 ; $B = \dfrac{1}{2}r^2\theta$

⑥ 궁형(弓形) 면적 ; $B = \dfrac{1}{2}r^2(\theta - \sin\theta)$

⑦ 직육면체 ; a(가로), b(세로), c(높이)를 각각 세 모서리의 길이라 하면 체적
$V=abc$, 대각선; $l = \sqrt{a^2+b^2+c^2}$

⑧ 각주(角柱; 사각기둥) 체적 ; $V=Bh$

⑨ 각추(角錐; pyramid) 체적 ; $V=\frac{1}{3}Bh$

⑩ 직원주(直圓住;원기둥) 측면적(側面積) ; $S=2\pi r$, 체적 ; $V=\pi r^2 h$

⑪ 직원추(直圓錐; 원뿔) 측면적(=표면적) ; $S=\pi r l$, 체적 ; $V=\frac{1}{3}\pi r^2 h$

⑫ 구(球; ball) 표면적(表面的積) ; $S=4\pi r^2$, 체적 ; $V=\frac{4}{3}\pi r^2$

1.2. 대수학

[1] 이차 방정식의 근의 공식

$ax^2+bx+c=0,\ a\neq 0$이면

$$x=\frac{-b\pm\sqrt{b^2-4ac}}{2a}$$

[2] 대수의 성질

① $\log(MN) = \log M + \log N$

② $\log(M/N) = \log M - \log N$

③ $\log(M^n) = n\log M$

④ $\log\sqrt[n]{M} = \frac{1}{n}\log M$

⑤ $\log_b b = 1$

⑥ $\log_b 1 = 0$

[3] 지수의 성질

① $a^m \times a^n = a^{m+n}\quad (m>n)$

② $a^m \div a^n = a^{m-n}\quad (m>n)$

③ $a^{-n} = \dfrac{1}{a^n}$

④ $\sqrt[n]{a^m} = a^{\frac{m}{n}} \quad \Leftrightarrow \quad a^{\frac{m}{n}} = \sqrt[n]{a^m}$

1.3. 삼각법

1.3.1. 특수 각에 대한 삼각함수

각	sin	cos	tan	cot	sec	csc	라디안
0°	0	1	0	∞	1	∞	0
30°	$\dfrac{1}{2}$	$\dfrac{1}{2}\sqrt{3}$	$\dfrac{1}{3}\sqrt{3}$	$\sqrt{3}$	$\dfrac{2}{3}\sqrt{3}$	2	$\dfrac{1}{6}\pi$
45°	$\dfrac{1}{2}\sqrt{2}$	$\dfrac{1}{2}\sqrt{2}$	1	1	$\sqrt{2}$	$\sqrt{2}$	$\dfrac{1}{4}\pi$
60°	$\dfrac{1}{2}\sqrt{3}$	$\dfrac{1}{2}$	$\sqrt{3}$	$\dfrac{1}{3}\sqrt{3}$	2	$\dfrac{2}{3}\sqrt{3}$	$\dfrac{1}{3}\pi$
90°	1	0	∞	0	∞	1	$\dfrac{1}{2}\pi$
180°	0	-1	0	∞	-1	∞	π
270°	-1	0	∞	0	∞	-1	$\dfrac{3}{2}\pi$
360°	0	1	0	∞	1	∞	2π

1.3.2. 호도(弧度)와 각도(角度)

$360° = 2\pi$ 라디안

1라디안= 57.2957······도(度)

1도(度)= 0.0174532······라디안

1.3.3. 기본 항등식

$$\csc x = \frac{1}{\sin x}, \quad \sec x = \frac{1}{\cos x}, \quad \cot x = \frac{1}{\tan x}$$

$$\tan x = \frac{\sin x}{\cos x}, \quad \cot x = \frac{\cos x}{\sin x}$$

$$\sin^2 x + \cos^2 x = 1, \quad 1 + \tan^2 x = \sec^2 x, \quad 1 + \cot^2 x = \csc^2 x$$

1.3.4. 두 각의 합과 차에 관한 공식

$$\sin(x \pm y) = \sin x \cos y \pm \cos x \sin y$$

$$\cos(x \pm y) = \cos x \cos y \mp \sin x \sin y$$

$$\tan(x \pm y) = \frac{\tan x \pm \tan y}{1 \mp \tan x \tan y}$$

1.3.5. 각의 환원관계

각	Sine	Cosine	tangent	Cotangent	Secant	Cosecant
$-x$	$-\sin x$	$\cos x$	$-\tan x$	$-\cot x$	$\sec x$	$-\csc x$
$90° - x$	$\cos x$	$\sin x$	$\cot x$	$\tan x$	$\csc x$	$\sec x$
$90° + x$	$\cos x$	$-\sin x$	$-\cot x$	$-\tan x$	$-\csc x$	$\sec x$
$180° - x$	$\sin x$	$-\cos x$	$-\tan x$	$-\cot x$	$-\sec x$	$\csc x$
$180° + x$	$-\sin x$	$-\cos x$	$\tan x$	$\cot x$	$-\sec x$	$-\csc x$
$270° - x$	$-\cos x$	$-\sin x$	$\cot x$	$\tan x$	$-\csc x$	$-\sec x$
$270° + x$	$-\cos x$	$\sin x$	$-\cot x$	$-\tan x$	$\csc x$	$-\sec x$
$360° - x$	$-\sin x$	$\cos x$	$-\tan x$	$-\cot x$	$\sec x$	$-\csc x$

1.3.6. 배각의 공식

$$\sin 2x = 2\sin x \cos x$$

$$\cos 2x = \cos^2 x - \sin^2 x$$

$$\tan 2x = \frac{2\tan x}{1-\tan^2 x}$$

1.3.7. 반각의 공식

$$\sin \frac{x}{2} = \pm\sqrt{\frac{1-\cos x}{2}}, \qquad \cos \frac{x}{2} = \pm\sqrt{\frac{1+\cos x}{2}}$$

$$\tan \frac{x}{2} = \pm\sqrt{\frac{1-\cos x}{1+\cos x}} = \frac{1-\cos x}{\sin x} = \frac{\sin x}{1+\cos x}$$

1.3.8. 합의 공식

$$\sin x + \sin y = 2\sin \frac{1}{2}(x+y)\cos \frac{1}{2}(x-y)$$

$$\sin x - \sin y = 2\cos \frac{1}{2}(x+y)\sin \frac{1}{2}(x-y)$$

$$\cos x + \cos y = 2\cos \frac{1}{2}(x+y)\cos \frac{1}{2}(x-y)$$

$$\cos x - \cos y = -2\sin \frac{1}{2}(x+y)\sin \frac{1}{2}(x-y)$$

1.3.9. 적(곱)의 공식

$$\sin x \sin y = \frac{1}{2}cos(x-y) - \frac{1}{2}\cos(x+y)$$

$$\sin x \cos y = \frac{1}{2}sin(x-y) + \frac{1}{2}\sin(x+y)$$

$$\cos x \cos y = \frac{1}{2}cos(x-y) + \frac{1}{2}cos(x+y)$$

1.3.10. 역 삼각함수의 공식
[1] a > 0일 때

$$Sin^{-1}(-a) = -Sin^{-1}a, \qquad Cot^{-1}(-a) = \pi - Tan(\frac{1}{a})$$

$$Cos^{-1}(-a) = \pi - Cos^{-1}a, \qquad Sec^{-1}(-a) = Cos^{-1}(\frac{1}{a}) - \pi$$

$$Tan^{-1}(-a) = -Tan^{-1}a, \qquad Csc^{-1}(-a) = Sin^{-1}(\frac{1}{a}) - \pi$$

$$Sin^{-1}a = Cos^{-1}\sqrt{1-a^2}, \qquad Cos^{-1}a = Sin^{-1}\sqrt{1-a^2}$$

[2] a > 0, b > 0일 때

$$Sin^{-1}a - Sin^{-1}b = Sin^{-1}(a\sqrt{1-b^2} - b\sqrt{1-a^2})$$

$$Tan^{-1}a - Tan^{-1}b = Tan^{-1}(a-b)/(1+ab)$$

1.3.11. 임의의 삼각형에 관한 공식

변의 길이를 a, b, c, 그 대각(對角)을 A, B, C, $s = \frac{1}{2}(a+b+c)$, 외접원의 반지름 R, 내접원의 반지름 r이라 하면

① 정현(正弦)의 법칙 : $\dfrac{a}{\sin A} = \dfrac{b}{\sin B} = \dfrac{c}{\sin C} = 2R$

② 여현(餘弦)의 법칙 : $a^2 = b^2 + c^2 - 2bc \cos A$
$\qquad\qquad\qquad\quad b^2 = a^2 + c^2 - 2ac \cos B$
$\qquad\qquad\qquad\quad c^2 = a^2 + b^2 - 2ab \cos C$

③ 면적 : $S = \dfrac{1}{2}ab \sin C = \dfrac{a^2 \sin B \sin C}{2 \sin(B+C)} = \sqrt{s((s-a)(s-b)(s-c)}$

④ 내접원의 반지름 : $r = \sqrt{\dfrac{(s-a)(s-b)(s-c)}{s}}$

1.4. 평면해석학

[1] 두 점 $P_1(x_1, y_1)$과 $P_2(x_2, y_2)$에 관하여

① 두 점 P_1P_2 사이의 거리 ; $d = \sqrt{(x_1-x_2)^2 + (y_1-y_2)^2}$

② 두 점 P_1P_2의 방향계수(기울기) : $m = \dfrac{y_1-y_2}{x_1-x_2}$

③ 두 점 P_1P_2의 중점 : $x = \dfrac{(x_1+x_2)}{2}, \quad y = \dfrac{(y_1+y_2)}{2}$

[2] 방향계수가 m_1 및 m_2인 두 직선 사이의 각

$$\tan\theta = \dfrac{m_1-m_2}{1+m_1 m_2}$$

평행인 직선에 대해서는 $m_1 = m_2$, 수직인 직선에 대해서는 $m_1 = \dfrac{1}{m_2}$ 이다.

[3] 직선의 방정식

① 점·방향 계수형 ; $y - y_1 = m(x - x_1)$

② 방향계수·절편형 ; $y = mx + b$

③ 두 점을 지나는 방정식 ; $y - y_1 = \dfrac{y_2 - y_1}{x_2 - x_1}(x - x_1)$

④ 점 $P(x_1, y_1)$으로부터 직선 $ac + by + c = 0$ 까지의 거리 ; $d = \dfrac{ax_1 + by_1 + c}{\pm\sqrt{a^2+b^2}}$

⑤ 직각좌표(直角座標)와 극좌표(極座標) 사이의 관계

$$x = r\cos\theta, \qquad r = \pm\sqrt{x^2+y^2}$$

$$y = r\sin\theta, \qquad \theta = \tan^{-1}\left(\dfrac{y}{x}\right)$$

⑥ 원의 방정식 ; 중심이 (a, b)이고, 반지름이 r이면

$$(x-a)^2 + (y-b)^2 = r^2$$

⑦ 타원의 방정식 중심이 (h, k)이고, 장축이 a, 단축이 b일 때

$$\frac{(x-h)^2}{a^2} - \frac{(y-k)^2}{b^2} = 1 \quad \text{또는} \quad \frac{(y-k)^2}{a^2} - \frac{(x-h)^2}{b^2} = 1$$

1.5. 미분법 및 적분법

1.5.1. 미분법의 기본공식

① $f(x) = c$ (c는 상수) $\Rightarrow f'(x) = 0$

② $y = x^n$ (n은 유리수)이면 $\Rightarrow y' = nx^{n-1}$

③ $y = cf(x)$ (c는 상수)이면 $\Rightarrow y' = c \cdot f'(x)$

④ $y = f(x) \pm g(x)$이면 $\Rightarrow y' = f'(x) \pm g'(x)$

⑤ $y = f(x) \cdot g(x)$이면 $\Rightarrow y' = f'(x) \cdot g(x) + f(x) \cdot g'(x)$

⑥ $y = \dfrac{f(x)}{g(x)}$ ($g(x) \neq 0$)이면 $\Rightarrow y' = \dfrac{f'(x) \cdot g(x) - f(x) \cdot g'(x)}{g(x)^2}$

1.5.2. 부정적분의 기본공식

① $\int k\,dx = kx + c$ (k는 상수)

② $\int x^n dx = \dfrac{1}{n+1} x^{n+1} + c$ (n은 유리수, $n \neq -1$)

③ 특히, $n = -1$일 때에는 $\int x^{-1} dx = \int \dfrac{1}{x} dx = \log|x| + c$

④ $\int k \cdot f(x) = k \int f(x)\,dx$ (k는 상수)

⑤ $\int (f(x) \pm g(x))dx = \int f(x)dx \pm \int g(x)dx$

1.5.3. 정적분의 정의

① $\int_a^b f(x)dx = [F(x)]_a^b = F(b) - F(a)$

② $a > b$일 때 $\int_a^b f(x)dx = -\int_b^a f(x)dx$

1.5.4. 정적분의 기본공식

① $\int_a^b kf(x)dx = k\int_a^b f(x)dx$ (k는 상수)

② $\int_a^b f(x) \pm g(x)dx = \int_a^b f(x)dx \pm \int_a^b g(x)dx$

③ $\int_a^b f(x)dx = \int_a^c f(x)dx + \int_c^b f(x)dx$

④ $\int_a^b f(x)g(x)dx = [f'(x)g(x)]_a^b + [f(x)g'(x)]_a^b$ 또는 $\int_a^b uvdx = [u'v]_a^b + [uv']_a^b$

⑤ $\int_a^b \frac{f(x)}{g(x)}dx = [f'(x)g(x)]_a^b - [f(x)g'(x)]_a^b$ 또는 $\int_a^b \frac{u}{v}dx = [u'v]_a^b - [uv']_a^b$

1.6. 탱크용량 계산

[1] 원형탱크 용적

$$V = \frac{\pi d^2}{4} \times \ell$$

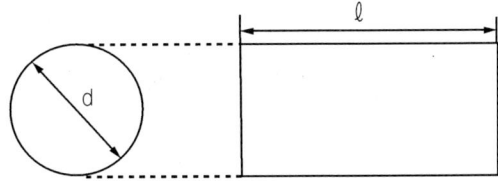

[2] 볼록 원통형 탱크의 용적

$$V = \frac{\pi d^2}{4} \times (\ell + \frac{\ell_1 + \ell_2}{3})$$

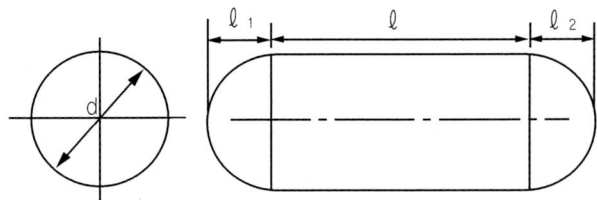

[3] 오목 원형 탱크의 용적

$$V = \frac{\pi d^2}{4} \times (\ell - \frac{\ell_1 + \ell_2}{3})$$

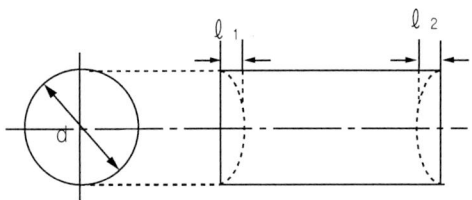

[4] 타원형 탱크의 용적

$$V = \frac{\pi ab}{4} \times (\ell + \frac{\ell_1 + \ell_2}{3})$$

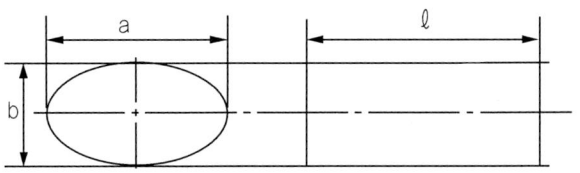

[5] 볼록 타원형 탱크의 용적

$$V = \frac{\pi ab}{4} \times (\ell + \frac{\ell_1 + \ell_2}{3})$$

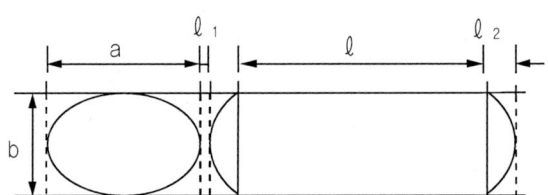

[6] 오목 타원형 탱크의 용적

$$V = \frac{\pi ad}{4} \times (\ell - \frac{\ell_1 + \ell_2}{3})$$

[7] 볼록 오목 타원형 탱크의 용적

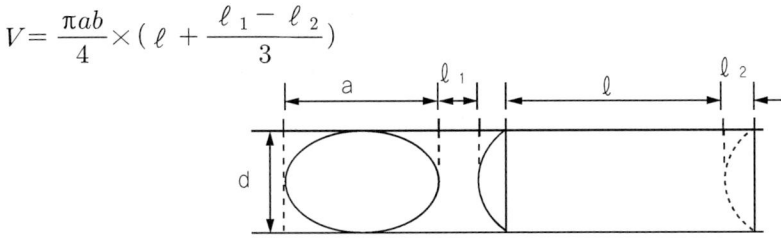

$$V = \frac{\pi ab}{4} \times (\ell + \frac{\ell_1 - \ell_2}{3})$$

2. 공학에 이용되는 특수문자

2.1. 희랍문자

	Lowercase Letter	Uppercase Letter		Lowercase Letter	Uppercase Letter
Alpha(알파)	α	A	Nu(뉴우)	ν	N
Beta(베타)	β	B	Xi(크사이)	ξ	Ξ
Gamma(감마)	γ	Γ	Omicron(오미크론)	o	O
Delta(델타)	δ	Δ	Pi(파이)	π	Π
Epsilon(이프시론)	ϵ	E	Rho(로-)	ρ	P
Zeta(제타)	ζ	Z	Sigma(시그마)	σ	Σ
Eta(이타)	η	H	Tau(타우)	τ	T
Theta(씨타)	θ	Θ	Upsilon(우푸실론)	υ	Y
Lota(로타)	ι	I	Phi(프화이)	ϕ	Φ
Kappa(카파)	κ	K	Chi(카이)	χ	X
Lambda(람다)	λ	Λ	Psi(프사이)	ψ	Ψ
Mu(뮤우)	μ	M	Omega(오메가)	ω	Ω

2.2. 접두어

접두어	인수	기호	접두어	인수	기호
exa(에타)	10^{18}	E	deci(데시)	10^{-1}	d
peta(페타)	10^{15}	P	centi(센티)	10^{-2}	c
tera(테라)	10^{12}	T	milli(미리)	10^{-3}	m
giga(기가)	10^{9}	G	micro(마이크로)	10^{-6}	μ
mega(메가)	10^{6}	M	nano(나노)	10^{-9}	n
kilo(키로)	10^{3}	K	pico(피코)	10^{-12}	p
hecto(헥토)	10^{2}	h	femto(페토)	10^{-15}	f
deka(데카)	10	da	atto(아토)	10^{-18}	a

2.3. MKS단위계

물리량	단위(차원)	기호
길 이	meter	m
질 량	kilogram	kg
시 간	sec	s
속 도	meter per second(m/s)	v
주 파 수	cycle per second(c/s)	Hz
전 압	volt	V
전 류	ampere(A) = coulomb per second(c/s)	A
저 항	ohm(V/A)	Ω
전 력	Watt(W) = joul per second(J/s)	W
인덕턴스	henry(H) = volt·sec/ampere(V·s/A)	H
케패시턴스	farad(F) = coulomb per volt(C/V)	F
콘덕턴스	mhos(A/V)	S
전 하	coulomb(C) = ampere·sec(A·s)	Q
전 계	volt per meter(V/m = N/C)	E
자 속	weber(Web) = volt·second(V·s)	Ψ
에 너 지	joule(N·m)	J

※ $1\ tesla = 1\ Web/m^2 = 10^4\ gausses = 3 \times 10^{-6}\ EUS$

$1\ Å\ (angstorm) = 10^{-10} m$, $1 \mu m\ (micron) = 10^{-6} m$

3. 단위 환산표

3.1. SI 기본단위

양	단위의 명칭	단위 기호	정 의
길이	미터	m	1m는 빛이 진공에서 299792458분의 1초 동안 진행한 경로의 길이이다.
질량	킬로그램	kg	킬로그램은 질량의 단위이며, 1kg은 킬로그램 국제원기의 질량과 같다.
시간	초	s	1초는 세슘-133 원자의 바닥상태에 있는 두 초미세 준위 사이의 천이에 대응하는 복사선의 9192631770 주기의 지속 시간이다.
전류	암페어	A	1A는 진공 중에 1m의 간격으로 평행하게 놓여 있는 무한히 작은 원형 단면적을 갖는 무한히 긴 2개의 직선 모양의 도체의 각각에 일정한 전류를 통하게 하여 이들 도체의 길이 1m당 2×10^{-7} 뉴턴의 힘이 미치는 전류를 말한다.
열역학적 온도	켈빈	K	1켈빈은 물의 삼중점(三重點)에서 열역학적 온도의 1/273.16이다.
몰질량	몰	mol	1몰은 탄소-12의 0.012kg에 존재하는 원자수와 같은 수의 요소 입자(원자, 분자, 이온, 전자, 그 밖의 입자)또는 요소 입자의 집합체(조성이 명확하지 않는 것에 한함)로서 구성된 계의 물질량이다.
광도	칸델라	cd	1cd는 주파수 540×10^{12} 헤르츠의 단색 복사를 방출하고, 소정의 방향에서 복사 강도가 매스테라디안 당 1/683W일 때의 광도이다.

3.2. SI 보조단위

양	단위의 명칭	단위 기호	정 의
평면각	라디안	rad	라디안은 원의 원주상에서 반지름의 길이와 같은 길이의 호를 잘랐을 때 이루는 2개의 반지름 사이에 포함된 평면각이다.
입체각	스테라디안	sr	스테라디안은 구의 중심을 꼭지점으로 하여 그 구의 반지름을 일 변으로 하는 정방형 면적과 같은 면적을 그 구의 표면에서 절취한 입체각이다.

3.3. SI 유도단위의 보기

양	단위의 명칭	단위 기호	양	단위의 명칭	단위 기호
면 적	평방미터	m^2	전 류 밀 도	암페어매평방미터	A/m^2
체 적	입방미터	m^3	자계의 세기	암페어매미터	A/m
속 도	미터매초	m/s	농 도	몰매입방미터	mol/m^3
가 속 도	미터매초제곱	m/s^2	휘 도	칸델라매입방미터	cd/m^2
파 수	매미터당개수	m^{-1}	각 속 도	라디안매초	rad/s
밀 도	킬로그램매입방미터	kg/m^3	각 가속도	라디안매초제곱	rad/s^2
비 체 적	입방미터매킬로그램	m^3/kg			

3.4. 고유 명칭을 가진 SI 유도단위

양	명칭	기호	다른 표기법	SI기초 단위에 의한 표기법
인덕턴스	헨리	H	Wb/A	$m^2 \cdot kg \cdot s^{-2} \cdot A^{-2}$
섭씨온도	섭씨도	℃		K
광속	루멘	lm		$cd \cdot sr$
광조도	럭스	lx	lm/m^2	$m^{-2} \cdot cd \cdot sr$

3.5. 인체의 보건 안정상 사용되는 고유 명칭을 가진 SI 유도단위

양	명칭	기호	다른 표기법	SI기초 단위에 의한 표기법
방사능	베크렐	Bq		s^{-1}
흡수선량	그레이	Gy	J/kg	$m^2 \cdot s^{-2}$
선량당량	시버트	Sv	J/kg	$m^2 \cdot s^{-2}$

3.6. 고유 명칭을 사용하여 표시되는 SI 유도단위의 표기

양	명칭	기호	SI기초 단위에 의한 표기법
점도	파스칼·초	Pa·s	$m^{-1} \cdot kg \cdot s^{-1}$
힘의 모멘트	뉴턴·미터	N·m	$m^2 \cdot kg \cdot s^{-2}$
표면장력	뉴턴매미터	N/m	$kg \cdot s^{-2}$
열속밀도, 복사조도	와트매제곱미터	W/m^2	$kg \cdot s^{-3}$
열용량, 엔트로피	줄매켈빈	J/K	$m^2 \cdot kg \cdot s^{-2} \cdot K^{-1}$
비열용량, 비엔트로피	줄매킬로그램·켈빈	J/(kg·K)	$m^2 \cdot s^{-2} \cdot K^{-1}$
비 에너지	줄매킬로그램	J/kg	$m^2 \cdot s^{-2}$
열 전도도	와트매미터·켈빈	W/(m·K)	$m \cdot kg \cdot s^{-3} \cdot K^{-1}$
에너지 밀도	줄매입방미터	J/m^3	$m^{-1} \cdot kg \cdot s^{-2}$
전기장의 세기	볼트매미터	V/m	$m \cdot kg \cdot s^{-3} \cdot A^{-1}$
전하 밀도	쿨롱매입방미터	C/m^3	$m^{-3} \cdot s \cdot A$
전기선속 밀도	쿨롱매제곱미터	C/m^2	$m^{-2} \cdot s \cdot A$
유전율	패럿매미터	F/m	$m^{-3} \cdot kg^{-1} \cdot s^4 \cdot A^2$
투과율	헨리매미터	H/m	$m \cdot kg \cdot s^{-2} \cdot A^{-2}$
몰 에너지	줄매몰	J/mol	$m^2 \cdot kg \cdot s^{-2} \cdot mol^{-1}$
몰 엔트로피, 몰열용량	줄매몰·켈빈	J/(mol·K)	$m^2 \cdot kg \cdot s^{-2} \cdot K^{-1} \cdot mol^{-1}$
(X선 및 γ선)의 조사선량	쿨롱매킬로그램	C/kg	$kg^{-1} \cdot s \cdot A$
흡수조사율	그레이매초	Gy/s	$m^2 \cdot s^{-3}$
방사 강도	와트매스테라디안	W/Sr	$m^2 \cdot kg \cdot s^{-3} \cdot sr^{-1}$
방사 휘도	와트매평방미터스테라디안	$W \cdot m^{-2} \cdot Sr^{-1}$	$kg \cdot s^{-3} \cdot sr^{-1}$

3.7. SI 단위의 접두어

단위에 곱해지는 배수	SI 접두어 명칭	배수	단위에 곱해지는 배수	SI 접두어 명칭	배수
10^{24}	요타	Y	10^{-1}	데시	d
10^{21}	제타	Z	10^{-2}	센티	c
10^{18}	엑사	E	10^{-3}	밀리	m
10^{15}	페타	P	10^{-6}	마이크로	μ
10^{12}	테라	T	10^{-9}	나노	n
10^{9}	기가	G	10^{-12}	피코	p
10^{6}	메가	M	10^{-15}	펨토	f
10^{3}	킬로	k	10^{-18}	아토	a
10^{2}	헥토	h	10^{-21}	젭토	Z
10^{1}	데카	da	10^{-24}	욕토	y

3.8. 국제단위계와 병용하는 단위

양	단위의 명칭	단위 기호	정 의
시간	분	min	$1\text{min} = 60\text{s}$
	시	h	$1\text{h} = 60\text{min} = 3,600\text{s}$
	일	d	$1\text{d} = 24\text{h} = 86,400\text{s}$
평면각	도	°	$1° = \pi/180 \text{rad}$
	분	′	$1' = (1/60)° = (\pi/10,800)\text{rad}$
	초	″	$1'' = (1/60)' = (\pi/648,000)\text{rad}$
체적	리터	L, l	$1\text{L} = 1\text{dm}^3 = 10^{-3}\text{m}^3$
질량	톤	t	$1\text{t} = 10^3\text{kg}$

3.9. SI단위와 병용하여도 좋은 단위

양	단위의 명칭	단위 기호	정 의	적용범위
유체의 압력	바	bar	$1bar = 10^5 Pa$	ISO, IEC에서 사용되고 있는 경우에 한하여 사용
회전속도	1분당 회전수	r/min min^{-1} rpm	r/min min^{-1} ⎤ $1/60s^{-1}$ rpm ⎦	기계공학
피상 전력 무효 전력	볼트 암페어 바르	VA var		전력공학
에너지	전자볼트	eV	1전자 볼트는 진공중에서 1V의 전위차를 차단하여 전자가 얻을 수 있는 운동 에너지이다.	원자물리학 핵물리학
원자 질량	원자 질량 단위	u	1원자 질량의 단위는 C 1개의 원자질량의 1/12과 같다. $1u = 1.6605655 \times 10^{-27} kg$	핵반응 전리성 방사선
레벨 차이	데시벨	dB		음 및 주기현상

3.10. 당분간 SI단위와 병용하여도 좋은 단위

양	명 칭	단위 기호	SI 단위에 의한 값
길이	해 리 옹그스트럼	– Å	1해리 = 1,852m $1Å = 0.1mm = 10^{-10}m$
면적	아 르 헥타아르	a ha	$1a = 1hm^2 = 10^2 m^2$ $1ha = 10^2 a = 10^4 m^2$
속도	노 트	–	노트 = 1,852m/h = 0.514444m/s
선밀도	텍 스	tex	$1tex = 10^{-6} kg/m$
점도	푸 아 즈	P	$1P = 100cP = 0.1Pa·s$
동점도	스토크스	St	$1St = 1cm^2/s = 10^{-4} m^2/s$

양	명 칭	단위 기호	SI 단위에 의한 값
방사능	퀴 리	Ci	$1Ci = 3.7 \times 1,010 Bq$
흡수선량	래 드	rad	$1 rad = 1 cGy = 10^{-2} Gy$
조사선량	렌트겐	R	$1R = 2.58 \times 10^{-4} c/kg$
선량당량	렘	rem	$1 rem = 1 cSv = 10^{-2} Sv$

3.11. 주요 단위 환산표

3.11.1. 미터계 단위

양	SI 단위	기 타 단 위				
속 도	m/s	km/h	kn	ft/s	mile/h	
	1	3.6	1.944	3.281	2.237	
	2.778×10^{-1}	1	5.400×10^{-1}	9.113×10^{-1}	6.214×10^{-1}	
	5.144×10^{-1}	1.852	1	1.688	1.151	
	3.048×10^{-1}	1.097	5.925×10^{-1}	1	6.818×10^{-1}	
	4.470×10^{-1}	1.609	8.690×10^{-1}	1.467	1	
가속도	m/s²	Gal	G			
	1	1×10^2	1.01972×10^{-1}			
	1×10^{-2}	1	1.01972×10^{-3}			
	9.80665	9.80665×10^2	1			
힘	N	dyn	kgf	tf(중량톤)		
	1	1×10^5	1.01972×10^{-1}	1.01972×10^{-4}		
	1×10^{-5}	1	1.01972×10^{-6}	1.01972×10^{-9}		
	9.80665	9.80665×10^5	1	1×10^{-3}		
	9.80665×10^3	9.80665×10^8	1×10^3	1		
토크	N·m	kgf·m				
	1	1.01972×10^{-1}				
	9.80665	1				
압력 (응력)	Pa	bar	kgf/cm²	atm	mmH₂O	mmHg·Torr
	1	1×10^{-5}	1.01972×10^{-5}	9.86923×10^{-6}	1.01972×10^{-1}	7.50062×10^{-3}
	1×10^5	1	1.01972	9.86923×10^{-1}	1.01972×10^4	7.50062×10^2
	9.80665×10^4	9.80665×10^{-1}	1	9.67841×10^{-1}	1×10^{-4}	7.35559×10^2
	1.01325×10^5	1.01325	1.03323	1	1.03323×10^4	760
	9.80665	9.80665×10^{-5}	1×10^{-4}	9.67841×10^{-5}	1	7.35559×10^{-2}
	1.33322×10^2	1.33322×10^{-3}	1.35951×10^{-3}	1.31579×10^{-3}	13.5910	1

양	SI 단위	기 타 단 위				
	m^2/s	cSt	St	ft^2/s		
동점도	1 1×10^{-6} 1×10^{-4} 9.290×10^{-2}	1×10^6 1 1.00×10^2 9.2900×10^4	1×10^4 1×10^{-2} 1 9.290×10^2	1.076×10 1.075×10^{-5} 1.075×10^{-3} 1		
	Pa·s	cP	P	$kgf·s/m^2$		
점도	1 1×10^{-3} 1×10^{-1} 9.80665	1×10^3 1 1×10^2 9.80665×10^3	1×10 1×10^{-2} 1 9.80665×10	1.01972×10^{-1} 1.01972×10^2 1.01972 1		
	J	kW·h	erg	kgf·m	PS·h	cal
일, 에너지 열량	1 3.600×10^6 1×10^{-7} 9.80665 2.64779×10^6 4.18605	2.7778×10^{-7} 1 2.7778×10^{-14} 2.72407×10^{-6} 7.35499×10^{-1} 1.16222×10^{-6}	1×10^7 3.600×10^{13} 1 9.80665×10^7 2.64779×10^{13} 4.18605×10^7	1.01972×10^{-1} 3.67098×10^5 1.01972×10^{-8} 1 2.700×10^5 4.26649×10^{-1}	3.7767×10^{-7} 1.35962 3.77673×10^{-14} 3.70370×10^{-6} 1 1.58018×10^{-6}	2.38889×10^{-4} 8.60421×10^5 2.38889×10^{-11} 2.34385×10^{-6} 6.32839×10^5 1
	W	kgf·m/s	PS	kcal/h		
일률	1 9.80665 7.35499×10^2 1.16279	1.01972×10^{-1} 1 7.5×10 1.18572×10^{-1}	1.35962×10^{-3} 1.33333×10^{-2} 1 1.58095×10^{-3}	8.5985×10^{-1} 8.43371 6.32529×10^2 1		

3.11.2. 야드, 파운드계 단위

양	SI 단위	기 타 단 위			
	m	mile	yd	ft	in
길 이	1 1.60934×10^3 9.144×10^{-1} 3.048×10^{-1} 2.54×10^{-2}	6.21373×10^{-4} 1 5.68181×10^{-4} 1.89393×10^{-4} 1.57829×10^{-5}	1.09361 1.760×10^3 1 3.33333×10^{-1} 2.77777×10^{-2}	3.28084 5.280×10^3 3 1 8.33333×10^{-2}	3.93701×10 6.33599×10^4 3.6×10 1.2×10 1

양	SI 단위	기 타 단 위		
넓 이	m^2	acre	ft^2	in^2
	1	2.47105×10^{-1}	1.07639×10	1.550×10^3
	4.04686×10^3	1	4.35600×10^4	6.27263×10^6
	9.29030×10^{-2}	2.29568×10^{-2}	1	1.44×10^2
	6.4516×10^{-4}	1.5942×10^{-7}	6.94444×10^{-3}	1
부 피	m^3	ft^3	in^3	
	1	3.53147×10	6.10237×10^4	
	2.83169×10^{-2}	1	1.728×10^3	
	1.63871×10^{-5}	5.78704×10^{-4}	1	
부 피	m^3	gal(US)	gal(UK)	
	1	2.64172×10^2	2.19969×10^2	
	3.78541×10^{-3}	1	8.32674×10^{-1}	
	4.54609×10^{-3}	1.20095	1	
질 량	kg	lb	ton(US)	ton(UK)
	1	2.20462	1.10231×10^{-3}	9.84207×10^{-4}
	4.53592×10^{-1}	1	5×10^{-4}	4.46429×10^{-4}
	9.07185×10^2	2×10^3	1	8.92857×10^{-1}
	1.01605×10^3	2.240×10^3	1.12	1
힘	N	lbf	Pdl(파운들)	
	1	2.24809×10^{-1}	7.23301	
	4.44822	1	3.21740×10	
	1.38255×10^{-1}	3.1081×10^{-2}	1	
토 크	N·m	ft·lbf		
	1	7.37562×10^{-1}		
	1.355818	1		
압 력	Pa	lbf/in^2	inH_2O	inHg
	1	1.45038×10^{-4}	3.33455×10^{-4}	2.953×10^{-4}
	6.89476×10^3	1	2.29929	2.03602
	2.98907×10^3	4.33529×10^{-1}	1	8.82672×10^{-1}
	3.38639×10^3	4.84230×10^{-1}	1.12921	1
일	J	lbf·ft	Btu	
	1	7.37562×10^{-1}	9.47813×10^{-4}	
	1.35582	1	1.28506×10^{-3}	
	1.05506×10^3	7.78171×10^2	1	
일 률	W	ft·lbf/s	Btu/h	HP(영국마력)
	1	7.37562×10^{-1}	3.41214	1.34102×10^{-3}
	1.35582	1	4.62624	1.81818×10^{-3}
	2.93017×10^{-1}	2.16158×10^{-1}	1	3.93014×10^{-4}
	7.45700×10^2	5.50×10^2	2.54443×10^3	1

양	SI 단위	기타 단위		
	kg/m^3	g/cm^3	lb/in^3	lb/ft^3
밀도	1	1×10^{-3}	3.163×10^{-5}	6.243×10^{-2}
	1.000×10^3	1	3.613×10^{-2}	6.243×10
	2.7680×10^4	2.768×10	1	1.728×10^3
	1.602×10	1.602×10^{-2}	5.787×10^{-4}	1

3.12. 단위 환산율표

부문	양	SI	병용 단위	기타 단위	SI 환산 계수
공간과 시간	평면각	rad	°(도) ′(분) ″(초)	deg	$\pi/180$ 1.74533×10^{-2} 2.90888×10^{-4} 4.84814×10^{-6}
	길이	m	Å	ft in mile	1×10^{-10} 3.048×10^{-1} 2.54×10^{-2} 1.60934×10^3
	면적	m^2	a	yd^2 ft^2 in^2 acre $mile^2$	1×10^2 8.36127×10^{-1} 9.29030×10^{-2} 6.4516×10^{-4} 4.04686×10^3 2.58999×10^6
	체적	cm^3		cc	1
		dm^3	L, l		1
		m^3		gal(UK) gal(US)	4.54609×10^{-3} 3.78541×10^{-3}
	시간	s	d(일) h(시) min(분)		8.64×10^4 3.6×10^3 60
	속도	m/s	km/h	mile/h	0.277778 0.447044
	가속도	m/s^2		G	9.80665

부문	양	SI	병용 단위	기타 단위	SI 환산 계수
주기 현상	진동수	Hz		c/s	1
	회전수	s^{-1}	r/min, rpm min^{-1}		1.66667×10^{-2}
역학	질량	kg	t		10^3
		mg		car	200
	토오크	N·cm		kgf·cm	9.80665
		N·m		kgf·m	9.80665
	밀도	kg/m^3		$kgf·s^2/m^4$	9.80665
	힘	N		kgf	9.80665
				dyn	1×10^{-5}
	압력	kPa		$kgf·cm^2$	9.80665×10
		Pa		$kgf·cm^2$ mmHg, Torr mmH_2O	9.80665 1.33322×10^2 9.80665
		kPa		mH_2O	9.80665
		Pa	bar	atm	1.01325×10^3 1×10^5
	응력	MPa		kgf/mm^2	9.80665
		kPa		kgf/cm^2	9.80665×10
	점도	mPa	cP		1
		Pas	P		1×10^{-1}
	동점도	m^2/s	cSt		1×10^{-6}
		m^2/s	St		1×10^{-4}
	표면장력	N/cm		kgf/cm	9.80665
	일	J		kgf·m erg	9.80665 1×10^{-7}
	일률	kW		PS	0.735499
		W		kgf·m/s $kcal_{IT}/h$	9.80665 1.1630
열	온도	K, ℃			0℃ = 273.15K
	온도간격	K, ℃		deg	1
	열전도율	W/(m·K) W/(m·℃)		kcal/(h·m·℃) kcal/(s·m·℃) kcal/(s·m·deg)	1.16279 4.18605×10^3 4.18605×10^3
	열량	J		cal_{IT} cal계량법	4.1868 4.18605

부문	양	SI	병용 단위	기타 단위	SI 환산 계수
열	열유밀도	W/m^2		kcal/(m^2·h)	1.16279
	열용량	kJ/K, kJ℃		kcal/K	4.18605
	비열	KJ(kg·K) KJ/(kg·℃)		kcal$_{IT}$/(kg·℃)	4.18605
		J/(kg·℃)		cal/(kg·℃)	4.18605
	엔트로피	J/K		cal$_{IT}$/K	4.1868
	엔탈피	J		cal	4.18605
	비엔트로피	kJ/(kg·K)		kcal$_{IT}$/(kg·K)	4.1868
전자기	전하, 전기량	kC	A·h		3.6
	전력량	J	W·H		3.6×10^3
	전력	W		erg/s	1×10^{-1}
	전기비저항	Ω·m		μΩ·cm	1×10^{-8}
	도전율(導電率)	S/m		/m	1
	conductance	S			1
	자계의 세기	A/m		Oe	$10^3/4\pi$
	자속	Wb		Mx	1×10^{-8}
	자속밀도	T		Gs	1×10^{-4}
음	음압(音壓)레벨	dB			
빛	광도	cd/m^2		sb	1×10^4
	조도	lx		ph	1×10^4
기타	비틈강성	N·m/rad		kgf·m/rad	9.80665
	스프링상수	N/mm		kgf/mm	9.80665
	마모율	cm^3/(N·m)		cm^3/(kgf·m)	0.101972
	관성능률	kg·m^2		kgf·m·s^2	9.80665
	충격치	J/cm^2		kgf·m/cm^2	9.80665
	연료소비율	g/(MW·s)	g/(kW·h)	g/(PS·h)	0.377673 0.27778
		L/km		gal(UK)/mile gal(US)/mile	2.82481 2.35214
	가스정수	J/(kg·K)		kgf·m/(kg·K)	9.80665
	기계임피던스	N·s/m		kgf·s/m	9.86065

3.13. SI, CGS 공학단위 비교표

양 \ 단위계	길이	질량	시간	온도	가속도
SI	m	kg	s	K	m/s^2
CGS계	cm	g	s	℃	Gal
공학 단위계	m	$kgf·s^2/m$	s	℃	m/s^2

양 \ 단위계	힘	응력	압력	에너지(일)	일률
SI	N	Pa	Pa	J	W
CGS계	dyn	dyn/cm^2	dyn/cm^2	erg	erg/s
공학 단위계	kgf	kgf/m^2	kgf/m^2	kgf·m	kgf·m/s

양 \ 단위계	점도	동점도	자속	자속밀도	자계세기
SI	Pa·s	m^2/s	Wb	T	A/m
CGS계	P	St	Mx	Gs	Oe
공학 단위계	$kgf·s/m^2$	m^2/s	—	—	—

3.14. 자동차에 흔히 쓰이는 단위의 국제단위계(SI)로의 환산표

양	원래 단위	곱하기	변환된 SI단위	환산계수	변환된 SI단위
토크	kgf·m	9.806650	N·m		
	lbf·ft	1.355818	N·m		
동력	PS	$7.35499×10^2$	W	7.355	kW
	hp(550ft·lbf/s)	$7.456999×10^2$	W	7.456	W
연료 소비율	lbm/hp·h	$1.689659×10^2$	g/MJ	0.1690	mg/J
	g/(PS·h)	$2.7778×10^{-1}$	g/MJ	1.35962	g/(kW·h)
	gal(UK)/mile	2.82481	(1/km)		
	gal(US)/mile	2.35214	(1/km)		
	mile/gallon(UK)	$3.540060×10^5$	m/m^3	0.3540	km/dm^3
	mile/gaooln(US)	$4.251437×10^5$	m/m^3	0.4251	km/dm^3
에너지	ft·lbf	1.355818	kg/J		
압력	psi	$6.894757×10^3$	Pa	6.895	kPa
	khg/m^2	$9.80665×10^4$	Pa	$9.80665×10$	kPa

3.15. 국제단위계(SI)로의 환산표

[1] 길 이

원래 단위	곱하기	변환된 SI단위	환산계수	변환된 SI계수
foot(ft)	3.048000×10^{-1}	metre(m)	0.3048	metre(m)
inch(in)	2.540000×10^{-2}	metre(m)	25.40	millimetre(mm)
micron	1.000000×10^{-6}	metre(m)	1.000	micromertre(μ m)
mile(international nautical)	1.852000×10^{3}	metre(m)	1.852	kilometre(km)
mile(statute)	1.609344×10^{3}	metre(m)	1.609	kilometre(km)
vard	9.144000×10^{-1}	metre(m)	0.9144	metre(m)

[2] 면적

원래 단위	곱하기	변환된 SI단위	환산계수	변환된 SI단위
$foot^2$	9.290304×10^{-2}	m^2	929.0	cm^2
$inch^2$	6.451600×10^{-4}	m^2	6.452	cm^2
$mile^2$	2.589988×10^{-6}	m^2	2.590	km^2
$vard^2$	8.361274×10^{-1}	m^2	0.8361	m^2

[3] 부 피

원래 단위	곱하기	변환된 SI단위	환산계수	변환된 SI단위
barrel(petroleum, 42 U.S.gallon)	1.589873×10^{-1}	m^3	0.1590	m^3
$foot^3$	2.831685×10^{-2}	m^3	28.32	dm^3
gallon(canadian liquid)	4.546090×10^{-3}	m^3	4.546	dm^3
gallon(Imp. liquid)	4.546092×10^{-3}	m^3	4.546	dm^3
gallon(U.S. liquid)	3.785412×10^{-3}	m^3	3.785	dm^3
$inch^3$	1.638706×10^{-6}	m^3	16.39	cm^3
ounce(Imp. fluid)	2.841307×10^{-5}	m^3	28.41	cm^3
ounce(U.S. fluid)	2.957353×10^{-5}	m^3	29.57	cm^3
quart(U.S. liquid)	9.463529×10^{-4}	m^3	0.9464	dm^3

[4] 질량

원래 단위	곱하기	변환된 SI단위	환산계수	변환된 SI단위
grain(1/7,000pound avoir.)	6.479891×10^{-5}	kg	64.80	mg
ounce(avoirdupois)	2.834952×10^{-2}	kg	28.35	g
pound(avoirdupois)	4.535924×10^{-1}	kg	0.4536	mg
ton(long or Imp., 2,240lb)	1.016047×10^{3}	kg	1.016	Mg
ton(short, 2,000lb)	8.071847×10^{2}	kg	0.9072	Mg
tonne(metric)	1.000000×10^{3}	kg	1.000	Mg

[5] 힘

원래 단위	곱하기	변환된 SI단위	환산계수	변환된 SI단위
dyne	1.000000×10^{-5}	N	10.00	μN
kilogram-force(kgf)	9.806650×10^{0}	N	9.807	N
kilopond	9.806650×10^{0}	N	9.807	N
pound-force(avoirdpois)	4.448222×10^{0}	N	4.448	N

[6] 압력 또는 응력

원래 단위	곱하기	변환된 SI단위	환산계수	변환된 SI단위
atmosphere (normal, 706torr)	1.013250×10^{5}	Pa	101.3	kPa
atmosphere (technical, 1kgf/cm^2)	9.806650×10^{4}	Pa	98.07	kPa
inch of mercury(60° F)	3.37685×10^{3}	Pa	3.377	kPa
kilogram-force /centimetre^2	9.806650×10^{4}	Pa	98.07	kPa
kilogram-force /millimetre^2	9.806650×10^{6}	Pa	9.807	MPa
millimetre of mercury, 0℃ (torr)	1.333224×10^{2}	Pa	133.3	Pa
pound-force/foot^2	4.788026×10^{1}	Pa	47.88	Pa
pound-force/inch^2(psi)	6.894757×10^{3}	Pa	6.895	kPa

[7] 토크 또는 굽힘 모멘트

원래 단위	곱하기	변환된 SI단위	환산계수	변환된 SI단위
kilogram-force metre(kgf·m)	9.806650×10^0	N·m	9.807	N·m
found-force foot(lbf·ft)	1.355818×10^0	N·m	1.356	N·m

[8] 에너지(열과 일 포함)

원래 단위	곱하기	변환된 SI단위	환산계수	변환된 SI단위
Btu	1.055056×10^3	J	1.055	kJ
calorie (thermochemical)	4.184000×10^0	J	4.184	J
erg	1.000000×10^{-7}	J	0.1000	μ J
foot pound-force (ft·lbf)	1.355818×10^0	J	1.356	J
horsepower hour (hp·h)	2.684520×10^6	J	2.685	MJ
Kilowatt hour (kW·h)	3.600000×10^6	J	3.600	MJ
Metre kilogram-force(kgf·m)	9.806650×10^0	J	9.807	J

[9] 동력(열유속 포함)

원래 단위	곱하기	변환된 SI단위	환산계수	변환된 SI단위
Btu/hour	2.930711×10^{-1}	W	0.2931	W
horsepower (550ft·lbf/s)	7.456999×10^2	W	0.7457	kW
horsepower (electric)	7.460000×10^2	W	0.7460	kW
horsepower (metric, CV, PS)	7.35499×10^2	W	0.7355	kW
ton(refrigeration, 288000Btu/day)	3.516853×10^3	W	3.517	kW

[10] 온 도

원래 단위	곱하기	변환된 SI단위	환산계수	변환된 SI단위
degree celsius(℃)	℃ + 273.15	K		
degree Fahrenheit (℉)	(℉ + 459.67)/1.80	K	℃ = (℉ − 32)/1.80	℃

[11] 에너지(비에너지, 비열 포함)

원래 단위	곱하기	변환된 SI단위	환산계수	변환된 SI단위
Btu/lb	2.326000×10^3	J/kg	2.326	kJ/kg
Btu/lb·℉	4.186800×10^3	J/kg·K	4.187	kJ/kg·K
calorie(thermo.)/g	4.184000×10^3	J/kg	4.184	kJ/kg
calorie(thermo.)/g·℃	4.184000×10^3	J/kg·K	4.184	kJ/kg·K

[12] 힘(단위 길이당 힘, 표면 장력 포함)

원래 단위	곱하기	변환된 SI단위	환산계수	변환된 SI단위
dyne/centimeter	1.000000×10^{-3}	N/m	1.000	mN/m
pound-force/inch	1.751268×10^2	N/m	175.1	N/m
pound-force/foot	1.459390×10^1	N/m	14.59	N/m

[13] 열 유속(열전도 계수 포함)

원래 단위	곱하기	변환된 SI단위	환산계수	변환된 SI단위
Btu(IT)·in/ h·ft²·℉	1.442279×10^{-1}	W/m·K	0.1442	W/m·K
Btu(IT)/ft²	1.135653×10^4	J/m²	11.36	kJ/m²
Btu(IT)/h·ft²·℉	5.678263×10^0	W/m²·K	5.678	W/m²·K
calorie(thermo.)/cm²	4.184000×10^4	J/m²	41.84	kJ/m²

[14] 질량 유량

원래 단위	곱하기	변환된 SI단위	환산계수	환산계수
pound/second	4.535924×10^{-1}	kg/s	0.4536	kg/s
pound/minute	7.559873×10^{-3}	kg/s	7.560	g/s
pound/hour	1.259979×10^{-4}	kg/s	0.1260	g/s

[15] 단위 체적당 질량

원래 단위	곱하기	변환된 SI단위	환산계수	변환된 SI단위
gram/gallon(U.S.)	2.641724×10^{-1}	kg/m^3	0.2642	g/dm^3
pound/foot^3	1.601846×10^{1}	kg/m^3	16.02	kg/m^3
pound/inch^3	2.767990×10^{4}	kg/m^3	27.68	kg/dm^3
pound/gallon(Imp.)	9.977644×10^{1}	kg/m^3	0.0998	kg/dm^3
pound/gallon(U.S.)	1.198264×10^{2}	kg/m^3	0.1198	kg/dm^3

[16] 체적 유량

원래 단위	곱하기	변환된 SI단위	환산계수	변환된 SI단위
foot^3/minute(cfm)	4.719474×10^{-4}	m^3/s	0.4719	dm^3/s
foot^3/secand	2.831685×10^{-2}	m^3/s	28.32	dm^3/s
gallon(U.S.)/minute(gpm)	6.309020×10^{-5}	m^3/s	63.09	cm^3/s

3.16. 금속 및 준금속의 물리적 성질

원소 기호	용융점 [℃]	0.1MPa에서 비등점 [℃]	밀도 [g/cm³]	0℃에서 비열 [J/gK]	융해열 [J/g]	0℃에서 선팽창 계수 [K^{-1}]	열전도도 [J/cm Ks]	전기전도도 [m/Ωmm²]	Young's modulus [MPa]
Al	660	2060	2.7	0.900	388	23.9·10⁶	2.22	37.6	72200
Sb	630.5	1440	6.62	0.205	163	10.5	0.19	5.4	56000
As	(814)	(610)	5.73	0.343	—	5	—	2.86	—
Ba	704	1640	3.5	0.285	56	19	—	—	9800
Be	1280	2770	1.82	2.177	1089	10.6	1.59	16.9	292800
Pb	327.4	1740	11.34	0.130	24	28.3	0.35	4.82	16000
B	2300	2550	3.3	1.047	—	8.0	—	10^{-10}	—
Cr	1890	2500	7.19	0.461	191	6.2	1.59	6.7	190000
Fe	1539	2740	7.87	0.461	272	11.7	—	10.3	215500
Ga	29.8	2070	5.91	0.331	80	2	0.67	1.87	10000
Au	1063	2970	19.32	0.130	65	14.2	0.75	45.7	79000
Ir	2454	5300	22.5	0.130	117	6.8	—	18.9	538300
Cd	321	765	8.65	0.230	57	30.8	2.97	14.6	63500
K	63	770	0.86	0.741	61	84	0.59	15.9	3600
Ca	850	1440	1.55	0.624	216	22	0.92	29.2	20000
Co	1495	2900	8.9	0.414	266	12.3	1.00	16.1	212800
C	3500	—	3.51	0.720	—	—	1.26	—	—
Cu	1083	2600	8.96	0.385	204	16.2	0.69	60	125000
Li	186	1370	0.53	3.308	414	58	—	11.8	11700
Mg	650	1110	1.74	1.047	344	24.5	3.94	22.2	45150
Mn	1245	2150	7.43	0.481	244	22	0.71	0.54	201600
Mo	2625	4800	10.2	0.255	293	2.7	1.59	19.4	336300
Na	97.7	892	0.97	1.235	115	72	0.50	23.8	9100
Ni	1455	2730	8.90	0.440	302	13.3	1.47	14.6	197000
Os	2700	5500	22.5	0.130	147	4.6	1.34	10.4	570000
Pa	1554	4000	12.0	0.243	143	11.8	0.92	9.26	123600
P	44	282	1.82	0.754	21	125	—	0.02	—
Pt	1773.5	4410	21.45	0.134	113	8.9	0.71	10.2	173200
Hg	-38.87	357	13.55	0.138	12	—	0.08	1.06	—
Ra	930	1140	—	—	—	—	—	—	—
Re	3170	—	20.5	0.138	—	4	—	5.05	530000
Rh	1966	4500	12.44	0.247	218	8.3	0.88	22.2	386000
S	112.8	444.6	2.05	—	46	—	—	—	—
Ag	960.5	2210	10.49	0.234	104	19.7	4.19	63	81600
Si	1430	2300	2.33	0.678	1656	7	0.84	10^{-2}	15000
Sr	770	1380	2.6	0.737	105	20	—	4.35	16000
Ta	3000	5300	16.6	0.151	—	6.6	0.54	8.1	188200
Ti	1730	—	4.54	0.528	—	10	—	1.25	105200
U	1130	—	18.7	0.117	—	—	0.27	1.67	120000
V	1735	3400	6.0	0.502	—	8.5	—	3.84	150000
Bi	271.3	1420	9.8	0.142	52	12.4	0.08	0.94	34800
W	3410	5930	19.3	0.134	184	2.4	2.01	18.2	415300
Zn	419.5	906	7.136	0.383	111	29.8	1.13	16.9	94000
Sn	231.9	2270	7.298	0.226	59	20.5	0.67	0.16	55000
Zr	1750	2900	6.5	0.276	—	10	—	2.44	69700

4. 원소기호 및 원자량

$Ar(^{12}C) = 12$

원소기호	원소명	영어명	원자번호	원자량
H	수소	Hydrogen	1	1.00794
He	헬륨	Helium	2	4.00260
Li	리튬	Lithium	3	6.941
Be	베릴륨	Beryllium	4	9.01218
B	붕소	Boron	5	10.81
C	탄소	Carbon	6	12.011
N	질소	Nitrogen	7	14.0067
O	산소	Oxygen	8	15.9994
F	플루오르	Fluorine	9	18.9984
Ne	네온	Neon	10	20.179
Na	나트륨	Sodium	11	22.9898
Mg	마그네슘	Magnesium	12	24.305
Al	알루미늄	Aluminium	13	26.9815
Si	규소	Silicon	14	28.0855
P	인	Phosphorus	15	30.9738
S	황	Sulfur	16	32.06
Cl	염소	Chlorine	17	35.453
Ar	아르곤	Argon	18	39.948
K	칼륨	Potassium	19	39.0983
Ca	칼슘	Calcium	20	40.08
Sc	스칸듐	Scandium	21	44.9559
Ti	티탄	Titanium	22	47.88
V	바나듐	Vanadium	23	50.9415
Cr	크롬	Chromium	24	51.996
Mn	망간	Manganese	25	54.9380
Fe	철	Iron	26	55.847
Co	코발트	Cobalt	27	58.9332
Ni	니켈	Nickel	28	58.69
Cu	구리	Copper	29	63.546
Zn	아연	Zinc	30	65.39
Ga	갈륨	Gallium	31	69.72
Ge	게르마늄	Germanium	32	72.59

원소기호	원소명	영어명	원자번호	원자량
As	비소	Arsenic	33	74.9216
Se	셀렌	Selenium	34	78.96
Br	브롬	Bromine	35	79.904
Kr	크립톤	KryPton	36	83.80
Rb	루비듐	Rubidium	37	85.4678
Sr	스트론튬	Strontium	38	87.62
Y	이트륨	Yttrium	39	88.9059
Zr	지르코늄	Zirconium	40	91.224
Nb	니오브	Niobium	41	92.9064
Mo	몰리브덴	Molybdenum	42	95.94
Tc	테트네튬	Technetium	43	(98)
Ru	루테늄	Ruthenium	44	101.07
Rh	로듐	Rhodium	45	102.906
Pd	팔라듐	Palladium	46	106.42
Ag	은	Silver	47	107.868
Cd	카드뮴	Cadmium	48	112.41
In	인듐	Indium	49	114.82
Sn	주석	Tin	50	118.71
Sb	안티몬	Antimony	51	121.75*
Te	텔루르	Tellurium	52	127.60
I	요드	Iodine	53	126.905
Xe	크세논	Xenon	54	131.29
Cs	세슘	Cesium	55	132.905
Ba	바륨	Barium	56	137.33
La	란탄	Lanthanum	57	138.906
Ce	세륨	Cerium	58	140.12
Pr	프라세오디뮴	Praseodymium	59	140.908
Nd	네오디뮴	Neodymium	60	144.24
Pm	프로메튬	Promethium	61	(145)
Sm	사마륨	Samarium	62	150.36
Eu	유로퓸	Europium	63	151.96
Gd	가돌리늄	Gadolinium	64	157.25
Tb	테르븀	Terbium	65	158.925
Dy	디스프로슘	Dysprosium	66	162.50
Ho	홀뮴	Holmium	67	164.930
Er	에르븀	Erbium	68	167.26
Tm	툴륨	Thulium	69	168.934

원소기호	원소명	영어명	원자번호	원자량
Yb	이테르븀	Ytterbium	70	173.04*
Lu	루테튬	Lutetium	71	174.967
Hf	하프늄	Hafnium	72	178.49
Ta	탄탈	Tantalum	73	180.9479
W	텅스텐	Tungsten	74	183.85
Re	레늄	Rhenium	75	186.207
Os	오스뮴	Osmium	76	190.2
Ir	이리듐	Iridium	77	192.22*
Pt	백금	Platinum	78	195.08
Au	금	Gold	79	196.967
Hg	수은	Mercury	80	200.59
Tl	탈륨	Thallium	81	204.383
Pb	납	Lead	82	207.2
Bi	비스무트	Bismuth	83	208.9804
Po	폴로늄	Polonium	84	(209)
At	아스타틴	Astatine	85	(210)
Rn	라돈	Radon	86	(222)
Fr	프랑슘	Francium	87	(223)
Ra	라듐	Radium	88	226.025
Ac	악티늄	Actinium	89	(227.028)
Th	토륨	Thorium	90	(232.038)
Pa	프로트악티늄	Protactinium	91	(231.0359)
U	우라늄	Uranium	92	238.029
Np	넵투늄	Neptunium	93	(237.048)
Pu	플루토늄	Plutonium	94	(244)
Am	아메리슘	Americium	95	(243)
Cm	퀴륨	Curium	96	(247)
Bk	버클륨	Berkelium	97	(247)
Cf	칼리포르늄	Californium	98	(251)
Es	아인시타이늄	Einsteinium	99	(252)
Fm	페르뮴	Fermium	100	(257)
Md	멘델레븀	Mendelevium	101	(258)
No	노벨륨	Nobelium	102	(259)
Lr	로렌슘	Lawrencium	103	(260)

이 표에 나타난 값의 신뢰도는 마지막 자리에서 ±1, *가 붙은 경우는 ±3이다. ( )의 숫자는 그 원소에 대한 기지의 최장반감기를 갖는 동위원소의 질량수이다. 이 원자량표는 국제순수 및 응용화학연합(LUPAC) 원자량 및 동위원소존재 비위원회자료(1981)에 근거하여 작성한 것이다.

▣ 저자 소개

• 장형성 現 신한대학교 자동차공학과 교수

⊠ 자동차 전기·전자

2013년 2월 5일 초판 인쇄
2018년 1월 15일 재판 발행

저 자	장 형 성
발 행 인	박 필 만
발 행 처	도서출판 **미전사이언스** (08338) 서울시 구로구 개봉로 17나길 33, 1층(개봉동) TEL: 02) 2611-3846, 2618-8742 FAX: 02) 2611-3847 E-mail mjsbook@hanmail.net
등 록	제 12-318호(2001.10.10)

정가 20,000원

ⓒ 미전사이언스
• 잘못 만들어진 책은 출판사나 구입하신 서점에서 바꿔 드립니다.
• 어떠한 경우든 본 책 내용과 편집 체재의 일부 혹은 전부의 무단복제 및 표절을 불허함. 무단 복제와 표절은 범법 행위입니다.

ISBN : 978 - 89 - 6345 - 135 - 0 - 93550

도서출간안내

미전사이언스 MI JEON SCIENCE PUBLISHING CO.
주소: (152-092) 서울시 구로구 개봉로 17나길 33, 1층(개봉동)
TEL: 02) 2611-3846, 2618-8742 FAX: 02) 2611-3847

■ 자동차 기관

도 서 명	저 자	판 형	면수	정가	비고(ISBN)
[친환경] 그린카정비공학	이원청 外 5	4×6배판	550	25,000	978-89-6345-184-8-93550
[신기술수록]新編·자동차공학개론	오영택 外 3	4×6배판	540	22,000	978-89-89920-31-1-93550
자 동 차 공 학	오영택 外 3	4×6배판	592	24,000	978-89-6345-144-2-93550
오 토 엔 진	김보한 外 2	4×6배판	382	20,000	978-89-6345-186-2-93550
자 동 차 공 학 기 초	박종상 外 4	4×6배판	410	20,000	978-89-6345-160-2-93550
자 동 차 엔 진 공 학	이병학 外 3	4×6배판	474	22,000	978-89-6345-153-4-93550
[基礎] 자 동 차 해 석	엄소연 外 1	4×6배판	240	18,000	978-89-6345-175-6-93550
자 동 차 가 솔 린 기 관 공 학	이철승 外 3	4×6배판	398	20,000	978-89-6345-215-9-93550
자 동 차 디 젤 엔 진	이승재 外 2	4×6배판	436	20,000	978-89-6345-143-5-93550
[종합] 자동차 기관 이론 실습	김태한 外 1	4×6배판	514	24,000	978-89-6345-158-9-93550
[NCS를 활용한] 자동차 기관 실습	이철승 外 3	4×6배판	564	24,000	978-89-6345-208-1-93550
[NCS를 활용한] 자동차 디젤 기관 이론 실습	조일영 外 1	4×6배판	434	22,000	978-89-6345-234-0-93550
[NCS교육과정에 준한] 자 동 차 기 관 공 학	정찬문	4×6배판	416	20,000	978-89-6345-236-4-93550
[NCS국가직무능력표준에 따른] 자 동 차 기 관	김광희 外 1	4×6배판	596	23,000	978-89-6345-237-1-93550
자동차 전자제어 엔진 이론 실무	이상문 外 3	4×6배판	524	22,000	978-89-6345-106-0-93550
[하이테크]자동차전자제어현장실무	유환신 外 3	4×6배판	600	24,000	978-89-6345-052-0-93550
[자동차 전자제어] 스마트 자동차	김병우 外 1	4×6배판	344	18,000	978-89-6345-088-9-93550
내 연 기 관	이상문 外 2	4×6배판	420	20,000	978-89-6345-145-9-93550
[最新] 자 동 차 공 학	최두석	4×6배판	560	22,000	978-89-6345-074-2-93550
자 동 차 구 조 학	정찬문	4×6배판	242	16,000	978-89-6345-023-0-93550
자 동 차 엔 진 튜 업	박재림	4×6배판	360	20,000	978-89-6345-027-8-93550

자동차 전기·전자

도 서 명	저 자	판 형	면수	정 가	비고(ISBN)
자 동 차 전 기 · 전 자	김광열 外 1	4×6배판	310	19,000	978-89-6345-238-8-93550
자 동 차 전 기 시 스 템	김병지 外 3	4×6배판	490	20,000	978-89-6345-050-6-93550
자 동 차 전 기 · 전 자 이 론	조한철 外 1	4×6배판	490	20,000	978-89-6345-060-5-93550
친 환 경 전 기 자 동 차	정용욱 外 2	4×6배판	420	22,000	978-89-6345-148-0-93550
자 동 차 전 기 · 전 자 공 학	정용욱 外 3	4×6배판	382	20,000	978-89-6345-210-4-93550
자 동 차 전 기 장 치 실 습	지명석 外 2	4×6배판	390	20,000	978-89-6345-152-7-93550
[新] 자 동 차 전 기 실 습	김규성 外 2	4×6배판	440	20,000	978-89-6345-091-9-93550
자동차 전장 시스템 고장 점검	백무겸 外 2	4×6배판	404	20,000	978-89-6345-147-3-93550
[알기 쉬운] 기초 전기·전자 개론	김상영 外 3	4×6배판	328	18,000	978-89-89920-00-7-93550
자 동 차 회 로 판 독 실 습	이용주 外 3	4×6배판	268	17,000	978-89-6345-048-3-93550
하 이 브 리 드 전 기 자 동 차	김영일 外 2	4×6배판	312	19,000	978-89-6345-188-6-93550
[NCS기반] 자동차 충전·시동장치	김재욱 外 1	4×6배판	402	20,000	978-89-6345-223-4-93550
[NCS를 활용한] 자 동 차 전 기 · 전 자 실 습	윤재곤 外 1	4×6배판	540	23,000	978-89-6345-225-8-93550
[最新] 자동차 전기·전자 공학	송용식 外 1	4×6배판	400	22,000	978-89-6345-233-3-93550

자동차 섀시

도 서 명	저 자	판 형	면수	정가	비고(ISBN)
자 동 차 섀 시	이성만 外 3	4×6배판	426	22,000	978-89-6345-212-8-93550
차 량 동 력 전 달 장 치	오태일 外 2	4×6배판	420	20,000	978-89-6345-190-9-93550
차 량 현 가 장 치[조향・제동]	손일선 外 2	4×6배판	504	24,000	978-89-6345-206-8-93550
자 동 차 섀 시 공 학	이상훈 外 4	4×6배판	450	22,000	978-89-6345-176-3-93550
[增補版] 종 합 자 동 차 섀 시	민규식 外 4	4×6배판	426	19,000	978-89-6345-087-2-93550
자 동 차 전 자 제 어 섀 시	이철승 外 2	4×6배판	306	18,000	978-89-6345-045-2-93550
자동・무단 변속기(이론・실습응용)	장성규 外 3	4×6배판	380	18,000	978-89-89920-24-3-93550
자 동 차 섀 시 이 론 실 습	장성규 外 1	4×6배판	626	26,000	978-89-6345-159-6-93550
자 동 차 섀 시 정 비 실 습	김홍성 外 3	4×6배판	470	22,000	978-89-6345-174-9-93550
자 동 차 섀 시 실 습	오재건 外 3	4×6배판	470	20,000	978-89-6345-086-5-93550
자동차 전자 제어 섀시 실습	최병희 外 2	4×6배판	380	20,000	978-89-6345-125-1-93550
[NCS 교육과정에 의한] 자 동 차 섀 시 실 습 지 침 서	이 형 복	4×6배판	394	20,000	978-89-6345-207-4-93550
[NCS를 활용 한] 자동차 전자제어 섀시 실습	오태일 外 2	4×6배판	396	20,000	978-89-6345-229-6-93550
CAR 에 어 컨 시 스 템	김찬원 外 3	4×6배판	400	20,000	978-89-6345-130-5-93550
커 먼 레 일 이 론 실 무	장명원 外 3	4×6배판	464	20,000	978-89-89920-72-4-93550
자 동 차 보 수 도 장	이 강 복	4×6배판	230	18,000	978-89-6345-113-8-93550
자 동 차 차 체 수 리 실 무	김 태 원	4×6배판	420	20,000	978-89-89920-86-1-93550
자 동 차 수 리 견 적 실 무	권순익 外 2	4×6배판	450	20,000	978-89-6345-136-7-93550
자 동 차 섀 시	채 경 수	4×6배판	442	22,000	978-89-6345-110-7-93550
휠 얼 라 인 먼 트	최 국 식	4×6배판	260	19,000	978-89-6345-227-2-93550

기계

도서명	저자	판형	면수	정가	비고(ISBN)
[쉽게 풀이한] 재료역학	남정환 外 2	4×6배판	340	18,000	978-89-89920-53-3-93550
[AutoCAD활용] 전산응용기계제도	신동명 外 2	4×6배판	508	22,000	978-89-6345-085-8-13550
[따라하며 익히는] AutoCAD 기계제도실습	이상현	4×6배판	334	18,000	978-89-6345-231-9-93550
CATIA V5 모델링 예제 가이드	최홍태	4×6배판	616	26,000	978-89-6345-068-1-93550
[新] 일반기계공학	조성철 外 3	4×6배판	480	20,000	978-89-6345-024-7-93550
유체역학	박정우 外 2	4×6배판	320	19,000	978-89-6345-151-0-93550
유·공압 제어 기술	김근묵 外 3	4×6배판	412	18,000	978-89-89920-70-0-93530
[新編] 기계재료	신동명 外 1	4×6배판	440	22,000	978-89-6345-156-5-93550
공업열역학	박상규	4×6배판	440	20,000	978-89-6345-149-7-93550
기계열역학	배태열 外 2	4×6배판	350	20,000	978-89-6345-150-3-93550
연소공학	오영택 外 3	4×6배판	412	22,000	978-89-6345-070-4-93570
공압제어	정태현 外 2	4×6배판	312	19,000	978-89-6345-099-5-93560
[最新] 전산유체역학	서용권 外 5	4×6배판	370	20,000	978-89-6345-101-5-93560
PLC 제어	정태현 外 1	4×6배판	328	19,000	978-89-6345-107-7-93560
CNC 공작법	황석렬 外 1	4×6배판	200	17,000	978-89-6345-142-8-93550
[알기 쉬운] 유압공학	배태열 外 1	4×6배판	292	17,000	978-89-6345-109-1-93550
[수정판] 공업열역학	윤준규	4×6배판	612	28,000	978-89-6345-018-6-93550
공업기초수학	이용주 外 1	4×6배판	310	19,000	978-89-6345-057-5-93410

법규 및 기타·수험서

도 서 명	저 자	판 형	면수	정 가	비 고(ISBN)
[2017 개정판] 자동차보험보상실무	목진영 外 1	4×6배판	558	24,000	978-89-6345-240-1-93550
[2017 개정판] 자동차 관리 법규	박재림 外 3	4×6배판	730	26,000	978-89-6345-239-0-13550
[NCS를 활용한] 자동차 검사 실무	신동명 外 3	4×6배판	512	23,000	978-89-6345-203-6-93550
경영 환경 변화와 품질 관리	황석렬 外 1	4×6배판	214	17,000	978-89-6345-066-7-13320
현 장 개 선 기 법 개 론	이승호 外 2	4×6배판	270	17,000	978-89-6345-115-2-13320
학습자 명의의 특허 출원 실습	문병준	4×6배판	230	18,000	978-89-6345-133-6-93500
[공학도를 위한] 창의적 공학 설계	이태근 外 1	4×6배판	296	18,000	978-89-6345-129-9-93550
냉 동 실 무	배태열	4×6배판	280	17,000	978-89-6345-134-3-93550
[最 新] 선 박 기 관	양현수	4×6배판	334	18,000	978-89-6345-114-5-93550
[산업기사시험대비] 자 동 차 정 비 실 무	최국식 外 3	4×6배판	516	25,000	978-89-6345-226-5-13550
자 동 차 정 비 산 업 기 사	이철승 外 3	4×6배판	620	26,000	978-89-6345-214-2-13550
[컬러판] 자동차 정비기능사 실기	최인배 外 3	4×6배판	494	23,000	978-89-6345-217-3-13550
[신개념] 자동차정비기능사 총정리	김선양 外 3	4×6배판	584	21,000	978-89-6345-093-3-93550
[개정판] 건설기계 [중장비] 공학	김세광 外 2	4×6배판	508	20,000	978-89-89920-56-4-93550
건 설 기 계 운 전 기 능 사	김희찬 外 4	4×6배판	588	20,000	978-89-6345-230-2-13550
[단기완성] 건설기계 운전기능사	이원청 外 5	4×6배판	438	18,000	978-89-89920-211-1-13550

도서출간안내

도서출판 미광
주소: (152-092) 서울시 구로구 개봉로 17나길 33, 1층(개봉동)
TEL: 02) 2611-3846, 2618-8742 FAX: 02) 2611-3847

도 서 명	저 자	면수	정 가	비고(ISBN)
자 동 차 공 학	이철승 외 3	466	20,000	978-89-98497-14-9-93550
내 연 기 관 공 학	최낙정 외 2	486	22,000	978-89-98497-04-0-93550
[통신회로를 이용한] 자 동 차 전 기 회 로	이용주	330	18,000	978-89-98497-07-1-93550
공 업 기 초 수 학	박정우 외 3	324	19,000	978-89-98497-00-2-93410
기 계 제 도 및 도 면 해 독	신동명 외 1	410	20,000	978-89-98497-12-5-93550
기 계 컴 퓨 터 제 도 실 습	박계향	392	20,000	978-89-98497-10-1-93560
열 역 학	이찬규 외 3	400	20,000	978-89-98497-03-3-93550
열 · 유 체 역 학	이원섭 외 1	484	20,000	978-89-98497-06-4-93550
Project를 통한 Surface실무	김태규	340	18,000	978-89-98497-11-8-93550
[最新版] 기계 제도 & 도면 해독	신동명 외 2	454	22,000	978-89-98497-21-7-93550
[자가운전을 위한] 내 차 는 내 가 고 친 다.	박광희	246	15,000	978-89-98497-19-4-13550